普通高等教育"十一五"国家级规划教材
第六届全国高等学校优秀测绘教材一等奖
高等学校遥感科学与技术系列教材
武汉大学"十三五"规划核心教材

网络地理信息系统
原理与技术

（第三版）

孟令奎　史文中　张鹏林　等 编著
黄长青　张　文　谢文君

U0174968

科 学 出 版 社

北 京

内 容 简 介

本书主要介绍网络地理信息系统相关原理和技术。全书共 9 章，分别阐述 GIS 发展与应用、网络 GIS 基础、空间数据网络存储技术、移动 GIS 技术、P2P GIS 技术、GIS 云技术、网格 GIS 技术、网络 GIS 工程技术与工程管理、常用网络 GIS 软件等内容。书中前 8 章均附有习题，以加深读者对网络 GIS 的理解、掌握与应用。

本书可作为测绘、遥感、地理信息、地理国情监测、国土资源等相关学科、专业的研究生和高年级本科生教材，也可作为测绘、遥感、资源与环境、水利等相关领域科研和工程技术人员了解、掌握网络 GIS 的参考用书。

图书在版编目（CIP）数据

网络地理信息系统原理与技术/孟令奎等编著.—3 版.—北京:科学出版社，2020.8

普通高等教育"十一五"国家级规划教材
高等学校遥感科学与技术系列教材
武汉大学"十三五"规划核心教材
ISBN 978-7-03-065822-7

Ⅰ.① 网… Ⅱ.① 孟… Ⅲ.① 地理信息系统-高等学校-教材 Ⅳ.① P208

中国版本图书馆 CIP 数据核字（2020）第 145454 号

责任编辑：杨光华/责任校对：高 嵘
责任印制：彭 超/封面设计：苏 波

科 学 出 版 社 出版
北京东黄城根北街 16 号
邮政编码：100717
http://www.sciencep.com

武汉市首壹印务有限公司印刷
科学出版社发行 各地新华书店经销
*
2005 年 3 月第 一 版 开本：787×1092 1/16
2010 年 5 月第 二 版 印张：23 3/4
2020 年 8 月第 三 版 字数：577 000
2020 年 8 月第一次印刷
定价：79.00 元
（如有印装质量问题，我社负责调换）

"高等学校遥感科学与技术系列教材"
编审委员会

"高等学校遥感科学与技术系列教材"
序

遥感科学与技术本科专业自 2002 年在武汉大学、长安大学首次开办以来，全国已有 40 多所高校开设了该专业。同时，2019 年，经教育部批准，武汉大学增设了遥感科学与技术交叉学科。2016～2018 年，武汉大学历经两年多时间，经过多轮讨论修改，重新修订了遥感科学与技术类专业 2018 版本科培养方案，形成了包括 8 门平台课程（普通测量学、数据结构与算法、遥感物理基础、数字图像处理、空间数据误差处理、遥感原理与方法、地理信息系统基础、计算机视觉与模式识别）、8 门平台实践课程（计算机原理及编程基础、面向对象的程序设计、数据结构与算法课程实习、数字测图与 GNSS 测量综合实习、数字图像处理课程设计、遥感原理与方法课程设计、地理信息系统基础课程实习、摄影测量学课程实习），以及 6 个专业模块（遥感信息、摄影测量、地理信息工程、遥感仪器、地理国情监测、空间信息与数字技术）的专业方向核心课程的完整的课程体系。

为了适应武汉大学遥感科学与技术类本科专业新的培养方案，根据《武汉大学关于加强和改进新形势下教材建设的实施办法》，以及武汉大学"双万计划"一流本科专业建设规划要求，武汉大学专门成立了"高等学校遥感科学与技术系列教材"编审委员会，该委员会负责制定遥感科学与技术系列教材的出版规划、对教材出版进行审查等，确保按计划出版一批高水平遥感科学与技术类系列教材，不断提升遥感科学与技术类专业的教学质量和影响力。"高等学校遥感科学与技术系列教材"编审委员会主要由武汉大学的教师组成，后期将逐步吸纳兄弟院校的专家学者加入，逐步邀请兄弟院校的专家学者主持或者参与相关教材的编写。

一流的专业建设需要一流的教材体系支撑，我们希望组织一批高水平的教材编写队伍和编审队伍，出版一批高水平的遥感科学与技术类系列教材，从而为培养遥感科学与技术类专业一流人才贡献力量。

2019 年 12 月

第三版前言

随着近几年的技术发展，特别是"互联网＋""智慧＋"、工业互联网等的实践，物联网、大数据、云计算等的快速应用，以及移动计算、边缘计算等新型计算模式的兴起，网络 GIS 迎来更多的发展机遇和挑战。它正在融入主流 IT 技术，成为其不可分割的组成部分。同时，它还是各种应用的服务平台和支撑技术，并且得益于各种先进的计算和存取模式，成为一种技术交叉态势明显、自身特色愈加鲜明的基础技术。

十五年来，本书产生了较大影响，为我国网络 GIS 技术的教育与普及做出了贡献，百度百科收录本书近 50 个词条。使用过程中收到很多高校师生的良好建议和意见，为修订提供了重要参考。遵循网络 GIS 自身发展规律，本次修订仍然坚持以基本概念、原理和技术为主线，注重基础知识阐述，着眼于共性、成熟技术，力图使这些技术经得起时间考验。按此思路对全书结构和内容作了较大幅度调整与优化，与第二版相比，更新比例超过 40%。

全书修订为 9 章。第 1 章主要回顾 GIS 的发展历程，分析网络 GIS 主要应用领域，介绍网络 GIS 相关技术；第 2 章阐述网络 GIS 基础知识，包括网络 GIS 体系结构、数据组织与管理、数据共享、通信协议、实现技术等；第 3 章阐述空间数据网络存储技术，特别是云存储、NAS 和 SAN，并介绍其在网络 GIS 中的应用；第 4 章介绍移动 GIS，包括移动 GIS 组成、移动空间数据管理、设计与开发、移动应用等；第 5 章介绍 P2P GIS 技术，包括 P2P 原理、基于 P2P 的空间数据查询、P2P GIS 结构与应用等；第 6 章阐述 GIS 云的原理与技术，介绍云计算基础，论述 GIS 数据云、分析云及其典型应用等；第 7 章论述网格 GIS 原理与方法，分析其与云计算的关系；第 8 章介绍网络 GIS 工程技术与工程管理；第 9 章简要介绍几种常用网络 GIS 软件。

为配合学习，书中前 8 章均附有大量习题，习题类型共有名词解释、填空题、选择题、判断题、简答题、论述与设计题六类，力图从多个方面使读者巩固消化和掌握应用知识。附录中汇编了书中出现的及常用的术语缩略语，以便查阅。

全书由孟令奎、史文中、张鹏林、黄长青、张文、谢文君等编著。参加本次修订任务的人员及分工分别为：张文（武汉大学）负责第 3 章修订；李俊杰（武汉大学）负责第 4 章修订，参与第 1、2、3、5、9 章修订；谢文君（水利部信息中心）负责第 5 章修订；张鹏林（武汉大学）负责第 6 章撰写，王锐、杨倍倍、魏晓冰、周湘凯、石东博、葛创杰参与编著；陶亮（应急管理部国家减灾中心）负责第 7 章修订；胡正华（宁波工程学院）参与第 2、9 章修订。魏晓冰负责插图修订和文献核查。

希望修订后的内容更加适合读者需要，期待读者继续予以支持和批评指正，以使本书内容不断优化。

作　者

2020 年 5 月于武汉大学

第二版前言

近年来，网络 GIS 的理论和技术发展十分迅速，相关学科对网络 GIS 的支持力度也越来越大，网络 GIS 这一由多学科、多技术交叉融合而形成的边缘学科的特点愈发明显。

在本书第一版的使用过程中，陆续收到许多高校师生提出的宝贵意见和良好建议，作者在这里表示诚挚的谢意！

为适应网络 GIS 理论和技术的发展并满足教学的需要，我们在原有版本基础上，经过认真分析和遴选，增加了一些新的内容，删除了一些不适宜的部分。全书由原来的 9 章修订为 10 章，新增内容约占原书的 15%，具体如下：

第 3 章，新增网络 GIS 数据特点的介绍。

第 4 章，新增 SAN 在网络 GIS 的应用的介绍。

第 5 章，新增 WebGIS 应用服务模式的介绍。

第 6 章，新增移动定位技术的介绍。

原第 8 章改为第 9 章，原第 9 章改为第 10 章。

第 10 章（原第 9 章），新增 ArcGIS Server 介绍，删除原来的 9.2（开源 WebGIS）和 9.3（常用移动 GIS 软件介绍），代之以几个新的网络 GIS 软件的介绍。

鉴于 P2P 技术在最近几年受到广泛的关注，而且它与 GIS 的结合也取得了一定进展，P2P 技术被认为是未来解决网络 GIS 性能瓶颈的重要技术之一。为此，新增第 8 章专门阐述 P2P GIS 技术。

参加本次修订工作的有孟令奎、谢文君、张文、黄长青、张鹏林、周杨。

希望本书的修订能对读者全面了解网络 GIS 及其最新技术进展有所裨益，读者的厚爱和对本书的进一步批评、指正，将激励我们不断地加以改进和完善。

作　者

2010 年 3 月于武昌

第一版前言

GIS 属于多学科和技术交叉的边缘学科，产生至今已有 40 多年的历史。它的发展得益于各学科和技术的发展与渗透。多媒体技术、虚拟现实技术、数据库技术、图形图像处理技术、网络与通信技术、网络存储技术等日新月异的进步将为 GIS 进一步快速发展提供极其便利的条件。另一方面，国民经济信息化建设步伐的加快促使各行各业在地理空间数据获取、存储、处理、分析、使用以及数据共享与服务等方面的需求日益强烈。此外，随着对地观测和各种数据采集技术的不断进展，GIS 所处理的地理空间数据量空前增长。这些情况表明，GIS 只有走网络化、智能化和多维动态的发展道路，才能符合社会经济发展的客观要求，才能为各行各业提供高性能、高质量的空间信息服务。当前，网络 GIS 在兼收并蓄其他领域理论和技术的基础上，已逐步形成了自己的一套体系，并在发展中不断扩展和完善。它也是目前乃至今后相当长的一段时间内 GIS 发展的象征。

目前，国内不少大专院校开设了地理信息系统、遥感科学与技术、测绘工程及相关的本科专业和摄影测量与遥感、地图学与地理信息系统等硕士和博士专业，许多专业设置了网络 GIS 相关课程，部分专业还将其定为必修课。为配合网络 GIS 的教学和研究，跟踪 GIS 发展进程，弥补国内在网络 GIS 方面资料偏少的缺憾，我们认为有必要编著一本专门介绍网络 GIS 原理与技术的书籍。鉴此，我们在广泛收集资料的基础上，通过认真整理和遴选，结合本单位在网络 GIS 方面的工程实践和研究成果，组织有关人员进行了撰写。希望本书能为读者学习、了解网络 GIS 提供些许帮助。

全书分为九章。第一章主要回顾 GIS 的发展历程，展望 GIS 的发展前景，并简要介绍了网络 GIS 的相关技术；第二章介绍网络 GIS 的基础之一——计算机网络基础，以使读者对计算机网络有一个概要认识或回顾；第三章重点阐述网络 GIS 的基本原理，主要包括网络 GIS 的体系结构、数据组织与管理、数据共享等基础知识；第四章介绍网络 GIS 的数据存储技术，重点讲述了网络存储的若干技术，特别是 NAS 和 SAN，并通过一个实例介绍了网络存储技术在网络 GIS 中的应用；第五章介绍了广为人知的 WebGIS 技术，这也是目前应用最为广泛和成功的一种网络 GIS；第六章阐述目前发展迅速的移动 GIS 技术及其在空间位置服务方面的应用；第七章论述发展潜力巨大的网格 GIS 原理与技术，它也代表了网络 GIS 的重要发展方向；第八章介绍了网络 GIS 工程技术与工程管理；第九章简要介绍了几种常用的网络 GIS 软件，以便读者对实用的网络 GIS 工具软件的功能和特点有所了解。

为配合学习、加深理解，书中前八章均附有大量的习题。在附录中还汇编了书中出现的及常用的术语缩略语，以便读者查阅。

本书可作为测绘、遥感、地理信息系统等相关专业的研究生和高年级本科生教材，也可作为相关领域科研和工程技术人员了解、掌握网络 GIS 的参考用书。

全书主要由孟令奎、史文中、张鹏林编著。参加编写的还有：赵春宇、邓世军、高劲松、黄长青、林承达、林志勇、毛海霞、吴沉寒。由孟令奎统稿、修订后成书。

在编写过程中，得到了武汉大学遥感信息工程学院和香港理工大学的领导、老师和科研人员的大力帮助和支持；书中的部分图片由香港理工大学的 Sharon Cheung 负责提供；中国矿业大学环境与测绘学院地理信息系陈国良老师对本书提出了许多建议。对他们的帮助、支持和辛勤劳动深表谢意和敬意。我们还参阅、引用了其他书籍和论文的部分内容或思想，在此对相关作者表示衷心感谢。

由于作者水平有限，加之网络 GIS 技术发展很快，新技术、新方法不断涌现，书中定有许多不足甚至错误，敬请读者在阅读时及时加以批评、指正。

作　者

2004 年 12 月于武昌

目　　录

第1章 概 述

GIS（geographic information system，地理信息系统）是一种采集、传输、存储、管理、处理、分析、表达和使用地理空间数据的计算机系统，是分析、处理和挖掘海量地理空间数据的通用技术。它集计算机软硬件、地理空间数据和最终用户等几个部分于一体，借助其独有的空间分析和挖掘功能，准确、真实、图文并茂地输出用户感兴趣的信息。

GIS 的应用范围非常广泛，可用于自然资源评价与管理、生态环境监测与分析、地理国情调查与监测、交通运输管理、城市规划、土地利用、水利工程管理等领域，是数字化和智慧化工程的基础技术和公共服务平台，能为政府部门、企事业单位和个人提供决策支持服务。

1.1 GIS 的 发 展

GIS 的发展以用户需求为牵引，以信息技术为驱动，不断改进和完善其自身功能，为更多的行业和领域提供强大的空间信息服务，并逐步走入社会大众的日常生产、生活当中。从技术上讲，GIS 的发展与进步同计算机科学技术、通信技术、测绘遥感技术、卫星导航技术的发展密不可分，这些技术的迅猛发展为 GIS 应用系统建设提供了强大的技术支撑和各种软硬件平台。GIS 属于多学科交叉的产物，它的快速发展得益于各学科与技术的发展与进步。与此同时，GIS 的成熟与完善同样会推动相关学科的发展与进步。

1.1.1 国际上 GIS 的发展

20 世纪 60 年代是 GIS 的开拓期。最初的 GIS 源于地图制图应用。20 世纪 50 年代末和 60 年代初，计算机开始在各个领域得到应用，并很快地被用于地理空间数据的存储、显示、处理和相关分析，使其成为地图信息存储和计算分析处理的有力工具。人们利用计算机将纸质地图转换为能被计算机识别的数字信号，并以图形方式输出，这就是 GIS 的雏形。1963 年，加拿大测量学家 Roger F. Tomlinson 提出利用数字计算机处理和分析大量的土地利用地图数据，并建议加拿大土地调查局建立 GIS（Canada GIS，CGIS），以实现专题地图的叠加、面积量算、自然资源的管理和规划等，CGIS 被认为是世界上第一个 GIS 应用系统。与此同时，美国的 Duane F. Marble 在美国西北大学利用数字计算机研制数据处理软件系统，以支持大规模城市交通应用研究，并提出建立 GIS 的思想。由于当时计算机发展仍处于低水平状态，数据处理能力弱、存储容量小，所以早期的 GIS 更侧重于机助制图功能，地学分析功能相对薄弱。在这个时期，一些 GIS 国际组织和机构相继成立，例如，美国 1966 年成立 URISA（Urban and Regional Information Systems Association，城市和区域信息系统协会），又于 1969 年建立 NASIS（National Association for State Information System，州信息系统全国协会）；IGU（International Geographical Union，国际地理联合会）于 1968 年设立了地理数据收集和处理委员会。这些组织和机构的建立，推动了 GIS 的应用和 GIS 技术的进步。

20 世纪 70 年代是 GIS 的稳步发展期。这一时期的计算机软硬件技术取得了较大的进步，从而推动了计算机应用的普及。磁盘等大容量存储设备的出现，提高了数据处理速度，为存储和处理地理空间数据提供了必要条件。计算机图形用户界面技术的发展，使用户能直接监视数字化操作、查看并编辑制图分析结果，为人机对话和高质量图形显示提供了保障。在这些技术的支持下，GIS 走向实用发展时期。一些发达国家投入了大量的人力、物力和财力进行 GIS 研究，先后建立了各具特色的 GIS。例如，从 1970 年到 1976 年，USGS（United States Geological Survey，美国地质调查局）建成了 50 多个 GIS 应用系统，分别用于处理地形、地质和水资源等不同领域的地理空间数据；1974 年，日本国土地理院（Geospatial Information Authority of Japan）建立了数字国土信息系统，为国家和地区土地规划服务；瑞典在中央、区域和市三种行政级别上建立了多个信息管理系统，典型的如区域统计数据库、道路数据库、土地测量信息系统、斯德哥尔摩 GIS、城市规划信息系统等。在此期间，IGU 先后于 1972 年和 1979 年两次召开关于 GIS 的学术讨论会。许多大学在这一时期也开始培养 GIS 方面的人才，并创建了 GIS 实验室。总之，GIS 在这个时期逐渐受到政府、大学和商业公司的普遍重视。该时期 GIS 发展的总体特征是：在继承 20 世纪 60 年代已有技术的基础上，充分利用计算机新技术，继续推动 GIS 技术不断进步，不断扩展其应用领域，使其为更多的政府部门和研究人员所重视；但此阶段由于受到技术水平的限制，系统的数据分析能力仍然很弱，在理论和技术上没有新的突破，GIS 的应用与开发未能形成规模。

20 世纪 80 年代是 GIS 的应用推广期。这一时期计算机科学技术的飞速进步推动了 GIS 技术的蓬勃发展。图形工作站和 PC（personal computer，个人计算机）的出现与应用，使得 GIS 的应用更加灵活方便，其应用领域也不断扩大。与此同时，计算机软硬件技术的发展，特别是计算机通信网络的迅速普及与应用，改变了传统 GIS 软件的开发和应用模式，新的 GIS 体系结构不断涌现，基于网络的 GIS 也进入了研发阶段。在这一时期，国际上涌现了一大批具有代表性的商用 GIS 软件，如 Arc/Info、GENAMAP、SPANS、MapInfo 等。许多国家还建立了政府性和学术性的研究机构，如美国于 1987 年成立了 NCGIA（National Center for Geographic Information & Analysis，国家地理信息与分析中心），英国于 1987 年成立了 AGI（Association Geographic Information，地理信息协会）。另外，商业性的咨询公司及软件制造商也大量涌现，并能为用户提供系列化、专业化的服务。这一时期 GIS 发展的显著特点是：GIS 应用全面推广，不仅是从发达国家到发展中国家的延伸，也包括向多学科、多领域的拓展和渗透；另外，在技术上，GIS 取得了一系列突破性进展，新的软件开发技术不断应用于 GIS 的研发过程中，并不断向网络应用方向迈进。此时，GIS 从功能单一、分散的系统向多功能、综合性的方向发展。

20 世纪 90 年代为 GIS 的用户期。该时期计算机通信网络基础设施得到改善和提高，特别是 Internet 得到迅速普及与广泛应用，改变了传统的软件开发模式和信息共享与服务方式。GIS 作为空间信息管理与服务的应用系统，也顺应了这一发展趋势。这一时期社会对 GIS 的认同率不断提高，应用范围和领域不断拓宽，GIS 成为许多政府决策部门的工作系统，从而在很大程度上改变了原有机构的认知水平、运行方式和工作模式。另一方面，世界各国积极加强各自的信息基础设施建设，空间信息基础设施就是这一计划的重要组成部分。1998年，美国时任副总统戈尔（Albert Arnold Gore Jr）提出的"数字地球"（digital Earth）战略思想，引起了全世界GIS专家的广泛关注和企业的研究热潮，世界各国纷纷投入"数字地球"的建设。这一时期GIS发展的显著特点是：GIS已迅速成长为一个新兴的信息产业，数字化信息产品及空间信息服务需求迅速增长，市场潜力巨大，GIS的应用与服务走向区域化和全球化。

进入21世纪，GIS迎来新的发展机遇期。信息技术蓬勃发展，新理念、新技术、新标准、新应用不断出现并得到推广。网络存储技术及高性能计算技术为网络GIS性能提高提供了实现技术，无线通信技术和移动定位技术为网络GIS增添了新的空间信息服务方式，人工智能技术和物联网技术为网络GIS提供了智慧的服务能力。这一期间可以分为如下几个阶段。

2001～2005年，GIS广泛地与更多领域交叉融合，WebGIS和移动GIS逐渐成形，更加促进了GIS的应用发展，GIS技术更广泛地应用于交通规划、土地利用、地质地形、海洋、气候、生态、人文等各领域。

2006～2010年，基于各种硬件及并行算法的高性能GIS蓬勃发展，但仍处于理论和算法探索阶段，应用实施并未大范围落地。

2011～2015年，性能优越的GIS得到更大范围的应用推广，依靠计算机集群、通信、机器学习、云存储、移动计算、三维等技术，GIS在各行各业及个性化服务领域获得广泛应用。

2016至今，在需求牵引和IT新技术驱动下，结合了大数据、物联网、云计算、实时计算、人工智能等技术的GIS应用于众多领域，且基于这些高新技术的智能化GIS的研究进展迅速，将在未来发挥更大作用。

用户需求为GIS确立了努力的目标，技术推动为GIS提供了实现途径。随着社会的发展，GIS会有更多更新的前沿科研方向，应用前景愈加广阔。可以预见，GIS将为人类生产和生活带来越来越多的便利。

1.1.2 国内 GIS 的发展

我国在GIS领域的研究工作起步较晚，发展策略主要是：在引进和借鉴国外GIS的技术基础之上，不断研究开发具有自主版权的GIS软硬件平台，不断推进GIS服务我国现代化进程。

20世纪80年代初，中国科学院遥感应用研究所在全国率先成立了GIS研究室，这是我国开始GIS研究开发工作的标志。进入"七五"计划后，即20世纪80年代中期，GIS在我国进入发展阶段。政府大力支持GIS研究，鼓励引进国外GIS软件开展应用研究。

"八五"计划期间（1991～1995年）是我国GIS的快速发展阶段。面对国内广阔的GIS市场，许多高校和研究机构开始研制实用的GIS软件，推出了GeoStar、MapGIS、CityStar、ViewGIS等一批具有自主版权的GIS软件，并投入市场推广使用。1994年，中国GIS协会在北京成立，标志着国内GIS行业已形成一定规模。

"九五"计划期间（1996～2000年），我国政府认识到研究开发自主版权的GIS软件的重要性，将"国产GIS软件开发与商品化"列为"九五"计划重中之重项目，大力提倡开发和推广国产GIS软件。因此，在政府、GIS专家和企业的共同努力下，GIS取得了长足进步。1996年，为支持国产GIS软件的发展，科学技术部（原国家科学技术委员会）开始组织GIS软件测评，并组织应用示范工程，采取每年测评的方式，对国内GIS软件开发实行优胜劣汰、滚动支持，开创了国产GIS软件研究开发与推广应用的新局面。到1998年，国产软件已打破国外GIS软件在国内长期的垄断格局。

"十五"期间（2001～2005年），即新世纪初，GIS步入实用化与产业化发展阶段。我国继续支持和发展国产GIS软件产业，实施第四代GIS软件的研究与开发，并积极开拓国际市场，开始执行GIS和遥感联合科技攻关计划，瞄准GIS的实用化、集成化和工程化，力图使GIS从初步发展时期的研究实验、局部应用走向实用化和产业化，为国民经济重大问题的解决提供分析和决策依据。这一时期的GIS具备了走向产业化的条件，经营GIS业务的企业逐渐增多。

"十一五"期间（2006～2010年），随着经济全球化、全球信息化发展，地理空间信息已成为国民经济重要的基础性和战略性资源，GIS作为整合各类信息系统、服务行业和专题应用的基础平台，越来越广泛地应用于政府、企事业和公众生活的各个方面。在此期间，专家学者积极参与国际标准化活动，建立了与国际接轨的国家地理信息标准体系，国家组织队伍建设了公众版国家地理信息公共服务平台"天地图"，并开通运行，产生了重要影响。"十一五"末，测绘地理信息企业纷纷上市，产业总值突破1 000亿元，发展势头强劲。

"十二五"期间（2011～2015年），地理信息产业实现了跨越式发展，建立了国家地理信息科技产业园，构建了数字中国地理空间框架和信息化测绘体系，基本形成了完善的自主技术创新体系。拓展了公共服务产品覆盖面，全面提升了"天地图"服务水平，实现了基础地理信息服务方式向在线服务转变。这一时期，基于位置的地理信息服务产品在电子商务、电子政务、智能交通、现代物流等领域得到深入应用。与此同时，完善了地理信息市场准入政策，建立健全了地理信息产业执业资格制度。2011～2015年，完成了测绘地理信息职业分类大典的修订工作，这也是《国家职业分类大典》的重要组成部分，新增了"地理信息服务人员"小类，在更名后的"测绘和地理信息工程技术人员"小类中新增了GIS、导航与位置服务、地理国情监测三个工程技术人员职业，凸显了GIS的重要性及其技术发展对现实的影响程度。

"十三五"期间（2016～2020年），国家持续推进全球地理信息采集、获取、资源开发进程，建立全球地理信息组织管理、处理与在线服务一体化体系，实现北斗导航与位置服务的业务化，大力推动智慧城市建设。2016年中国工程院宁津生院士主持完成了"中国智能城市时空信息基础设施发展战略研究"，为我国智能城市或智慧城市建设奠定了扎实的基础。为更好地服务"一带一路"倡议，开展"一带一路"沿线地区多分辨率DOM（digital orthophoto map，数字正射影像图）和DSM（digital surface model，数字表面模型）及地理名称数据的生产、中巴经济走廊和东盟非盟DEM（digital elevation model，数字高程模型）和核心矢量要素及多时相地表覆盖数据的生产，提高全球多尺度空间数据的快速采集与处理能力，建设多分辨率、多时相的全球GIS数据库，拓展全球地理信息资源的覆盖和更新范围，形成多尺度、多类型、多样式的全球地理信息产品，提高综合服务能力。诸多举措促进了我国地理信息产业的快速发展，据中国地理信息产业大会发布的报告显示，2018年我国地理信息产业稳步发展并向高质量发展方向转变，产业总产值超过6200亿元（2015年GIS产业产值3 000多亿元），同比增长20%。

1.2 GIS 的功能与特点

1.2.1 GIS 的功能

作为一个独立的软件系统，GIS 必须具备 5 个基本功能，即数据输入、数据编辑、数据存储与管理、空间查询与空间分析、图形输出与交互操作。

1. 数据输入

数据是 GIS 的基础和命脉，缺少了数据的 GIS 就像是无源之水、无本之木。因此，数据输入（也称数据录入）是 GIS 基本功能的重要组成部分，它是指将现实世界中的各种地理空间数据和非空间数据，如地图数据、测量数据、遥感数据、地理国情数据、统计数据、社会经济数据及文字报告等，输入或者转换成计算机可识别处理的数字信号形式的数据。从 GIS 产生之初到目前的发展水平，地图和专题图一直是 GIS 的重要数据源。

地理空间数据的输入方式主要有三种：一是手扶跟踪数字化和扫描矢量化方式，早期的地图数据一般是由地图数字化扫描后得到；二是直接获取数字化形式的数据，如测量数据、遥感数据等；三是转换原有系统的空间数据，为新系统所用，即数据转换的方式。非空间数据的录入一般要通过键盘人工录入，该项工作比较烦琐，容易出错，必须通过反复地检查以保证录入数据的正确性；还可以通过转换已有的表格数据（如 Excel 数据），并与对应空间数据关联，获得非空间数据。

数据输入的可靠性、完备性和准确性在很大程度上影响 GIS 的可用性，因此数据输入过程中要把好质量关。较高的数据质量对于评定 GIS 算法优劣、减少 GIS 设计与开发难度都具有重要意义。

2. 数据编辑

与数据输入一样，数据编辑也是控制 GIS 数据质量的一个重要环节。数据编辑主要是对空间实体数据、属性数据及实体之间相互关系的编辑，包括图形坐标变换、图形编辑、图形整饰、图幅接边、拓扑关系自动建立、数据压缩、空间数据格式转换等。

图形坐标变化包括图幅数据的坐标变换、几何纠正等，往往也包括地图投影变换。

图形编辑对地图资料数字化后的数据进行编辑加工，应用于拓扑关系建立之前，旨在改正数字化过程中的各种错误，如节点之间不吻合、节点与线之间不吻合、存在假节点等情况。

图幅接边是指将多张数字化地图按格网拼装为一个图层，在边界不一致的情况下，要进行边缘匹配处理。接边的目的是使相同类型的空间地物对象属于同一图层，以便按专题分类，建立专题图层，方便分析和决策。

拓扑关系自动建立包括点线拓扑关系、多边形拓扑关系等的自动建立过程（现有的商用 GIS 中，有的已经不再强调拓扑关系概念）。

数据压缩是指减少冗余数据，降低数据存储量，以节省存储空间，加快后续处理和传输速度，一定程度上还可以提高数据的安全性。

空间数据格式转换包括矢量向栅格数据的转换、栅格向矢量数据的转换、不同 GIS 平台之间的数据格式的转换等。

3. 数据存储与管理

数据存储与管理是 GIS 中至关重要的一个内容，它主要提供空间与属性数据的存储、查询检索、修改和更新等功能，是 GIS 应用系统能否成功运行的关键。此外，GIS 所处理的空间数据具有存储量大、种类复杂、多样化等特点，是典型的大数据，因此设计高效的空间数据存储和管理策略一直是 GIS 技术发展过程中需要解决的问题。

传统的空间数据存储与管理采用空间数据和属性数据分开进行的形式，使用关系数据库存储和管理属性数据，用文本或其他自定义形式保存空间对象的几何数据。这种管理模式存在许多弊端，不适合空间大数据的存储与管理，查询检索速度慢，安全性和交互性差，不能满足高效的空间信息服务要求。

随着计算机软件技术特别是数据库技术的不断发展与进步，GIS 应用系统中的空间数据开始采用商用数据库管理系统进行管理，它经历了关系数据库与文件系统并存的方式、纯关系数据库方式、对象-关系型数据库管理方式及纯面向对象数据库管理方式等过程。由于商用数据库管理系统并不是针对空间数据等特殊数据类型设计的，大多数 GIS 企业和数据库企业在其产品中扩展了空间数据管理模块，如 ESRI 的 ArcSDE、Oracle 的 Oracle Spatial 等。采用扩展的或专门的商用数据库管理系统进行空间数据的组织与管理有效地提高了空间数据查询检索的效率，增强了空间数据的安全性和空间数据组织、录入、编辑、更新的灵活性，这种方式提供了高效并发控制机制，提高了海量空间数据处理效率，使 GIS 的应用向更广泛的领域拓展。

4. 空间查询与空间分析

空间查询与空间分析是 GIS 的核心功能，是 GIS 区别于其他计算机辅助设计系统（如 AutoCAD）的重要特征。GIS 不仅具备对海量空间数据进行存储与管理的能力，还可根据特定条件对空间数据进行查询和检索，并实现在现有空间数据基础上的统计分析和深加工（如空间数据挖掘、知识发现等），从而提供辅助决策信息。

GIS 的空间查询包括位置查询、属性查询和拓扑查询等。

GIS 的空间分析一般包括统计分类分析、DEM 分析、路径分析、叠置分析、缓冲区分析和网络分析等。

（1）统计分类分析。用于数据分类和综合评价。包括主成分分析、层次分析、系统聚类分析和判别分析等。

（2）DEM 分析。主要描述地面起伏状况，可用于提取各种地形参数。DEM 有多种表达方法，包括等高线、三角网和格网等。

（3）路径分析。用于最佳路径选择，以达到最低耗费和省时目的，是网络分析的一种。

（4）空间叠置分析。该分析功能是 GIS 最常用的提取空间隐含信息的手段之一。通过对有关主题层的叠加，形成一个新的数据层，其结果综合了原来所有层的信息。

（5）缓冲区分析。该分析功能是解决邻近度问题的空间分析工具之一，用来研究地理空间目标的某个影响范围或服务范围内的情况。

（6）网络分析。该分析功能是解决最短路径、最佳布局中心等问题的空间分析工具，用于优化网络的布局（如城市道路网、电力网等），形成合理的物质流、信息流。

空间分析的效率是衡量算法优劣的主要指标之一。为了获得更高的计算性能，引入了多种并行算法，如基于 Hadoop 的 MapReduce 并行计算、基于内存缓存的 Spark 并行计算、基于云环境的弹性计算、深度学习人工神经网络算法等。这些方法均在不同程度上提高了空间分析的效率。

5. 图形输出与交互操作

类似于大多数的计算机辅助设计应用系统，GIS 为用户提供了可视化的操作界面。GIS 中的空间数据编辑等处理过程均可通过可视化的操作方式进行。用户通过人机交互界面可对二维（2D）或三维（3D）的地图数据进行交互式操作，完成绘制、编辑及属性录入等一系列作业过程。同时，GIS 提供了完备的专题图制作、地图编辑、打印输出及数据转换等功能，可为生产单位制作符合实际需求的简报、图表、数据报表等数字产品。

用户还可以方便地缩放、漫游一幅数字化地图，灵活地进行图层控制、标注显示、样式表达、符号设计等。例如，根据地块类型施以不同的颜色显示，或根据学校规模为代表学校的点设置不同尺寸的符号。同时，可以交互式地操作通过空间分析或查询所得到的新结果集，例如，寻找在超市附近 500 m 以内的所有家庭的儿童的数量，或者查看道路附近 100 m 内的违章建筑等。

1.2.2　GIS 的特点

GIS 属于信息系统的范畴，但其操作的数据对象主要为地理空间数据，这是区别于一般信息系统的显著特点。以下从 5 个方面说明 GIS 的主要特点。

1. 空间数据组成

GIS 在分析处理过程中，通过数据库管理系统对空间数据和属性数据统一管理，以供分析和使用，即 GIS 所处理的数据包括地理空间数据和属性数据，同时也具有相应的元数据信息。这些数据具有体量巨大、类型复杂、来源广泛、非结构化等大数据特征。同时，GIS 广泛应用于诸如"智慧地球""智慧城市""智慧水利""数字文化遗产"等领域，其数据量一般达 TB 级，因此，GIS 中空间数据库的有效组织与管理是实现高性能 GIS 应用系统的关键。

2. 特有的空间分析能力

GIS 利用空间解析模型和应用分析模型来分析空间数据，以实现快速的空间定位检索和复杂的查询功能。这些模型研究与设计的优劣将决定 GIS 建设的成败。

3. 强大的图形处理和表达能力

一般的信息管理系统多用统计报表和文档显示处理结果，GIS 除此功能外，还具备强大的图形处理和表达能力，能可视化地表达处理过程和处理结果。

4. 辅助决策支持

空间分析是 GIS 区别于其他类型信息管理系统的高级功能，通过此项功能 GIS 可为用户提供空间模拟和空间决策支持，并快速高效地对决策方案进行评估。GIS 作为各种辅助决策支持的优秀工具，以其特有的专业优势服务于多种应用领域，如自然资源管理、城市与交通规划、防震减灾及其他各项与空间信息相关的业务过程。

5. 智慧城市/数字城市地理信息公共服务平台

在智慧城市和数字城市建设中，GIS 充当了地理信息公共服务平台的角色，发挥着基础性的作用，是城市各种专业系统空间参考的基准、信息交换和共享的门户与基础，是智慧城市/数字城市地理空间框架的重要组成部分。

1.3　GIS 的主要应用领域

GIS 作为一项主流技术能够在全球范围内迅速发展，其原因是多方面的，技术驱动和需求牵引是其中两个重要因素。在技术上，近年来"互联网＋"、"智慧＋"、移动通信、工业互联网等发展迅速，计算机硬件性能和网络传输速度稳步提高，为空间数据并行传输、高性能处理和智能分析提供了较好保障，物联网的发展为 GIS 提供了更加丰富的感知数据，提高了数据实时性。软件设计技术、数据库技术等所取得的进展直接推动了网络 GIS 设计理念、设计方法、计算模式、数据组织及数据管理等向更合理、科学、有效和实用的方向发展。当前，各行各业和个人消费领域对空间信息和位置服务的需求呈现出快速上升势头，GIS 早已突破专业应用领域，并且为了满足各种需求迅速扩展到更为广阔的应用领域。在全球范围内，GIS 可用于全球变化的监测与研究；在国家范围内，GIS 可用于自然资源调查、生态环境监测评估、灾害预测和防治、国民经济调查和宏观决策分析等；在城市范围内，GIS 可用于土地管理、环境保护、交通规划、管线管理、市政工程服务和城市规划等；在企业范围内，GIS 可用于指导生产和经营管理决策；在信息化时代，GIS 还可以为个人提供多种个性化服务。以下简要介绍 GIS 技术的几个主要应用。

1.3.1　智慧城市

2008 年底，时任 IBM 首席执行官彭明盛（Samuel Palmisano）提出了"智慧地球（smart Earth）"概念，随即在 2009 年初受到美国前总统奥巴马的肯定。2012 年底，美国国家情报委员会发布《全球趋势 2030》，将信息技术、自动化与制造技术、资源技术、健康技术列为对全球经济发展最具影响力的四类技术。以制造技术、新能源、智慧城市（smart city）为代表的"第三次工业革命"将在推动未来政治、经济和社会发展方面产生重要影响。

城市是地球表面的人口、资源、经济技术要素、基础设施等的地理综合体，数字城市（digital city）是数字地球概念和技术的延伸，是数字地球在城市领域的具体体现，也是数字地球最重要的组成部分和应用方向。数字城市以海量存储、多媒体、宽带网络、遥感、地理信息系统、GNSS（global navigation satellite system，全球导航卫星系统）、虚拟仿真等技术为基础，对城市、城市中的活动及整个城市环境的时空变化等各种信息进行数字化重现，并用数字化手段处理和分析整个城市各个方面的问题，从而服务于人类，促进城市的科学发展。数字城市可以理解为现实城市的"虚拟对照体"，虽然取得了很大的成就，但仍然存在很多难以克服的问题，例如，信息获取手段的自动化程度较低，缺乏动态实时更新，难以实现与城市直接相关的感知设备的接入，信息更新的实时性、准确性也低；标准、技术、观念和部门利益等导致信息资源整合滞后，融合共享极为困难，烟囱效应突出；信息应用效率不高、智能化程度低，常常出现网上"有数据却找不着、数据多但用不了"的情况。

智慧城市是在数字城市基础上，通过由各种传感器构成的物联网对现实城市进行透彻感知和全面互联互通，获取城市中的各种信息，建立的一个可视化、可量测、可控制、实时化、以人为中心的智能服务系统，该系统利用云计算环境进行城市大数据的快速处理与智能分析，为城市规划、建设和管理，为社会大众生活、工作和学习，提供各种智能服务。不难看出，智慧城市是数字城市的智能化，是数字城市功能的延伸、拓展和升华，是智慧＋的典型应用，它通过物联网把数字城市与现实城市无缝连接起来，利用云计算对实时感知数据进行处理并提供智能化服务。

智慧城市的发展与新技术和新模式应用密不可分，主要有测绘地理信息技术、物联网技术、云计算技术、移动互联网技术、大数据技术等。测绘地理信息技术为智慧城市建设搭建公共服务平台和基础地理空间框架，提供多元数据获取途径和各种可量测的数据服务；物联网技术为智慧城市提供自动感应植被湿度、环境污染、桥梁运行状况、路网拥塞情况、个人健康状况等各种信息并将其接入互联网进行实时传输的手段，实现全面的信息互联互通及人类社会与物理系统的整合，解决数字城市存在的"最后一公里"问题（有时也称"最后一米"）；云计算技术承担智慧城市中所有数据的高性能计算处理；大数据技术是智慧城市的大脑，它和云计算及移动互联网技术一起为人们提供随时随地、无处不在的高效的智能服务。

与数字城市相比，智慧城市更加聚焦民生与服务，强调公众参与和互动，特别鼓励创新与发展。当前，我国超过 500 个城市在进行智慧城市建设试点。

GIS 作为基础技术支撑和公共服务平台，在智慧城市建设中的主要作用有以下 5 个方面。

（1）基础地理空间数据库建库和管理的有力手段。智慧城市的运行需要大数据支持，其中，起支撑作用的是内容全面、翔实、客观的地理空间数据资源，因此，建立基础地理空间数据库是智慧城市的关键。因 GIS 具有强大的空间数据录入、编辑、处理与管理等功能，可承担智慧城市建设中基础地理空间数据库的建库、管理与维护等繁重任务。GIS 作为智慧城市建设中基础地理空间数据库建库和管理的手段，不仅可以对具有空间参考信息的数据资源进行有效管理与维护，很好地集成各种空间数据，同时，GIS 作为图文并茂的信息管理应用系统，还可对来自物联网、互联网等的信息资源进行整合、管理和维护，建立这些信息与基础地理空间数据的关联，实现对各类信息资源的有机集成和无缝管理。

（2）互联互通的主要平台。在智慧城市中，纳入了各行业、各领域、各部门的应用系统、数据、知识等，融合了城市生活中的各种现象、城市运行的各种模型，它们通过物联网和互联网进行传输，实现互联。在这一过程中，GIS 提供了通畅的互联互通环境和良好的数据存取平台，为不同的用户搭建了信息共享和交换的信息门户，使所有用户都能在这个平台上获取所需的信息和服务，方便实现各种互联网＋应用。

（3）高速计算的重要环境。智慧城市面对的是来源于现实城市的丰富的大数据，需要高速处理才能及时提供各种服务，满足应用要求。快速计算也是大数据的一个主要特征。维持现实城市均衡、高效运转，智慧城市就必须具备大数据快速处理能力。构建以时空大数据和云计算环境为基础的 GIS 技术支撑平台，融合各种快速处理算法，优化网络存取技术，完善计算模式，提升系统并行计算能力，可以为政府部门、企业和公众提供准确、实时的时空信息服务。

（4）智能服务的关键技术。智慧城市的另一个特点是提供智能服务，这是"智"所在，在处理城市复杂系统问题、帮助人们改善现实世界、建立全局感观并建立应用模型等方面可以发挥重要的辅助决策与政策指导作用。在打破城市信息壁垒基础上实现互联互通和信息交互共享后，在 GIS 平台上融合大数据、云计算、人工智能等技术，可以提高城市智能化水平：对城市信息进行深度分析挖掘，为城市合理规划、有序建设和科学管理提供重要的技术支撑；为企业制定生产计划和任务调度提供科学的决策依据；为激发人们创新意识、提高交流效率、改变发展理念、方便日常生活等提供智能化的、精准的信息服务，有助于人们做出正确决策。

（5）VR 全景的有效工具。VR（virtual reality panorama，虚拟实境全景）可以包含周边环境信息，实现 360°的虚拟。智慧城市的一个基本内涵是将现实世界及各种现象重现于计算机世界当中，实现 VR 全景智慧城市，并提供强大的互操作能力，如 VR 互动、实景购物、沉浸式教学、人脸识别、APP 交互等，这将通过虚拟现实技术和大数据的深度融合实现。GIS 的显著特征之一是将二维、三维或多维地理空间用计算机进行表达，为用户提供图形交互功能，它为 VR 全景智慧城市提供了基础的图形显示与交互、空间查询、智能分析、虚拟现实、大数据挖掘等功能，使之成为实现 VR 全景智慧城市的有效工具。

中国工程院院士郭仁忠认为，智慧城市是城市信息化的高级阶段，是若干个信息系统的集成，是体系化的 SoS（system of systems，分散复杂系统），基于共同的设施和数据资源，具有大量共性化的操作，需要一个操作系统。城市是一个地理空间，需要进行实体城市的数字化表达，而所有城市对象（物件、事件）均具有位置（点、域、路径），所有数据都是对象的描述，因此城市问题是空间问题，必须表达空间关系。据此他指出，智慧城市的操作系统非 GIS 莫属，其核心要素和能力为：数据集成与融合、可视化表达，以及开放式的二次开发环境。

1.3.2　智慧水利

水是人类生命的起源，是生活生产必备要素，是生态环境的基础组成部分之一。趋水利、避水害一直是人类生产生活的主轴之一，河清海晏、水润万物成为无数先贤的理想。我国降水量空间分布呈现东南多雨、西北干旱的大格局。由于自然地理、季风气候条件和河流流向影响，我国成为了各种水旱灾害多发的国家。历史统计资料显示，我国平均两年就会各出现一次严重的洪灾和旱灾。洪涝灾害历来是中华民族的心腹之患，干旱灾害一直是我国粮食安全的首要威胁。根据国家防汛抗旱总指挥部与水利部联合发布的《中国水旱灾害公报 2016》和国家统计局网站提供的 GDP 数据资料，1990～2016 年洪涝灾害年均直接经济损失 1 481.62 亿元，占同期 GDP 的 0.60%；2006～2016 年干旱灾害年均直接经济损失 922.71 亿元，占同期 GDP 的 0.19%。就经济损失来看，水旱灾害无疑是我国第一大自然灾害，其损失远超其他自然灾害的损失之和，已成为制约我国经济社会可持续发展的主要因素之一。

新中国成立以来，党中央、国务院高度重视防洪抗旱工程建设，大规模建成了许多江河治理、抗旱工程。自 1998 年以来，随着国家对水利事业投入的不断加大，基本形成了一整套防洪抗旱减灾体系，为保障人民群众生命财产安全和经济社会可持续发展做出了重大贡献。然而，随着全球气候变化加剧导致的极端天气事件频发多发，对国家防灾减灾能力提出了更高要求。国家主席习近平 2018 年 4 月 25 日在考察长江时指出，水患仍是我们面对的最严重的自然灾害之一，要认真研究在实现"两个一百年"奋斗目标的进程中，防灾减灾的短板是什么，要拿出战略举措。他从 2019 年 8 月 21 日开始，不到一年 4 次考察黄河，指出黄河问题"表象在黄河，根子在流域"，将"黄河流域生态保护和高质量发展"列为重大国家战略。

随着我国经济的发展，资源与环境的矛盾日益突出，耕地和森林减少、湖泊萎缩、污染加剧。为了人类的可持续发展，必须采取包括技术手段在内的有效措施加强土地资源和水资源的监测与保护，以智慧水利建设为抓手，以河长制、湖长制为契机，形成对自然灾害特别是洪涝和干旱灾害的监测、预报和防御体系，提高防灾减灾能力和水平，实现人水和谐。

智慧水利（smart water）以水利信息化为核心，以数字化、网络化、智能化为特征，是数字水利的延续和深化，是综合治理水资源、水生态、水环境、水灾害四大水问题的重要工程。它通过数字水利、物联网、云计算、智能分析实现水利信息的透彻感知、全面互联互通、高度自动化和智能化处理，实现水利综合业务的精细管理、水利监测的实时响应、应急管理和运行调度的科学决策。2016 年，在《水利信息化发展"十三五"规划》中明确提出，要推进水利信息化全面渗透、深度融合、加速创新、转型发展，推动"数字水利"向"智慧水利"转变，推进水利治理体系和水治理能力现代化。

建设智慧水利，需要首先构建物联网这一基础环境，加密监测站点，以大范围、高精度、实时、自动传感和采集水文水资源、水环境、水利工程运行等水利信息，同时需要加强云计算环境、网络存储环境、基础支撑软硬件等建设。

GIS 在智慧水利建设中是一项关键技术，将发挥重要作用。智慧水利的数据基础是基础地理空间数据、水利专题数据、传感网络的采样数据、水利遥感监测数据、站点实测数据、社会经济数据等，GIS 作为空间数据汇聚、综合管理和分析的平台，对智慧水利建设、管理和应用起到支撑作用。

GIS 在智慧水利建设中的主要作用还有以下 4 个方面。

（1）业务系统运行平台。在水利信息化中，有很多业务化运行的系统持续为各级用户的工作提供信息服务，例如，水资源管理与优化配置、水利工程建设与管理、水文监测、水土保持监测、水质监测、排污口监测、农村水利水电、水利政务等业务系统，GIS 是这些业务系统的主要运行平台，提供数据管理和模型支持，图文并茂地展现业务运行过程和结果。

（2）应急响应监测平台。我国自然地理条件复杂，洪涝、干旱等涉水灾害及地震、泥石流、山体滑坡引发的堰塞湖、水利工程损毁等次生灾害频发、分布广、破坏强度大，大多具有突发性，极易造成生命和财产的重大损失。基于 GIS 技术、航天航空和无人机遥感监测技术等建立的应急监测平台能够第一时间响应灾情，持续监测灾情的变化，并能及时向上传送第一手资料，从而使人们能够准确把握灾害的发展态势，为应急处置提供快速、准确、全面的信息支撑与技术保障。

（3）调度会商展示平台。在发生涉水事件或灾害时，需要通过综合信息展示、视频会商、会议会商等各种途径，做出研判、实施决策指挥调度。例如，防汛会商，需要及时获取水情、雨情、工情、险情、气象、国土等信息，根据这些信息进行专家讨论、分析、研判，确定最佳措施，明确下一步工作。智慧水利可为会商提供各种所需的数据、计算、分析方法，其中，GIS 可为会商提供完全可视化的分析效果，并能根据制定的不同预案展示不同的结果，提供多种可选方案。

（4）智能服务分析平台。智慧水利由综合感知体系、信息存取体系、分析处理体系、智能应用体系、网络安全体系和保障运维体系等构成，GIS 为这些体系的实现提供了分析平台和实现环境。其中，基于 GIS 的智能应用体系建设与实现是智能服务的关键，主要包括：①提高江河湖库调度能力，实现全流域动态感知、联合调度、智能控制，保障防洪、供水和水生态安全；②建设智慧水利工程、智慧河长湖长、智慧水保等智能管理系统，加强它们之间的业务协同，有效提升综合监管能力；③提升水利工程智能化运维水平，实现"无人值班、少人值守"及远方集中监控的运行模式；④提高公共服务能力，完善水利信息公共服务体系，将公共服务资源数字化、移动化、云端化，为公众提供水灾害预报、水利风景区旅游、用水节水常识和科普、水生态和水文化等综合信息；⑤提高综合决策能力，通过水利对象全要素动态感知和包含各业务领域的大数据的支撑，深层次挖掘数据价值，提高水利综合决策能力和智能化管理水平。

1.3.3 供应链管理

供应链（supply chain）是一个由供应商、制造商、分销商和终端用户（消费者）所构成的物流网络，也是一个功能网链，在该网链中，产品从配套零件开始到制成中间产品及最终产品，最后经由销售网络送到消费者手中。供应链管理的核心理念是从消费者角度考虑，对所有关联企业的各个环节进行计划、协调、操作、控制、优化，并无缝链接，将消费者所需要的正确的产品，在正确的时间按正确的数量、正确的质量和正确的状态，送到正确的地点，并使总成本降到最低，实现整体效益最大化。

早期的供应链仅被视为企业内部的一个物流过程，主要涉及物料的采购、库存、生产和分销等部门的职能协调问题，目的是优化业务流程、降低成本，提高经营效率。20 世纪90 年代，消费者地位受到重视，继而被纳入供应链环节中，使供应链不再只是生产链，而是涵盖了产品从生产到使用过程的增值链。随着信息技术发展，现代企业之间的关系呈现出越来越明显的网络化和不确定性趋势，单链结构的供应链也随之被非线性的网链结构所代替，这种结构跨越了企业的界限，使供应链从一种工具跃升为一种管理方法体系、一种运营管理的思维和模式。

供应链管理以用户为中心，以用户需求为导向，以优化网链库存成本为目标，覆盖了原材料和零部件从采购、供应到产品制造、运输、仓储、销售各个环节，包含了物流、商流、信息流和资金流全过程管理，是一种集成化的管理模式。

1. 物流

物流主要是物品的流通过程，最初是指物品从加工地到消费地这一流通过程中的运输、仓储等活动。从 20 世纪 40 年代至今，物流概念突破传统范畴，发生了很大变化。它是指物品从原料生产地到消费地的实体流动过程，是由运输、存储、包装、配送、装卸搬运等若干个相互依赖、相互制约的环节（子系统）集成的具有特定功能的整体。随着物流的发展，人们也越来越重视物流管理，通过对物流全过程的有效管理，以期实现降低成本和提高服务水平的目的。

传统物流的发展受限于较低的生产力水平，企业多在当地寻找资本和劳动力资源，根据订单进行配置、提供服务。物流各环节独立完成各自功能，都试图以成本最小为目的。事实上，这种方式很难节约总成本，由于协调性不好，还很容易导致各部门为利己目标而产生矛盾，反而损害了企业总体利益。现代物流面向国际，在高效率、高可靠的现代物流服务网络支持下，各个企业可以自由选择适合全球市场和自身需要的分配中心和集散仓库。在整个物流活动中，从系统管理角度出发，综合考虑物流的各项功能，将供应链中的供应商、制造商、分销商、零售商，直到最终用户纳入一个整体加以管理，使各方利益最大化和总成本最小化。

2. 商流

商流是供应商和用户之间的商业流程，完成接受订货、签订合同任务。随着网络技术的快速发展，商流的形式呈现出多样化态势，既有传统的销售形式（如店铺模式、直销模式、邮购模式），也发展出多种新型电子商务形式，常见的有以下 4 种模式。

（1）B2C（business to customer，企业-消费者）：商对客模式，亦即直接面向消费者销售产品和服务的商业零售模式。

（2）B2B（business to business，企业-企业）：商对商模式，亦即企业与企业之间通过 Internet 进行产品、服务及信息交换。这种模式有助于企业之间建立一种良性的商业伙伴关系，使得相互间的产品或服务形成互补。

（3）C2C（customer to customer，消费者-消费者）：客对客模式，亦即客户之间通过电子商务平台进行在线交易。

（4）C2B（customer to business，消费者-企业）：客对商模式，是 Internet 经济时代新的商务模式，亦即先由消费者提出需求，再由企业组织生产，是一种以客户为中心的商务模式。

3. 信息流

信息流有广义和狭义两种。广义的信息流是指在时空上向同一方向运动的一组信息，包括对信息的收集、传递、处理、存储、检索、分析等过程，这组信息有共同的信息源和目的地，从信息源向目的地传递，目的是为了满足人们的交流需要，可以直面交谈，也可以利用网络、电话等现代媒介传递信息。狭义的信息流是指信息的传递运动，主要是信息在计算机系统和网络中的流动。信息流包含有形和无形两种形式，有形的如报表、工程图纸、图书、期刊等，无形的如声、光、电、磁信号等。

供应链中的信息连接着各个节点企业，信息流在供应链中的作用越来越大，反映了供应商和消费者之间产品与服务及交易信息的双向流程，是商业流、物流和资金流的沟通与传递的支撑，使它们之间融会贯通，成为有机整体。信息流还反映了交易、产品、资金的流动方向和大小，因此通畅、快速、准确的信息流可以从根本上保证商业流、物流和资金流的高质量与高效率。

4. 资金流

资金流在供应链中扮演着特殊角色，作为一种货币流通，是从消费者经由零售商、批发与物流、制造商向供应商流动的，也是为了保障企业能够正常运行而对资金的及时回收活动。人们现在越来越多地采取网上交易，网上资金流动一般分为交易、支付结算两个环节。在交易环节，消费者通过浏览网页选购产品或服务，选购完成后在资金流平台上进行在线支付。支付结算环节由金融专用网络完成，其中，银行是资金流的核心机构。

随着供应链相关技术的发展，各技术之间日益渗透，逐步向着智慧供应链（smart supply chain）方向发展。智慧供应链管理是最近几年伴随智慧城市技术和供应链的需求而发展起来的，指的是结合物联网、现代物流、智能技术、现代供应链管理的理论、方法和技术，在企业及其相互之间构建的一种能够实现供应链智能化、自动化和网络化的综合集成系统。可以看出，智慧供应链管理的显著特点是将物联网、工业互联网、人工智能等技术融入供应链管理中，主动适应新技术带来的变化，并以可视化、移动化等手段来表达和访问数据，以人性化、智能化方式服务用户，在产品创新、信息管理、线上融资和业务监控等方面提供全方位的服务。

智慧供应链的基础是智慧物流，在智慧物流技术流程中，通过云平台将利用 RFID（radio frequency identification，无线射频识别）、红外感应、激光扫描、条形码等技术获取的智能终端各种信息进行处理分析，与 GNSS 定位技术和空间数据库技术结合，实现供应链物流的各项管理工作，为供应链管理提供决策支持。基于 GIS 的供应链物流分析包括以下 6 个方面。

（1）提供模型参考数据。在 GIS 辅助下，结合各种选址模型，为物流配送中心、连锁企业和仓库位置选址、中心辐射区范围的确定提供参考数据。例如，仓库和运输线组成了物流网络，仓库处于网络的节点上，节点决定线路，如何根据供求需要及经济效益原则，在既定区域内设立最佳个数的仓库，包括每个仓库的位置、规模及仓库之间的物流关系等。再如，对于一个起始点、多个终点的货物运输，如何降低物流作业费用并保证服务质量、使用多少辆车及每辆车的行驶路线等。

（2）车辆监控和实时调度。GIS 与 GNSS、物联网集成并应用于物流车辆管理，为物流监控中心及汽车驾驶人员提供各车辆的所在位置、行驶方向、行驶速度等信息，实现车辆监控、实时调度，减少物流实体存储与运送的成本，降低物流车辆的空载率，从而提高整个系统的效率。通过轨迹回放，重现历史路线，及时发现有无违规、超速等不良驾驶行为。

（3）监控运输车辆位置及工作状态。物流监控中心在数字化地图上监控运货车辆的位置、车门状态、实时油量、车辆工作状态，并将最新的市场信息、路况信息及时反馈给运输车辆，实现异地配载，从而使销售商更好地服务客户、管理库存，加快物资和资金周转，降低各个环节成本。对特种车辆进行安全监控，可为安全运输提供保障。

（4）车辆导航。利用 GIS、GNSS、遥感技术与移动通信集成技术，物流监控中心实时提供被监控运输车辆的当前位置信息及目的地的相关信息，提供实时对讲功能，以指导运输车辆快速到达目的地，节约成本。

（5）选择最佳路径。物流配送过程中，运输路径的选择意义重大，不仅涉及物流配送的成本效益，而且关系物资能否及时送达等环节。GIS 按照最短的距离，或最短的时间，或最低运营成本等原则，可为物流管理提供满足不同要求的最佳路径方案。例如将货物从 n 个仓库运往 m 个商店，每个商店都有固定的需求量，因此需要确定由哪个仓库提货送给哪个商店，并且运输代价最小。

（6）实现仓库立体式管理。三维 GIS 与无线传感网技术、射频技术及视频监视等多种自动识别技术相结合可以应用于物流企业的仓库管理智能化，为货物入库、存储、移动及出库等提供三维空间位置信息和操作流程，以直观、可视化的方式实现仓库货物的立体式、自动化管理。

1.3.4 军事 GIS

简单地说，应用于军事领域的 GIS 被称为 MGIS(military geographic information system, 军事 GIS)，它是指在计算机及通信基础设施平台的支持下，运用系统工程和信息科学的理论和方法，综合、动态地获取、存储、管理和分析军事地理环境的信息系统。在信息化时代，战争制胜权将取决于集网络优势、太空优势、信息优势于一体的"制全维权"，战争形态是具有不受时空限制的数字化、信息化、网络化、智能化等特性的信息战，包括指挥控制战、情报战、电子战、心理战、黑客战、网络战等，高科技信息武器将取代传统武器被广泛应用。由于各个国家政治、经济、社会和文化方面对信息基础设施的依赖性不断增强，信息技术作为武器攻击信息设施的可能性增大，电信、电力、石油天然气储运、金融、交通、供水等影响国计民生的关键基础设施亦可能成为信息战的攻击目标。

MGIS 是信息化战场上的综合信息系统，集成了电子、遥感、GNSS、GIS 等技术，通过各种快速处理技术和智能分析技术，提供基于地图的全局或局部的战争态势分析图表，为战略筹划和军事作战提供坚实的辅助平台。未来军事战场地域广阔，作战规模宏大，作战方式多样，海战、空战、陆战，乃至太空战和电磁战都将相继或同时展开；尖端、高精度和大威力的武器，如导弹、舰载机、巡航导弹、激光制导武器等，都将在战场上大量被使用。作战态势呈现快节奏，战情复杂多变。要想在战争中获胜，必须及时了解战场的各项动态，准确掌握各个军兵种的作战行动，把握战机并及时向各个军兵种下达行动指令，指挥多兵种协同作战。显然，面对瞬息万变的战况，传统的指挥方法难以胜任。

准确迅速地获取战场地形信息、当前作战态势信息、火力分配信息，提供高效、准确的计算数据以协助军事指挥官在第一时间内迅速作出正确的判断和决策，是战争取得胜利的不二法宝。近年来，GIS 在军事指挥控制、联合战略防御和分布交互仿真等军事应用中发挥了重要作用。例如，应用 GIS 制作的军用电子地图，较以往的军用地图具有精度高、信息量大、可编辑性强、操作简便、便于携带等特点，可提供简便的地图信息查询、缩放、测量、漫游等操作，利于指挥官从全局入手，方便科学地选择阵地、部署兵力，选择最佳进攻路线，指挥协同作战。再如，GIS 通过其强大的数据处理和分析能力，为作战提供图文兼备的分析报告和打击效果评估报告，可以缩短军事指挥官作出决策的时间，提高作战效率和决策的准确性。

海湾战争中，DMA（Defense Mapping Agency，美国国防制图局）建立了战场 GIS 与遥感的集成系统，利用自动影像匹配和自动目标识别技术，实时处理卫星和高低空侦察机获得的战场数字影像，在极短的时间内将反映战场现状的正射影像图叠加到数字地图上，做到对敌军情况的了如指掌。这使得美军可灵活实施实时决策战术，在作战中完全占据主动地位，为赢得战争胜利奠定了基础。进入 21 世纪，接连爆发了阿富汗战争、伊拉克战争、利比亚战争、叙利亚战争。在历次战争中，GPS（global positioning system，全球定位系统）、RS（remote sensing，遥感）技术被大量地用于侦察、导弹预警、武器精确制导、测绘和气象探测等。伊拉克战争中，美国共使用了50多颗遥感卫星，其中有20颗左右用于军事侦察，这些卫星构成严密的监控网络，成为美军行动的"天眼"。例如，利用雷达成像卫星提供全天候、全天时侦察，跟踪装甲部队、机动导弹的行动，在30 s内将影像传到联合作战中心，并提供打击效果评估报告；使用多颗电子侦察卫星监听敌方无线电通信和广播；利用导弹预警卫星进行实时预报和跟踪，给予导弹足够时间实施对敌导弹拦截；利用测地卫星确定敌方地面部队部署和调动情况，帮助制订作战计划；利用国防气象侦察卫星搜集作战地区气象情况，为作战行动提供准确的气象保障。

十余年来，无人机因其廉价、便捷、灵活的特性在军事上受到越来越多的青睐，美军在几次中东战争中均使用了无人机技术进行侦查和制导，例如2008年7月，MQ-9无人机发现了一辆可疑车辆，空军立即将该信息转发给当地地面小组，确认目标为车载简易爆炸装置后，操控员指示这架无人机投掷了一枚GBU-12激光制导炸弹，瞬间击毁了目标。

微型无人机问世之后，美国开始大量用其从事战场侦察活动，这些无人机在RS、GIS、GPS技术支持下，对目标进行监视、侦察，可以为士兵提供即时战场情报，以"蜂群"形式集体出动时，可以干扰敌方雷达，既不容易被发现，更不容易被拦截。有些无人机甚至自带智能微型武器，执行定点、精准打击任务，具有很大的破坏力。

现代战争中地理因素的作用越来越大，建设透明战场、确保指挥自动化、辅助精确制导及快而准的打击效果评估等都离不开地理因素。地理因素是精确制导武器的眼睛，通常由地理信息表征，并由MGIS管理。MGIS是信息战的基础支撑平台，可很好地服务于军事信息获取与整合、作战指挥自动化、军事物流等方面。

（1）信息获取与整合。通过获取战争区域的地形、土壤、植被、水文、气候、资源、人口、经济、通信、交通等数据，利用空间分析和大数据挖掘技术，为军事行动提供高精度电子地图和电子影像及必要的作战信息，例如，登陆地点、打击目标、作战线路、武器运输等信息。MGIS还可以支持日常模拟演练，进行作战技术体验和必要的经验积累，有助于提高作战能力。

（2）作战指挥自动化。现代战场中，战场环境复杂，作战行动迅速并有很大的突然性，作战武器具有高破坏性。MGIS可以对侦察卫星、军事通信卫星、导航定位卫星、气象与测绘卫星等天基平台获取的战场信息进行高速处理或者直接在卫星上处理，结合中低空和地面传感器信息及已有历史资料信息进行综合分析，帮助作战部队实现实时战场态势综合感知，增强作战指挥控制平台能力，提升指挥自动化水平和行动实时性，以及包括天军、网军在内的各军兵种的协调作战效率，提高对时敏目标的精确打击能力和打击效果。

（3）军事物流。军事物流专指军用物资的物流活动，属于军事后勤指挥管理科学范畴。如何将物资快速、精准、安全、经济地送达目的地，是MGIS要解决的主要问题，包括最佳路线选择、物流中心选址、仓库设立与容量分析、调度等。我国自古以来就重视后勤支援，"兵马未动，粮草先行"，为此研制了加油车、食品补给车、医疗救护车、野战手术车等，通过车上的智能传感器构成网络系统，进行智能控制，确保快捷高效、保障有力。

1.3.5 位置服务

LBS（location based services，位置服务）是GIS更为宽广的应用方向，它整合Internet、

无线通信、移动定位与 GIS 等技术于一体,提供与位置相关的增值服务。简单地说,位置服务就是利用处在无线环境中的基站和移动电话等为用户提供所要查找的位置信息。随着全球导航卫星、无线通信、大数据、移动计算等技术的发展,位置服务技术得到了迅速发展,位置服务形式从室外导航与定位发展到室外与室内相结合的导航与定位服务;位置服务范围拓展到个人、企事业单位、政府部门等多领域多对象,位置服务内容也不仅仅是位置信息查询和导航,而是拓展到车联网、智慧养老、智慧图书馆、共享单车、物流跟踪、个性化移动学习、外卖应用、移动社交、社交游戏、O2O 应用、灾害预防等很多方面。全球位置服务在国内外拥有越来越大的市场,以年均 80%的增长率快速发展。根据 GLAC(GNSS and LBS Association of China,中国卫星导航定位协会)发布的数据显示,2016 年我国卫星导航与位置服务产业总体产值已突破 2 000 亿元大关,达到了 2 118 亿元,较 2015 年增长 22.06%。其中,包括与卫星导航技术直接相关的芯片、器件、算法、软件、导航数据、终端设备等在内的产业核心产值达到 808 亿元,北斗对产业核心产值的贡献率已达到 70%,国内行业市场中,北斗兼容应用已经成为主流方案,大众市场正在向北斗标配化发展。我国的移动电话持有量位居世界第一,可以预见,LBS 在我国将具有非常广阔的发展前景。

位置服务的核心技术是无线通信技术、移动互联网技术、导航与定位技术和 GIS 技术,它是在 GIS 平台支持下,通过无线通信网络和 GNSS 获取移动终端用户的位置信息(经纬度坐标),满足用户各种不同的需求。它可以实现以下几项基本服务功能。

(1)信息查询。位置服务为移动用户在移动终端上实现一系列 GIS 功能。如用户可以在终端上调出所在城市的电子地图或各类专题地图,并通过对之进行缩放、漫游等操作,查询当前所在地的位置信息、目的地等相关信息。除此之外,用户还可以查询气象、交通、医疗、健康、教育等信息,甚至是办理票务、预订房间、查找临时停车位、共享服务等实时的相关信息。可以认为,位置服务的目标就是帮助移动用户实现快捷方便的各种信息查询。

(2)紧急救助。人们在遇到水灾、火灾、病灾等突发性、灾难性事件时,往往容易惊慌失措,导致无法准确及时地向警方寻求帮助。这种情况可能影响救援活动,甚至有可能因为延误时机而导致及时救护的失败。位置服务为实施紧急救助提供了保障,帮助受难者准确及时地将救助地点信息发送给报警或救护中心,有利于救护组织在最短的时间内实施行动,避免更多的人身和财产损失。

(3)路线导航。根据移动用户当前所处的位置及最终目的地,提供两地之间的最佳路径信息并显示在移动终端的显示器上。当前位置偏离最佳路线时,及时提醒移动用户并提供返回既定路线的最佳方案。这在物流、智能手机用户中已经得到大范围应用,提高了工作和管理效率及生活质量。

移动通信具有移动、便捷和无时无处不在等特性,但它在可扩展性、开放性、信息海量化和查询便利性方面远逊于 Internet。将移动通信和 Internet 技术结合起来产生的移动互联网,使两者优点兼而有之并融合为一体,为位置服务提供了更加广阔的发展空间和坚实的技术基础。GIS 应用于位置服务,使其应用不再局限于桌面系统,也不再局限于有线网络,而是拓展到具有广大客户群的移动通信环境当中,这对 GIS 的发展与应用可谓是一种飞跃。目前,GIS 已经能够通过网络为用户提供更多的空间信息服务,其优势在经济建设和社会生产生活中得到了越来越充分的体现。网络 GIS 技术,尤其是基于无线通信网络技术的无线 GIS（或移动 GIS）技术将进一步开拓 GIS 应用市场，为人们提供内容更为丰富、质量更优、更加快速的空间信息服务，让人们享受到 GIS 带来的便利和乐趣。

位置服务的发展还面临诸多问题需要解决，主要有以下 4 个方面。

（1）服务层次。大多数位置服务系统尚停留于较简单和较低层的应用上，并未将位置信息隐藏的巨大价值发挥出来，对此不少学者开展了对丰富的位置信息的深度研究工作，以期从中挖掘出更多的感兴趣信息，例如，工作环境、生活习惯和规律、日常消费偏好等，从而为不同用户提供更具个性化的服务和更优质的增值服务。

（2）平台性能。位置服务系统的终端设备多是智能手机，与桌面计算机相比，智能手机的计算能力、存储容量、操作系统功能完备性等都要逊色很多。此外，手机电池的续航能力、信号的不稳定等，均对位置服务效能形成制约。因此，为不断满足各种用户的不同需求，需要在软硬件方面提升嵌入式平台性能。

（3）隐私安全。作为一种隐私数据，位置信息极易被泄露出去，从而对用户造成损害。作为获取个人隐私的一种新方法，位置服务系统应该具备很强的位置信息隐私保护功能，确保用户隐私不被非法获取和不当使用。

（4）定位精度。定位精度是衡量位置服务系统的主要指标，不同的应用对精度的要求是不一样的。现实的主要问题是受智能终端的限制，定位时间较长，或者无法定位。有学者已提出利用地图信息来辅助提高手机定位精度，例如，在使用社交软件时，可以用商户、景点信息对位于商店、景点等地的用户进行辅助定位，实现精度的提升，这是一个值得注意的研究方向。

1.3.6 多源与众源 GIS

20 世纪 90 年代以来，GIS、遥感、导航等技术发展极为迅速，使得空间数据的来源途径更加广阔和多样化，数据量也急剧增大，面向不同应用的数据模型、数据标准、数据精度、数据分级体系纷繁复杂，产生了以集成与融合各种空间数据为主要特征和任务的多源 GIS，即多数据源的 GIS。21 世纪初，随着 Internet 在各行业的快速渗透和扩展，空间数据获取方式、存储形式、处理模式等与 Internet 深度结合，产生了以网络大众为主要参与对象进行地理信息获取和协同处理的众源 GIS。

1. 多源 GIS

多源 GIS 的显著特征是空间数据量庞大且复杂。由于应用目的的不同，存在同一区域的空间数据的比例尺不同，或者比例尺相同但数据源不同、数据分级分类不一致等情况，存在多语义、多时空、多尺度等现象，制约了数据在不同应用系统中的共享，造成人、财、物资源的巨大浪费。

为使各个应用部门之间能够方便地共享多源空间数据，降低空间数据生产成本，提高数据利用价值、加快空间数据更新速度，需要对不同组织和部门生产的多源空间数据进行有机集成和融合，重点解决三个问题：不同来源的空间数据的格式转换、分布和异构环境下的数据互操作、无需格式转换的直接数据存取，形成三种对应的集成模式，即数据格式转换模式、数据互操作模式、直接数据存取模式。三种模式各有特点，但都是解决多源 GIS

空间数据集成问题的重要技术，其中格式转换仍然不失为多源数据集成的主要方法，数据互操作模式为实现异构平台和分布式环境下节点间数据存取提供了统一规范，直接数据存取没有数据转换，省却了中间环节，是效率最高的一种集成模式。

2. 众源 GIS

crowdsourcing（众源、众包）是美国《连线》杂志记者杰夫·豪（Jeff Howe）于 2006 年 6 月提出的一个概念，其含义是指一个部门把过去由员工完成的工作任务，以自愿形式交由一群不确定的网络大众来完成。它与 outsourcing（外包、外购）的区别体现在接受任务的群体的组成形式，众源是将任务分配给一个未加定义的网络群体，而外包则将任务分配给一个特定群体。不难看出，众源的本意是集大众智慧，博采众长，强调跨专业、跨领域创新，外包是社会专业化分工的形式，强调的是高度的专业化。众源允许利用大众的力量（志愿者）来完成曾经由少数专业人员才能完成的任务，在 Internet 和移动定位技术发展迅速的今天，这一形式越来越成为不少领域数据采集和任务处理的重要选择。

众源理念与地理空间数据结合产生了众源的地理数据，显然，这是一种基于 Internet 的、集大众力量（通常是大量的非地理信息专业人员的志愿行为）获取并向大众开放的一种地理空间数据，数据来源广阔、种类多样、内涵丰富、现势性强、成本低、价值高，发展潜力巨大。随着众源地理数据的出现，众源 GIS 逐步产生并得到快速发展。

1）众源 GIS 数据源

众源地理数据是一种以互联网为传输平台的开放的地理空间数据，主要包括公共版权数据、GNSS 数据、网络用户自发上传的地理空间数据等多源地理空间数据。

公共版权数据通常由政府、企业、社会公益组织以网站或网络服务形式发布，例如，依开放许可协议自由使用的 OSM（OpenStreetMap，公开地图）数据和交通路网、Google Map 的正射影像、政府定期或不定期发布的大众关注的数据（如环保、卫生健康、气象信息）等。

GNSS 数据主要包括：志愿者根据需要收集的 GNSS 数据、个人或组织共享的 GNSS 数据、个人通过 GNSS 设备无意识上传的 GNSS 数据。例如 GPS 轨迹数据、北斗短报文信息、定位信息等。

网络用户自发上传的地理空间数据主要是指在各种开放的地理空间数据平台上上传的数据，例如，微博、脸书（Facebook）、推特（Twitter）等社交网站的地理数据，在 Google 地图上进行标注和上传的 Wikimapia 网站数据等。NAS（National Academy of Sciences, United States，美国科学院）地理信息科学院士 Michael Frank Goodchild 教授等将这种由公众自发上传的地理数据称为 VGI（volunteered geographic information，志愿者地理信息），本书将在第 4 章做进一步的阐述。

2）众源 GIS 数据特点

从众源数据来源可以看出，这些基于 Internet 的地理空间数据面广、类多、量大，例如，任何人都可以通过终端设备上传位置信息，并且不受时间和空间的限制；用户自发贡献的 VGI 数据不仅包括基本的点、线、面等矢量要素信息，还包括用户在特定时间地点拍摄录制的图片、视频、音频等信息；截至 2018 年 8 月 31 日，OSM 的数据量已达到 37GB，注册用户超过 200 万，增长迅速。这些众源数据不仅内涵丰富、现势性强，而且传播速度快、随意性较大、真实性与正确性评价难，因缺乏统一规范还导致数据质量参差不齐、数据既有冗余又不完整（覆盖不全）、隐私保障和安全措施控制难。作为一种新型的互联网数据获取方式，众源 GIS 虽有不少缺点，但比起传统数据采集方式更加便捷、迅速、廉价，是对传统方式的有益补充。目前在城市交通、灾害应急、公共卫生、犯罪分析等方面得到较多的应用。

3）众源 GIS 数据处理与分析

众源 GIS 不仅强调基于互联网的数据获取，更专注于对获取数据的处理与分析。众源地理数据一般通过非测绘专业人员采集，数据质量很难保障。如果质量达不到要求，将会影响数据的正常使用，降低数据的应用价值，甚至得出错误的结果。因此，在进行数据处理与分析之前，要对数据质量进行分析与评价。建立数据质量评价模型，一般包含数据的冗余性、完整性、有效性和精确性 4 个因素，例如，建立的英国地区 OSM 数据质量评价模型主要包含定位精度和数据完整度两个因素，而在评价雅典 OSM 数据质量时，所建模型扩展到长度、名称完整度、定位精度、名称精度和类型精度 5 个方面。

作为一种新的地理空间数据，众源地理数据近几年受到广泛关注，国内外相继开展了针对众源地理数据的目标提取与更新研究，在质量模型基础上重点研究众源地理数据的数据配准、变化监测、变化提取、更新机制与方法等。与此同时，众源地理数据的内容大多与人们日常生活、工作和学习密切相关，它比传统的地理空间数据包含更多属性和语义信息，且允许用户对它们进行编辑。为了充分利用众源地理数据，许多学者开展了空间数据的网络拓扑结构、统计建模、地理模拟、智能分析、时空数据挖掘等方法的研究，以提取和挖掘大量的隐含信息（如知识、现象、规律等），更好地满足人们的需要。

4）众源 GIS 数据应用

仍以 OSM 为例，OSM 可以由普通用户通过 Internet 获取免费、开源、可编辑、非营利性的地图服务。它于 2004 年由科斯特（Steve Coast）创立，2006 年设立 OSM 基金会，鼓励自由地理数据发展和输出，如今包括 Apple、Foursquare 在内的 Internet 公司广泛使用 OSM 地图数据。OSM 大致原理是通过用户自发上传的轨迹数据提取初始道路信息，工作人员再通过遥感影像和已有经验知识等进行匹配和校正，实现路网更新和维护。与商业地图不同，OSM 地图数据来源于公众集体力量，OSM 也将地图数据免费回馈给大众重新用于其他的产品与服务。

OSM 在 2010 年海地大地震中，为地面搜救队伍提高了搜救效率，它以最新卫星影像为基础，工作人员和志愿者用便携式电脑或手机在地图上即时标注救护站、帐篷和倒塌的大桥等设施，及时更新海地灾区地图，为辅助灾区的医疗救助、人员疏散和路况检测等提供了重要支持。

5）众源地理数据支撑技术

众源地理数据涉及数据传输、存储、处理、分析、服务各环节的多项技术，但是支撑其快速发展的技术主要为 Web 2.0 技术、移动定位技术和宽带通信技术。Web 2.0 打破了客户/服务器的主从模式和单向信息传输关系，使得客户不仅能获取服务器的信息，还能通过网络上传自身所采集的信息，并与服务器交互、共享、协作。换句话说，客户既可以获取网站内容，也可以为网站提供内容。移动定位技术为移动用户提供了随时随地获取位置信息的技术，宽带通信技术则为用户提供了各种数据（图像、视频、音频、文本）的快速通信和交互式信息服务能力，使众源地理数据的传输与共享有了时间上的保证。

1.4　GIS 的网络化

计算机科学技术的迅速发展、网络的广泛应用及用户需求的日益增长促使 GIS 朝着网络化、智能化、大众化方向发展。在不久的将来，基于有线网络或无线网络的空间信息智能服务以其巨大的市场潜力及经济价值将成为信息产业中具有旺盛生命力的经济与技术增长点。桌面式、非网络化的 GIS 可以提供最基本的空间信息功能及应用服务支持，但不能满足空间信息智能服务发展的需求。高质量的空间信息服务要求提供内容更丰富、精度更高、时效性更强的空间信息，并且满足不同类型用户的各种需求，提供智能服务。为适应这一要求，GIS 应用软件的开发应基于互联网采用新的系统架构、新的地理空间数据组织与管理方式及新的用户操作模式。高性能、智能化及网络化 GIS 将为空间信息服务提供强有力的技术保障。

1.4.1　GIS 网络化内涵

计算机、多媒体、虚拟现实、增强现实、数据库、图形图像、网络通信、网络存储、物联网等信息技术的快速发展为促进 GIS 朝着网络化的方向发展提供了强大的技术支持和必要的技术准备。此外，随着人类对地观测技术的迅速发展，GIS 所处理的地理空间信息呈现出海量、分布及实时性等大数据特征。与此同时，人们对高性能、高质量、实时、智能的空间信息服务的需求快速增长，这都促使 GIS 面向网络化发展成为必然。

顾名思义，网络化 GIS（简称网络 GIS）是以网络为平台的 GIS，即"互联网＋GIS"。具体讲，网络 GIS 是指在网络环境下为各种地理信息相关应用提供 GIS 的基本功能（如分析工具、制图功能）、分布式计算和空间数据管理的空间信息管理系统。本质上它是一个基于网络的分布式空间信息管理与服务系统，能实现空间数据管理、分布式协同作业、网上发布、地理信息应用服务等多种功能。

网络 GIS 使各个独立的 GIS 基于网络连接在一起，使 GIS 功能得到广泛共享，空间数据价值得到更大提升，也使 GIS 用户之间可以互相通信、分享信息。传统的 GIS 应用一般基于单机运行，对软硬件环境配置的要求较高，不便于 GIS 的使用与推广。网络 GIS 应用系统可充分利用计算机及网络资源，通过共享和协同提高软硬件资源的利用效率，增强对空间信息资源的业务处理能力，使 GIS 操作简单化、便捷化，从而扩大 GIS 的用户群。网络 GIS 是 GIS 应用技术发展的一次飞跃，它具有以下 5 方面的优点。

（1）拓宽了 GIS 应用领域和服务范围。建立在 Internet 之上的网络 GIS，处理功能是分布的，处理对象（即空间数据）是分布的，服务对象（即用户）也是分布的，Internet 的触角到哪，网络 GIS 服务就可以延伸到哪。随着物联网技术发展和逐步实用，智能网络 GIS 将得到快速进展，网络 GIS 服务质量将得到显著提升。

（2）提高了空间数据的利用价值。针对海量地理空间数据的分布性特征，网络 GIS 应用系统可以实现空间数据的分布式管理，即海量空间数据分布在网络上的多台数据服务器上，从而有利于空间数据的分布式管理和资源共享，使空间数据能为更多的用户所共享共用，提高空间数据利用率，获得更大价值。

（3）为用户提供透明的操作方式。网络 GIS 一般基于 Intranet 或 Internet 进行构建，用户对 GIS 数据或功能的访问均通过通用的 Web 浏览器或专用的客户端程序进行。换句话说，专业用户或一般用户不必关心服务器端的具体实现细节，即网络 GIS 能为用户提供透明的操作方式。

（4）降低 GIS 软件系统的构建成本。在单机模式下，对于每一台计算机，用户都需要安装整套的 GIS 应用软件或其中的大部分模块后才能正常使用系统，而用户通常仅仅需要整套专业 GIS 软件中的小部分功能，这将增加用户的经济负担，增大使用难度。网络 GIS 的应用仅需要用户进行简单配置便可在大范围内获得所需的结果，并且支持多用户并发访问。这种应用方式不仅能降低用户成本，也便于在服务器端实现 GIS 的系统版本升级维护和数据更新。

（5）增强了 GIS 应用软件的时效性。时效性是衡量空间信息服务质量的一个指标，也是空间信息服务的重要特征。网络 GIS 可充分利用 Internet 的优势，实时或准实时地向广大用户提供更多、更新的空间信息及相应的服务。如上所述，网络 GIS 可为用户提供透明的空间信息操作方式，用户不必关心服务器端数据的更新及 GIS 应用功能变更，网络 GIS 可以将最新的数据和操作功能提供给用户使用，以保证所提供的空间信息和服务的现势性、时效性及其服务质量。

网络 GIS 的典型代表是 WebGIS，此外，移动 GIS、网格 GIS、GIS 云、P2P GIS 等技术为网络 GIS 增添了丰富的内容和呈现形式。随着经济全球化、全球城市化、社会信息化程度的提高，Internet 等信息基础设施将不断地得到发展和完善，成为信息获取、传输的快速通道和处理平台。物联网的发展为智慧城市建设注入了活力，使得构建全面互联、透彻感知的智能网络 GIS 成为可能。与此同时，市场需求的不断增加，各种新技术的持续推动，GIS 应用领域的不断拓宽，促使国内外众多 GIS 企业纷纷将产品研发重点转向基于 Internet 的应用与服务上来，形成各种"互联网＋GIS"应用。这种转变为地理空间信息科学和技术的发展开辟了众多研究方向和应用领域，使 GIS 走进千家万户，走入人们的学习和生活中，成功融入主流信息技术，并成为当今智慧地球、智慧城市建设的公共服务平台。

1.4.2 网络 GIS 相关技术

网络 GIS 需要多种现代信息技术作为其技术支撑，以下对这些技术进行简要介绍。

1. 大数据技术

IDC（International Data Corporation，国际数据资讯公司）预测，到 2025 年全球的数据量将是现在的 10 倍，将达到 163 ZB，这与全球信息化步伐加快有关，全球每天都在不断地产生大量新的数据。有专家认为，当前在轨卫星达 1 000 多颗，主要为美国、俄罗斯和中国所有，未来在轨卫星将超过 2 000 颗；有人飞机和无人机超过万架；地面移动测量系统和智能汽车（光学及激光雷达）上百万辆；大量基于光学、激光雷达和声呐的海上移动测量系统；城市数千万个各种智能传感器，以及十数亿个智能手机和智能手表等。这些传感器将为人们采集大量内容丰富、形式多样（variety）的地理空间数据或其他相关数据，包括遥感影像数据、矢量空间数据、音视频数据、导航数据、传感网数据等等。这些由巨型数据集组成的大数据，其大小常超出常用软件在可接受时间下的收集、使用、管理和处理能力。中国工程院院士陈鲸认为，大数据中蕴藏着关乎社会动向、市场变化、科技发展、国家安全的重要战略资源，未来的信息世界是"三分技术，七分数据"，得数据者得天下。因此这些大数据将成为人们取之不尽用之不竭的宝藏。

除来源广泛和容量巨大（volume）外，大数据还具有三个主要特征。① 数据的处理速度（velocity）要求快：能实时或准实时地满足用户的要求，特别是在一些应急应用场合，例如，防汛抗旱、地震救援等，必须具备快速响应能力。② 要保证数据的正确性（veracity）：即数据真实，大数据中的内容虽然是与真实世界中发生的事件密切相关的，但其中各种数据混杂，真假难辨，需要采取有效方法进行过滤、抽取，以确保参与计算的数据是真实的、正确的，才能从这一庞大数据集中析出所需的信息、知识。③ 数据的价值（value）高，价值密度低：相对于大数据集而言，用户获得的结果数据往往只占很小一部分，体现出数据价值密度较低的特点，但对于特定用户而言，这个结果数据因为正是其所需的，因而对其具有很高的价值。

针对大数据的五"V"特征（volume、variety、velocity、veracity、value），需要解决大数据的若干问题，涉及不同方面的技术，包括大规模并行处理技术、数据挖掘理论与技术、分布式处理技术、分布式数据库技术、云计算技术、互联网和可扩展的存储系统等。

2. 空间数据存储与管理技术

地理空间数据属于大数据范畴，具备大数据的所有特征，由于这些数据在地理上是分布的，对这样的数据进行高效存储与管理是网络 GIS 迈向成功的关键。自世界上第一个 GIS 应用系统诞生以来，空间数据的组织与管理一直制约着 GIS 技术的发展与进步。优良的空间数据结构、高效的海量空间数据组织模式、面向应用的分布式数据存储方式和索引算法将提高 GIS 应用系统中各种功能的实现效率。伴随 GIS 的发展历程，空间数据的组织结构、存储方式及管理模式发生了较大变化。在空间数据模型方面，可划分为两种主要的数据模型，即对象模型和场模型；在空间数据结构方面，地理空间数据结构可划分为矢量数据结构、栅格数据结构及矢量栅格一体化数据结构三种类别；在空间数据的存储和管理方面，GIS 经历了文件系统、文件系统配合关系数据库管理系统、扩展的关系数据库管理系统、对象-关系型数据库管理系统及面向对象数据库管理系统等若干个发展阶段。可以看出，GIS 空间数据的组织与管理技术是伴随计算机软硬件技术和商用数据库管理系统等多种信息技术的发展进步而不断向前推进的，并在充分利用新产品、新技术服务于 GIS 的同时，以空间信息科学领域相关理论为立足点不断地深化 GIS 理论与技术。

早期 GIS 采用文件系统进行空间数据的组织与管理，数据利用率不高，存取效率低，还容易加重网络负担，弊端非常明显。随着 GIS 的发展，人们将商用数据库管理系统引入其中，即空间数据仍使用文件方式管理，而属性数据使用关系数据库进行管理，空间数据与属性数据之间通过惟一标识码进行连接。采用这种空间数据存储与组织方式的 GIS 应用系统成为 20 世纪 90 年代 GIS 数据管理的主流技术。此后，随着商用数据库技术的进步及对分布式空间数据存储与管理的迫切需求，更多的 GIS 企业与数据库厂商合作，采用对象-关系型数据库管理系统进行空间数据的存储与管理，以满足 GIS 的各种应用需求。基于对象-关系型数据库的 GIS 空间数据存储与管理，就是将空间数据及相应的属性数据存放于同一个商用数据库管理系统中进行一体化管理。面向对象技术的使用，使 GIS 应用系统对空间实体对象的描述更贴近于人类对地理环境的认知，同时使系统具有更好的扩展能力。

ESRI、Bentley 和 Intergraph 等著名 GIS 企业采用面向对象方式对空间实体数据建模，均推出了基于对象-关系型空间数据库的 GIS 系列软件产品。

采用对象-关系型数据库或面向对象数据库进行海量空间数据存储与管理，为 GIS 提供集成化和集约化的空间数据管理模式，将为 GIS 应用带来更多益处。这种模式能充分利用商用数据库管理系统在海量数据管理、并发控制、事务处理及数据安全性等方面的优势，增强 GIS 的数据管理能力，为网络 GIS 提供高效、安全的空间数据管理机制。采用集成化结构的商用空间数据库管理软件中，应用最广泛的是 ESRI 公司的空间数据库引擎 ArcSDE，它能将各种数据存储在关系数据库或对象-关系型数据库管理系统中,使得在跨任何网络的多个用户群体中共享空间数据库及在任意大小的数据级别中伸缩成为可能。MapInfo Spatialware、IBM 公司的 DB2 Spatial Extender 及原 Informix 公司的 Spatial Data Blade 和 Oracle 公司的 Spatial Cartridge 等也具有类似功能。超图（SuperMap）采用一种"超关系"模型表达基本地理对象、复合地理对象及其属性，数据组织形式为类似于树状的层次结构，SuperMap SDX＋除支持传统的数据库引擎和文件引擎外，还增加了 Web 引擎,访问基于 OGC（Open Geospatial Consortium，开放地理空间信息联盟）的网络数据服务，降低了最终用户使用的复杂度，提高了 GIS 综合应用的完整性与灵活性。

SDE（spatial database engine，空间数据引擎）是一种介于应用程序和数据库管理系统之间的中间件，处在用户应用和异构空间数据库之间，通过开放易用的编程接口为应用系统提供空间数据的访问功能。对于使用不同厂商 GIS 的客户，可以通过 SDE 将自身的数据提交给大型对象-关系型数据库系统，从而实现不同来源空间数据的统一管理。同样，客户也可以通过 SDE 从对象-关系型数据库中获取其他类型的属性数据。

基于对象-关系型数据库或面向对象数据库的空间数据库系统，可实现海量空间数据的分布式无缝存储与管理。传统 GIS 应用系统中，空间实体数据通常以图层的形式进行组织，即同一专题类别的空间数据组织为一个图层，如道路、居民地、水系等，而每个图层又以文件的形式保存，其对应的属性数据则保存在关系数据库中，ESRI ArcView 的 Shape 文件和 MapInfo 公司的 Tab 文件均属于这类管理模式。这类空间数据管理模式不能满足网络 GIS 应用系统对海量、分布式空间数据处理的要求，更不能满足对空间数据安全性、事务性及并发性等方面的应用需求。利用商用对象-关系型数据库管理系统或面向对象数据库管理系统可以很好地解决上述问题，即通过建立无缝的、分布式的、面向对象的空间数据库，为网络 GIS 应用提供空间数据服务。不同于传统 GIS 数据管理方法，这种模式可实现地域范围更广、类型更多的空间地物实体的统一管理，突破了传统的图幅范围限制，避免了人为分割图幅而造成的空间信息不连续、图幅接边处信息易丢失与失真等问题。

21 世纪以来，数据存储技术得到快速发展，磁存储、光存储的密度和容量均有大幅度提高，体全息存储、蛋白质存储等新型存储技术应用前景广阔。与此同时，网络存储技术（如 NAS、SAN、云存储等）得到长足发展，并已经规模化、商用化。这些先进存储技术的应用可以轻松实现在更小的物理空间范围内存储更多的数据。高效的数据压缩技术使在网络上快速传输海量数据成为可能，基于 DIC（data intensive computing，数据密集型计算）而实现存储系统及计算系统的功能迁移策略预计将改善存储系统性能。在这些先进的数据存储、压缩、传输和计算等技术基础上，网络 GIS 有可能在海量分布式空间数据的存储、管理、分发等方面取得较大突破，并向用户提供更安全、更高效、内容更丰富、功能更稳定的空间信息和网络服务。

3. 计算机网络技术

计算机网络是实现计算机之间通信的软件和硬件系统的统称，以资源共享为目的，通过数据通信线路将多台计算机进行互联，其中共享的资源包括计算机网络中的硬件、软件数据、知识等。

计算机网络技术和 GIS 应用相结合，根据使用范围可以分成三个层次的应用类型，即局域网 GIS 应用、广域网 GIS 应用和 Internet GIS 应用，而从网络应用模式划分，可分为以下 4 种类型。

（1）主机加终端的网络。这样的网络模式及其拓扑结构属于集中式网络类型，即若干台主机作为服务器，所有的终端设备通过网络线路与主机相连接。当用户通过终端进行操作时，要求与服务器保持持续的连接，因而对线路的连通性要求高。与此同时，服务器承担着所有的工作负载，如同人的心脏一样，需要维持和多个客户端的连接，因而对服务器的性能要求较高。早期的主机和网络存在的主要问题是速度较慢，客户端一般使用字符终端，无法显示和处理图形，应用领域受到很大限制，并且当服务器发生故障时将导致整个网络瘫痪。近年随着计算机硬件技术的发展，高性能服务器及其集群可以充当主机的角色，在一个局域环境下提供高效的数据和功能服务。

（2）工作组级的对等网络。工作组级的对等网络是指加入网络的每台计算机彼此地位相等，相对独立，网络中的计算机管理着各自的资源。在通信中，每台计算机既可以作为其他计算机的服务器，提供数据存取、共享和资源服务，又可以作为客户端访问其他计算机所提供的服务。这类网络类似于对等网络，具有构造容易、维护简单、使用方便、缺少集中控制等特点，在保证安全性的前提下，可以实现向更大规模的广域网扩展。

（3）客户/服务器网络。客户/服务器网络结合了主机终端网络和工作组对等网络各自的优点。在这种模式的网络中，服务器能够集中管理核心资源（如用户和安全信息），同时客户机也具有一定的自主控制能力和计算能力，因此可以实现软件资源的灵活配置，充分发挥客户机和服务器的计算处理能力。这类网络模式已经成为现在的主流计算模式，不仅可以减轻服务器负担，降低对网络传输能力的要求，而且有利于减少网络建设和使用成本，具有很大的灵活性和伸缩性，易于部署和使用。

（4）Internet。Internet 是一个全球范围的基于混合拓扑结构和多种通信协议的网络，其特点是覆盖全球，用户众多，易于连接。主要问题是安全性差、管理难度大、网速虽在不断提升但仍然满足不了日益增长的需要。

计算机通信网络技术的发展与广泛应用，为 GIS 的发展带来了诸多契机。利用计算机网络，GIS 可以实现更多更复杂的功能，提供内容更为丰富的空间信息服务。例如，通过网络技术使得海量的空间数据库在地理位置上能够以分布式的形态存在，各个数据库可以局部地进行生产、更新和维护，而网络又使这些分布在不同地理位置的空间数据库可相互连通与协作，实现网络存储、数据共享及各种网络计算。Internet 的发展为 GIS 空间数据在更大范围内进行获取、查询、分发、发布提供了可靠的技术平台，为 GIS 数据的并行处理和智能服务提供了切实可行的技术方法。

4. 无线通信与移动定位技术

无线通信技术近几年得到空前发展，很大程度上已经改变了人们的生活和工作方式。由于它摆脱了线缆约束，人们能够自由进入无限可能的无线世界，尽情享受科学技术带来的种种便利。

目前，我国的智能手机总拥有量位居世界第一，并且还在以每年几千万部的速度增长，手机已成为人们日常生活的必需品。其他的无线通信设备，如笔记本电脑、掌上电脑、平板电脑、可穿戴设备（智能眼镜、智能手表、智能手环）等也逐步被广泛使用。这些都有力地推进了无线技术在人们日常生活中的应用。

随着无线通信技术的日趋成熟和移动通信设备的广泛应用，无线通信技术、Internet 和 GIS 技术的结合越来越成为人们瞩目的焦点，以实时定位为基础的应用需求也在不断增加。

将移动设备和专业的地理信息服务相结合，可为人们提供丰富的实时位置信息。移动设备获取地理数据的方式有两种：一种为预先把地理数据放入移动设备中，由于移动设备存储能力较弱，能够提供的服务也很有限；另一种方式是移动设备通过无线网络以 HTTP（hyper text transfer protocol，超文本传输协议）和 WAP（wireless application protocol，无线应用协议）等应用协议向 Web 服务器发出数据请求，然后从服务器上获取信息并在移动设备上以图形、文字、多媒体等方式表现给用户。

网络 GIS 与无线通信技术的结合给人们带来的最大、最直接的好处就是移动定位服务，即为用户提供随时随地的位置信息服务。目前应用比较广泛的移动定位技术是以 GPS 为代表的 GNSS，其基本原理是将导航卫星上的信号传递给 GPS 信号接收机，经过误差处理后，将位置信息传给连接设备，经由连接设备将位置信息显示于移动终端设备。

导航与定位技术发展迅速，任何人走在大街上都可以利用手机查询出感兴趣的最近餐馆、商店、超市、娱乐场所的位置，车载导航系统成为标配，方便人们及时获取和优化行车路线信息，节约时间和费用。人们来到一个陌生的城市不必担心会迷失方向，利用导航与定位技术可以迅速查询出附近地图及主要空间参照物，引导其快捷地到达目的地。随着全息地图技术的发展，以全息位置地图为基础，通过位置实现多维时空动态信息的关联，有效地将各种位置空间信息、传感网信息、社交网信息、自发地理信息、实时公众服务信息等相互连接，可以实现无处不在的空间信息智能服务，给出行带来更大的便利。

再以医疗救护为例，当向急救中心请求帮助时，急救中心可以从 GIS 提供的电子地图上快速定位到患者所在具体位置，迅速查询出离患者最近的可用急救车辆，并安排调度，实施紧急救助。患者进入救护车后，急救中心可以通过车载无线通信设备，指导救护车上的医生实施救护治疗，从而保证患者能够得到快速、及时的救助与治疗。

正在稳步推进的通（信）导（航）遥（感）一体的天基信息实时服务系统，其目标是"一星多用、多星组网、天地互联、多网融合"，在统一基准的前提下，通过星地协同、组网传输、数据挖掘和智能处理等为不同的用户提供按需服务，这将有力促进包括室内外一体化导航定位等应用领域在内的位置服务产业的发展，可以为人们提供实时、全面、准确的天基信息服务，提升生活品质和工作效率。

5. 高性能并行计算技术

网络 GIS 中的空间数据存储、处理、分析、检索和服务等都需要运算能力强、响应速度快、存储容量大、性能稳定可靠的服务器设备。由于技术本身的限制，单个 CPU 处理速率存在上限，要满足地理空间大数据高效处理要求，计算机集群或并行计算机将发挥重要作用。

并行计算通常是指将一个计算任务划分成彼此相关性较小的多个子任务，并运行于多台计算机之上。通常图像各部分的相关性小，没有逻辑上的因果关系，因此在空间信息处理中，尤其是海量卫星遥感影像数据的处理上，很多情况可用并行处理方法。

目前，高性能并行计算的计算平台有两种实现方式，分别是紧耦合的大型机和巨型机、松耦合的分布式计算机系统。

1）大型机和巨型机

大型机和巨型机通常由多个 CPU 进行紧耦合而成，通过总线或高速交换开关来共享存储器，使用专用的处理器指令集、操作系统和应用软件，属于多指令流多数据流结构范畴。MPP（massively parallel processing supercomputers，大规模并行处理巨型机）由一组相对并不昂贵的 CPU 构成，由高速互联网将它们连成一个逻辑单元，利用一套专业的并行处理软件使这些处理部件像一个部件那样运行。MPP 能够提供强大的计算能力，已经成为高性能科学计算的主要硬件平台，是巨型机的发展方向。

2）分布式计算机系统

分布式计算机系统是指多个分散的相对独立的计算机经网络连接而成的多计算机系统。其中各个单元相互协同工作又高度自治。控制分布式计算机系统的是分布式程序，它能在整个系统内进行宏观的资源管理，动态地进行资源配置和任务划分，共同完成计算任务。分布式计算机系统具有模块化、并行性和自治性等特点。由于微型计算机的性价比优于大型机，使用若干台微机或工作站构成分布式多机系统，采用分布式处理方式取代集中式大型主机结构，能为政府、高校及企事业单位提供更优的高性能计算平台。目前，云计算、网格、对等计算等是在广域网环境中构建分布式计算机系统中较热门的几种技术。

（1）云计算。云计算（cloud computing）是基于 Internet 的一种计算模式，为用户提供虚拟化的、动态、可扩展的资源或服务。由于利用 Internet 上的计算资源、存储资源和通信资源进行计算和分析，这种计算模式可为用户提供超强的计算能力和弹性存储能力。云计算有多种定义，最有代表性的是 NIST（National Institute of Standards and Technology，美国国家标准与技术研究院）给出的定义：它是一种按使用量付费的模式，可以为用户按需提供可用、便捷的网络访问，进入可配置的计算资源共享池，网络本身、服务器、存储器、应用软件、服务等都属于资源。云计算在为用户快速提供这些资源时，只需很少的管理工作，与服务提供商之间的交互也较少。用户在购买云计算服务后，可以通过台式机、笔记本电脑、智能手机等方式接入，按自己的需求进行运算，从而获得廉价、高性能云计算服务。

（2）网格计算。网格（grid）是利用 Internet 或专用网络将分布在不同地域内的计算资源、存储资源、通信资源、软件资源、数据资源、信息资源和知识资源等连成一个逻辑整体，实现在网络这个虚拟环境上的资源共享和协同工作。网格是网络技术快速发展与网络应用需求剧增的产物，也是解决网络应用产品规范不一、服务成本过高等问题的关键技术，被称为下一代 Internet 技术，构成了未来的信息网络基础设施。

网格计算（grid computing）技术可以连接全球范围内异构的"信息孤岛"，形成庞大的全球性计算和存储平台。常提及的计算网格、数据网格、信息网格、知识网格、服务网格等是网格技术在不同领域（或不同层次）的应用范例。计算网格侧重于分布式、大规模、高性能计算；数据网格侧重于海量数据的分布式存储、检索、提取；信息网格侧重于信息共享、集成、融合和互操作等，可以将分布的计算设备、数据、信息等组织成一个逻辑整体，为不同领域应用提供共享信息，如空间信息网格、生物信息网格等；知识网格基于网格环境中的数据、信息、软件等进行数据挖掘和知识发现，为特定问题求解提供可信、准确的知识，为科学决策提供依据；服务网格是一种通用网格，服务被定义为基本应用模式，这种网格不仅支持科学计算，构成网格的众多管理域还支持通信服务、数据服务、信息服务、计算服务、交易服务等，并且用户的服务需求通常需要跨越多个管理域。

Martin Fowler 与 James Lewis 于 2014 年提出"微服务"概念后，服务网格的内涵和外延均得到延伸和扩充。微服务是一种独特的架构设计模式，通过将软件、Web 或移动应用拆分为一系列独立的服务（即微服务），用于特定的业务功能（如用户管理、用户角色、空间查询等）。由于微服务之间相互独立，可以分别用不同的编程语言和数据存储技术实现，相互间以轻量级的 HTTP、REST（representational state transfer，表征状态转移）或 Thrift API 通信，几乎不存在对微服务的集中管理。微服务与 SOA（service-oriented architecture，面向服务的体系结构）有一定的相似性，但经典 SOA 适用于部署一体化架构应用，倾向于平台驱动，而微服务必须是可独立部署的，因此更具灵活性和几乎无限的可扩展性，有利于简化构建、管理和维护应用程序。基于微服务的服务网格于 2016 年 9 月提出，这是一种使微服务之间通信更安全、更快速且更可靠的专用基础架构层，以 Linkerd 和 Envoy 为代表的框架随之出现，并于 2017 年加入 CNCF（Cloud Native Computing Foundation，云原生计算基金会），促使微服务的开放平台 Istio 的诞生。2018 年，Istio 发布 1.0 版本。

（3）P2P。P2P（peer-to-peer，对等网络）技术是分布式计算的另一个热门研究领域，近年来它在数据共享、即时通信及流媒体传输等领域取得了巨大成功，基于对等结构的分布式系统发展迅速，已成为构建大规模分布式系统的主要技术之一。P2P 技术与网格技术一样，可以为网络环境中大规模资源共享与集成提供解决方案。P2P 有两个层面的基本含义：首先是通信模式层面，这种模式有别于传统的客户/服务器模式，网络中的每个节点在行为上是自由的、在地位上是平等的，任意一个节点都可以发起一个服务请求，也可以接收来自其他节点的服务请求；其次就是对等网络层面，P2P 是建立在 Internet 上的一个动态变化的覆盖网络（overlay network），而不是一个物理网络，这种覆盖网由一些运行同一个网络程序的客户端互连构成，客户端彼此可以直接访问存储在对方节点上的数据，因而能提高网络传输效率，充分利用网络带宽，开发每个网络节点的潜力。按照覆盖网络的结构可以分为集中式、非结构化和结构化三类 P2P，其中，集中式 P2P 是最早出现的一种类型，以 Napster、QQ 为代表，数据采用分布式方式管理；非结构化 P2P 以一种分布、松散的结构来组织节点，以 Gnutella 为代表，具有拓扑结构简单、容错性好等优点；结构化 P2P 以一种严格的结构来组织网络节点，以 Chord 为代表，具有高效的数据查询和路由功能及可扩展性好的优点。

P2P 技术可以为分布式计算提供良好的平台，自提出以来，IBM、HP、Intel 等大公司都在积极试验这种技术在分布式计算领域的能力。尽管 P2P 技术在应用中还存在不少问题，这些问题集中体现在版权、网络带宽、管理、安全、运营模式和政策法规等方面，但由于它能使网络资源得到更加充分的利用和共享，对网络产生了深远影响。

（4）几种分布式计算的异同。网格计算、云计算、P2P 均为分布式计算技术，通过资源共享和节点协同工作为用户提供高性能服务，但也有一些实质性的区别。

网格计算强调把分散的资源聚合起来，支持为一个共同感兴趣的目标（如大型复杂科学计算）而形成的 VO（virtual organization，虚拟组织）提供足够的高性能服务，强调支持信息化应用和阶段性任务，是一种公益性为主的模式，更多地面向科研应用。云计算的资源相对集中，为用户提供底层数据资源使用和持久服务，主要针对广泛的企业计算和Web 应用，普适性更强，商业模型清晰。与 P2P 相比，网格更强调节点的性能和服务质量，而 P2P 则更加重视系统构建的灵活性和资源定位的准确性。若将三者优势结合起来，可以更好地实现网络环境下的资源共享和协同计算，为用户提供拥有坚实基础设施、强大计算能力、高可靠性、高灵活性的数据存取、计算、共享和处理环境。

习　题　一

一、名词解释

GIS，空间查询，空间分析，数字地球，智慧地球，智慧城市，智慧水利，供应链，位置服务，众源地理数据，GIS 网络化，移动互联网

二、填空题

1. GIS 必须具备 5 个基本功能，即_____、_____、_____、_____和_____。

2. 图幅接边是指将多张_____按格网拼接为一个_____。

3. 智慧城市是在_____基础上，通过由各种传感器构成的_____对现实城市进行_____和_____。

4. 智慧水利以_____为核心，以_____、_____、_____为特征，是_____的延续和深化。

5. 供应链管理以_____为中心，包含了_____、_____和_____全过程管理，是一种集成化的管理模式。

6. 用 GIS 制作的军用电子地图较传统军用地图具有_____、_____、_____、_____、_____等特点。

7. 位置服务是 GIS 新兴的应用方向，它集_____、_____、_____、_____等技术于一体，为人们提供与位置相关的增值服务，其核心技术是_____、_____、_____和_____技术。

8. 众源地理数据主要包括_____、_____及_____等多源地理空间数据。

9. 大数据的"5V"是指_____、_____、_____、_____及_____ 5 个方面的特征。

10. 高性能并行计算的计算平台主要有两种实现方式，分别是_____和_____。

三、选择题

1. 从 1970 年到 1976 年，美国地质调查局建成（　　）多个 GIS，分别用于处理地形、地质和水资源等

领域的地理空间数据。

    A.30　　　　　　　　B.50　　　　　　　　C.80　　　　　　　　D.100

2. 我国 GIS 方面的研究工作始于 20 世纪（　　）年代。

    A.60　　　　　　　　B.70　　　　　　　　C.80　　　　　　　　D.90

3. 1994 年，中国 GIS 协会在（　　）成立，标志着我国 GIS 行业已经有了一定规模。

    A.上海　　　　　　　B.北京　　　　　　　C.郑州　　　　　　　D.武汉

4. GIS 区别于其他信息系统的最重要特征是（　　）。

    A.数据输入　　　　　B.数据编辑　　　　　C.空间查询和空间分析　D.图形显示

5. 一般的信息管理系统往往不需要对（　　）进行管理和操作。

    A.空间数据　　　　　B.属性数据　　　　　C.时间数据　　　　　D.文档数据

6. 2012 年底，美国国家情报委员会发布《全球趋势 2030》，将（　　）列为对全球经济发展最具影响力的技术。

    A.信息技术　　　　　B.自动化与制造技术　C.资源技术　　　　　D.健康技术

7. 以智慧水利建设为抓手，以（　　）为契机，形成对自然灾害特别是洪涝和干旱灾害的监测、预报和防御体系，提高防灾减灾能力和水平，实现人水和谐。

    A.部长制　　　　　　B.河长制　　　　　　C.湖长制　　　　　　D.市长制

8. 供应链管理中，供应商和用户之间发展出一些新型电子商务形式，主要的有（　　）。

    A.B2C　　　　　　　B.C2B　　　　　　　C.B2B　　　　　　　D.C2C

9. 提供位置服务的移动终端可以是（　　）。

    A.平板电脑　　　　　B.智能手机　　　　　C.数码相机　　　　　D.台式计算机

10. 众源允许利用（　　）的力量来完成任务，这一形式越来越成为不少领域数据采集和任务处理的重要选择。

    A.领域专家　　　　　B.行业领导　　　　　C.社会大众　　　　　D.合同被委托方

11. 网络 GIS 的典型代表是（　　）。

    A. MapGIS　　　　　B. WebGIS　　　　　C. RAID　　　　　　D. AutoCAD

12. 以下数据中，（　　）是 GIS 大数据的重要来源。

    A.遥感影像　　　　　B.矢量空间数据　　　C.社会经济数据　　　D.互联网数据

13. 用 ArcGIS 作为服务器来运行，前端使用 ArcView 以文件共享方式访问服务器数据，或者通过 ArcSDE 来访问数据库服务器的数据。这是（　　）的一种网络 GIS 方案。

    A.ESRI　　　　　　　B.Intergraph　　　　C.Bently　　　　　　D.MapInfo

14. 空间数据引擎是介于（　　）之间的一种中间件，能为应用系统提供透明、便捷的空间数据服务。

    A.客户机和服务器　　B.有线网和无线网　　C.CPU 和内存　　　　D.应用程序和 DBMS

15. 下述模式中，（　　）模式可以减轻服务器负担，降低对网络传输能力的要求。

    A.主机加终端　　　　B.对等网络　　　　　C.客户机/服务器　　　D.Internet

16. 网络 GIS 和无线通信结合给人们带来的最大好处就是（　　）。

    A.移动定位服务　　　B.网上购物　　　　　C.自动驾驶　　　　　D.网络游戏

17. 云计算可以为用户提供虚拟化的、可扩展的资源和服务，主要利用 Internet 上的（　　）进行计算和分析。

    A.计算资源   B.算法资源   C.存储资源   D.通信资源

18. 可以连接全球范围内异构的"信息孤岛"，形成庞大的全球性计算体系的是（   ）。

    A.网络计算   B.云计算   C.网格计算   D.边缘计算

19. 微服务拓展和深化了服务网格的内涵与外延，这是一种独特的架构设计模式，通过将（   ）拆分为一系列的独立服务，实现特定业务功能。

    A.软件   B.硬件   C. Web   D.移动应用

四、判断题

1. GIS 可以根据用户的不同需求，准确、真实、图文并茂地输出用户感兴趣的信息。

2. 计算机科学和网络技术的发展会影响 GIS 技术的发展。

3. GIS 源于地图，因为构成其地理数据库的大量数据源来自地图。

4. GIS 能为决策过程提供查询、分析和地图数据支持，从这种意义上也可以说 GIS 是一个自动决策系统。

5. 智慧城市是在数字城市的基础之上结合云计算、物联网建立的地理信息公共服务平台。

6. 数字城市存在"最后一米"问题，解决的主要方法是建立物联网。

7. 智慧水利是水利信息化的一种实现，主要解决水资源科学分配问题。

8. 智慧供应链管理实质上就是物流管理的自动化。

9. 位置服务包括室外、室内及两者相结合的导航与定位服务。

10. 多源 GIS 与众源 GIS 本质上是一样的，均是针对庞大繁杂的空间数据的处理。

11. 网络 GIS 是在需求牵引和技术驱动的共同作用下产生和发展的。

12. 网络 GIS 使各个独立的 GIS 基于网络相互连接，从而使空间数据和 GIS 功能得到广泛的共享。

13. 大数据典型特征是数据量巨大，对于特定用户而言，所需结果仅占极少部分内容，因此大量的数据不必参与运算，从而加快计算速度。

14. 有效管理一个 GIS 需要首先解决地理分布的海量空间数据的存储问题。

15. 先进存储和计算等技术的发展，保障了网络 GIS 向用户提供更安全、更高效、更丰富、更稳定的空间信息网络服务。

16. 计算机网络主要用于传输数据和发布信息，只要增大带宽，就能发挥出网络 GIS 各种优势。

17. 并行计算通常是指将一个计算任务的各个部分同时进行计算，而不是顺序地执行。

18. 网格计算强调资源聚合、虚拟组织和高性能服务，以公益性为主，主要面向科研应用；云计算强调提供底层数据资源使用与持久服务，以商务为主，主要面向企业计算和 Web 应用。

五、简答题

1. 简述国内外 GIS 发展历程及每一历程的特点。

2. 简述 GIS 的功能和特点。

3. 简述智慧城市、智慧水利与智慧地球的关系。

4. 为什么说 GIS 是智慧城市的"操作系统"？

5. 简述 GIS 在供应链管理中的应用，基于 GIS 的供应链物流分析主要包括哪些内容？

6. 根据 GIS 的功能与特点描述它在未来战争中的作用。

7. 分析位置服务的基本功能及面临的主要问题。

8. 简析众源地理信息的特点和支撑技术。

9. GIS 网络化具有哪些优点?

10. 阐述与 GIS 相关的大数据的种类及特点。

11. 简要分析空间数据存储与管理技术的发展情况。

12. 简述 GIS 与无线通信技术在为人们提供个性化移动定位服务方面的作用。

六、论述题

1. 围绕 GIS 的主要应用领域论述它在这些领域如何发挥作用。

2. 论述世界主要 GIS 企业为用户提供的网络化 GIS 方案。

3. 从存储网络化和计算网络化两方面论述 GIS 网络化现状及可能的发展方向。

4. 论述智慧城市构成及主要技术,以实例分析网络 GIS 技术在智慧城市中的地位和作用。

第 2 章 网络 GIS 基础

本章将阐述网络 GIS 的发展过程、基本特点与功能、体系结构、数据组织与管理、共享与安全、通信协议与规范、设计开发技术等内容,为全面了解网络 GIS 奠定基础。

2.1 概　　述

回顾计算技术发展史,不难发现从独立主机时代到客户/服务器计算模式直至 Internet 的分布式计算时代,进化动力始终围绕更高性能、更低成本、更人性化、更智能化的操作方式。大数据驱动的各行业、各领域对优化计算模式、提高计算性能产生了迫切要求,于是网格计算、云计算、边缘计算等各种先进计算理念和计算模式如雨后春笋般发展起来。与计算模式发展相适应,GIS 体系结构大致经历了单机结构 GIS 和网络 GIS 两个发展阶段。

20 世纪 70 年代初到 80 年代初的十多年里,由于当时的计算机硬件平台主要只有大、中、小几种类型,相应的 GIS 技术的硬件平台是由一台或多台主机和与主机相连的若干台用户终端构成的,软件系统(包括系统软件、应用软件和数据等资源)全部驻留在主机上。

1981 年以后,微处理技术和磁记录技术迅猛发展,PC 功能不断增强,存储容量不断增大,性价比迅速提高,以前只能由小型机、中型机或大型机承担的任务,在一般档次的 PC 上就能完成。与计算机及微处理技术发展相适应,这一时期出现了许多以 PC 为硬件平台的 GIS 软件,即单机结构的 GIS。GIS 由一台 PC 及相关的 I/O 设备和装载于 PC 硬盘上的 GIS 软件组成。这种以 PC 为核心的技术应用体系结构,把原有集中在主机上的数据计算处理、屏幕管理、用户界面生成和交互与数据维护等功能全都在用户的本地机上实现。

20 世纪 80 年代中期开始,随着网络及其相关技术的发展和普及,基于局域网、广域网和 Internet 的 GIS——网络 GIS 随之成为研究热点和 GIS 重要发展方向。

随着 Internet 的发展,几乎所有大型 GIS 商业软件都在向 Web 靠拢,以提供地图检索、分析、发布、缩放、漫游等。现阶段国内外有数十种基于 Internet 的网络 GIS 产品,WebGIS 成为网络 GIS 的主要代表,即通常所说的万维网 GIS。它是 GIS 技术和 WWW(world wide web,万维网)技术的有机结合,是 Internet 或 Intranet 环境下的一种传输、存储、处理、分析、显示与应用地理空间信息的计算机系统,它使得 GIS 各项功能实现的范围不再局限于局部网络,而是扩展到更加广阔的 Internet(有线和无线),实现形式趋于多样化,不仅包含常规的 WebGIS,还包含网格 GIS、移动 GIS、云 GIS、P2P GIS 等各种基于不同计算环境和计算模式的 WebGIS。

2.1.1 传统 GIS 的不足

随着信息技术尤其是通信网络的迅速发展,人们需求信息的类型和数量发生了很大变化。地理空间信息的应用不仅仅限于专业人士，而是被广泛应用于各行各业和人们生活当中。在这种情况下，独立主机结构 GIS 的弊端很快显露出来。归纳起来主要表现在以下 6 个方面。

（1）数据互操作性较差。数据和应用程序集中管理，部门间地理信息交互性比较差，难以进行互操作。

（2）GIS 数据共享能力弱。传统 GIS 的地理数据存储方式主要有两种，即以文件的形式存储和以数据库的形式存储。文件自身的特点导致其共享困难；使用数据库管理系统来管理地理空间数据也往往因为没有统一的标准或规范导致很难在不同行业或同一行业的不同部门之间实现共享。

（3）数据冗余严重。由于传统的 GIS 数据组织和管理是相对独立的，不同 GIS 用户为了满足自身的需要，往往都需各自生产地理空间数据和属性数据，然而，这些数据可能大多已由其他的 GIS 用户在自身的应用中生产出来，这样势必造成大量的数据冗余。

（4）空间分析能力有限。GIS 中的空间数据往往都是海量的，而单个计算机的处理能力有限，导致 GIS 对大数据量的空间数据分析和处理能力不高。

（5）成本高昂。对于那些只需要 GIS 提供常规地图查询和处理功能的单位来说，如果配置功能齐全的单机版专业 GIS 软件，显然是一种浪费，会导致企业投入成本过高。

（6）应用拓展困难。随着业务的发展，数据量越来越大，会有新的需求产生，需要扩展 GIS 功能，提升性能。独立主机 GIS 的结构意味着这种拓展可能是颠覆性的系统重建，而不是完善性的功能优化，无论哪种方式都意味着更加高昂的成本投入（包括时间、人员、财力等），使拓展变得困难。

2.1.2　网络 GIS 特点

网络 GIS 使各类用户能通过不同的浏览器对空间数据进行访问，实现检索、查询、制图输出、编辑等 GIS 基本功能，同时也是 Internet 上地理信息发布、共享和交流协作的基础。与独立主机结构的 GIS 相比，网络 GIS 最明显的特征是数据的采集、存储、处理、应用 4 个环节均呈现出高度的空间分布性，一方面使 GIS 大众化及空间数据共享成为现实，另一方面，也使网络 GIS 整体性能提高面临诸多困难。

1. 数据特点

网络 GIS 的地理空间数据具有采集手段多元，数据地理分布，多源、异构、海量，表现形式多样化等特点。

（1）采集手段多元。空间数据的采集手段越来越多，除常规的数据录入、数据转换、数字化等途径外，还存在多种现代化采集手段，例如，由卫星到地面等不同平台构成的遥感影像采集体系和转换处理技术、各种物联网构成的实时空间数据采集体系、志愿者地理信息、大数据分析获取的空间数据等，成为网络 GIS 的重要数据来源。这些立体的、多元的采集体系本身也具有显著的广域地理分布特性，给数据的传输、存储和处理带来了挑战。

（2）数据地理分布。网络 GIS 地理空间数据的分布性体现在两方面，既有空间数据本身的地理分布性，也有空间数据存储地域的分布性。这是由 GIS 数据所具有的典型的空间特征和专题特征所致，即地图的平面二维分布和垂直方向的第三维分布。按行政区划、流域甚至经纬度划分，不同地域均有其相关的 GIS 数据，而且不同层级地域的 GIS 数据所代表的信息及数据精度均有所不同。在网络应用服务中，需要根据这一特点，按照由上至下、由粗到细的方式分地区、分级别地进行数据组织。空间数据在垂直方向的第三维分布将产生各种专题数据，如相同地域范围内同一比例尺地图既有道路数据也有水文数据，既有地籍房产数据也有地下管线数据等。现实中，不同专题的空间数据往往由不同行业部门来采集、存储、处理和管理，客观上使得不同专题的空间数据存储具有典型的地理空间分布特性。因此，在网络应用服务中，要根据该特点对数据进行分专题、分类别、面向应用要求的组织。

（3）多源、异构、海量。网络 GIS 的地理空间数据来源广泛、结构多样，容量巨大，既可采用文件方式存储和管理，也可以将其存储于数据库管理系统中。同样为文件方式的空间数据，其数据文件格式也迥然不同。因此，需要根据空间数据的不同结构特征采用合理的组织和管理方法，并考虑它们之间的转换和交互。

（4）表现形式多样化。空间数据在网络 GIS 浏览器上有多种不同的表现形式。概括来说，主要基于三种浏览器：① 专用浏览器，如 ArcGIS Explorer，这类虚拟地球浏览器可以将远程访问数据与本地空间数据集成在一起进行显示，实现快速的 2D 和 3D 空间信息浏览；② 通用 Web 浏览器，如 Internet Explorer 等，这类浏览器主要支持通用格式的栅格数据显示；③ 通用浏览器加特定插件，如在通用 Web 浏览器上集成 ActiveX 或 Java Applet 等插件，通过这些插件访问远程空间数据，并在客户端显示和操作获得的空间数据。

2. 用户特点

不仅空间数据具有地理分布特性，数据的服务对象（即用户）也具有客观分布性，并且分布范围十分广泛，各个行业、各个领域几乎都不同程度地分布着对网络 GIS 有强烈需求的用户，它们类型多样、需求各异，也体现出应用的纷繁多样性。

（1）用户分布广泛。越来越多的用户通过 Internet 获得各种空间信息服务，如移动互联网服务、移动办公、电子商务等。基于 Internet 的网络 GIS 采用页面操作取代传统 GIS 的窗口操作，简单易用，通过 Internet 实现客户机和服务器间的信息交换，这就意味着信息传递具有全球性，服务具有广泛性，也意味着使用空间数据的对象可以是分布在全球范围内的用户，他们可以随时随地地获得各种网络 GIS 提供的空间信息服务。

（2）用户类别多样、需求各异。按用户性质分，可以分为政府部门、企事业部门及社会大众等不同层次的用户，它们对数据及其处理要求是不一样的。按单位内部业务划分，有管理、技术、操作三个层次的用户，它们对数据结果的要求和数据处理权限均有差异。无论什么层次的用户，最终体现为对数据的需求不同，网络 GIS 要针对这些不同的用户提供满足多样化需求的服务。

（3）用户访问随机性大。环境变化容易导致多用户并发访问系统、竞争资源，或者系统访问效率低下、资源浪费严重等情况，这种访问的随意性实际上给数据存取和系统运行带来了相当大的不确定性和严峻挑战。

3. 系统特点

分布在网络上的网络 GIS 应用系统，其特点主要体现在以下 5 方面。

（1）基于 Internet/Intranet 标准。网络 GIS 采用 Internet/Intranet 标准，以标准的浏览

器为客户端，通过 TCP/IP、HTTP、WAP 等协议，可以访问任何地方的空间数据。

（2）分布式体系结构。网络 GIS 采用分布式体系结构，形成客户端和服务器端相互分离、协同工作的多层分布结构，通过各种均衡策略有效平衡两者之间的负载。这种结构适应了空间数据分布、用户分布及服务器分布的特征，可以充分利用网络资源，采用分布式协同计算来完成复杂地理空间计算任务。这样，一些诸如大规模查询任务便可交给一组高性能服务器执行，而数据量较小的简单操作则由本地计算机完成，整体上提高了计算资源和存储资源利用率。

（3）与平台无关。网络 GIS 的分布性、多用户特点决定了它必须具备较强的跨平台性能，即能够适用于异构系统。一般来讲，网络 GIS 客户端采用的是通用浏览器，对客户端软硬件没有特殊要求。在服务器端无论采用什么样的操作系统和 GIS 软件，由于通过网络将请求和处理结果发往客户端，GIS 服务器的处理方式对客户端而言是透明的。任一用户均可以通过浏览器访问任何得到许可的 GIS 服务器。这种特性使得远程异构数据共享和互操作成为可能，极大地提高了软硬件平台的独立性。在具体实现方面，由于各技术的特点不同，在平台无关的实现程度方面是不一样的。为了提高系统的整体效率，有些技术与具体的操作平台之间并不能达到完全的无关。

（4）成本低廉、操作简单。无论是以何种结构来组织开发的网络 GIS，它都是一个基于网络的"客户/服务器"或"浏览器/服务器"结构的多用户空间信息系统。客户端往往只需使用 Web 浏览器（有时可能会安装一些插件以处理图形数据），无须拥有完整的 GIS 软件系统，而数据和软件的管理与维护基本上由服务器端完成，因此系统的成本比以往的全套专业 GIS 软件平台要少得多，客户端软件的简单性所节省的维护费用也是不容忽视的。

（5）支持地理分布存储的多源数据。网络 GIS 特别是 WebGIS 能充分利用已有的各种空间信息资源，支持地理上分布存储的多种来源和格式的空间数据，不仅有利于数据维护和更新，而且有利于平衡系统负载，提高存取速度。

总之，与传统 GIS 相比，数据、系统、用户三要素在网络 GIS 中构成的 4 种分布：采集分布、存储分布、处理分布、应用分布，加快了网络 GIS 应用和发展的进程，与此同时也带来了各种复杂的问题，例如：什么样的分布是合适的；如何部署这些分布的对象；如何协调分布的对象，以使整个系统性能最优。

2.1.3 网络 GIS 功能

在 Internet 支持下，根据 TCP/IP 和 HTTP 协议，网络 GIS 把支持标准的 HTML（hyper text markup language，超文本标记语言）的浏览器作为统一客户端（即 WebGIS 浏览器），其核心是将 GIS 的功能嵌入满足 HTTP 和 TCP/IP 标准的 Internet 应用体系中，实现 Internet 环境下地理空间信息的有效管理、处理、分析和服务。网络 GIS 具备以下一些主要功能。

（1）网络存取。一个客观现实是，不同部门的地理空间数据分别存储于各自的本地节点上，利用网络的强大传输和存储能力，可以将这些空间数据按照网络 GIS 的处理和服务要求进行网络化存储、并行传输，从而可以为今后的使用快速提供源源不断的资源。

（2）网络计算。网络 GIS 可以通过选择不同的计算模式（如云、网格等）调动地理分布的各个节点的资源，实现协同计算，提高空间数据处理效率。

（3）查询检索与联机处理。利用浏览器提供的交互能力，网络 GIS 可以实现图形及属性数据的查询检索，并通过与浏览器交互来远程操作这些数据。

（4）空间数据可视化。通过某种 Web 传输方式把图形及属性数据或分析结果发送到客户端，供用户查看。

（5）空间模型分析与服务。在服务器端提供各种应用模型分析与实现方法，通过接收用户提供的模型参数，利用网络计算及时进行处理并将计算结果以图形或文字等方式返回至浏览器端。

（6）Web 资源共享。Web 上存在大量信息资源，它们多数具有空间分布特征，利用网络 GIS 对其进行组织和管理，可为用户提供基于空间分布的多种信息服务，提高资源利用率和共享程度。

（7）空间数据发布。网络 GIS 以图形、图像、动画、文本等多种方式显示空间数据和处理结果，较之于单纯的 FTP 或者 HTTP 方式，它使用户更易获取所需的数据，并且使得数据共享和传输更加方便，特别是包含了 Web Sevice、REST、AJAX 等技术的 WebGIS 2.0 可以直接使用数据流，使传输效率和用户体验得到显著提升。

网络 GIS 是对传统 GIS 应用模式的变革，对于推动 GIS 技术发展和进步具有以下主要作用：

（1）促使 GIS 走向网络化、大众化，使 GIS 走进人们生活、工作和学习中；

（2）加快了空间数据获取和分发速度；

（3）使空间分析和空间信息服务无处不在、无时不有；

（4）为各种智能应用提供地理信息公共服务平台和基础地理空间框架；

（5）使 GIS 与其他软件的集成变得容易，推动 GIS 走向纵深和宽广。

2.1.4　应用服务模式

网络 GIS 应用领域非常广泛，涉及国民经济和社会发展的大多数部门、行业乃至个人。不同的应用领域具有不同的应用服务模式要求，这些模式大致分为以下 5 方面。

（1）空间数据下载。这种应用通常是将 GIS 的原始空间数据以 Web FTP 方式从服务器端下载到客户端，供客户端存储、备份或处理。其工作原理是：服务器将组织好的空间数据文件以 Web 方式提供 FTP 下载列表；Web 浏览器发出 FTP 下载的 URL 请求；Web 服务器接到 URL 请求后，将存储设备上的相应数据文件通过 FTP 方式传送给 Web 浏览器；Web 浏览器将数据文件保存在本地；客户端可备份或通过 GIS 软件使用下载后的空间数据。在这种服务模式中，服务器和客户机均不对数据做任何处理，它们之间除了下载的内容为地理空间数据外，与 GIS 技术相关性不大。其不足主要在于无法在线浏览。

（2）静态地图显示。这是一种简单的在线浏览服务模式，为客户端提供能够在线浏览的静态地图图像。其工作原理是：服务器提供含有地图图像序列的 Web 网页；浏览器向服务器发出获取相应 Web 页面的 URL 请求；服务器根据请求参数发送给 Web 浏览器所需要的地图图像文件及 Web 页面；Web 浏览器可在线浏览这些地图图像。在这种模式中，服务器需利用 GIS 和相关图像处理软件创建或生成地图图像序列，按地图浏览的预计模式合理组织和管理这些序列文件，并存储于服务器中的相应虚拟目录中，通过向客户端提供 Web

页面及地图图像，使得在客户端可以在线浏览。这种应用服务方式主要应用于类似旅游地图信息发布这种在短期内信息变化较少的领域，其不足主要在于无法定制地图图像大小，也无法进行要素查询。

（3）动态地图浏览。动态地图浏览是指用户能在浏览地图时还能与之交互。静态图像浏览服务仅供使用者查看地图，而动态地图浏览则可以为用户提供信息导航，可查询相应地图要素的相关信息，还可根据需要做进一步的地图分析和处理。其工作原理是：浏览器向 Web 服务器发出 URL 请求，请求中可能包含地图范围、比例尺、主题等参数；Web 服务器根据 URL 请求及相应参数，启动地图生成器、GIS 接口程序、GIS 软件或制图脚本等，临时生成地图图像，并将其传送给 Web 浏览器显示。由于这种交互式的地图图像或图形是根据确切的参数在使用过程中临时生成的，具有较大灵活性，其典型应用有 Google Map、高德地图、百度地图等。

（4）空间元数据查询。空间元数据是关于空间数据的数据，用以描述用户可能感兴趣的各种数据集合的特征，一般包含有主题类型、地图投影、坐标系、文件格式、数据源、生产时间、生产者及该数据所存储的网络地址等信息。空间元数据库中并不包含相应的空间数据集，但是可通过元数据查询空间数据所在的网络地址并进一步获取所需的数据。因此可通过发布空间元数据的方式进行空间数据的网络发布，使用户能方便、及时地了解所关注的空间数据情况，并通过适当途径得到满足应用要求的空间数据。其工作原理是：浏览器发出标准的查询请求，Web 服务器接受查询请求，将其转给元数据服务器；元数据服务器对请求进行处理，启动服务器的元数据库，获得查询结果（空间元数据），并以 HTML或元数据形式传送给 Web 服务器；Web 服务器根据元数据查询结果获知所需空间数据的网络地址，向相应的空间数据库服务器请求数据，并将结果（空间数据）返回给 Web 浏览器。

一般情况下，网络 GIS 可以提供空间元数据项查询和图形界面查询等方式，这两种方式也可以统一使用。元数据项查询是给定元数据项的各项条件，如按数据类型、主题、投影、坐标系、生产时间等列出相应的空间元数据内容；图形界面查询则可在指定要查询的元数据项的基础上，通过指定位置或范围来得到元数据结果，如按矩形查询、按行政区查询、按指定的线目标查询等。

（5）数据预处理。数据预处理应用服务模式不是将分布式空间数据以原始格式简单下载给用户使用，而是在数据传输之前，对原始数据进行一定程度的预处理。预处理包括数据格式转换、投影变换及坐标系变换等。经过预处理后，数据的格式、投影、坐标系与客户机 GIS软件的具体要求一致，用户可以直接使用这些预处理后的数据。该模式中，服务器通常可以提供多种不同的数据预处理 Web 服务，用户根据需要使用相应的服务进行数据的预处理。这些预处理服务不但可以对来自服务器的数据进行处理，而且还可处理传送到服务器的数据。

2.2 网络 GIS 体系结构

伴随网络技术和计算机技术的发展，网络计算模式亦从早期的集中式体系结构的单一计算模式发展到后来的分布式的客户/服务器计算模式（两层体系结构）和浏览器/服务器计算模式（三层、多层体系结构）。

2.2.1 两层体系结构

按照逻辑关系，一个复杂应用程序可划分为表示逻辑、业务逻辑、事务逻辑和数据逻辑，如图 2-1 所示。各层主要功能如下。

（1）表示逻辑：主要负责前端用户界面；

（2）业务逻辑：主要为用户提供所需的业务服务，负责业务规则和流程处理；

（3）事务逻辑：主要为用户业务提供公共或特定的服务，并负责应用程序访问数据的安全性、完整性等；

（4）数据逻辑：主要负责数据库的存取、管理等。

这 4 个逻辑清晰地表明了各层之间的数据流动关系，网络 GIS 首先要解决的问题就是如何均衡各逻辑中的负载分配，形成适合用户要求的体系结构。

两层体系结构把网络 GIS 分成客户机和服务器两部分，客户端也称为客户浏览器。它们之间通过 Internet 或专网连接，在 TCP/IP、HTTP 等支持下实现信息的交互，形成客户/服务器（client/sever）计算模式（或称 C/S 模式），共同协调处理一个应用问题，如图 2-2 所示。

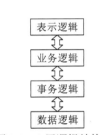

图 2-1　4 层逻辑结构

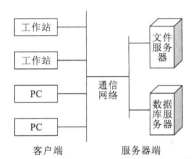

图 2-2　两层结构示意图（客户/服务器模式）

这里，客户机和服务器并非专指两台计算机（一台是客户机，另一台是服务器），而是根据它们所承担的任务来加以区分的。客户机和服务器相互独立、相互依存。一个系统中可以有多个客户机，或者多个服务器（服务器集群），或者兼而有之。

客户机通常是承载最终用户使用的应用软件系统的单台或多台设备，可以是高性能工作站，也可以是中低性能、使用方便的个人计算机，还可以是掌上电脑、平板电脑、智能手机、便携式计算机等移动终端。

服务器往往是一些高性能计算机（如刀片式服务器、工程工作站），其功能由一组协作的过程或数据库及其管理系统所构成，为客户机提供服务。

客户/服务器模式基于简单的请求/应答方式，即客户机向服务器发出数据处理请求，服务器端接收请求并对其进行处理，根据请求内容执行相应操作，将操作结果传至客户机一端。可以看出，只有经历这样的一个来回才能完成一项任务的处理。

一般来讲，数据逻辑部署在服务器端，表示逻辑部署在客户端，业务逻辑和事务逻辑可以部署在客户端，也可以部署在服务器端，或服务器端和客户端各有一部分。由于实际情况千差万别，这几种逻辑的部署情况有很大差异，两种极端情况如图 2-3 所示。

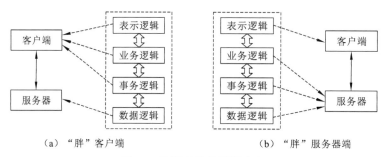

（a）"胖"客户端　　　　　　　　　　　（b）"胖"服务器端

图 2-3　两层结构的逻辑实现

图 2-3（a）表明，表示逻辑、业务逻辑和事务逻辑都在客户机一端实现，显然，客户机要承载的任务非常繁重，导致客户端臃肿，这就是常说的"胖"客户端，对应的也有"瘦"服务器一说；反过来，如果服务器一端承担过多的数据处理任务，如图 2-3（b）所示，业务逻辑、事务逻辑和数据逻辑都在服务器一端实现，则它（们）在响应多个客户机发出的空间数据处理请求时，可能性能跟不上，导致数据处理效率低下，这就是常说的"胖"服务器端（对应地有"瘦"客户机一说）。因此，根据实际情况会产生许多不同组合，组合的目的就是解决负载如何分配的问题。具体而言，就是解决服务器与客户机各承担什么任务、承担多少的问题。至于负载合理分配的好处在哪里，这个问题在两层结构的网络 GIS 中表现得尤为突出。

两种极端部署情况导致在两层体系结构中，有两种典型的客户/服务器体系结构。

1. 基于客户机的网络 GIS 体系结构

参照图 2-3（a），GIS 的绝大多数功能都在客户机实现，只有少量 GIS 功能在服务器端实现。为此，客户机需要下载或安装相应的客户机 GIS 应用程序。此外，对于像 WebGIS 或移动 GIS 的应用，客户机还需要一些脚本程序，用于在客户端创建复杂的用户接口。

大多数基于客户机的网络 GIS 中，GIS 分析工具和 GIS 数据最初驻留在服务器上。用户通过客户机向服务器发出 GIS 数据和 GIS 处理工具的请求，服务器根据客户机的请求将数据和 GIS 处理工具一并传送给客户机。客户机接受所需要的数据和 GIS 处理工具，按照用户的操作，进行 GIS 数据处理和分析。

2. 基于服务器端的网络 GIS 体系结构

参照图 2-3（b），这种结构的主要特点是服务器端负载较重，GIS 的绝大多数功能都在服务器端实现，客户机浏览器仅充当前端的对用户友好的接口。用户通过浏览器向服务器发送初始化和数据处理与服务请求，服务器接受此请求后，分析请求的处理要求，并对请求加以处理，将处理结果通过网络返回给客户机，并在客户机浏览器上按适当方式显示。

客户/服务器体系结构的优点在于简单和高效，这也直接加快了它的普及。流行的 HTTP、FTP 等协议都是遵循客户/服务器模式的。早期的网络 GIS 建设大都采用这种模式。客户/服务器结构以 PC 或移动终端为主，适合部门级和大众化应用。

随着应用规模扩展，网络上异构资源类型逐步增多，数据量迅速增大，管理、维护更加复杂，软硬件升级要求频繁，并且关键事务的并发处理能力还有待进一步提高，网络信息安全和用户隐私保护问题日趋严重。

2.2.2　多层体系结构

随着 GIS 应用系统的大型化、复杂化及用户对系统性能要求的不断提高，两层结构的缺点逐渐暴露出来。于是在 Internet 基础上，两层体系结构自然延伸到三层或更多层次的体系结构。这实际上可以看作是基于服务器端的网络 GIS 体系结构（"胖"服务器／"瘦"客户机结构）的拓展和细化。

1. 三层体系结构

三层体系结构突破了客户／服务器两层模式的限制，将各种逻辑分别分布在三层结构中来实现，如图 2-4 所示。

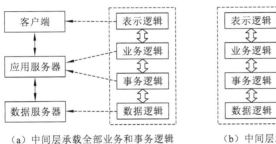

（a）中间层承载全部业务和事务逻辑　　　　（b）中间层承载部分业务和事务逻辑

图 2-4　三层结构的多种形式

三层体系结构可以将表示逻辑、业务逻辑、事务逻辑和数据逻辑适当分开，部署在不同的节点中，从而减轻客户机和数据服务器的压力，较好地平衡负载。例如，图 2-4（a）表示将业务逻辑和事务逻辑全部部署在新增的中间层服务器上（应用服务器），图 2-4（b）表明仅将业务逻辑和事务逻辑的一部分部署在应用服务器上，其余部分分别部署在客户端和数据服务器端。将表示逻辑与 GIS 的处理逻辑分开，可以使 GIS 的处理逻辑为所有用户共享，从根本上克服两层结构的缺陷。

三层体系结构中，应用服务器通常是工作站、小型机或高性能服务器，也可以是服务器集群，甚至云计算环境。客户机可以不直接向数据服务器发送请求，数据的请求由应用服务器根据客户端的请求向数据服务器提出，数据访问的结果亦由应用服务器负责发送到客户端。与两层结构相比，在三层结构中，中间层的服务器既可以是一个 Web 服务器，负责接收和处理各种 Web 请求，也可以作为具有业务处理能力的应用服务器，将整个应用逻辑和规则驻留其上。不难看出，客户机此时变得很单纯，负担得以减轻，这种客户被称之为瘦客户（thin client）。在这种结构中，只需相应地增加中间层服务器即可满足应用的需要。应用服务器支持多种数据库管理系统和数据类型，并通过对象中间件技术在网络上寻找对象应用程序，完成对象间通信。这样便屏蔽了网络通信的细节，使客户机和服务器均不需要了解对方的具体工作，实现无缝透明连接。

2. 多层体系结构与应用举例

多层结构的网络 GIS 在负责与用户交互的客户机和负责数据存储管理的数据服务器之间存在一层或多层负责业务处理的逻辑，通过这些业务处理逻辑对 GIS 任务进行分解达到平衡负载的目的。多层结构与三层结构相比，主要是在业务逻辑层增加了更多的逻辑处理单元，以根据不同客户的请求情况分别予以高效处理。ArcGIS、Autodesk GIS、MapInfo、MapGIS、SuperMap GIS 等均为典型的多层体系结构网络 GIS。

ESRI ArcGIS 既是多层结构地理信息平台，也是一个可伸缩系统，它由若干不同定位的 GIS 产品组成，根据它们所扮演的角色，可将 ArcGIS 体系划分为如图 2-5 所示的层次结构。

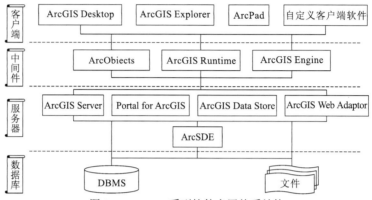

图 2-5　ArcGIS 系列软件多层体系结构

（1）客户端。ArcGIS Desktop 包括 ArcMap、ArcGIS Pro、ArcCatalog、ArcScene 和 ArcGlobe 等组件，在 ArcGIS 10 之前，有 ArcView、ArcEditor 和 ArcInfo 三个版本，其中 ArcInfo 的功能最为全面。ArcGIS Pro 是 Esri 推出的 64 位桌面 GIS 产品，集可视化、数据分析、影像处理、数据管理和数据共享于一体。ArcGIS Explorer 主要用于三维数据浏览。移动 GIS 主要包括 ArcPAD 和 ArcGIS for Windows Mobile。

（2）中间件层。它是为开发者提供的用于扩展 GIS 桌面、定制基于桌面和基于 Web 的应用、创建移动解决方案的公共组件库。ESRI 为开发人员提供了可编程的 GIS 工具包，既可以开发出定制的桌面或服务器 GIS 应用，也可以在现有的应用系统里嵌入 GIS 功能。ArcObjects 为 ArcGIS 中各个不同的产品提供共同的基础部件和工业标准接口，对于 ArcGIS 自身的定制和扩展及 ArcGIS 与其他系统和平台之间的连接或集成起到了至关重要的作用。ArcGIS Runtime 是新一代轻量级桌面开发产品，它提供多种 API（application programming interface，应用程序接口）和 SDK（software development kit，软件开发工具包），用以构建本地应用程序并将其部署到 Android、iOS、MacOS 和.NET 等平台上。ArcGIS Engine 是一个基于 ArcObjects 的、用于创建客户化 GIS 桌面应用程序的开发产品，是 ArcObjects 组件跨平台应用的核心集合，它提供有多种开发接口，适用于.NET、Java、VC 等开发环境。

（3）服务器端。在 ArcGIS 10.6 版本中，ESRI 已经将 ArcGIS Server 迁移到 ArcGIS Enterprise 中。ArcGIS Enterprise 是一个功能较全的制图和分析平台，提供了 GIS 服务器和以 Web 为基础的专用 GIS 基础架构。该平台主要包括 4 个组件：ArcGIS Server、Portal for ArcGIS、ArcGIS Data Store 和 ArcGIS Web Adaptor。其中，ArcGIS Server 是基于服务器的网络 GIS 产品，用于构建多用户、企业级、集中式空间数据管理系统，提供二维三维地图可视化、编辑、空间分析等高级应用功能和服务。Portal for ArcGIS 是支持用户在组织内与其他人共享地图、场景、应用程序和其他地理信息的组件。ArcGIS Data Store 组件为非专业用户提供了灵活便捷的数据存储和托管服务器，目前提供的存储数据类型包括关系数据、切片缓存数据和时空大数据等。ArcGIS Web Adaptor 组件主要负责将 ArcGIS Server 和 Portal for ArcGIS 与用户现有的 Web 服务器基础架构进行集成，可兼容 IIS（internet information server，Internet 信息服务）和 Java EE 服务器（如 WebSphere 和 WebLogic）。

（4）数据库端。数据存储与管理层，支持对不同类型的空间数据库和文件数据的存储与管理。此外，ArcGIS 提供了空间数据引擎（ArcSDE）作为 ArcGIS 组件与关系数据库之间的通道，负责为空间数据和非空间数据提供高效的数据库操作服务。

2.2.3 多服务器技术

在三层或多层结构的网络 GIS 中，表示逻辑一般位于客户端，扩展地理信息处理与服务功能只需增加中间层服务器（应用服务器），即可满足需要。这里给出一个扩展的三层多服务器处理 WebGIS 客户请求的模型，并对多服务器环境下如何实现服务器之间负载平衡给出了解决方法。

1. 三层客户/服务器的服务模型

基于三层客户/服务器模式的软件平台在逻辑上可以简单地分为用户浏览器、GIS 功能中间件和 GIS 数据存储服务器三部分，如图 2-6 所示。

图 2-6 中，主体部分为 GIS 数据存储服务器（data storage server）、Web 服务器和 GIS 功能中间件（GIS function middleware）及客户/浏览器（client/browser）。

（1）GIS 数据存储服务器。GIS 数据存储服务器负责空间数据和属性数据的存储、管理与维护，以及与 Web 服务器进行数据交互。它通过数据存取模块对空间

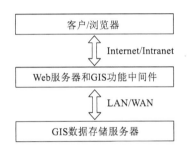

图 2-6 WebGIS 三层模型逻辑图

数据库进行数据维护、添加、删改和查询等，通过高速局域网或 Internet 与事务服务器进行数据交互，响应 GIS 功能中间件的数据请求，将请求响应结果返回给中间件服务器。

（2）Web 服务器和 GIS 功能中间件。Web 服务器和 GIS 功能中间件是三层结构体系中与客户进行交互的服务器，它负责接收客户端的 Web 请求，根据客户请求，提供相应的 GIS 功能服务，通过与数据存储服务器的数据存取模块的通信实现空间数据库的编辑，并将结果数据返回给客户端。

（3）客户/浏览器。客户/浏览器主要有两种实现方式。一种是浏览器形式，不安装任何 GIS 插件，它接收来自服务器的栅格影像数据，如 bmp、jpeg 格式的图像等。这种方式没有数据操作能力，只是简单地将用户的请求发送到服务器端，由服务器进行所有的 GIS 分析与计算。另一种是通过插件形式，在客户端实现一定的空间数据计算功能。在前一种方式下服务器负担很重，而且网络资源浪费比较严重，因此，插件方式是网络 GIS 客户端的主要实现方式。

2. 多服务器系统结构

多服务器是指物理上相互独立，而逻辑上单一的一组计算机的集群，以统一的系统模式加以调度和管理，为客户端提供高可靠性、快速服务。当一台服务器发生故障时，驻留

其上的应用和数据将被另一节点服务器自动接管，客户端能很快且透明地连接到新服务器上，系统自动进行资源切换。图 2-7 所示为一种多服务器系统结构图。

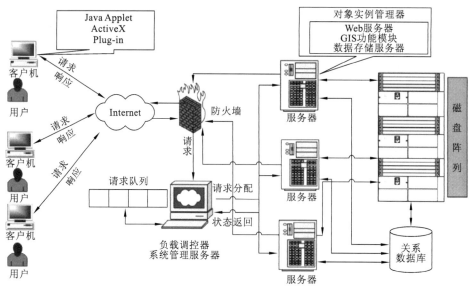

图 2-7   多服务器系统结构图

其工作原理为：当用户第一次请求对象服务时，首先向负载调控器发送"获得服务对象实例引用"的请求。负载调控器根据各后台服务器的当前负载状态，从中选择一个合适的服务器，并由该服务器的对象实例管理器分配服务对象实例，同时将该对象的引用返回给客户端。客户端通过获得的对象实例引用指针，完成后续请求操作（不再通过负载调控器转发）。若后台服务器负载过重，则用户建立服务对象实例的请求将被负载调控器暂存到等待队列中进行排队，待服务器空闲时再行处理。

多服务器系统的组件包括负载调控器、对象实例管理器、Web 应用服务器。

（1）负载调控器。负载调控器又称系统管理服务器，主要为多服务器系统提供负载与系统信息的监控、负载初始化分配、动态资源调度与任务迁移等功能。它是一台独立于后台应用服务器的服务器，负责监控各后台所有应用服务器的当前负载，并接收用户请求，维护请求等待队列，将用户请求传送到合适的服务器等待响应，它还根据算法进行负载调度，实现多服务器间的负载平衡。

（2）对象实例管理器。对象实例管理器对应于系统中的每一台具体的应用服务器，它负责管理该服务器，获取当前服务器运行参数和状态，将这些参数返回给负载调控器。任一台服务器发生故障时，该节点的对象实例管理器便停止工作，并将停止状态报告给负载调控器，由负载调控器重新进行负载调配，让其他的服务器接管该服务器的服务。

对象实例管理器的功能主要有：向负载调控器报告系统当前运行状态，以便对各服务器进行负载计算和调控；维护服务对象实例缓冲，限制每个对象实例的用户数，即每个对象实例可以服务于多个用户，但需控制同时连接的用户数，以满足服务响应速度要求。

（3）Web 服务器。Web 服务器和对象实例管理器运行在同一台节点服务器上，主要实现业务逻辑功能。服务器接收到客户请求后，进行后台应用处理，并将处理后的结果直接通过 Internet 返回给用户端（该结果数据不再通过负载调控器转发）。

3. 服务器运行机理

在多服务器系统中，负载调控器是客户请求服务的入口，在整个系统启动时启动，在系统退出时停止。它把接收的客户请求生成一个请求队列（request queue），然后根据各对象实例管理器获得的对应节点服务器的负载信息，将队列里的请求按照负载平衡原则分配给各节点服务器，使之能在最短的时间里得到响应。

如图 2-8 所示的服务器结构中（虚框部分），每台服务器均有一个相应的对象实例管理器。对象实例管理器负责管理每一节点的服务器的信息，并将服务器运行状态反馈给负载调控器。对象实例管理器的对象名对于整个系统而言是可知的，其在节点服务器启动时启动，在该节点服务器退出时停止。启动一个节点上的对象实例管理器即表示该节点正式加入整个系统之中。

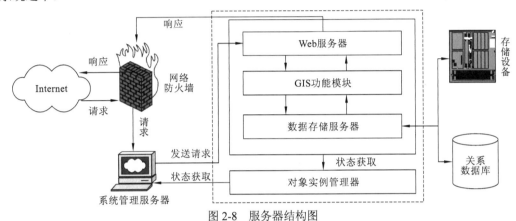

图 2-8　服务器结构图

GIS 功能模块就是基于三层客户/服务器模型中的 GIS 功能中间件。它是 GIS 的功能集成模块，该模块是基本的 GIS 服务模块，对存在于服务器端的空间数据和属性数据直接进行操作，对本地空间数据实施空间分析、空间查询，如空间变换、缓冲区分析、叠加分析、网络分析等，并能提供针对行业特点的功能服务。

GIS 功能模块与对象实例管理器不同，在任一节点服务器上，只有一个对象实例管理器，但是可以有一个或多个 GIS 功能模块。在每一台节点服务器上，可以提供系统所有的 GIS 功能服务。

数据存储服务器负责存储 GIS 所有的空间和属性数据。属性数据存储通过关系数据库（如 Oracle、DB2、MySQL、SQLServer、Sybase 等）进行后台管理，空间数据则以对象的方式通过架构在关系模型基础上的空间数据对象管理器（spatial data object server）进行管理和存储，属性数据和空间数据通过惟一的 ID 号进行关联。

在系统中，客户端采用 Java 应用程序或插件形式，将一部分 GIS 处理功能驻留在客户端，能完成很多简单而又频繁的 GIS 操作（如平移、缩放）。由于不需要时刻向服务器发送任务请求，可节省大量服务器资源，以便服务器处理更加擅长的复杂计算和分析任务。

4. 动态负载平衡

动态负载平衡是指各服务器响应的负载在任一时刻应该基本均衡。为了能够实时响应客户请求，并使每台服务器负载均衡，在最短期望时间内对客户请求做出响应，可有以下几种主要解决方法。

1）数据分级索引策略

当用户第一次进入系统时，首先看到的是整个区域的全局图，然后经过缩放、漫游等一系列空间操作才定位到自己感兴趣的区域。在这一系列的操作过程中，如果服务器每次都对全区域数据进行搜索，则十分耗时，极大地浪费系统资源。为避免系统计算和处理的数据量过大，可在服务器端将空间数据以分级的、不同的比例尺、分辨率等进行索引，如矢量切片技术、影像金字塔、LOD（levels of detail，细节层次）等技术，按照数据分级存储，服务器在处理客户请求时，就能按客户端目前比例尺或分辨率在数据服务器里获取相应数据来进行处理。若允许服务器端存储数据时存在一定的冗余，还能减少服务器的计算分析时间。但随之而来的问题是，数据更新有可能破坏数据的一致性。

2）AOI管理及缓冲区策略

为了能够实时操作客户端的数据，常规方法是把当前请求区域的几倍或几十倍的数据下载到客户端，用户执行漫游操作时可以实现地图的快速显示，此时不需要从服务器端获取信息。但该方法存在的主要问题是：数据传输量相当大，可能导致下载时间过长甚至下载失败。另外，把大量不必要的数据传输给客户端，将增加服务器处理时间和网络负荷，极易造成网络拥塞。

AOI（area of interest，感兴趣区域）数据区域管理策略提供了一种折中解决办法。AOI也称为信息面或兴趣面，指的是地图数据中为用户所需的区域状地理实体，它与POI（point of interest）叫法同源，POI指的是感兴趣的点，如一栋房屋、一个杆塔。

根据AOI特点，将客户当前浏览的矩形区域（即感兴趣区域）作为被管理对象，该区域可用下式描述：

$$\text{AOI:}\ (X_{min},\ Y_{min},\ X_{max},\ Y_{max},\ \text{Scale})$$

当客户执行移动或缩放操作时，会引起相应的AOI数据区域的变化，此时客户端可以通过网络通信模块与服务器进行通信，将AOI区域的参数不断传给服务器，服务器则根据获取的客户AOI区域参数提供相应的数据处理和传输服务。

(-1,1)	(0,1)	(1,1)
(-1,0)	(0,0)	(1,0)
(-1,-1)	(0,-1)	(1,-1)

图2-9　AOI的缓冲区域示意图

很明显，如果移动和缩放等操作过于频繁，则AOI区域会随之不断改变。客户频繁向服务器发送任务请求，将导致处理效率急剧降低。为此可为AOI区域预设一定宽度的缓冲区域，对下次可能涉及的数据进行预先存取，以减少请求次数。图2-9所示为AOI区域的缓冲区域示意图。

图2.9中，某一比例尺下的阴影部分为$(X_1,\ Y_1,\ X_2,\ Y_2)$，是当前的AOI数据区域。以该区域为基点（设编号为（0，0）），向周围8个方向扩展，产生8个相同大小的区域，这些新的区域就是AOI区域的缓冲区域。其中，编号为(-1,-1)的区域范围为$(X_1-(X_2-X_1)$，$Y_1-(Y_2-Y_1),\ X_1,\ Y_1)$。同理，有（-1，0）、（-1，1）、（0，-1）、（0，1）、（1，-1）、（1，0）、（1，1）所表示的区域。以编号表示，则当前AOI区域的缓冲区域为集合{（-1，-1），（-1，0），（-1，1），（0，-1），（0，1），（1，-1），（1，0），（1，1）}。

当客户发送数据服务请求时，将当前AOI数据区域及缓冲区域的数据一同发送给客户端。这样，当客户端进行漫游、缩放等操作时，是进行本地的数据操作，因此可以做到实时显示。只有当客户全部移出该数据区域或缩放范围超过一定阈值时，客户端才重新向服务器发送数据服务请求。服务器可以根据新请求动态地计算 AOI 数据区域及缓冲区域，并提供相应的数据服务。

3）多服务器负载调控策略

对负载进行调控是实现动态平衡的必要措施，主要包括分配新的任务请求和负载平衡处理两个阶段。

（1）对新加入的请求进行分配。设系统中有 M 台 Web 应用服务器，第 i 台服务器的等待队列为 Q_i，含有 N_i 个请求，用 Q_{ij} 表示 Q_i 队列中的第 j 个请求。假设第 i 台服务器的服务速率为 V_i，第 j 个请求需要消耗的资源为 T_j，响应的优先权重为 W_j，则第 i 台服务器的负载 L_i 为

$$L_i=\sum（W_j\times T_j/V_i） \quad i=1, 2, \cdots, M; \quad j=1, 2, \cdots, N_i \tag{2-1}$$

设系统在某一时刻，负载调控器的等待队列为 WQ，等待队列中第 k 个请求用 WQ_k 来表示，该请求需要消耗的资源为 T_k。要得到服务，必须有空闲的 Web 应用服务器。假设第 i 台 Web 应用服务器在完成当前请求（负载为 L_i）后可为其提供服务，则第 i 台 Web 应用服务器的预期负载 WL_i 为

$$WL_i=L_i+W_k\times T_k/V_i \tag{2-2}$$

根据 WL_i 最小原则进行分配，取

$$WL_r=\min（WL_i） \quad i=1, 2, \cdots, M \tag{2-3}$$

则可将 WQ_k 分配给第 r 台服务器，即将请求 WQ_k 置入 Q_r 队列。

（2）动态负载平衡。在服务器处理客户的任务请求时，由于实际服务时间和预期服务时间不同，可能会造成服务器的负载不均衡。因此，负载调控器在某一时刻要对当前系统中每一台应用服务器的负载状况进行计算，并对最重载服务器和最轻载服务器的负载进行平衡调度，以保证系统达到负载的动态平衡。

在某一时刻，某一台服务器的总负载如式（2-1）所示，则在整个系统中，最轻载服务器为服务器 L_p，满足：

$$L_p=\min（L_i） \quad i=1, 2, \cdots, M \tag{2-4}$$

最重载服务器为 L_k，满足：

$$L_k=\max（L_i） \quad i=1, 2, \cdots, M \tag{2-5}$$

最重载和最轻载负载之差为 ΔL，表示为

$$\Delta L=L_k-L_p \tag{2-6}$$

由负载调控器获取各服务器负载，则当式（2-7）成立时，负载调控器进行负载的均衡调度。

$$（\Delta L\geqslant\delta） \cup （（L_k\geqslant\delta） \cap （L_p=0）） \tag{2-7}$$

式中：δ 为一给定阈值。

动态负载平衡调度时，每次只进行最轻载服务器和最重载服务器之间的均衡调度，这样可以避免因频繁的任务调度而造成系统的不稳定，也便于简化调度算法。

4）性能测试与分析

根据前述原理和方法，搭建了由 3 台服务器构成的多服务器环境，在较高带宽下进行响应时间测试。结果表明，当传输数据量在某个阈值以下时，响应时间基本上是一个常数。但是，当所要传输的数据量大于阈值后，响应时间趋于线性增长。因此，为使客户端得到

快速响应，服务器应减少每次的数据传输量，采用空间数据分级索引技术和 AOI 管理方法，可以减少服务器每次数据传输量，从而提高 Web 服务性能。

此外，当分配静态请求时，根据各服务器本身响应时间和计算速度，可估算出每个请求的等待响应时间，然后根据最小等待时间原则将该请求分配到适宜的服务器，从而获得初始的负载平衡效果。

由于各服务器处理速率不同，对于相同算法时间复杂度，所需的响应时间不同，在系统运行过程中，根据服务器性能分别测定各服务器运行参数，再按这些动态参数来计算各个请求所需的响应时间，并进行相应任务的动态分配，以均衡负载。静态请求分配和动态负载平衡调度均是必需的，这样可以避免系统中性能较低的服务器成为影响整体性能的瓶颈。

2.3　网络 GIS 数据组织与管理

地理实体和地理现象是两种主要的地表现象。前者是地表相对较长时间存在的空间地物，后者通常指发生的地理事件（如厄尔尼诺现象、污染扩散等）。地理实体是一种特殊的地理现象。GIS 数据组织与管理技术是指通过研究地理实体和地理现象等地表现象的表达方式，寻求一种合适的方法对空间数据进行组织和存储，并以此为基础实现有效管理，更好地服务于应用。例如通过地理认知将地表现象抽象为点、线、面、体 4 种类型，为了在计算机中再现这些地表现象，根据计算机科学的一些相对成熟的理论与技术（如计算机图形学、数据库、数据结构等），人们又按照点、线、面、体的组织方式选择合适的数据模型和数据结构来实现地表现象的可视化表达，这是建立任一 GIS 的基础和前提。

2.3.1　网络 GIS 数据组织

人们常用数学上的一些基本几何形体（如点、线、面及栅格单元等）来对现实世界的地理现象进行抽象和结构化表达，这种表达方法为分层数据组织奠定了基础。但这种抽象并不能对地理空间进行真实描述和精准表达，点、线、面及栅格单元实际上是不存在的，例如现实中的道路不是数学上的线，城市也不是数学上的点。现实世界是一组具有高度相关结构和关联关系的复杂地理实体和物质现象，这些地理现象拥有一组允许人们在相似性基础上进行分类的共同属性，人们可以通过这些属性和关系的共性来认识和表达地理现象，亦即通过地理特征来认识客观世界，这是基于地理特征的数据组织方法。

1. 矢量数据组织

1）分层数据组织

分层理论是 GIS 数据组织的基本方法，"层"是 GIS 中最重要的基本概念之一。矢量结构中的分层往往是基于几何要素分类（如点类、线类、面类和体类等）而实现的。如图 2-10 所示，按照地物抽象成的几何要素被人为地分为点层（如图中建筑物层）、线层（如图中河流层）和面层（如图中公园层）。

在这种分层组织方式中，地理空间数据由若干个图层及相关属性数据组织而成，每个空间数据图层又以若干个空间坐标的形式存储。因此，矢量空间数据的分层组织可概括为：坐标对—空间对象—图层—地图。其中，空间对象及其属性信息属于基础层次，而地图则是最高层次。图2-10的分层组织中的信息可按以下方法分类。

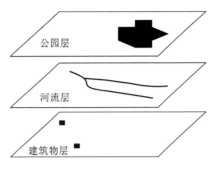

图2-10　分层数据组织

（1）地图集。地图集是地理数据组织中的顶层信息，实现对各个地图的管理，主要包含地图引用（表名、地图层数等）、地图坐标（坐标系统、配准信息等）及地图描述（访问权限、地图说明等）信息。

（2）图层集。图层集是由多个空间图层构成的能满足一定应用需求的图层集合，包含组成图层集的图层引用（图层标号、图层表名）、图层空间索引（大小、标号、表名）、图层显示、图层坐标范围（坐标最大、最小值）信息。

（3）图层。图层是由多个具有某些相同或相似特性的同种类型的空间对象构成的集合，包含空间对象标识（标号、名称）、描述（名称、特征属性、类型）及几何表示（例如坐标的二进制大对象（binary large object）形式——BLOB数据类型）。

尽管基于分层数据组织是GIS中空间数据的主要组织形式，并得到了广泛应用，但它对地理现象的描述仍存在很多缺陷。主要体现在：

（1）对现实世界中的地理现象进行几何抽象往往忽视了地理现象本质特性及现象之间复杂的内在联系，导致获取的空间信息被极大地简化，降低了GIS信息容量；

（2）注重空间位置描述，较少考虑以分类属性和相互关系为基础的实体内在规律描述，致使空间分析能力相对较弱；

（3）分层叠加方法把现实世界划分为一系列具有严格边界的图层，但这些边界并不能充分反映客观现实，从而产生许多人为误差。

2）基于特征的数据组织

针对分层数据组织的缺陷，要对地理现象进行合理抽象和简化，就需要一个高度统一的框架对现象和地理数据进行规范化理解、表达和组织。为此需要寻求另外的认知方式，于是提出了"地理特征"概念，进而引申出基于特征的数据组织方式。"特征"是对地理现象的高度抽象和全面表达，它包括地理现象在空间、时间和专题等方面的所有信息，有两方面含义：既是地理现象，也是地理现象的数字化表达。特征是运动和变化发展的，具有产生、发展、衰减、移动、消亡和再生的特性，这一特性使特征本身成为集时间、空间和主题于一体的对象。

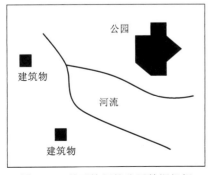

图2-11　基于特征的分层数据组织

如图2-11所示，基于特征的数据组织的基本思想是把地理特征（如图中的建筑物、河流和公园等）作为地理空间信息的基本单元，利用地理特征来表达和描述地球空间上客观存在的实体。

地理特征用位置和类别来刻画，位置和类别又由属性和关系来刻画，如图 2-12 所示。一个地理特征既是一个地理实体又是一个表达对象，形式上被定义为具有共同属性和关系的一组现象，其中，位置与类别的属性和关系是必要的。

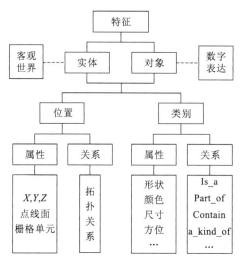

图 2-12　特征中位置与类别的属性和关系

图 2-12 中，特征的数字表达为对象，包括特征的空间与非空间要素的属性和关系，这里的对象概念与面向对象中的对象概念不同，面向对象中的"对象"一词过于灵活，是一切建模要素的数字表达，如点、线、面等都可以视为对象，在面向对象模型中，对象并不是主要概念，类才是主要概念。此外，面向对象作为专有名词，有一系列内部特征，如概括、继承、封装、传播、多态等。基于特征的 GIS 数据组织倾向于概念建模阶段，而面向对象的数据模型和方法可以较好地应用于逻辑模型设计和数据库物理实现。

基于特征的数据组织方法主要有以下优点：

（1）采用基于特征的方法认知和表达客观世界，可以在数据模型层次上实现地理现象的规范化理解与表达，形成地理现象统一框架，能较好地保证地理现象表达的完备性与一致性；

（2）根据特征的生命周期及其动态变化特点，有利于实现时空专题信息集成与分析；

（3）在基于特征的 GIS 中，特征可以通过聚集或联合形成更为复杂的特征。

2. 栅格数据组织

1）栅格数据组织策略

在 GIS 中，栅格数据组织一般采用一组笛卡儿平面来描述空间对象的位置和属性。所谓笛卡儿平面，实际是一个二维数组，数组中的某行某列对应现实世界中的某一栅格单元的某一项属性值。这种具有一定属性的笛卡儿平面通常也被称为"层"。在数据库中，根据栅格图像的不同存储单元，栅格数据组织可分为基于像元、基于层和基于面域的组织。

（1）基于像元：以像元作为存储单元，每一个像元对应一条记录，每条记录的内容包括像元坐标及其各类属性值的编码。

（2）基于层：以层作为存储基础，层中以像元为序记录其坐标和对应该层的属性值编码。

（3）基于面域：也以层作为存储基础，层中又以面域为单元进行记录，记录内容包括面域编号、面域对应该层的属性值编码、面域中所有像元的坐标等。

上述三种数据组织方式中，基于像元方式的优点是简单、便于数据扩充和修改，但属性查询和面域边界提取速度较慢；基于层方式的优点是便于进行属性查询，但因重复存储每个像元的坐标而占据存储空间；基于面域的方式虽然有利于面域边界提取，但不同层中像元的坐标仍需要多次存储。

2）遥感影像组织管理

高空间分辨率、高时间分辨率和高光谱分辨率的遥感影像是 GIS 的主要空间数据之一。这些高分辨率的遥感影像容量巨大，增长迅速，对其进行合理有效的存储和管理，是 GIS 正常、高效、灵活运行及保持数据现势性的重要保障。文件组织管理方式中由于文件无序性，检索、访问效率低；另外，文件管理中数据安全性也存在较多问题。因此文件方式并不太适合高分辨率遥感影像的组织管理。然而，完全用关系数据库技术管理遥感影像大数据在实际中也存在一些问题。如影像入库后会因存储空间急剧增大而使影像库的查询和检索效率降低。从这个意义上讲，采用关系数据库与文件结合的方法在海量影像数据管理中不失为有效方法，其基本思想是：对每一幅遥感影像进行必要的分级、分块预处理，建立分级、分块索引机制，以数据库形式存储和管理索引信息，而原始影像和分级、分块影像以文件来保存。另外，一些必要的属性信息可以用数据库管理系统来管理，属性数据库和磁盘文件用惟一 ID 来建立关联关系。

（1）分级存储。高分辨率遥感影像具有范围大、容量大的特点，而网络用户往往可能只对某一个范围较小的区域感兴趣，或者从一个细节很少的较大区域逐渐深入一个有更多细节的重点区域。因此，对于高分辨率遥感影像存储可以考虑采用金字塔式的层次结构。即以像素数目最多、尺度最大的原始影像为基础，按照某种规则逐步重采样得到像素数目越来越少的影像，原始影像和这些层重采样得到的影像自下而上就构成了一个金字塔形式的结构。位于塔顶的影像像素最小，但覆盖范围最大，适宜于粗略查看全幅影像；位于塔底的影像适宜于放大处理，以查看感兴趣区域的细节。

在利用数据库进行管理时，应当记录每幅影像的实际分辨率以及该幅影像在存储介质上的实际存储位置。

（2）分块存储。分块存储是指将覆盖范围较大的高分辨率遥感影像分割成覆盖范围适中的多块影像来存储。这样，当用户请求某个区域时可以根据实际请求读入相关的图像块，并在内存中进行无缝拼接，生成用户所需区域的图像。这种方法的优点是可以避免用户每次都要读入整幅影像而造成存储资源竞争和网络资源浪费，同时提高多用户的访问效率，因为不同用户可能访问的是影像中的不同区域。

（3）影像金字塔。实际中可以将分级和分块结合起来实现对影像数据的高效存储与管理，其中最为典型的应用体现在影像金字塔技术。影像金字塔技术指的是以原始影像为基础通过重采样算法，利用水平尺度上分块、垂直尺度上分层的结构来组织和管理影像数据，依次生成分辨率由大到小的各层影像数据，在保持影像数据质量的前提下实现影像快捷提取、还原与显示。这种结构的关键是在同一空间参照下，根据用户的需要以不同分辨率进行影像的存储与显示，形成分辨率由粗到细、数据量由小到大的金字塔结构。影像金字塔技术有压缩（Huffman 无损压缩）和非压缩两种，同时支持文件和数据库两种存储方式。

许多 GIS 的空间数据引擎支持影像数据的关系数据库存储,以影像层的方式存储影像数据,实现 GB 级影像层的多分辨率快速提取、还原和显示。通过影像集还能实现多个 GB 级影像层的管理和自动调度,进一步提高海量影像提取速度。

通过影像金字塔技术,多幅影像可以快速拼接成一个连续、无缝、无损的海量影像层,使用户获得不间断的影像信息服务。

2.3.2 网络 GIS 数据管理

随着 IT 技术特别是 Internet 的快速发展和广泛普及,创造了大量拥有数以百万计浏览者的网站,极大地促进了互联网＋应用。要充分发挥网络 GIS 的作用,为用户提供性价比更高的空间信息服务,需要有效的空间数据管理技术支持。

1. 空间数据管理技术发展过程

数据管理技术经历了从文件系统到数据库管理系统技术的发展过程,演化出许多有价值的管理技术,图 2-13 描述了这一发展演进过程。

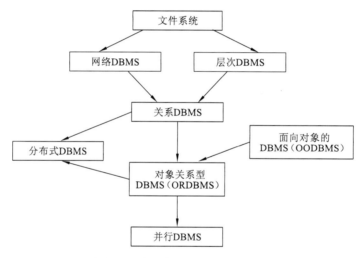

图 2-13　数据管理技术的演进过程

需要说明的是,这个演进过程仅表明了数据管理技术的几个发展阶段,不代表新技术简单地替代旧技术。事实上,像关系数据库管理系统、文件系统等仍在被广泛使用。

空间数据具有空间参考、非结构化、空间关系依赖及数据海量等特征,这些特征是一般事务性数据库的数据所不具备的。它的发展主要经历了以下几个阶段。

第一阶段:属于早期形式。GIS 中的几何数据与属性数据均以文件形式表达,操作系统实现的文件组织方式一般可以分为顺序文件、索引文件、随机文件和倒排文件等多种形式。这种方式的缺点主要有:首先,文件依赖于操作系统和文件系统,不具备独立性,致使不同操作系统上的 GIS 难以实现互操作;其次,文件系统中数据的安全性、共享性差,不适合以共享为主要目的之一的网络 GIS;再次,文件方式不利于空间查询和数据调度。

第二阶段:DBMS(database management system,数据库管理系统)与文件混合方式。基本思想是在 DBMS 基础上开发附加系统,用于管理空间几何数据和进行空间分析,并使用 DBMS 管理属性数据，使空间数据和属性数据逻辑上置于 DBMS 的统一管理之下。

第三阶段：以 DBMS 为核心扩充系统功能，使空间几何数据与属性数据在同一个 DBMS 管理之下，并增加大量的软件功能以提供图形显示和空间分析等功能。

第四阶段：20 世纪 90 年代出现的 OODBMS（object oriented DBMS，面向对象的数据库管理系统）和 ORDBMS（object relation DBMS，对象-关系型数据库管理系统），在这两种数据库管理系统中引入了 ADT（abstract data type，抽象数据类型），以增强 DBMS 的灵活性。

空间数据管理系统的目标除需具有基本的存储、管理及数据操作与分析功能外，还须满足日益增长的网络应用需求，即需要提供快速传输、可靠安全保障及高效调度能力。

2. 对象-关系型空间数据管理技术

这是一种将关系数据库与面向对象技术相结合的技术，采用对象关系的数据建模方法，即把复杂的数据类型作为对象放入关系数据库，并提供索引机制和操作方法，这种扩展后的数据库称为对象-关系型数据库。使用对象-关系数据模型扩展关系模型的方式可使关系数据库具备表达复杂数据类型和面向对象的能力。20 世纪末开始，对象-关系型数据库管理系统逐渐成为 GIS 组织和管理空间数据的首选数据库产品。ORDBMS 技术提供了构建 ADT 的模块化方法。一个 ADT 可以嵌入系统，也可以从系统中删除，而不会影响系统的其他部分。图 2-14 阐述了对象-关系型空间数据库管理系统的基本架构。

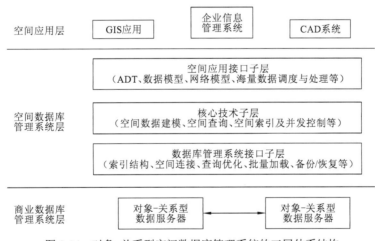

图 2-14 对象-关系型空间数据库管理系统的三层体系结构

从图 2-14 中可以看出，ORDBMS 分为三个层次：空间应用层、空间数据库管理系统层及商业数据库管理系统层。其中，空间数据库管理系统层封装了大量空间领域知识，可为上层应用提供各种空间数据处理服务，同时负责将建模后的空间数据存储到后台数据库中，并提供高效的空间索引和查询机制。下面以基于对象-关系型数据库管理系统的产品——Oracle 为例，简要介绍空间数据库设计的三个基本步骤。

Oracle 数据库在其自身的关系模型基础上开发了称为 Oracle Spatial 的扩展产品，专门用于空间数据管理。它提供了几何类型、空间元数据模式、空间索引及一整套函数和过程集合，除具有空间数据管理能力外，还拥有关系数据库管理系统的所有特性，如标准的 SQL

查询、页面缓冲、并发控制、多层结构的分布式管理等。用户可以通过 SQL 定义和操作空间数据，同时也可访问标准的 Oracle 数据库内容。基于 Oracle 的空间数据库设计步骤同样适用于采用其他数据库产品的设计过程，具体步骤如下。

（1）用 ER（entity relationship，实体关系模型）描述概念模型，以组织所有与应用相关的可用信息。在概念层次上，重点应放在数据类型及其联系和约束上，而不应过多关注实现细节。概念模型通常采用浅显易懂的文字并结合简单的图形符号表示。

（2）逻辑建模。逻辑建模与概念模型在商用 DBMS 上的具体实现有关。商用 DBMS 中的数据由实现模型进行组织，这些模型包括层次、网状和关系模型。在关系模型中，数据类型、联系和约束均被建模为关系（relation）。其中，RA（relational algebra，关系代数）是用于形式化查询的基础工具。但是，由于没有广为接受的地理信息数学模型，空间数据查询和空间数据库的设计变得困难。

（3）物理设计。它涉及数据库在计算机实现中的多种细节，如存储方式、索引机制、内存管理、数据缓冲与调度等。

在概念模型阶段，Oracle 遵循了 OpenGIS（open geodata interoperation specification，开放地理数据互操作规范）关于空间几何体建模的模型结构。OpenGIS 中有关几何体的基本组件有 4 类：点（point）、线（curve）、面（surface）和几何体集合（geometry collection）。几何体集合有三种类型：多点（multipoint）、多线（multicurve）和多面（multisurface）。图 2-15 所示为用 UML 概念表达的 OpenGIS 空间几何体的基本组件。

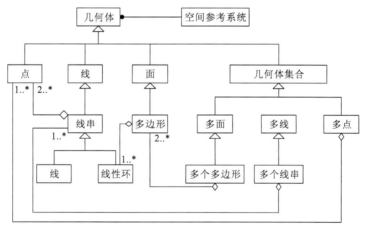

图 2-15　OpenGIS 空间几何体基本组件（采用 UML 概念表达）

空间数据库设计中后两个步骤的大部分工作可由 Oracle 数据库负责完成。如概念模型中的多种几何对象的实现可使用 Oracle Spatial 定义的 MDSYS.SDO_GEOMETRY 类型派生。同时，Oracle Spatial 提供了对空间数据查询与索引机制，可以对空间和属性数据统一管理。

另一个使用对象-关系型数据库存储和管理空间数据的是 ArcGIS 软件，它通过 Geodatabase 存储空间和属性数据及拓扑关系，例如在表达道路交叉时，不仅可以表达道路的空间与属性信息，还可以对道路之间的相关性进行设定和表达。在使用 Geodatabase 时，能够在一个文件中存储多个要素或多种类型的要素，支持个人地理数据库（存储于

Microsoft Access)、文件地理数据库（文件夹的形式存储）和 ArcSDE 数据库（基于 Oracle、SQL Sever 等数据库）三种不同管理方式。

3. 分布式空间数据库管理技术

DDMS（distributed database management systems，分布式数据库管理系统）是一组物理上分布的数据库集合（即地理分布的空间数据库），由数据库管理软件进行统一管理。这组数据库集合也可看作是松耦合连接的一组节点，通常不共享任何物理部件，并且各节点运行的数据库系统是相互独立的。

分布式数据库分为同构和异构两种。前者是指所有的节点都用共同的数据库管理系统软件，协同处理用户任务请求。后者是指不同的节点有不同的模式和不同的数据库管理系统软件，节点之间互不了解，在事务处理过程中，彼此之间仅提供有限的功能合作。

分布式数据库管理技术具有以下三个关键点。

（1）在进行分布式空间数据存储时，通常采用复制和分片存储一个关系 R。复制是指在分布式的多个节点维护关系 R 的多个完全相同的副本；分片是指将关系 R 划分为几个片，每个片存储在不同节点上。分片和复制可以组合，即关系 R 可以被划分为几个片，每个片可以有若干副本。这一特点适合地理空间数据的分布式存储。

（2）分布式事务。分布式数据库管理系统中对各数据项的访问常常通过事务来完成。事务分为局部事务和全局事务，前者是指仅访问和更新一个局部数据库中的数据的事务，后者是指访问和更新多个局部数据库中的数据的事务。网络 GIS 中的用户具有显著的地理分布特性，对数据库的访问大多呈现为事务性要求，因此分布式数据库管理系统的事务处理亦可以满足网络 GIS 用户的要求。

（3）提交协议。分布式数据库管理系统中必须保证执行的事务是原子性的，即事务必须保证在所有节点上执行产生的最终结果的一致性。分布式数据库管理系统中常用的提交协议有两段式提交协议和三阶段提交协议，主要是为了更好地管理事务处理、并发控制、安全性、备份、恢复、查询优化及访问路径的选择等。

除上述三点以外，分布式数据库系统具有与其他数据库系统不同的并发控制机制及封锁机制，读者可自行参考相关的书籍。

4. 并行空间数据库管理技术

分布式数据库系统各个节点数据库之间是松耦合的，而并行数据库中各计算节点之间处于紧耦合状态。PDBS（parallel database system，并行数据库系统）是提高计算性能的关键措施，并行计算环境为用户获得快速响应提供了保障。在空间信息领域，并行空间数据库系统的需求与传统的并行关系数据库的需求是有区别的，其根本原因在于空间操作既有计算密集型（CPU 密集型）任务，也有 I/O 密集型任务，而传统的关系数据库更多地关注于 I/O 性能的提高。

1）并行数据库系统体系结构

并行数据库系统有三类主要资源：处理器、主存模块和二级存储（通常是硬盘，如磁盘、固态盘等）。并行数据库管理系统就是依据这些资源的相互作用方式进行体系结构划分的。三类主要的体系结构分别为 SM（shared memory，共享内存）、SHD（shared hard disk，共享硬盘）和 SN（shared nothing，无共享）。如图 2-16 所示。

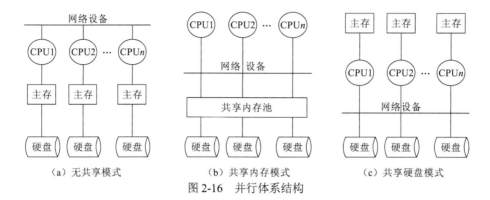

图 2-16　并行体系结构

（1）无共享模式中，每个处理器只与供其访问的主存和硬盘单元相关。每一组主存和硬盘单元称为一个节点，连接这些节点的网络负责节点之间的信息交换。这种体系结构具有良好的可扩展性和线性加速性能。该模式存在的问题主要是，由于不同节点之间所需要进行的消息传递和通信量大量增加，节点之间的负载平衡变得困难。如果某个节点的处理器失效，那么该节点的数据就会处于不可用状态。

（2）共享内存模式中，多个处理器通过网络设备互联，访问一个公共的、系统范围内的主存（内存池），由于这种访问是平等的，而且并行数据库各个节点之间的通信开销得以减少，采用该模式的并行体系结构可方便地控制处理器之间的同步，有利于任务的负载平衡处理。但是，共享内存模式的体系结构会随着处理器数目的增多产生对共享内存和硬盘的频繁访问，从而导致瓶颈产生。

（3）共享硬盘模式中，各处理器都拥有只能被其本身访问的专用主存，且所有处理器都可以访问系统中所有的硬盘资源。采用该模式的并行体系结构适合于数据的负载平衡处理，有助于屏蔽存储资源差异，提高存储资源利用率，也便于扩充存储资源，提高存储能力。

上述三种模式中，无共享模式比较流行，并被认为是今后并行数据库系统的主要发展方向，一些商业化的并行数据库系统和原型系统大都采用该模式的体系结构。在并行空间数据库设计中，并行算法的设计和实现需要着重考虑算法所带来的通信代价和动态负载平衡问题。传统的商用并行关系型数据库主要关注于最小化 I/O 所需的代价，因而大部分研究放在了采用共享硬盘模式的体系结构应用上，有的研究仅仅是基于单处理器多硬盘系统，目的就是为了减少通信代价。例如，国际著名的 Paradise Project 中的对象-关系型数据库系统是一个并行的地理空间数据库管理系统，它采用共享硬盘模式的并行体系结构，其目标是设计、实现和评估一个可扩展的、并行的 GIS，拥有存储和管理海量空间数据能力，通过采用面向对象和并行数据库技术，提高 GIS 处理海量、复杂空间数据的能力。

2）并行数据库系统评估标准

评估并行系统有两个重要的度量标准：线性加速和线性扩展。线性加速是指当处理器、硬盘等硬件数量加倍时完成任务的时间是数量增加前的一半。线性扩展是指如果硬件大小加倍，则完成大小为 $2x$ 的任务所需要的时间应该与原有系统完成大小为 x 的任务所需的时间相同。影响这两种标准的因素有启动、干扰和偏斜。

（1）启动：如果一个操作被划分为数千个并行小任务，那么启动每个处理器的时间将占总处理时间的绝大部分。

（2）干扰：多个处理器同时访问共享资源时将导致系统总体性能下降。

（3）偏斜：如果处理器间未能达到负载平衡，则并行系统效率会下降。

3）操作并行化

并行数据库系统中，操作的并行化处理一般可以从两个级别加以区分。

（1）操作间并行：是指不同操作彼此并行执行，即并发操作可以由不同的处理器并行进行。这种并行可以提高系统吞吐量，但单个事务的响应时间不会比事务独立运行时快。因此，操作间并行的主要用途是扩展事务处理系统，使它在单位时间内能处理更多的事务。

（2）操作内并行：是指单个操作在多个处理器和硬盘上并行执行。对于加快耗时长的任务处理速度，采用操作内并行非常必要。例如，一个要求对某关系进行排序的操作，假设该关系已经基于某个属性进行了范围划分，即关系中的元组已经置于多个磁盘上，并且要进行的排序是基于属性的，则排序运算进行的步骤为：对每个划分执行并行排序，将排好序的各个划分串接在一起，得到最终排序结果。这种单个操作执行又可以有两种并行方式。①计算内并行：通过并行执行每一个运算，如排序、选择、投影、连接等，加快单个操作处理速度；②计算间并行：通过并行执行一个操作表达式中的多个不同运算，加快单个操作处理速度。

这两种并行方式是互相补充的，可以同时应用在一个操作中。计算内并行可以通过函数分块或数据分块来实现，函数分块采用与串行情况不同的特殊数据结构和算法；数据分块技术将数据分割到不同的处理器，并在每个处理器上独立执行串行算法。

2.3.3 自适应数据组织

影像数据分块是提高数据存取效率、充分利用网络带宽、提高客户端渲染效果的重要技术。根据海量影像数据网络化存取要求，可以从存储、传输和客户端内存三个方面来研究影像的自适应分块技术。

自适应的影像分块存储机制包括数据库自适应切片机制和影像的 LOD 模型建立。数据库自适应切片机制是指在分片时考虑数据库存储块大小、带宽和客户端硬件设施这三个要素的影响，亦即，根据网络中这三个要素的情况综合确定分片策略。LOD 模型是在不影响画面视觉效果条件下，通过逐层简化影像的清晰度来减少影像数据量，进而提高影像的传输和绘制效率。在 LOD 模型中经常会结合影像分块技术，将 LOD 模型中的每一层数据分割成相对较小的数据块。分块尺寸不仅影响数据的存储效率，同时也制约数据在网络中的传输效率和客户端的显示速度。

1. 影像数据自适应切片

1）顾及数据库存储块的切片

数据库系统在执行读写操作时，通常是以最小存储单元数据块（data blocks）为单位的。在创建数据库时，设置合理的数据块大小可以有效节省 I/O 索引访问路径，提高读写效率。当数据块较小时，可有效减小块间读写竞争，提高文件系统访问效率，但当存储相同大小的文件时，需要花费更多的存储空间，对局部块的写入会降低数据库进程的工作效率；当数据块较大时，每一个存储单元能存储更多的数据，额外开销较小，然而当读取连续文件系统的缓存时，容易造成不恰当的预读，并且对于多并发读取，还会加大索引页块之间的竞争。因此在影像切片时，需要考虑数据块大小的影响。

表 2-1 记录了在 Oracle 里设置不同存储块大小时，影像切片大小对数据存储耗时的影响。

表 2-1　基于不同大小数据库存储块的影像切片存储耗时　　　　　　　（单位：s）

数据库存储块大小 /kB	影像切片尺寸				
	128×128	256×256	512×512	1 024×1 024	2 048×2 048
2	104.08	45.08	36.62	38.14	40.36
4	104.48	40.28	30.17	30.87	32.99
8	92.86	33.62	24.04	22.30	23.87
16	88.50	33.80	22.76	21.38	21.01

可以看出，在数据库存储块大小一定的情况下，切片越小（例如 128×128），将增加磁盘寻址和写操作的次数，建立索引时间也会增加，入库效率降低；切片越大（例如 2 048×2 048），由于数据不能存储在一个数据块中，需要多个数据块对切片进行存储，也会增加存储的耗时。理论上，影像分块后每个切片能存储在一个数据库存储块中的效率越高，越能提高影像的读取速度。为尽量接近这一目标，且考虑每个数据块还要保留 10% 的空间以备后期数据更新与维护，可以按式（2-1）来估算分块的大小。

$$\frac{M}{\lceil Width/x \rceil \times \lceil Height/x \rceil} \leqslant 0.9 \times T \tag{2-1}$$

式中：T 为数据库存储块大小（单位：kB）；M 为影像的数据量；Width 为影像宽度（单位：像素，后同）；Height 为影像高度；x 为影像切片大小。

2）顾及网络带宽的切片

在网络环境中，针对多用户影像数据服务，瓦片金字塔模型被证明具有良好的数据缓冲和并行特性。当网络带宽足够大时，切片尺寸越大，则传输效率越高，但由于网络的不稳定性，网络带宽常常难以达到最大值。通过设置合适的切片大小，可以有效减小单次网络传输的数据量，从而减轻传输压力。表 2-2 记录的是在不同带宽下，影像切片大小对传输性能的影响。

表 2-2　基于不同网络带宽的影像切片传输耗时　　　　　　　（单位：s）

网络带宽 /Mbps	影像切片尺寸				
	128×128	256×256	512×512	1 024×1 024	2 048×2 048
2	122.725	52.272	64.83	72.272	149.335
10	45.568	38.927	24.322	21.188	25.586
64	29.043	24.988	20.218	18.147	19.863
128	18.487	14.621	12.208	10.825	10.278

从表 2-2 中可以看出，不同的带宽情况下，切片尺寸的选择对于传输效率有很大的影响。带宽较小时，若切片较小（例如 256×256），一定程度上能提高传输效率，但却增加了磁盘寻址和读取时间；切片越大（例如 2 048×2 048），因要占用过多带宽，将加重网络

传输压力，客户端可能要等待更长时间。带宽较大时，亦即带宽不会成为限制条件的情况下，设置更大的切片（例如2048×2048），可以获得更高的传输效率。在带宽受限情况下，应尽量减小影像切片尺寸。依据上述原则，确定相应带宽下的最佳切片尺寸，这个尺寸与带宽之间存在某种函数关系，在实际应用中可以通过多次的试验确定这种关系。

3）顾及客户端内存容量的切片

空间数据的处理与分析是在内存中进行的，由于内存容量的限制，难以将全部数据读到内存中，影像漫游、缩放等常规操作会引起内存与硬盘之间的频繁交互，导致系统效率急剧降低。事实上，客户端每次操作所涉及的数据只是原始影像的一小部分，将原始影像全部传输到客户端既无必要，又浪费资源。为提高影像渲染效率，可以结合内存缓存技术，通过设置最适宜的切片大小，实现海量影像的实时显示。表2-3记录的是在不同大小的客户端内存情况下，切片尺寸不同时客户端渲染的耗时比较。

表 2-3　基于不同容量客户端内存的影像切片渲染耗时　　　　　　（单位：s）

客户端内存	影像切片尺寸（每切片数据量）				
	128×128（48 kB）	256×256（192 kB）	512×512（768 kB）	1 024×1 024（3 MB）	2 048×2 048（12 MB）
2 GB 及平均渲染时间	20.560	8.529	10.353	14.226	22.334
4 GB 及平均渲染时间	18.046	5.859	3.593	2.489	4.438
8 GB 及平均渲染时间	13.879	4.272	2.315	1.709	0.754

从表2-3中不难看出，当客户端内存较小时，对同一区域渲染时，若切片尺寸设置过大（例如2048×2048），用户查询的区域（即用户所需的感兴趣的区域）与所涉及的影像块重叠的范围可能过小，亦即读取了过多不在显示范围内的影像数据，造成无效渲染的区域过大，增加渲染时间（移动端时情况可能更加严峻）。若切片尺寸设置过小（例如128×128），尽管减少了无效数据的量，但将增加本地磁盘读取次数，且影像拼接将需要更长时间，导致索引数据冗余，查询效率降低，因而也会影响渲染速率。

从表2-3中看出，当客户端内存较小时选择较小的分块（如256×256）可以获得较快的渲染速率，内存较大时可以选择大尺寸进行分块。依据上述原则，可以根据不同客户端内存大小确定最佳切片尺寸，这个尺寸与内存间存在某种函数关系，在实际应用中可以通过多次试验确定这种关系。

从前面的分析中可以看出，数据库存储块大小、带宽和客户端硬件都对影像数据切片选取有着较大影响。当数据库存储块较小时，为了减小数据库I/O操作，选择较小切片比较理想，随着存储块的增大，选择大切片所换来的入库效率的提高并不十分明显；在带宽较小环境下，选择较小切片可以有效减小因带宽限制导致的传输压力；随着带宽增加，选择更大切片可以明显降低数据在网络中的传输时间；当客户端内存较小时，选择小的切片可以降低数据在客户端渲染和漫游时间，获得相对较好的用户交互效果，而随着内存增大，大的切片更有利于客户端进行连贯的漫游和缩放。

4）自适应影像切片模型

自适应切片可以看成是分别根据以上三个因素所得到的切片大小值的一个线性组合，

通过为每一个影响因子赋予不同的权重，自适应切片大小将是这三种影响因子下对应的切片大小的加权平均值。假设自适应影像切片大小为 BlockSize，有下面的关系式：

$$BlockSize = \alpha \times P(T) + \beta \times W(S) + \gamma \times C(N) \qquad (2-2)$$

式中：$P(T)$ 为由客户端内存计算出的切片大小值；$W(S)$ 为由带宽计算出的切片大小值；$C(N)$ 为由数据库存储块大小计算出的切片大小值；α、β、γ 分别为对应切片大小的权重。

利用数学模型（2-2），采用 4 组数据在局域网环境下进行试验：

（1）在 2MB 的局域网带宽下，客户端内存大小为 2GB 时，逐次改变数据库存储块的大小；

（2）当数据库存储块大小为 8kB、客户端的内存为 2GB 时，逐次改变网络带宽大小；

（3）当数据库存储块大小为 8kB、客户端的内存为 4GB 时，逐次改变网络带宽大小；

（4）当数据库存储块大小为 4kB、网络带宽为 64MB 时，逐次改变客户端内存大小。

选取较多的测试数据进行测试，并进行最小二乘法拟合，得到一组系数值和相应的切片分块表达式：

$$BlockSize = 0.191P(T) + 0.511W(S) + 0.298C(N) \qquad (2-3)$$

从式（2-3）可以看出，客户端内存对于影像切片影响是最小的，数据库存储块的大小对于切片影响次之，而网络带宽对切片影响相对比较大。因此当对海量影像进行存储时，首先应该考虑当前网络的带宽，它是制约影像切片大小的关键因素；其次，服务器端数据库存储块大小限制了数据上传写入硬盘的效率，也影响了客户端频繁访问数据时的读取速率，因此也占据了相当比重。各个客户端内存的大小主要影响了数据在客户端渲染时的效率，因此它的影响因子相对较低，但为了支持快速浏览和显示，亦需对其进行综合考虑。大量试验表明，该模型能基本满足对海量遥感数据的自适应切片处理。

2. 影像 LOD 模型

1）LOD 模型建立

影像数据量通常非常庞大，把海量的影像数据一次性读取到内存中进行处理和展示，既不现实，亦无必要。一方面，系统内存有限，无法同时打开和纳入若干幅海量影像数据；另一方面，客户端大多数情况下并不需要全部原始影像，仅需其中一部分内容。把原始影像从服务器端一次性读取、传输、写入客户端内存中不仅增大了数据传输量，而且还影响了客户端显示效率，造成带宽、内存等资源的过度浪费。借助影像金字塔模型可以有效克服这一弊端，如图 2-17 所示，每层金字塔数据按照一定的切片大小进行分块存储。其基本过程为：① 根据当前窗口显示范围确定最佳显示分辨率，在影像金字塔中找出与最佳分辨率最接近的影像金字塔层；② 利用建立的空间索引，确定需要调用的影像块；③ 客户端将从服务器端传输过来的影像块在显示器上进行拼接显示。

图 2-17 LOD 模型

2）金字塔层数确定

构建金字塔在数据存储过程中是极为重要的步骤，除了重采样算法的选取以外，确定金字塔结构的层数也是一个关键的问题。层数越多时，影像显示速度越快，过渡效果越好，客户端等候时间越短。但是随着分层级数的增加，数据库存储开销也会随之增加。一般的影像数据，大多因其庞大的数据量而都被经过了分幅处理，而后才被投入生产使用，因此其影像的尺寸不会过大。例如，一幅 200 000×200 000 像素影像，当采用 2×2 的采样算子采样到第 10 层时，瓦片大小已减小到了 390×390 像素。假设原始影像为第 1 层，当生成的影像小于 512×512 像素时停止重采样，那么此时没有必要再继续重采样生成上一级金字塔数据；而当影像进一步增大到 800 000×800 000 像素时，采用 3×3 的采样算子可以更好更快速地构建影像金字塔，而不会产生过多金字塔顶端无意义的数据层。

试验结果表明，在构建自适应影像金字塔过程中，金字塔层数一般不宜超过 10 层。在构建影像金字塔之前，预先判断按照 2×2 采样算子进行重采样，得到的金字塔层数是否大于 10，若大于 10 则采用 3×3 的采样算子进行重采样，这样基本可以满足航片和卫片数据的处理要求。

2.4 空间数据共享与安全

地理空间数据包括基础地理空间数据和专题地理空间数据。基础地理空间数据是指提供基础底图服务和空间基准服务的数据，通常为各行各业所共享，包括栅格地图、数字线划图、数字高程模型、正射影像图等各类基本比例尺地图数据及空间基准数据等，涵盖地形、地貌、水系、植被、居民地、交通、境界、控制点、地名、特殊地物等自然、经济和社会要素。专题地理空间数据是指为满足特定行业需求而生产的与地理空间位置和范围密切相关的业务数据，通常以基础地理空间数据为基础，并能为其他行业提供数据支持。无论是基础地理空间数据还是专题地理空间数据，均有共享的需求。

充分的数据共享可以避免大量重复采集工作，节约人力和物力，提高数据利用率。因此，随着 GIS 技术本身的发展和应用需求的增长，不同 GIS 之间的数据共享和互操作受到了越来越多的关注。有效的安全机制有利于空间数据的生产、网络传播和广泛的共享，提高空间数据的应用价值。

2.4.1 空间数据共享方法

1. 常用 GIS 数据共享方法

早期的空间数据共享大多是针对单机环境运行的 GIS，多局限于不同结构的空间数据间的格式转换，现在仍然有很多 GIS 软件采取这种格式转换的异构数据共享方法。实现共享的方式大致有三种模式，即数据格式互换模式、数据直接访问模式和数据互操作模式。

1）数据格式互换模式

数据格式互换模式是空间数据共享中应用十分广泛的一种数据共享方案，其基本思想是通过把其他格式的数据通过专门软件进行转换，变成本系统可以识别与利用的数据格式，以此来达到不同系统之间数据间接共享的目的。例如，许多 GIS 软件为了增强数据通用性，除了内部数据格式，还带有文本型交换格式，如 ArcGIS 的 Shape、MapInfo 的 MID/MIF、

MapGIS 的明码格式文件等。具体使用时，例如 ArcGIS 与 Google Earth 的数据共享，首先通过 ArcGIS 获得 Shape 格式数据，再通过 ArcToolbox 将 Shape 转换为 Google Earth（GE）支持的 KML 文件，加载到 GE 中，GE 便可以对转换后的数据进行各种处理。

数据格式互换模式的缺点主要包括两方面。① 转换后不能完全准确表达源数据的信息。由于不同系统对空间实体的描述方法和数据模型不同，而该方案只强调格式的转换，往往缺乏语义翻译，容易导致丢失一些信息。② 数据转换频繁、费时，易产生数据不一致性问题。一个系统的数据要被另一个系统所采用，首先需要把数据文件输出为另一个系统所能识别的交换格式数据，然后另一个系统再将该交换格式数据转换为本系统的内部格式。如果数据需要不断更新，为保证不同系统之间数据的一致性，需要频繁进行数据格式转换。

2）数据直接访问模式

与数据格式转换的共享模式相比，数据直接访问模式是出现较晚的一种 GIS 空间数据共享方法，基本思想是在同一个 GIS 软件中实现对不同格式数据的直接访问，用户可以使用单个 GIS 软件访问和存取多种格式的数据。这种方式在许多 GIS 软件中得到应用，如 Intergraph 的 GeoMedia 系列软件实现了对大多数 GIS/CAD/DBMS 的数据的直接访问，包括对 MGE、Arc/Info、Oracle Spatial、SQL Server、Access MDB 等数据的直接访问。由于无需数据转换，给使用带来了很大便利，代表了数据共享方向，但开发难度较大，需要不断修改软件以适应新的数据格式需求。

与数据格式互换模式相比，数据直接访问模式的特点主要表现在：避免了烦琐的数据转换过程，而且在一个 GIS 软件中访问其他软件的数据格式不要求用户拥有该数据格式的宿主软件，也不需要运行该软件，因此为用户提供了一种更为经济实用的多源数据共享模式。

3）数据互操作模式

空间数据互操作（interoperability）是指通过规范接口自由处理所有种类空间数据的能力和在 GIS 软件平台上通过网络处理空间数据的能力。与数据转换相比，互操作不仅是对数据的集成，也是对处理过程和处理功能的集成，实现在更高层次上不同系统、不同环境之间的互相合作。它将 GIS 带入了互操作时代，从而为空间数据集中式管理、分布式存储与共享提供了操作依据。采用互操作模式实现空间数据共享的关键在于互操作规范，这一规范主要是 OpenGIS 协会（OpenGIS Consortium）制定的 OpenGIS。在 OpenGIS 支持下，一个系统可同时支持不同的空间数据格式。遵循 OpenGIS 研制的 GIS 应用软件，可以通过网络自动处理大量空间数据，用户可以共享一个大型网络数据空间，在这一网络数据空间中，所有的空间数据将不再因为数据格式的不同和传输时间的耗费而影响其正常使用，甚至还可以使用不同部门在不同时间跨度内用不同系统生产的不同数据。

2. 分布式空间数据共享

GIS 信息处理模式的不断演进促使空间数据共享方式产生了变革，计算机网络为实现数据共享提供了物质基础，Internet 为数据共享提供了廉价、先进的技术方法。网络 GIS 一方面为分布式空间数据共享提供了条件和基础；另一方面也使得空间数据的分布式共享问题变得更加迫切。这里主要探讨分布式空间数据共享的若干问题。

1）分布式空间数据库

分布式空间数据库是指空间数据库在物理上分布于计算机网络的各个节点中，每个节点拥有一个集中的空间数据库系统，而且都具有自治处理能力，负责完成本节点的局部应用；而在逻辑上是一个整体，由分布式数据库管理系统统一管理，共同参与并完成全局应用。分布式空间数据库有三大特点。① 数据在物理上分布，逻辑上统一。② 数据具有独立性。这种独立性不仅表现在逻辑和物理上的独立，还表现为数据的分布独立性，即分布透明性。③ 适度的数据冗余。在分布式空间数据库中，有时为了提高系统中数据的可靠性，改善系统性能，允许数据适度冗余。

2）地理数据分布式计算

采用分布式计算模式的 GIS 数据和处理功能（应用程序）不仅可以位于一个集中的服务器上，也可以分散在多个地理分布的服务器上。地理数据分布式计算特点是：① GIS 的处理功能装配在服务器上为网络中的所有用户提供共享；② 中间层可重用组件可由开发人员采用任何自己熟悉的工具开发实现，可镜像到多台机器上同时运行，分担多用户负载；③ 应用程序组件可共享与数据库的连接，以克服数据库服务器为每个活动用户保持一个连接而造成负载过重的缺陷，增加了系统的动态可伸缩性；④ 安全管理可以基于组件授权，而不是授权给用户，用户不再直接访问数据库，提高了系统的安全性；⑤ 不同层次的组件开发可以异步或并行进行，提高了系统的开发效率。

3）分布式空间数据库的空间数据共享

分布式空间数据库的空间数据共享是指用户怎样通过 Internet 有目的地从数据服务器透明地获取各种格式的数据。一直以来，异质数据库互操作仍是推行分布式 GIS 的主要瓶颈，有效解决途径无疑是把异质数据库（数据库系统不同）转变为同质数据库（数据库系统相同），但实际中不具可行性，于是产生了采用 FDBS（federated database system，联邦数据库）管理的数据库一体化构想。Sheth 和 Larson 用五层模式描述了这种联邦数据库结构，如图 2-18 所示，目的就是发现成分模式和联邦模式之间的映射，并在局部操作和全局操作之间定义这种映射,利用统一数据模型的联邦模式屏蔽局部模式之间的差异性。

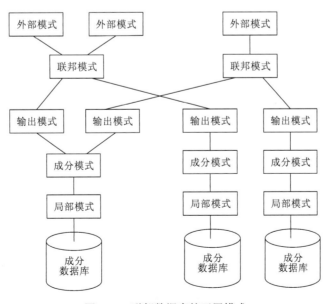

图 2-18　联邦数据库的五层模式

（1）成分数据库（component databases）是指分布于网络不同节点的各种异质空间数据库，有本地数据库和远地数据库之分。

（2）局部模式（local schema）是指成分数据库的概念模式，即本地数据库采用的模型。

（3）成分模式（component schema）是指从局部模式转换到联邦模式所用的一致的数据模型，即联邦模式所采用的模型。

（4）输出模式（export schema）是成分模式的一部分，它包含了所有被输出到联邦模式的数据，过滤掉成分模式的私有数据。

（5）联邦模式（federated schema）也叫总体模式，是多个输出模式的一体化集合模式。

（6）外部模式（external schema）是 FDBS 的用户及应用所使用的模式，可能有一些额外的约束和限制。

上述基本思想是使分布于不同区域的数据库通过网络连接在一起，实现逻辑上的一体化，即数据库一体化，其核心是联邦模式的实现，联邦模式采用一致的数据模型，屏蔽了局部模式差异，用户只需关心外部模式，即本地局部模式与远地输入模式。

完全实现联邦模式存在一定的困难，更为现实的做法是建立基于空间元数据的分布式结构实现元数据共享管理，如图 2-19 所示。

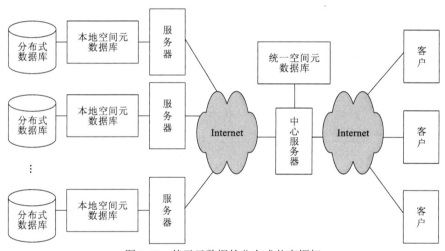

图 2-19　基于元数据的分布式共享框架

图 2-19 中，除具有一系列分布式空间数据库服务器及其本地元数据库外，还有一个中心服务器，它存储并管理一个统一的空间元数据库，负责所有服务器的总控管理。该元数据库描述了分布式服务器站点上的空间数据库情况，并通过每条元数据记录访问它所对应的空间数据库。在每个服务器上还拥有一个元数据库，即本地空间元数据库，它描述了该服务器上所有空间数据库情况，当该元数据库发生变更时，服务器会通过消息机制将更新情况发到中心服务器，由其上的元数据管理系统自动更新统一空间元数据库。客户对分布式数据库的访问一般是通过中心服务器进行的。

这种方法的不足之处在于它只实现了具有相同数据模型和数据结构的异地数据读取，即只是一种异地同质数据的共享，还不能实现异地异质数据的共享，也不能把分布在异地的数据库一体化，更不能解决异地数据库无缝组织问题。

分布式空间数据库虽然在数据交换方面有一些不足，但却是 GIS 海量空间数据共享最好的解决方案之一，这主要是因为其除具有数据分布、独立和冗余的特点外，还具有两方面的优点。① 提高了可靠性和可用性。地理数据分布在多个节点时，某个节点出现故障，其他节点可以继续使用，只是出故障节点上的数据和软件不能使用而已。② 使局部自治的数据实现共享，不强调集中控制，各节点对本地数据库均有相应的自治权、高度的自主权，但其他节点也可以共享这些本地数据。

2.4.2 空间数据共享平台框架

空间数据共享平台是指通过网络平台和数据平台建设，实现对多种类型数据的整合，为各种应用提供不同层次的技术支持与服务，包括以空间元数据为基础的目录服务、数据存取服务、交互式功能服务和数据集成应用服务等。

根据结构和功能的不同，可以将空间数据共享平台的总体框架分为三个层次：共享基础平台、共享服务体系和共享应用体系。如图 2-20 所示。

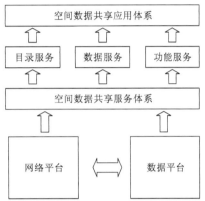

图 2-20　空间数据共享框架

1. 共享基础平台

基础平台包括网络平台和数据平台，是空间数据共享平台的基础与保障。

（1）网络平台。网络已成为大范围数据共享的主要传输方式，在共享平台设计过程中要充分考虑和利用网络技术优势，为共享平台构建一个灵活、方便、快捷的可交互空间。

（2）数据平台。相对于网络平台这一以硬件为主的平台，数据平台则是共享平台的灵魂，结构上看至少包括国家级的空间数据中心、各部门的分布式空间数据库（或数据中心）和一套完整的数据管理体系。由于网络 GIS 分布式结构特点，空间数据共享平台的数据管理要考虑以分布式管理为主、集中式管理为辅的模式。

2. 共享服务体系

共享服务体系是共享平台的技术关键。空间数据共享服务主要包括目录服务、数据服务和功能服务三个层次的内容。

1）目录服务

这是以空间元数据为核心的目录查询与管理，用以提高空间信息服务效率。在空间元数据不断丰富的同时，会带来诸如查询、理解和应用等问题，目录服务就是为解决这一问题设计开发的应用服务系统，其结构如图 2-21 所示。

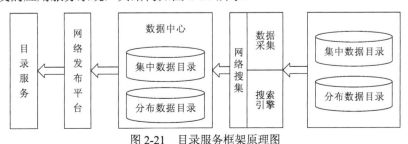

图 2-21　目录服务框架原理图

目录服务是空间元数据系统利用元数据技术提供空间信息服务的一种标准模式，它通过元数据标准的核心元素将信息以动态分类形式展现给用户。用户可以通过浏览门户网站的空间元数据迅速确定所需空间数据范围，继而在这一范围内进一步搜索。

图 2-21 表明了目录服务中的元数据可以来源于两个渠道：一是从数据平台中心节点的集中数据目录中获取，但能获取的元数据比较有限；二是从各节点的分布式数据目录中获取。分布式空间数据库及其元数据资源丰富、类型多样、更新快捷，是目录服务中元数据的主要来源。在这种获取方式中，数据平台中心节点主要担当了将各网站分布式空间数据库相关信息整合于一个目录中的服务角色，可方便用户查询和网络相关信息发布，但因需要不断整合异构分布式数据库资源，致使中心节点任务比较繁重。

2）数据服务

数据服务是在空间元数据目录服务的基础上进一步提供相关空间数据的服务，它和元数据目录服务的本质区别在于它们的侧重点不同。目录服务侧重于空间数据库目录管理，而数据服务侧重于各类型的数据管理，其服务方式已超越了目录的检索，更重要的是对空间数据提供浏览、查询和下载等多种功能服务。例如，WebGIS、移动 GIS 就是典型的空间数据发布和服务平台。根据数据服务特点可将其分为以下两类。

（1）空间信息发布。空间信息发布是集空间数据收集、整理、存储和发布为一体的空间信息服务系统，提供空间信息浏览、查询和下载等服务功能。

（2）空间数据分发。空间数据分发是指按照用户的要求为其提供空间数据。网络 GIS 中的数据分发方式主要包括网上下载和网上订购。其中，网上下载模式方便实用，实时性强，但大数据量时容易受到传输瓶颈限制；网上订购是指通过网站提供的接口向数据中心提出数据需求，数据中心进行提取和加工后通过其他媒体或网络向用户提供服务或数据产品。

3）功能服务

功能服务是指开发一系列通用的基础性服务的功能性工具，以便用户能在众多来源的海量空间数据中快速搜索特定信息和整合多源数据等。

3. 共享应用体系

共享应用体系是共享技术平台的功能体现，为用户或应用直接提供所需的共享数据、服务和各种应用功能。为此需要为各部门和各类用户提供一系列工具，使其能从空间大数据中快速检索、整合和智能挖掘，及时获得所需的服务。具体地讲，空间数据共享应用体系至少应该体现下述三个方面的功能或服务。

（1）基础服务模块。基础服务模块是指在空间数据共享基础平台上开发出的一系列符合相应标准和规范的基础性功能模块（如中间件），以便为构建符合需要的应用服务系统提供服务。

（2）空间数据论坛。为满足空间数据应用、服务和研究的需要，建立一个科技论坛，以便为空间数据的研究者和用户提供科学和技术交流的平台。

（3）空间数据智能服务。空间数据智能服务是空间数据共享平台的一个较高和较深层次应用。共享平台涉及的空间数据和非空间数据多为行业或领域数据，具有典型的专业特色和大数据特点，在有关规范和领域模型支持下，对分布式空间数据库的数据进行深度挖掘，可以为用户提供智能服务，提高决策能力和管理水平。

2.4.3 空间数据安全机制

实际中存在未经授权进行非法复制、使用、传播空间数据的情况，甚至恶意篡改、攻击、欺骗、盗取空间数据，进而产生严重的网络安全问题。一般认为，空间数据的安全主要包括访问安全、传输安全及机密空间信息隐藏等几个方面。

1. 访问安全

空间数据访问安全是指网络 GIS 用于控制用户浏览和修改数据能力的方法，这些方法包括对数据逻辑视图浏览和用户获取空间数据的授权。事实上，地理空间数据尽管在许多部门和个人领域得到了广泛应用，但在网络 GIS 中可以无偿共享的往往是一些基础的空间数据。而一些由不同的应用部门针对不同的应用而采集的不同区域或不同专题的地理空间数据，因为其采集过程投入了大量的人力和物力，所以，共享往往是有偿的或者不同的用户具有不同的共享层次，这部分数据可以认为是版权保护数据。对于版权保护的地理空间数据，安全保护的一般方法是在服务器端控制不同用户对地理空间信息源的访问，对版权保护的地理空间数据，只提供给授权用户访问，以防止非法信息获取。权限的控制可以在操作系统级，也可以在防火墙或数据库层次进行授权。总之，版权保护就是在服务器端通过某种措施，控制不同用户对数据的访问权限。

2. 传输安全

空间数据传输安全主要是指网络 GIS 用于控制空间数据网上传输不被非法截获、复制和修改的能力，保证空间数据的安全性与保密性。密码技术是保护信息安全的主要手段之一，使用密码技术不仅可以保证空间信息的机密性，还可以保证信息的完整性和确定性，防止信息被篡改、伪造和假冒。

网络加密常用的技术有链路加密、节点加密和端到端加密三种。链路加密（又称在线加密）是在通信链路上为空间数据传输提供安全保证，在传输之前对空间数据加密，中间节点收到数据包后再解密，然后使用下一条链路的密钥对数据包加密，再进行传输。在到达终点前，一个数据包可能要经历许多链路，并且在中间节点上均以明文形式存在。因此所有节点在物理上必须是安全的，否则就可能泄漏明文内容。节点加密在操作方式上与链路加密类似，也是在通信链路上为传输的空间数据提供安全保证。不同的是，中间节点对数据包的加密是在相应节点的一个安全模块中进行的，该模块先把收到的数据包解密，再用另一个不同的密钥加密，并且数据包在中间节点上以密文形式存在，但报头和路由信息仍以明文形式传输，以便后续节点正确转发该数据包。端到端加密（又称脱线加密或包加密）是指空间数据在从源点到终点的传输过程中始终以密文形式存在。每个数据包在传输前即被加密，到达终点时才被解密，其在整个传输过程中均受到保护。在这种加密方式中，数据包的路由信息亦不能被加密，这是因为每一个数据包所经过的节点都要用该地址来确定如何转发数据包。网络GIS 可根据网络情况和空间数据的密级要求选择相应的数据加密技术。

数据加密原理：由各种加密算法具体实现，目的是以尽可能小的代价提供尽可能高的安全保护能力。多数情况下，数据加密是保证传输中数据机密性的最有效方法。据不完全统计，到目前为止已经公开发表的各种加密算法多达数百种，加密算法的一般模型如图 2-22所示。数据在传输之前先将明文（被加密之前的数据）经过以密钥为参数的函数（加密算法）转换（即加密）得到密文（加密结果），密文在经网络传输到接收方，然后以解密密钥对密文破解，还原出数据的原来格式和形态。由于窃密者难以知道密钥，不能轻易地破解密文，这样就可以实现对数据的有效保护。

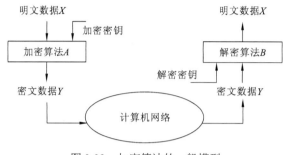

图 2-22　加密算法的一般模型

3. 机密信息隐藏

信息隐藏是将一个消息（称为待隐消息或秘密消息）隐藏在另一个消息（称为遮掩消息或载体）中。有些空间信息，如军事基地，也许只希望部分授权用户可以看到，或者说对普通用户来说需要保密，这时候就要将空间信息中的这些机密信息隐藏起来，并且同时不影响隐藏了机密信息后的空间信息的使用价值。这里以影像中的机密信息隐藏为例来阐述机密空间信息隐藏的一般技术。如图 2-23 所示，采用扩频通信技术并使用密钥产生的二值混沌序列对机密二进制序列（影像）进行调制，以达到对机密信息进一步加密的目的。这是对影像中机密信息实施隐藏的一种技术。

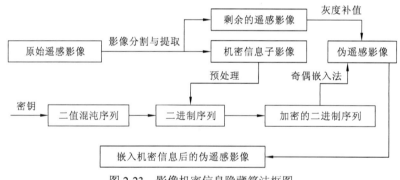

图 2-23　影像机密信息隐藏算法框图

算法实现过程如下。

（1）首先对原始影像进行机密信息分解、分析与综合，将机密地物从影像中识别出来，无论它是何形状，均可用其最小外接矩形选定，然后将包含机密地物的最小外接矩形从影像中提取出来，称为机密信息子影像。

（2）对影像中提取机密信息后的"空白"影像块，根据其周围地物的地貌、形状与纹理特征，对其进行灰度补值，生成抹去机密信息但其余地物地貌特征均没有变化的伪影像。

（3）对机密信息子影像进行压缩与二进制编码，并引入扩频通信技术及用密钥生成的二值混沌序列对机密信息进行加密。

（4）采用奇偶嵌入法与 JPEG 标准量化表将机密信息以不可见的方式嵌入伪影像中，即在伪影像的灰度补值影像块的空间域上内嵌机密信息，生成隐藏了机密信息的伪影像。

对于授权用户来说，可依据内嵌机密信息的逆过程，提取机密信息，过程如下。

（1）从隐藏机密信息的伪影像中提取嵌入机密信息的影像块，然后利用 JPEG 标准量化表对该影像块进行量化，以提取机密信息。

（2）用相同的密钥生成二值混沌序列对提取的机密信息进行解密。

（3）进行十进制编码与解压缩，提取出机密信息子影像。

（4）将机密信息子影像与隐藏机密信息的伪影像进行综合，恢复出影像原貌。

此外，算法在提取机密信息和恢复影像原貌时，不需要原始影像，因此是一种盲算法。

2.5　网络 GIS 通信协议及规范

网络 GIS 是工作在 Internet 上的 GIS，空间数据的传输依靠 Internet 协议来实现。因此基于 Web 的通信协议和相关的规范是 WebGIS 信息传输与处理的基础。

2.5.1　通用协议与规范

1. TCP/IP

在 Internet 上使用的通信协议主要是一组开放性的协议集——TCP/IP 协议簇，该簇协议规范了 Internet 上所有计算机间数据传输格式和传送方式，核心是 IP（internet protocol，网际协议）和 TCP（transmission control protocol，传输控制协议），主要作用是确保数据在收发节点之间正确通信，可靠传输。

2. HTTP

WWW 服务器是建立在 TCP/IP 协议上的服务程序，HTTP 提供了 WebGIS 运行的基本功能，采用请求/应答模式实现客户机与服务器的信息通信。客户机的请求包含 HTTP 方法、版本、URI（universal resource identifier，统一资源标识符），也可以包含一些请求报头。服务器的应答信息中包含 HTTP 协议版本、状态代码（status code）及原因短语（reason phrase），也可以包含一些应答报头，报头后面是被请求的数据。

3. HTML

HTTP 协议建立了 Web 服务器和客户机的通信，被请求的数据传回客户机后，还需经客户机解释才能供客户浏览，这种解释规范便是 HTML。HTML 并非程序设计语言，而是一些代码集合，其中定义了各种标识符，由一些尖括号"＜""＞"括起来，放置在文本中，使浏览器根据这些标识符显示不同的信息。HTML 文件是无格式的纯文本文件，可以使用文本编辑器或其他 HTML 制作工具编辑。

4. XML

XML（extensible markup language，可扩展标记语言）是 W3C 为适应 WWW 的需要，将 SGML（standard generalized markup language，标准通用标记语言）简化而成的标记语言，其功能比 HTML 更强大，不再是固定标记，允许定义数量不限的标记来描述文档中的数据，允许嵌套的信息结构，并提供了一种直接处理 Web 数据的通用方法。大量针对 Internet 应用的标准在 XML 基础上进行了扩展，形成了能为不同领域服务的标准，其中与几何图形信息相关的标准（如 SVG）、与地理空间信息相关的标准（如 GML）在网络 GIS 领域应用广泛。

XML 与 HTML 的主要区别在于：XML 侧重于描述 Web 页面的内容，而 HTML 着重于描述 Web 页面的显示格式。

XML 是为 Web 设计的一种机器可读文档的规范。作为一种可用来制定具体应用语言的元语言（meta-language），XML 的语言简练，具有强大的描述能力，适合网络应用。

1）标记（markup）

markup 说明了文档中相应的字符序列，描述了文档的数据布局和逻辑结构。由于它使用标签（如<name>），看起来很像 HTML。

2）可扩展（extensible）

extensible 表明了 XML 的主要特征。XML 本质上是一种元语言，为结构文档提供了一种数据格式，适用范围很广，XHTML 就是使用 XML 对 HTML 的再定义。

XML 自身也有局限，它没有对数据本身做出解释，没有指明被标签所包括的数据的用途和语义，因此凡是使用 XML 表达用于交换的内部数据时，必须在使用前定义它的词汇表、用途和语义。

3）XML 文档示例

以下程序段是用来描述一个空间点的属性信息的 XML 文档简例。

```
<?xml version="1.0"?>
  <employees>
    List of persons in company:
    <person name="John">
      <gender>M</gender>
      <phone>47782</phone>
      <street>1401 Main Street</street>
      <city State="NC">Anytown</city>
      <postal-code>34829</postal-code>
      On leave for 2001.
    </person>
  </employees>
```

XML 文档由标记、元素和属性三个部分构成。

（1）标记：左尖括号（"<"）和右尖括号（">"）之间的文本为标记。有开始标记（例如<phone>）和结束标记（例如</phone>）。

（2）元素：开始标记、结束标记及位于二者之间的所有内容。

（3）属性：一个元素的开始标记中的名称-值对。在该示例中，"State"是"city"元素的属性。

需要说明的是，一个 XML 文档只能有一个根元素，它包含文档中所有文本和所有其他元素；一个元素必须有一对匹配的标签；子元素全部嵌套在父元素内部；属性用"word = value"形式表示。

2.5.2 空间数据相关标准与规范

空间图形数据包括点、线、面、体等实体，属性数据包括与图形数据相关联的特征描述数据和各种经济、社会及自然数据，它们的表现形式可以是文字、图像、声音、视频等。空间数据的编码与传输针对空间图形数据和属性数据进行。在网络上传输海量的多样化空间数据，需要相应的空间数据编码及传输标准和协议。图 2-24 给出了一些相关的编码规范、标记语言的家谱表构成。这里选择 GML、SVG、KML、GeoJSON、GeoVRML 这 5 个有代表性的标记语言和编码规范加以阐述。

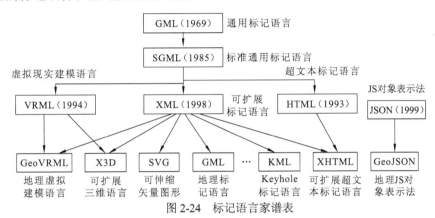

图 2-24　标记语言家谱表

1. GML

GML（geography markup language，地理标记语言）是专门用于表示空间和属性数据的标记语言规范，是 XML 在地理空间信息领域的重要应用，由 OGC 于 1999 年提出。它是以 XML 为基础的编码标准，得到了许多 GIS 软件的支持。GML 推出了多个版本，其中1.0 版（2000 年 5 月发布）和 2.0 版（2001 年 2 月发布）的组成和实现方式存在较大差异，而 3.0 版（2003 年 2 月发布）和 2.0 版相差不大，GML 当前版本是 2012 年 2 月 7 日发布的 3.3 版（https：//www.ogc.org/standards/gml）。

1）GML 组成与特点

GML 为空间数据编码提供了一种开放式标准，它以 OGC 所倡导的地理抽象模型（the abstract model of geography）为基础，使用特征（feature）来描述现实世界。特征由一些非空间的属性信息（properties）和几何信息（geometries）组成。属性内容包括名称（name）、类型（type）、描述（value description）等，几何信息则由点、线、面等基本几何要素组成。

GML 具有的主要优点：①提供了适合网络存取的空间信息编码方式，可以对地理空间数据进行高效编码；②具有可扩展性，支持多样化需求，既能描述空间信息，又能用于深层次分析；③提供了一种易于理解的空间信息和空间关联的编码方式，并能实现空间与非空间数据在内容和表现形式上的分离，也便于空间与非空间数据的整合；④能方便实现空间几何元素同其他空间或非空间元素的联结；⑤提供了一系列公共地理建模对象，便于应用系统之间的互操作。

新版本 GML 对老版本进行了扩充，增加了许多新特性，主要体现在：①增加曲线、表面、实体等复杂空间几何元素及描述方法，允许使用几何元素集合；②支持拓扑存储，能够表示定向的点、线、面及三维空间实体；③引入了空间参照系统，并定义了这种系统的框架和多种通用方案；④提供了用于建立元数据与特征（和/或属性）之间联系的框架机制；⑤增加了描述标准时间特征（年、月、日、时、分、秒）和移动目标特征（位置、速度、方位、加速度）的能力。

2）GML 文档示例

以下程序段是用 GML 文档描述一个多边形空间要素的简例。

```
<?xml version="1.0" encoding="UTF-8"?>
    …
    <Feature   fid="201" featureType="school">
        <Description>武汉大学</Description>>
        <Property Name="NumFloors" type="Integer" value="3"/>
        <Property Name="NumStudents" type="Integer" value="987"/>
        <Polygon name="extent" srsName="epsg:66789">
            <LineString name="extent" srsName="epsg: 66789">
            <CData>
                    4918.88,54580.45    4919.04,54580.44
                    4919.08,54580.64    4919.24,54580.64
                    4919.25,54580.79    4919.77,54581.20
                    4919.53,54580.17
            </CData>
            </LineString>
        </Polygon>
    </Feature>
    <Feature>
     …
    </Feature>
    …
```

2. SVG

SVG（scalable vector graphics，可伸缩矢量图形）是由 W3C 组织开发，利用 XML 来描述二维矢量图形的一种标准。它由图形、影像和文字三个基本部分组成，三部分之间可以任意组合运用。2011 年 8 月，W3C 发布了 SVG1.1 版，2018 年 10 月 4 日发布了最新版 SVG2（https://www.w3.org/TR/2018/CR-SVG2-20181004/）。

SVG 具有的优点：①可伸缩矢量图可以保证图像的显示质量不会因为缩放而产生失真或受损；②特别适合网络应用；③支持交互性；④灵活、易用。

以下程序段是用 SVG 文档描述点、折线、面和标注的一个简例。

```
<?xml version="1.0" standalone="no"?>
    <!DOCTYPE svg PUBLIC "-//W3C//DTD SVG 1.0//EN"
    "http://www.w3.org/TR/2001/REC-SVG-20010904/DTD/svg10.dtd">
    <svg width="300" height="300">
```

```
...
<circle id="point_1" cx="10" cy="10" r="2"></circle>
<polyline id="road_1" points="100 200 100 20 10 200 100 20">
        </polyline>
<path id="region_1" d="M10 10L 10 20 L20 20" style="fill:
        black"></path>
<texts id="anno_1" x="20" y="20">test</text>
...
</svg>
```

3. KML

KML（Keyhole markup language，Keyhole 标记语言）最初是由 Google 旗下的 Keyhole 公司开发和维护的一种基于 XML 的标记语言，利用 XML 语法格式描述地理空间数据（如点、线、面、多边形和模型等），适合网络环境下的地理信息协作与共享。2008 年 4 月，KML 的最新版本 2.2 被 OGC 宣布为开放地理信息编码标准，并改由 OGC 维护和发展。2015 年 10 月，OGC 批准 KML 2.3 标准，这也是当前最新标准（https：//www.ogc.org/standards/kml/）。

KML 在很多方面与 SVG 类似，不同的是 SVG 中的画布是二维的计算机屏幕，而 KML 中的画布则是地球表面。KML 与 GML、WFS 和 WMS 等标注具有很强的互补性。KML2.2 中的点、线、多边形等地理对象均源于 GML2.1.2。

KMZ 是 KML 的压缩格式，本质上是 ZIP 格式的压缩文档。它将 KML 文档及与 KML 文档相关的外部文档压缩，并将扩展名改为 KMZ，方便 Google Earth 等直接识别使用。

KML 最初应用于 Google 公司的 Google Earth、Google Maps 等产品中，随后得到了 GIS 相关的很多公司产品的支持，例如 NASA World Wind（https：//worldwind.arc.nasa.gov/）、Microsoft Virtual Earth、Bing Maps（http：//cn.bing.com/maps/）、Quantum GIS（https：//www.qgis.org/en/site/）等。

以下程序段是用 KML2.2 描述一个多边形的简例。

```
<?xml version="1.0" encoding="UTF-8"?>
<kml xmlns="http://www.opengis.net/kml/2.2"
    xmlns:gx="http://www.google.com/kml/ext/2.2"
    xmlns:kml="http://www.opengis.net/kml/2.2"
    xmlns:atom="http://www.w3.org/2005/Atom">
<Placemark>
  <name>KML 多边形示例</name>
  <Polygon>
      <outerBoundaryIs>
        <LinearRing>
          <coordinates>
              114.3448650413937,30.52408484734346,0
              114.3547856041852,30.52990205857428,0
```

```
            114.3392134699607,30.53832575968774,0
            114.3308073412401,30.53096493965628,0
            114.3448650413937,30.52408484734346,0
          </coordinates>
        </LinearRing>
      </outerBoundaryIs>
    </Polygon>
  </Placemark>
</kml>
```

4. GeoJSON

JSON（JavaScript object notation，JavaScript 对象表示法）是基于 1999 年 12 月发布的 ECMA-262 第三版标准的子集，于 2001 年正式推出，是一种轻量级数据交换格式，易于阅读、编写、机器解析和生成等。它与 XML 的设计理念不同，XML 在数据存储、扩展和高级检索方面具备优势，而 JSON 由于比 XML 更加小巧及浏览器的内建快速解析支持，使其更适于网络数据传输场合。GeoJSON 使用 JSON 来编码地理空间数据，以键-值对的组合{key：value}保存对象，用于表达地理特征、属性和空间范围。GeoJSON 对象包括几何、特征和特征集合（feature collection）三种，用关键词 type 指定。其中，几何对象支持的类型包括（多）点、（多）线、（多）面和几何体集合，特征对象至少包含一个几何对象成员，特征集合至少包含一个特征对象成员。GeoJSON 使用关键词 crs 表示坐标参考系统，使用关键词 bbox 表示坐标范围信息，默认 WGS84 地理坐标参考系统。

GeoJSON 于 2008 年初次发表，后经历 IETF（the internet engineering task force，Internet 工程任务组）多年的工作，于 2016 年 8 月产生了新标准规范（RFC7946）（https：//geojson.org/）。相较于其他数据格式标准，采用 GeoJSON 格式的数据在传输时具有更高效率，不像 XML 有严格的闭合标签，无需关注数据本身拓扑结构，因此格式简洁、数据利用率高、网络传输压力轻。

以下程序段是用 GeoJSON 描述水利要素-湖泊这样一个特征集合对象的简例，所描述的湖泊代码为 001，名称为鄱阳湖，级别为 1，要素采集时间为 2018 年 10 月 1 日，湖泊边界由一系列点串联而成，属性信息包括边框颜色、宽度、不透明度及填充颜色和填充透明度等。

```
{
"type":"FeatureCollection",
"features":[
 {
  "type":"Feature",
     "geometry":{
     "type":"Polygon",
    "coordinates":[
     [116.188579,29.744526], [116.180510,29.740938],
     ......
```

```
        [116.196821,29.720682], [116.188579,29.744526]
          ]
      },
      "properties":{
      "Code":"001",// 湖泊代码为 001
      "Name":"鄱阳湖",// 湖泊名称为鄱阳湖
      "Class":"1",// 湖泊级别为 1
      "TS":"2018 年 10 月 1 日"// 要素采集时间为 2018 年 10 月 1 日
      "stroke":"#9a1036",// 边框颜色为#9a1036
      "stroke-width":3,// 边框宽度为 3
      "stroke-opacity":1,// 边框不透明度为 1
      "fill":"#1e268c",// 填充颜色为#1e268c
      "fill-opacity":0.5// 填充透明度为 0.5
      }
  }
  ]
}
```

5. GeoVRML

地理虚拟建模语言（GeoVRML）由 Web3D 联盟下属的一个官方工作组制定，以 VRML（virtual reality modeling language，虚拟现实建模语言）为基础来描述空间数据，使用户通过一个安装在客户端的标准 VRML 插件来浏览地理参考数据、地图及三维地形模型。GeoVRML 从 V1.0 发展到 V1.1，到拟定中的 V2.0（http://www.ai.sri.com/geovrml/）。

GeoVRML 除具备 VRML 的优点外，还有自己的独特优点，主要包括 5 个方面。

（1）支持多种坐标系统和投影系统。GeoVRML 全面支持多种常用坐标系和投影系统，消除了 VRML 仅支持局部笛卡儿坐标系的局限性。

（2）数据精度更高。GeoVRML 将所有的数值类型均用 64 位双精度型表示，可使精度指标精确至毫米级，从而使得空间数据在表达和发布时不会产生数据重叠、视点抖动等问题。

（3）三维建模功能更加强大。GeoVRML 增强了对复杂地理模型支持力度，它所拥有的 GeoCoordinate（描述对象的地理坐标）、GeoElevationGrid（建立 DTM 模型）、GeoLocation（将标准的 VRML 模型精确地植入场景）等 10 个节点，可以非常简便、迅速地实现地理空间数据三维可视化。DTM（digital terrain model）是数字地形（或地面）模型，是 GIS 的基础数据之一，常被用于绘制等高线、坡度坡向图、立体透视图等。

（4）浏览模式的增强。GeoVRML 实现了基于高程的浏览模式，亦即可以根据用户当前视点的高程值来确定运动步长，避免了固定步长缺陷，方便了用户对整个场景的控制。

（5）代码开放、易于集成。GeoVRML 的源代码是开放的，使其与高级编程语言（如 Java、C++等）之间的通信和集成更加容易。

GeoVRML 规范作为附件已被收入 VRML 97 国际标准，作为地理几何组件包括在 X3D/VRML200X 国际标准中。

2.6 网络 GIS 实现技术

为使网络 GIS 稳定、高效、长久运行，在设计中必须遵循一定的原则（详见第 8 章）。在实现技术上，网络 GIS 引入了 IT 行业中的许多技术，例如 CGI、Java Servlet、ASP、JSP 技术、ActiveX、Plug-in、Java Applet 等，这些技术可以分为基于服务器端和基于客户端的两类实现技术。

2.6.1 服务器端实现技术

服务器端实现技术的主要特点是 GIS 的各种功能在服务器端实现，客户端主要发送请求和显示结果，因此对服务器的性能要求较高。

1. CGI 技术

CGI（common gateway interface，通用网关接口）是最早实现动态网页的技术，它使用户可以通过浏览器进行交互操作，并得到相应的操作结果，可用 C、C＋＋、Perl、Python 语言、ShellScript 及 Batch 等进行 CGI 编程。

1）技术原理

CGI 相当于在外部应用程序与 Web 网络服务器之间架设了一座桥梁，使 Web 服务器可以对客户端的请求作出响应。响应途径是：通过 Web 服务器激发 CGI 程序，读取 HTML 文件，并将读取的数据信息或文件，经由服务器和网络送往客户端。它允许用户通过网页命令来启动一个存于网页服务器主机的程序（即 CGI 程序），并且接收该程序的输出结果。

网络 GIS 中，使用外部 CGI 程序通过环境变量、命令行参数、标准 I/O 与 Web 服务器和 GIS 服务器通信，并传递有关参量和 GIS 处理结果。在这里，CGI 是服务器端的应用程序和 Web 服务器的标准接口，它定义了 Web 服务器与 GIS 服务程序共享信息的方法。CGI 程序有两种调用方式：一是直接通过 URL 发送请求；二是通过主页的 Form 表单发送请求进行调用。在具体应用中，多使用后一种方法。图 2-25 所示为基于 CGI 模式的 WebGIS 体系结构。

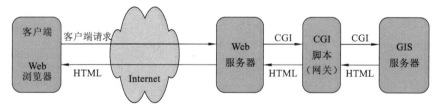

图 2-25 基于 CGI 模式的 WebGIS 体系结构

可以看出，基于 CGI 的网络 GIS 是基于 HTML 的一种扩展，需要有 GIS 服务器在后台运行。通过 CGI 脚本将 GIS 服务器和 Web 服务器连接，所有 GIS 操作和分析均在 GIS 服务器上完成。GIS 服务器和 Web 服务器既可置于一台主机，也可以是两台或多台分布式的计算机。

CGI 模式的工作流程：① Web 浏览器用户向 Web 服务器发出 GIS 相关功能请求；

② Web 服务器接受请求，并通过 CGI 脚本将用户请求传送给 GIS 服务器；③ GIS 服务器接受请求，进行相关的数据处理，如：缩放、漫游、查询、分析等；④ GIS 服务器将处理结果通过 CGI 脚本、Web 服务器返回给浏览器。

2）CGI 特点

（1）优点。①功能强、资源利用率高。WebGIS 各种操作均由 GIS 服务器完成，可以充分利用服务器的计算与分析资源，客户端容量要求小、GIS 服务器空间数据处理能力强大。②跨平台性好。浏览器端得到的静态图像（如 GIF、BMP 或 JPEG）对客户机没有特殊要求，同时 CGI 程序几乎无需任何改动就可移植到绝大多数操作系统上，因此跨平台性能良好。

（2）缺点。①资源竞争激烈，效率较低。CGI 程序与 Web 服务器上其他进程之间存在资源竞争，导致系统运行效率降低。另外，客户端的每个请求均通过网络传给 GIS 服务器，由 GIS 服务器启动新的进程，加以解释执行，且每个请求都需要建立连接和释放连接这个过程，因此也将导致效率降低。②网络负荷重。浏览器难以读取矢量数据，矢量数据在传输前需先由服务器转换成栅格数据（如 GIF、BMP、JPEG 等），之后才发往浏览器，这将增大传输量，加重网络负荷。③功能操作困难。传统 GIS 的数据类型与 Internet 数据类型相距甚远，要在浏览器上实现 GIS 原有的许多操作比较困难，而且由于在浏览器上显示的是静态图像，限制了用户操作的灵活性。

2. 服务器应用程序接口模式

服务器应用程序接口模式（Server API）一般依附于特定的 Web 服务器，例如，Microsoft ISAPI 依附于 IIS，且不能脱离 Windows 平台；Netscape NSAPI 离不开 Netscape Web 服务器。这是因为，Server API 不像 CGI 程序可以单独运行，它运行于 Web 服务器进程中，且一旦启动会一直处于运行状态，无需每次都重新启动，因此运行效率远高于 CGI 程序。

1）技术原理

以 ISAPI 为例，它运行于 Windows 中，是微软用以扩充 IIS/WWW 功能及开发高效率 CGI 程序的接口，分为 ISA（internet server application）和 ISAPI Filter 两部分。ISA 也称为 ISAPI DLL，可为开发者提供一些扩展功能，通过在客户端 URL 中指定名称而被激活，与 CGI 相关功能直接对应，使用方法类似。ISAPI Filter 用于构造能为服务器直接调用的模块，位于 Web 服务器和客户端之间，对其间的通信进行预处理和后处理（如加解密、用户身份验证、自定义日志记录），并为开发者提供用于监测来自服务器 HTTP 请求的无缝链接部件。ISAPI Filter 是 ISAPI 特有的，CGI 中没有对应的部分。图 2-26 显示了基于 ISAPI 的 WebGIS 体系结构。

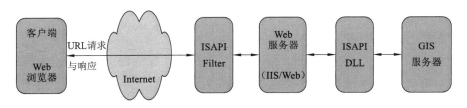

图 2-26　基于 ISAPI 模式的 WebGIS 体系结构

ISAPI 模式的工作流程：① Web 浏览器用户向 Web 服务器发出 URL 请求，该请求经由 ISAPI Filter 传输到服务器端的 ISAPI DLL 上，ISAPI Filter 对请求进行预处理，例如用户身份验证等；② 由 ISAPI DLL 与 GIS 服务器交互作用得到结果信息；③ 结果信息经由 Web 服务器和 ISAPI Filter 传输到浏览器。

2）ISAPI 特点

（1）优点。①运行效率比 CGI 更高。ISAPI 运行的是进程而非可执行程序，并且一旦启动，总是处于运行状态，因此对请求的响应更为及时。②安全可靠传输。ISAPI Filter 的过滤机制使得请求和结果的传输更加安全、可靠。

（2）缺点。①ISAPI DLL 与服务器密切相关，程序可移植性差。②受限于 ISAPI DLL。WebGIS 的服务的实现均依赖于 ISAPI DLL，一旦其失效或出现故障，GIS 服务器就不能正常工作。③系统维护复杂。对于每个请求，ISAPI DLL 均要为其产生一个独立线程，多线程共存导致系统性能不高，也使得系统维护愈加复杂。

3. 动态网页技术

动态网页（active page）是运行在 Web 服务器上的页面，页面内嵌有程序代码，由服务器执行并把结果写入 HTML 文件流中，返回给客户端。常见技术包括：Java Servlet、Microsoft ASP（Active Server Page，动态服务器网页）、Sun JSP（Java Server Page，Java 服务器网页）、PHP（PHP：Hypertext Preprocessor，PHP 超文本预处理器）、Code Fusion 等。

对于网络 GIS 应用来说，静态页面难以满足实际需求，因为用户需要与服务器不断进行动态交互、用户还要根据实际情况定制网页等。采用 ASP、JSP、PHP 等技术可以很好地解决这些问题，目前有很多 WebGIS 都采用该类技术。下面以 ASP 为例简要阐述。

ASP 是微软公司推出的服务器端组件，它与 IIS 协同使用，可以提供服务器端开发接口和脚本开发环境。通过 ASP 能创建和运行动态、交互和高效页面组成的 Web 服务程序，其最重要的特征是能调用服务器端组件来实现各种功能并将结果返回给客户端。所有的网络交互过程均可以通过 ASP 透明处理，这意味着无需 CGI 或者 ISAPI，可以使用支持 OLE（object linking and embedding，对象链接与嵌入）组件开发的工具来开发服务器端组件，实现数据访问功能，并方便地从客户端得到各种返回的参数和结果。ASP 技术的主要优点是：①能与 HTML 集成；②易于创建，能自动编译和连接；③面向对象技术，易于与 ActiveX 组件集成；④在客户端仅需一个浏览器，无其他特殊要求；⑤安全性和保密性较好。

2.6.2 客户端实现技术

客户端实现技术的主要特点是允许 GIS 各种功能在客户端执行，操作比较灵活、便捷和高效。

1. 插件技术

Web 浏览器的地理查询和分析功能一般比较有限，甚至对图形的每一次缩放都要由服务器完成，并在浏览器上显示。扩展浏览器功能，使其支持空间数据处理是网络 GIS 的一种重要实现技术。这需要在普通的 Web 浏览器上安装与 GIS 相关的软件，或称为"插件"（Plug-in）。

1）技术原理

GIS Plug-in 可使 Web 浏览器支持特定格式的 GIS 数据处理，并为 Web 浏览器与 GIS 服务程序之间的通信提供条件，它能直接处理来自服务器的 GIS 矢量数据，生成符合浏览器显示格式的数据，以供浏览器或其他 Plug-in 显示使用。

GIS 插件需要先安装才能使用，尽管它可以和浏览器一起来处理空间数据，但会增加客户端的负载。当在客户端安装了许多插件后，如何管理这些插件成为一个新的问题。图 2-27 所示为基于插件的 WebGIS 体系结构。

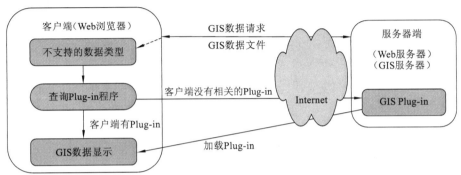

图 2-27　基于 Plug-in 模式的 WebGIS 体系结构

GIS Plug-in 模式的工作流程：① 客户端的 Web 浏览器向 Web 服务器发出数据请求；② Web 服务器处理用户请求，将用户所需的 GIS 数据传给 Web 浏览器；③ 客户端对接收的 GIS 数据类型进行分析和理解，如不需要 GIS Plug-in，则直接显示，如需要 GIS Plug-in 的支持，则转往下一步；④ 在浏览器中搜索相关的 GIS Plug-in，若有则直接调用并显示 GIS 数据；若没有，则从服务器上查找、下载并安装相应的 GIS Plug-in，将其加载到客户端以显示 GIS 数据。

GIS Plug-in 的基本操作主要有地图缩放、漫游、空间和属性查询、简单的空间分析等。

2）Plug-in 特点

（1）优点。①客户端处理能力较强。GIS Plug-in 增强了浏览器的空间数据处理能力，使空间数据获取更加容易。②服务器与网络负荷较轻。由于在浏览器上处理空间数据，对于 GIS 服务器而言，只需提供空间数据（矢量格式），网络也只需将用户所需的空间数据一次性传给客户端，GIS 服务器的空间数据处理任务和网络传输负担均得到减轻，并可使服务器为更多用户服务。③支持多源空间数据。浏览器在不同的 GIS Plug-in 支持下可以支持多种来源和格式的空间数据，实现与多源数据的无缝连接。④速度快、效率高。大部分 GIS 基本操作都可以在浏览器上经由 GIS Plug-in 完成，与从服务器得到服务相比，等待时间减少，运行速度加快，运行效率提高。

（2）缺点。①平台相关性。对于同一类型的空间数据，在不同的操作系统下（如 UNIX、Windows、Macintosh），需要有不同的 GIS Plug-in。对于不同的 Web 浏览器，同样也需要用相对应的 GIS Plug-in 支持。所以，插件方式受限于所用平台。②数据相关性。为显示和处理不同来源和格式的空间数据，需在浏览器上安装不同的 GIS Plug-in。这表明 GIS Plug-in 与数据本身关系极为密切，表现出极大的数据相关性。③管理不便。随着应用的增多，浏览器上需要安装多种插件，以适应不同类型和格式的空间数据处理，这将导致插件管理复杂化，也会占据十分可观的客户端存储空间。④更新困难。当有新版本插件时，系统不能自动升级，需要用户重新下载和安装。⑤客户端功能有限。在浏览器上完成的多是 GIS 的基本功能，而对于较复杂的空间分析和智能处理等，仍需要服务器端配合。

2. ActiveX 技术

ActiveX 是微软公司提出的一种建立在 OLE 标准之上的规范和公共框架。它同 Plug-in 一样，也用于扩展 Web 浏览器功能。不过，Plug-in 技术与浏览器相关，而 ActiveX 能使用在任何支持 OLE 标准的程序或应用系统中。ActiveX 由 HTML、Script 和 ActiveX 组件组成，其关键部分为 ActiveX 控件（或称 ActiveX 组件）。ActiveX 控件支持网络环境，是用于完成具体任务和信息通信的软件模块，它通过控件的属性、事件、方法等与应用程序交互。

1）技术原理

实现 GIS 功能的 ActiveX 控件称为 GIS ActiveX 控件，它通常被包容在 HTML 代码中，与 Web 浏览器无缝结合在一起，通过<Object>标签来定义和获取，主要用于实现 WebGIS 空间数据处理和分析功能。不难看出，WebGIS 功能的强弱与 GIS ActiveX 控件的功能直接相关。

图 2-28 所示为基于 ActiveX 的 WebGIS 体系结构。

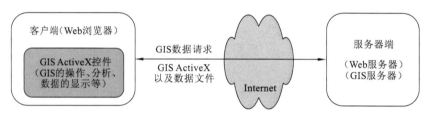

图 2-28　基于 ActiveX 的 WebGIS 体系结构

ActiveX 模式的工作流程：① Web 浏览器向 Web 服务器发出数据请求；② Web 服务器对接收的请求进行处理，配合 GIS 服务器将所要的 GIS 数据传送给 Web 浏览器，若客户机已经安装了 GIS ActiveX 控件，则不用再下载，否则需将 GIS ActiveX 控件下载并安装到浏览器上；③浏览器利用 GIS ActiveX 控件对 GIS 数据进行相应的处理。

2）ActiveX 特点

（1）优点。①具有 GIS Plug-in 模式的所有优点。与 GIS Plug-in 一样，GIS ActiveX 模式的客户端处理能力强、GIS 服务器和网络负荷较轻、支持多种 GIS 数据、运行速度快。②软件复用能力强。GIS ActiveX 控件可以用多种语言实现，能被任何支持 OLE 标准的程序语言或应用系统所复用，因此比 GIS Plug-in 模式更加灵活和方便。这也使得复用已有 GIS 软件源代码成为可能，从而加快 GIS 软件的开发进程。

（2）缺点。①平台相关。不同的 GIS 平台须提供不同的 GIS ActiveX 控件。②兼容性较差。ActiveX 是微软公司的一种规范，得到 IE 全面支持，只能在 Windows 平台运行，而在其他浏览器中需要有定制控件才能运行。③需要预先下载。当浏览器上没有相应的 GIS ActiveX 时，必须从服务器上先行下载，占用客户端磁盘空间。④安全性不高。GIS ActiveX 能够对磁盘进行读/写操作，可能会导致数据不一致性。

3. Java Applet 技术

Java 支持 Web 计算模式,是 Internet 重要的面向对象编程语言,任何支持 JVM(Java virtual machine,Java 虚拟机)的平台都可以解释执行 Java 程序,与所在系统无关。正如 SUN 公司倡导的,Java 的目标是实现"Write once,Run anywhere",即一次编程、随处运行。

与 Java Servlet 运行在服务器端,扩展服务器功能不同,Java Applet 是一种运行在浏览器环境中的小程序,也可视为 Java 插件,通过<applet>标签被嵌入 HTML 文件,其执行代码同时被下载到浏览器上,并由浏览器解释执行。由于是自动进行的,只要服务器端对 Java Applet 作了更新,浏览器就会将最近版本的 Java Applet 文件下载到本地。

1)技术原理

Java Applet 和 WebGIS 结合,形成了基于 Java Applet 的 WebGIS。这种 Java Applet 又称为 GIS Java Applet,它是用 Java 开发的小应用程序,在程序运行时从服务器端自动下载至浏览器,用以增强 Web 浏览器的空间信息处理能力。但对于叠置分析、资源分配及优化等空间分析功能的实现,GIS Java Applet 还比较薄弱。

在空间数据处理中,Java 采用 JDBC 和扩展 JDBC 来分别访问服务器中的关系型属性数据和非关系型几何数据。基于 Java 的 WebGIS 开发主要有两种方法。一是利用 Java 开发客户端 GIS 功能,服务器端用传统开发方法,由于能使用原有软件,简单易行,可加快开发进度,开发的客户端 GIS 具有较强的地图制图和空间分析功能;另一种方法是客户端和服务器端均采用 Java 技术来开发实现 GIS 功能,该方式从最底层开始开发,难度较大、时间较长。图 2-29 所示为基于 GIS Java Applet 的 WebGIS 体系结构。

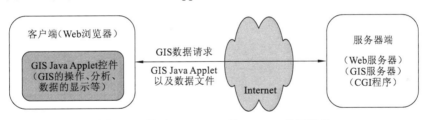

图 2-29 基于 Java Applet 的 WebGIS 体系结构

GIS Java Applet 模式的工作原理同 GIS ActiveX 的工作流程大体一样:① Web 浏览器向 Web 服务器发出数据请求,访问服务器端 CGI 程序;② Web 服务器处理请求,由 CGI 程序将运算结果传送给 Web 浏览器,若客户机已安装 GIS Java Applet 控件则无需下载,否则将 GIS Java Applet 控件自动下载并安装到浏览器上;③ 浏览器利用 GIS Java Applet 控件对空间数据进行相应处理。

2)Java Applet 特点

(1)优点。①平台无关。Java 程序经编译后生成与平台无关的字节代码(bytecode),可在 JVM 上被解释执行,对浏览器和操作系统无特殊要求,保持了较强的平台独立性和软件复用能力。②动态运行。GIS Java Applet 是在 WebGIS 运行时从服务器端动态下载的,当服务器端的 GIS Java Applet 更新后,客户端总能得到及时更新,无需预先安装到客户端。③服务器和网络负担轻。GIS 基本功能主要由 GIS Java Applet 在客户端完成,服务器端只需提供 GIS 数据服务,网络只需一次性传输,因此服务器和网络的负荷较轻。④安全可靠。Java 语言支持异常处理和多线程编程,具有较高的可靠性和安全性,是 Internet 重要编程语言之一。

（2）缺点。①客户端负荷较重。Java 能实现 Applet 与服务器程序直接连接，并根据任务轻重和网络、服务器负荷状态来选择在何处（服务器端或客户端）处理相关数据，具有一定的平衡两端负载能力。但主要计算集中于客户端，将导致客户端的负载较重。②速度较慢。基于 Java 的 WebGIS 是在 JVM 上运行的，程序解释执行，代码相对冗余，运行效率不高。③分析功能有限。利用 Java 语言虽然可以开发出基于矢量数据的 WebGIS，但在空间分析与处理方面仍受到 Java 语言本身的一些限制，致使处理复杂空间分析能力有限，而且在数据存储、网络资源优化等方面的能力也有限。

为方便实际应用，表 2-4 就以上这几种技术作了比较。

表 2-4　WebGIS 技术比较

性能指标		技术类别					
		通用网关接口	服务器应用程序接口	动态网页技术	插件技术	Jave Applet技术	Active X技术
运行能力	客户机端	很好	很好	很好	好	好	好
	服务器端	差—好	好	好	好	很好	很好
	网络负荷	重	较重	较重	较轻	较轻	较轻
	综合运行能力	一般	好	好	好	好—很好	好—很好
交互能力	用户界面	差	好	好	好	很好	很好
	功能支持	一般	好	好	好	很好	很好
	本地数据支持	否	否	否	是	否	是
可移植性	整个系统	差	很好	差	差	好	一般
安全性	整个系统	很好	很好	很好	一般	好	一般

习　题　二

一、名词解释

WebGIS，分布式体系结构，网络计算，多服务器，AOI，地理实体，图层，影像金字塔，分布式数据库管理系统，基础地理空间数据，空间数据互操作，空间数据传输安全，XML，ActiveX

二、填空题

1. GIS 体系结构大致经历了＿＿＿＿＿和＿＿＿＿＿两个发展阶段。

2. 数据、系统、用户三要素在网络 GIS 中构成 4 种分布，分别是＿＿＿＿＿、＿＿＿＿＿、＿＿＿＿＿、＿＿＿＿＿。

3. 网络 GIS 具备 GIS 的基本功能，也是 Internet 上地理信息＿＿＿＿＿、＿＿＿＿＿和＿＿＿＿＿的基础。

4. 网络 GIS 在结构上采用＿＿＿＿＿模式，核心是将 GIS 功能嵌入满足＿＿＿＿＿和＿＿＿＿＿标准的 Internet 应用体系中，实现 Internet 环境下地理空间信息的有效管理。

5. 一个复杂的应用程序逻辑上一般可分为_____、_____、_____和_____。

6. 三层体系结构将各种逻辑分布在三层中实现，这样便可将4个逻辑分开，从而减轻_____和_____压力，达到有效平衡负载的目的。

7. 负载调控器可为多服务器系统提供负载与系统信息的_____、负载_____、动态资源_____与任务迁移等功能。

8. 负载调控主要包括分配_____和_____两个阶段。

9. "特征"是对地理现象的高度抽象，它包括地理现象在_____、_____和_____等方面的所有信息，既是地理现象也是地理现象的数字化表达。

10. 栅格数据的组织主要有三种基本方式：基于_____、基于_____和基于_____。

11. 空间数据管理系统需具有基本的存储、管理及空间数据操作与分析功能，此外，还须提供_____、_____及_____。

12. 对象-关系型空间数据管理系统可以分为_____、_____及_____三个层次。

13. 分布式数据库可分为_____数据库和_____数据库，分布式环境中各个节点的数据库之间是松耦合的。

14. 并行数据库系统有三类主要的资源：_____、_____和_____，并行数据库管理系统就是按照这些资源的互相作用方式进行体系结构划分的。

15. 自适应切片机制是指在分片时考虑_____、_____和_____这三个要素的影响，即根据网络中这三个要素的情况来综合确定分片策略。

16. 实现异构数据共享的方式大致有三种模式，即：_____、_____和_____。

17. 互操作不仅是对_____的集成，也是对_____的集成，实现在更高层次上_____、_____之间的互相合作。

18. 分布式空间数据库是指空间数据在_____分布于计算机网络的各个节点，每个节点拥有一个集中的空间数据库系统，而且都具有自治处理能力。

19. 空间数据共享平台是指通过_____和_____建设，实现对多种类型数据的整合，为各种应用提供不同层次的技术平台支持与服务。

20. 一般认为，空间信息安全主要包括空间信息的_____、_____及机密空间信息的_____等几个方面。

21. 网络加密常用的技术有_____、_____、_____三种。

22. XML 与 HTML 的主要区别在于：HTML 侧重于描述 Web 页面的_____，而 XML 着重于描述 Web 页面的_____。

23. GeoJSON 使用 JSON 编码地理空间数据，使用键-值对的组合{key：value}保存对象。GeoJSON 对象包括_____、_____、_____三种。

24. CGI 技术是最早的 WebGIS 实现技术，它有两种程序调用方式：一种是_____；另一种是_____。以 CGI 方式生成的浏览器的图形表达形式是_____。

25. ISAPI 不能作为一个执行程序单独运行，只能以_____的形式依附于特定的 Web 服务器，但它的执行效率比 CGI 方式高。

26. GIS 的 ActiveX 控件能与 Web 浏览器无缝结合在一起，能应用于任何支持_____的 WebGIS 应用系统中。

27. 利用 Java 技术开发 WebGIS 主要有两种方法：一种是_____；另一种是_____。

三、选择题

1. 网络 GIS 的多样化体现在它不仅以 WebGIS 为代表，还包含（   ）等几种具体形式。

　　A.网格 GIS　　　　　　　B.移动 GIS　　　　　　　C.云 GIS　　　　　　　D.P2P GIS

2. 网络 GIS 的地理空间数据具有（   ）等典型特征。

　　A.多源异构　　　　　　　B.地理分布　　　　　　　C.表现形式单一　　　　　D.海量

3. 网络 GIS 使得（   ）等方面的性能和速度得到提高。

　　A.数据分发　　　　　　　B.空间信息服务　　　　　C.软件集成　　　　　　　D.智能处理

4. 在两层体系结构的网络 GIS 中，服务器主要是指（   ）。

　　A.文件服务器　　　　　　B.数据库服务器　　　　　C.GIS 服务器　　　　　　D.Web 服务器

5. 下列中不能作为网络 GIS 客户机的设备是（   ）。

　　A.PC 机　　　　　　　　B.平板电脑　　　　　　　C.打印机　　　　　　　　D.手机

6. 多服务器主要由（   ）几部分构成。

　　A.数据库服务器　　　　　B.负载调控器　　　　　　C.对象实例管理器　　　　D.Web 应用服务器

7. 下述方法中属于动态负载解决方法的是（   ）。

　　A.三层体系结构　　　　　B.负载调控策略　　　　　C.两层体系结构　　　　　D.增加负载平衡服务器

8. 矢量空间数据的分层组织可概括为（   ）。

　　A.坐标对　　　　　　　　B.空间对象　　　　　　　C.图层　　　　　　　　　D.地图

9. 地理空间数据模型的种类有很多，但下述中的（   ）不属于地理空间数据模型。

　　A.空间几何模型　　　　　B.实体拓扑模型　　　　　C.拓扑关系模型　　　　　D.面向对象模型

10. 下列中的（   ）不能作为 GIS 空间数据的管理方式。

　　A.文件方式　　　　　　　B.面向对象的方式　　　　C.四叉树　　　　　　　　D.对象关系数据库技术

11. Oracle 的空间数据库设计主要包括以下（   ）几个步骤。

　　A.概念模型建模　　　　　B.逻辑建模　　　　　　　C.几何与属性建模　　　　D.物理设计

12. 在使用 Geodatabase 时能在一个文件中存储多个要素或多种类型的要素，支持（   ）等多种不同管理方式。

　　A.个人地理数据库　　　　B.文件地理数据库　　　　C. ArcSDE 数据库　　　　D.众源地理数据

13. 下述有关分布式数据库的描述中，正确的是（   ）。

　　A.分布式数据库系统由于数据分布在网络中的不同节点，其安全性难以得到有效保证

　　B.分布式数据库的每个节点可对局部存储的数据保持一定程度的控制，增强了数据操作的灵活性

　　C.分布式数据库系统中，如果一个节点数据库发生故障，则数据库系统瘫痪

　　D.分布式数据库系统中，由于数据分布存储，数据的冗余度较大

14. 按共享方式划分，并行体系结构可以有三种结构模式，它们分别是（   ）。

　　A.共享内存　　　　　　　B.共享存储器　　　　　　C.共享主机　　　　　　　D.无共享

15. 分布式空间数据共享的可行解决方案是（   ）。

　　A.异质空间数据库转换为同质空间数据库

　　B.联邦数据管理模式

　　C.基于元数据的分布式管理模式

　　D.关系数据库管理模式

16. 下列关于共享应用体系的叙述中不正确的是（　　　）。

A.共享应用体系是共享技术平台的功能体现

B.共享应用体系是共享平台提供的共享数据的直接使用者

C.共享应用体系是数据的共享平台

D.共享应用体系是共享平台提供的服务和功能的直接使用者

17. 下述关于加密技术的叙述，正确的是（　　　）。

A.保护网内的数据、文件、口令和控制信息，保证网上传输数据的安全性与保密性

B.信息加密的目的是保护网内的数据、文件信息，保证网上传输数据的安全性与保密性

C.节点加密是对源节点到目的节点之间的传输链路提供保护

D.加密密钥用于对明文加密，只有用相同的密钥才能解密，恢复出正确的明文

18. 下列中的（　　　）是 WebGIS 信息传输与处理的必备基础。

A.TCP/IP　　　　　　B.GML　　　　　　C.XML　　　　　　D.HTTP

19. 根据 TCP/IP 和 HTTP 协议，在 Internet 下，WebGIS 以（　　　）的浏览器作为统一的浏览器。

A.标准 HTML　　　B.支持 ActiveX　　　C.支持 Java Applet　　D.所有

20. 用户想通过 Web 浏览器中的插件来浏览三维地形图。要实现这一功能，应该选择（　　　）来对地理空间数据进行描述。

A.SVG　　　　　　B.GML　　　　　　C.GeoJSON　　　　　　D.GeoVRML

21. 以 CGI 方式实现的 WebGIS 在浏览器上显示的是（　　　）。

A.动态图像　　　　B.静态图像　　　　C.矢量图形　　　　D.地图的各种参数

22. 下列中的（　　　）不是 ActiveX 技术的优点。

A.跨平台　　　　　B.支持多种 GIS 数据　　C.运行速度快　　　D.软件复用能力强

23. Java Applet 技术和 GIS 技术的结合可以使 WebGIS 的功能实现与平台无关。这里的"平台"主要是指（　　　）。

A.编译环境　　　　B.编程语言　　　　C.服务器端操作系统　　D. 客户端操作系统

四、判断题

1. 网络 GIS 中的用户对系统的需求通常是一样的，只是所需的数据不同。

2. "与平台无关"是指所有的网络 GIS 均与具体平台无关。

3. 网络 GIS 中，客户机和服务器主要是指两台性能不同的计算机设备。

4. 三层体系结构中，应用服务器不仅可以是高性能服务器，还可以是云计算环境。

5. 多层结构的网络 GIS 在客户机与数据服务器之间存在一层或多层负责业务处理的逻辑。

6. 对象实例管理器只能管理其所属的节点服务器信息，并将服务器状态及时发送给负载调控器。

7. 动态负载平衡是指各服务器相应的负载在某些特定时刻基本均衡。

8. 服务器端存储数据时若存在一定冗余，则能减少计算分析时间，但数据更新有可能破坏数据的一致性。

9. 地理实体也是一种地理现象。

10. 特征的数字表达为对象，这里的对象概念与面向对象中的对象概念基本一致。

11. 把空间地物和现象抽象为可识别的相关事务或实体，这种空间数据建模方法属于面向对象建模。

12. 由于文件具有结构简单的特点，用文件的方式管理数据更有利于提高检索和访问的效率。

13. 为满足不断增加的网络应用需求和保持数据的一致性，网络 GIS 的空间数据管理最好采用集中管理模式。

14. 分布式空间数据库和并行空间数据库能很好地满足网络环境下用户对海量空间数据存储与管理的新需求。

15. 由于空间操作既有计算密集型又有I/O密集型，并行空间数据库系统的并行处理能力要求比传统的并行关系数据库系统更高。

16. 阐述对数据库存储块进行分块时的主要影响因素，为什么分块既不能太大，也不能过小？

17. 分布式空间数据库具有数据分布、独立和适度冗余特点，容易导致数据的不一致性。

18. 目录服务是为了提高空间数据管理效率而被提出的，但由于这种服务将额外占用系统的处理时间，反而会影响空间数据管理的整体性能。

19. 空间数据分发是指按照特定的方式（如网络下载、网上订购等）为用户提供所需的空间数据。

20. 隐藏在另一个消息中的消息属于机密信息，用户无法看到和感受到。

21. 实现WebGIS只需严格遵循Internet的各种通信协议和规范。

22. 利用高级语言编写的CGI程序只能实现有限的GIS功能，但它对客户端的要求也很低。

23. 基于ISAPI模式的WebGIS可响应多个请求，并为每个请求产生独立进程，这些进程间不会竞争系统资源。

24. 在GIS Plug-in模式中，如果客户端不能识别所请求的数据类型，则本次请求失败。

25. 利用Java开发WebGIS可以实现"一次编程、随处运行"的目标，但是对于大型的GIS应用，系统的运行效率并不高。

五、简答题

1. 简述网络GIS的发展历程。

2. 阐述传统GIS的不足。

3. 阐述数据、用户和系统三者之间的关系，基于此分析网络GIS的特点。

4. 网络GIS的功能主要体现在哪些方面？

5. WebGIS有哪些应用服务模式？

6. 简述客户/服务器模式的基本过程，什么是"胖"客户机？

7. 与两层结构相比，三层结构的网络GIS的主要特点是什么？

8. 简述多服务器结构组成和工作原理。

9. 简述空间数据组织策略，并举例说明地理实体的"特征"概念。

10. 阐述基于分层数据组织的特点。

11. 简述基于特征的数据组织基本思想及其优点。

12. 简述高分辨率遥感影像分级与分块存储技术的一般方法。

13. 简述自GIS技术诞生以来空间数据管理技术的发展历程。

14. 说明对象-关系型数据库技术的原理，以典型产品为例分析其应用于空间数据库领域的优点。

15. 阐述分布式空间数据库管理技术的三个关键点。

16. 简述并行空间数据库当中需要解决的关键问题。

17. 分布式空间数据共享的方法和原理是什么？

18. 简述空间数据共享平台的组成及其在数据共享中的作用。

19. 分析影像机密信息隐藏的实现原理。

20. HTTP和TCP/IP在WebGIS分别起什么作用，两者之间的关系是什么？

21. 分析 GML、SVG、KML、GeoJSON 和 GeoVRML 之间的区别。

22. CGI 方式有何特点?它所产生的图形并不能直接用于分析,但为什么不少 WebGIS 仍然采用这种技术?

23. 简述 ISAPI 模式下的 WebGIS 请求响应过程。

24. WebGIS 具有与平台无关的特点,但基于 Plug-in 模式的 WebGIS 却与平台相关。请解释这种情况。

25. 阐述基于 Java Applet 的 WebGIS 体系结构,分析客户端负载较重的原因。

六、论述与设计题

1. 结合实际分析网络 GIS 应用系统 4 个逻辑层次布局及其变化,论述两种典型的网络 GIS 体系结构特点。

2. 集中式 GIS 由于相对封闭,信息安全问题不太突出,而在网络 GIS 中,必须保证空间数据在网络环境下各个环节的安全。请论述网络空间数据安全面临的主要问题并给出解决这些问题的可行办法。

3. 请根据通信技术、导航技术、数据库技术、遥感技术及计算技术的发展情况论述 WebGIS 将如何与这些技术融合,在哪些方面可能取得突破?

4. 假定要设计一个基于 Internet 的智能服务系统,以使人们在世界任何地方都能预先知道目的地的有关情况。围绕系统涉及的空间数据及目标、功能要求,对数据模型、数据结构、系统组织与实现等进行分析与设计,并解决以下主要问题:

（1）系统需要哪些类别的地理空间数据? 应该采用什么样的手段来组织和管理这些数据?

（2）考虑系统维护和以后的扩展,在数据设计方面需要做哪些工作?

（3）如果需要发布交通、环境、餐饮、旅游、购物方面的信息,应该对现有数据进行哪些处理?

（4）为满足人们出行时获得优质服务需要,系统应如何实现?

第 3 章 空间数据网络存储

数字技术是信息时代的重要特征之一，数据存储是数字技术的基础和保证，是指以某种格式将数据记录在计算机内部或外部存储介质上。无论计算机和网络等信息技术多么先进，都离不开各种数据资源，这些数据资源依托于存储技术而存在，并且处在迅猛地增长过程中。据 IDC 预测，到 2025 年，全球可存储的数据量将达到 163 ZB，即 163×2^{70} 个字节，相当于全球人均拥有 25 TB 的数据。对数据的有效存储和管理是 GIS 最基础的功能之一。空间数据客观分布特性决定了网络 GIS 不仅要考虑空间数据的结构、格式、尺度、容量及更新等问题，还需要考虑空间数据面向应用的存储、传输及访问技术，保障网络应用中数据的可靠存储和及时获取。本章将针对网络 GIS 数据存储技术展开论述，分析网络 GIS 数据存储技术面临的挑战，阐述其发展历史及现状，重点阐述磁盘阵列、存储区域网络、云存储技术等几种重要的地理空间数据网络存储机制。

3.1　数据存储概述

服务器与客户端之间的数据交互状况直接决定网络 GIS 的运行性能，这种交互的效率很大程度上受到底层数据组织方式与存储结构的影响。近年来，随着大数据技术的兴起与应用，网络 GIS 的数据组织与存储要不断适应空间大数据对高性能和高吞吐量计算的需求，需要解决应用所面临的诸多难题，主要包括以下 4 个方面。

（1）空间数据多源性和差异化。网络 GIS 平台需要满足不同行业、不同应用层次的应用需求，数据多源性特别明显，既有专业组织采集的遥感影像数据、矢量数据、统计数据，也有网络上的志愿者地理信息、手机 APP 采集的数据，还有各行业的业务数据；既包括结构化数据，也包括非结构化数据。由于生产软件不同，同类数据的数据格式也各有不同。就空间数据而言，除数据结构差异外，所采用的投影方式、坐标系统等也会不同，甚至面向不同应用时数据的访问频次也存在明显差异。因此，充分考虑空间数据的多源特性，灵活应用多种存储机制（如在线、近线或离线存储兼顾等模式），才能保障数据存取性能，有效服务于网络 GIS 计算和分析等应用。

（2）空间数据高并发访问。网络 GIS 用户是分布在不同地理位置的网络用户，他们通常会在特殊的时间段呈现出高并发访问和高吞吐量存取情况。在高并发的同时保障空间数据的快速存取，可以确保服务器或客户端及时从不同地方获取所需的数据加以处理，从而提高系统性能。

（3）空间数据海量存储与持续增长。网络 GIS 平台功能越强大，可满足的应用就越多，存储和管理的数据量也越大，其中一部分数据还会不断更新，导致数据增量不断增多。集中式存储模式很难满足海量数据乃至大数据存储管理需求，需要结合云计算、大数据等技术，建立具有高容量、高扩展性、面向应用的空间数据分布式存储模型，有效解决海量存储问题。

（4）存储系统安全性。空间数据存储过程中存在多种潜在的数据安全问题，如存储节点崩溃、数据丢失、非法用户攻击等突发状况，需要设计合理的存储备份和安全机制，保障突发状况下尽可能降低数据丢失风险和数据恢复成本。

3.1.1 数据存储技术发展与分类

1. 存储技术的发展趋势

（1）磁存储技术。磁存储技术在数据存储发展史上长盛不衰，极薄磁层的稳定性技术等难题逐步得以突破，特别是近年来随着纳米制造、热磁辅助记录等技术的进步，磁存储密度有望从 $1\,TB/in^2$[①] 增加到 $5\,TB/in^2$，而存储容量将达到 20TB 以上。

（2）光存储技术。光存储技术与磁存储技术一直在并行发展，因各有利弊，两者在相当长的时间内仍将呈现出蓬勃发展的趋势。随着近场光学、全息存储等取得重大进展，光记录密度获得极大提高，超高密度的光存储设备甚至可以提供高达 1000TB 的存储容量。

（3）可生存存储系统。1993 年 Neumann 等人提出可生存性网络系统的定义之后，对 SSS（survivable storage system，可生存存储系统）的研究已近 30 年。SSS 是一个热点研究领域，通过基于分布式海量存储系统构建一种新型数据存储系统，该系统可以通过对数据存储的有效管理，确保可以连续不断地存取数据，保持其可靠性、机密性和可用性，其目标是建立一个能够实现永久可用、永久安全和平稳降级等功能的高生存性的数据存储系统。

（4）基于微电子机械系统的存储器。基于 MEMS（micro-electro-mechanical systems，微电机系统）的存储器是存储技术的突破，与磁盘存储技术相比，具有更高的性能、更强的容错能力及更加低廉的成本。MEMS 是指通过集成技术实现的包括微传感器、微执行器、微机械、微机构和电路的一种系统，由多个存储小单元构成，能将许多存储部件集成在一个模块内，在 $1\,cm^2$ 内就能存储上百 GB 的数据，而且可以提供 100 Mbps～1 Gbps 的数据传输带宽，存取速度是磁盘的十数倍，功耗却是磁盘的十分之一。这种新型存储技术可满足多方面要求，在 GIS 中也将是一种廉价、高性能的大容量存储器。

（5）全闪存存储。闪存是一种非易失性存储器，允许在操作中被多次擦或写。全闪存存储系统是完全由固态存储介质（通常是 NAND flash memory，NAND 闪存设备），而没有 HDD（hard disk drive，硬盘驱动器）构成的独立的存储阵列或设备，使得存储网络的性能大幅提升，延迟大幅降低。全闪存技术可以实现数据的快速读写，适合人工智能、大数据等应用对数据快速接入和计算的要求。有专家认为，从可靠性、长期成本及技术发展趋势看，全闪存存储阵列将优于传统的磁存储系统。全闪存技术在不断地更新和快速发展，现已有 7 TB 的闪存驱动器，应用前景十分广阔。

（6）DNA 存储技术。自生命产生以来，大自然通过 DNA 存储信息已有 35 亿年。组成 DNA 的基本单元是脱氧核苷酸，每个脱氧核苷酸含有 4 种碱基：腺嘌呤（adenine，A）、鸟嘌呤（guanine，G）、胸腺嘧啶（thymine，T）、胞核嘧啶（cytosine，C）。决定生物多样性的是这 4 种碱基的排列顺序，若用 0、1、2、3 各代表一个碱基，可以组成一个四进制存储模式。人工写入时，通常把文字、图片转化成二进制代码，再用 A 或 C 代替 0，用 G 或 T 代替 1，最后按该编码在试管里合成出人造 DNA，完成数据写入。

---

① $1\,in^2 = 6.451\,6 \times 10^{-4}\,m^2$

DNA 存储技术的优点主要有：①存储容量巨大。因 DNA 具有极其庞大的碱基，1 g DNA 可以存储 4.55×10^{20} 字节的数据，相当于 1000 亿张 DVD 的存储容量。与各种存储介质比较，存储全世界的数据仅需要 1 kg DNA。②可靠性高。DNA 存储的数据抗破坏能力强，经久耐用，在自然环境中能保存数万年而不腐。

DNA 存储技术的缺点主要有：①写入完成后只能读，不能反复写；②费用昂贵；③读写速度慢。

华盛顿大学（University of Washington）和微软研究院（Microsoft Research）于 2016 年联合开展的 DNA 存储研究已经实现了 400 MB 的存储容量，表明这项技术已具有现实可行性和良好发展趋势。

（7）网络存储技术。在得益于各项存储技术进步的基础上，云存储、SAN、NAS 等网络存储技术将在网络结构、存储机理等方面继续完善，在存储容量、速度、可靠性及数据处理等方面将有更广阔的拓展空间。

2. 数据存储技术分类

数据存储技术种类繁多，按不同的分类依据可分成多种不同的类别。

1）按连接方式分类

即按伺服主机与存储设备间的数据存取信道进行分类，可以有如下三种类别。

（1）DAS（direct attached storage，直接连接存储）：是指存储设备与服务器直接连接的存储方式，相当于扩大了服务器端存储容量。存储介质可以是磁存储和光存储设备等。

（2）NAS（network attached storage，附网存储）：又称网络附加存储，是指依靠网络连接的存储方式，亦即将存储设备直接附着在 Internet 上的一种存储技术，它所存储的数据以文件为单位。存储介质可以是磁盘、磁盘阵列、光盘、磁带等。

（3）SAN（storage area network，存储区域网）：通常是一个使用光纤通道连接的高速专用存储子网。这个子网专门用于数据存储，因不占用服务器资源，也不占用服务器所属的通信网络的带宽，所以适合超大容量空间数据存储。SAN 通常由磁盘阵列、磁带库、光盘库和光纤交换机等设备组成，它和服务器之间的数据通信通过 SCSI 命令（而不是 TCP/IP），并以数据块的形式存取数据。

2）按存储系统联机方式分类

即按存储介质特性和数据存取效率进行分类，主要有以下三类。

（1）在线存储（on-line store）：又称工作级存储，时刻与主机相连，采用高速数据存储设备，通常是高端 SCSI 存储设备，以便能随时读写数据，满足计算平台对数据访问速度的要求，其特点是存取速度快、容量相对小、单位容量成本相对高。如磁盘阵列，适合空间分析、远程数据调用等对数据存取速度有较高要求的应用场合。

（2）离线存储（off-line store）：又称备份级存储，是一种无需与计算机时刻保持联系的存储技术，主要用于对在线存储数据进行备份，以防范可能发生的数据灾难。它对容量要求较高，而性能则不太重要，如磁带库。这种存储技术存取速度慢，单位存储容量成本相对低，适合卫星影像、基础地理空间数据等大规模数据的备份保存。

（3）近线存储（near-line store）：是介于离线存储和在线存储之间的一种存储技术，用以存储非实时需求的数据或备份重要数据，如光盘库。其数据调用不会像在线存储那样频繁和迫切，也不是纯粹的顺序存储，但需具备随机存储能力。它的特点是数据访问速度接近在线存储，但在价格上接近离线存储，适合档案管理、数字图书馆等应用领域。

与近线存储相关的一种技术是数据迁移，也称为HSM（hierarchical storage management，分级存储管理），它将大容量离线存储设备作为磁盘等在线存储设备的下级设备，将常用的数据按一定策略自动地从磁盘迁移到离线设备上；需要这些数据时，再将这些数据自动从离线设备调回到磁盘上。可以看出，数据迁移的实质是将很少使用或不用的数据移到大容量离线存储设备的存档过程，是离线与在线存储技术的融合，对用户而言，数据迁移过程是透明的。

3）按接口协议标准分类

（1）SCSI（small computer system interface，小型计算机系统接口）：是一种高性能计算机外部设备接口。它整合了与主机通信的指令，降低了系统 I/O 处理对主机 CPU 的占用率，这是与一般的 ATA 接口的本质区别。通过它，所有连到 PC 的外设均可实现彼此间独立于主机的数据传输与分发。这种技术应用十分广泛，各项技术性能在不断提高，数传率从 SCSI-1 的 5MBps 提高到 Ultra320 的 320MBps，并有继续提高的空间。

（2）USB（universal serial bus，通用串行总线）：是一个外部总线标准，用于规范电脑与外部设备的连接和通信，于 1994 年底由英特尔、康柏、IBM、Microsoft 等多家公司联合提出，1996 年正式推出，是应用于 PC 领域的外部设备（包含存储设备）接口技术。USB 接口支持即插即用和热插拔功能，现已成为计算机标准扩展接口。USB3.0 的理论最大传输带宽高达 5.0Gbps（640MBps）。

（3）FC（fibre channel，光纤通道技术）：是一种利用光纤连接存储设备的网络存储交换技术，实现存储设备、服务器和客户机之间的大型数据文件传输。作为一种高速网络互联技术，FC 通常可以提供 2Gbps、4Gbps、8Gbps 和 16Gbps 不同等级的数传率，它在提高存取速度的同时还能保持与已有设备兼容。

（4）PCI-Express 总线和接口标准，由 PCI-SIG 开发并由 Intel 率先采用，它原来的名称为 3GIO（third-generation input/output，第三代输入输出总线），支持各种数据交换技术和点对点连接，能满足高速数据传输需求，为网络数据交换提供更高的性能，并逐步取代 PCI 和 AGP，最终实现总线标准的统一。PCI-E 3.0 规范向下兼容 PCI-E 2.0 和 PCI-E 1.0，最高传输速度可达 32GB/s。

（5）InfiniBand：是一种服务器 I/O 技术新规范和新的网络互联技术，采用基于包交换的高速交换网络技术，可以实现服务器内部互联、服务器之间互联、集群系统互联及存储系统互联，还能组建基于 InfiniBand 的 SAN 和 NAS，支持全双工下 10～25Gbps 的数据传输速率，最高可达 30Gbps。未来的服务器、存储器网络的典型结构将可能由 Infiniband 将服务器和 Infiniband 存储器直接连接起来，所有的 IP 数据网络将会通过万兆以太网到 Infiniband 的路由器直接进入 Infiniband Fabric。

以上这些分类是相对的，有的存储产品是综合性的，区分界限比较模糊。无论采取何种分类方法，存储容量、数据存取速度、可靠性、兼容性及价格等都是衡量存储设备不可缺少的重要指标。

随着 Internet 和物联网的快速发展，网络服务器的规模越来越大。Internet 不仅对网络服务器本身，也对服务器端及其自身的存储技术提出了更高的要求。一些新的存储体系和方案不断涌现，网络存储技术将有更加广阔的发展空间。

3.1.2 磁盘阵列技术

计算机的存储设备从体系结构上可分为内存储器和外存储器。内存储器（即内存）直接与 CPU 相连，通常由半导体存储器芯片组成，速度快。外存储器是一种辅助存储器，常见的有磁盘存储器、光盘存储器、磁带等，速度较慢，适于大容量数据（如影像数据、矢量图形数据等）的存储。本小节主要介绍一种能实现数据并行传输和并发存储的基于硬盘集成的外存储技术，即磁盘阵列技术（属于在线存储）。由于采用现有硬盘构造，这种阵列又被称为 RAID（redundant array of inexpensive drives，廉价磁盘冗余阵列）。

1. RAID 概述

RAID 技术是 1988 年由美国加利福尼亚大学伯克利分校的 David Patterson、Garth Gibson 和 Randy Katz 提出的，它是一种用来提升数据存取能力和存取效率的存储技术。RAID 通过将多个存储设备（通常是硬盘存储器）按照一定的方式集成起来，组成一个逻辑上单一的大容量存储设备。由于数据分布在多个磁盘中，在进行数据输入/输出时，多个磁盘能同时工作，并行传输数据，从而提高存储子系统的数据传输速度和吞吐量。

RAID 中磁盘数量的增加使发生磁盘损坏的可能性也随之增大。对此，RAID 采取了多种不同的构造方案和检、纠错技术，以避免由于磁盘损坏而带来的数据丢失、错误或损坏，其主要优势在于借由不同的磁盘组织方式和数据分块方法将数据分散存储在多个磁盘内，能够方便地扩充数据存储容量，提高数据安全性与数据传输效率。它的优点主要有以下三个方面。

（1）存储容量成倍增大。磁盘阵列的显著特征是将多个磁盘按某种方式集成在一起，形成一个逻辑大硬盘，并提供跨越磁盘的数据存储能力，能组成一个拥有巨大存储容量的存储子系统。对于用户而言，一个磁盘阵列就相当于一块硬盘。

（2）存取速度极大提高。单个磁盘存取速度的提高受到不同时期技术条件的限制，而且提高程度有限。RAID 通过多个磁盘同时分摊数据的读或写操作，因此整体存取速度得以极大提高。

（3）容错能力显著改善。RAID 控制器的一个重要功能就是容错处理，高级 RAID 控制器拥有一定的智能处理能力，具备数据纠错与恢复功能，使得阵列中即使有单块或多块磁盘出错，也不致影响阵列的继续使用。

磁盘阵列可分为软件磁盘阵列（software RAID）和硬件磁盘阵列（hardware RAID）两种。硬件磁盘阵列又分为内置式和外置式两种形式。

（1）软件磁盘阵列。软件磁盘阵列是指通过网络操作系统的磁盘管理功能把普通 SCSI 卡上的多块硬盘配置成一个大容量逻辑盘。阵列中各磁盘并发存取功能通过 CPU 和专用软件共同完成，只需一个标准的磁盘控制卡，无需其他专门设备。对操作系统而言，每个磁盘都是可见的；对用户而言，能够像使用一个磁盘一样使用由网络操作系统配置好的虚拟 RAID 卷。

软件磁盘阵列实际上就是一种典型的 SDS（software defined storage，软件定义存储）。SDS 通过软件来定义和分配存储相关的资源，把所有存储相关的控制工作都放在软件中,这个软件不是存在于存储系统的物理层,不是存储设备的固件,而是从硬件存储中抽象出来的、驻留在服务器上或者作为操作系统的一部分,其核心是存储虚拟化技术。它与 SDN(software defined network,软件定义网络)、SDDC(software defined data center,软件定义数据中心)等软件定义基础架构领域常被形容为"软件定义一切(software defined anything)"。

(2)内置式硬件 RAID。由安装在系统内的一张 RAID 卡(磁盘阵列控制器)集中进行数据的存取处理,它可以连接内置硬盘、热插拔背板等设备。由于该卡本身带有 CPU 和内存,它可以极大地减轻主机 CPU 负担,提高系统整体性能。这种阵列的数据保护性能好,恢复方便,可以实现硬盘的热插拔,性能高于软件 RAID。

(3)外置式硬件 RAID。通过一个标准的 RAID 卡连接服务器,RAID 功能由 RAID 卡上集成的微处理器实现。该控制卡安装在外置的存储设备内,独立性较好。它兼有内置式硬件 RAID 的功能,不受操作系统限制,可以为服务器提供高性能的存储子系统,主要使用在大型网站、ISP 提供商等对性能要求较高的部门。

根据磁盘阵列的数据接口不同,一般可以分为 IDE RAID、SCSI RAID、FC RAID 等。基于不同接口的 RAID 的数据传输速率、存储容量、设备成本、安装及维护的难易程度等各不相同。

在 RAID 实现方面,SCSI RAID 应用最广。在 SCSI RAID 控制卡上有 CPU 和高速缓存两个重要组成部分,其中 CPU 和高速缓存均各分为两种。两种 CPU 分别用于 SCSI 和 RAID 的处理。高速缓存则分为预读缓存和回写缓存。所谓预读就是将经常读取的和较小的数据直接存储到缓存芯片中,下次再读时系统会先到缓存中寻找并直接读取,从而提高数据读取速度;回写缓存则是将要写入硬盘的数据先写到缓存中,由缓存直接与 SCSI 控制卡上的芯片进行写入硬盘的处理,从而提高硬盘的使用效率。

光纤通道作为 SCSI 的一种替代的连接标准的解决方案,也在被开发和使用。其信号失真率小、带宽大,在光纤的每个节点都可以达到 100 Mbps、1 Gbps、10 Gbps 的传输速率,信号之间不受任何干扰。光纤通道还提供了多种增强的连接技术,服务器系统可以通过光缆实现远程连接,最大可跨越 10 km(通过中继可以进一步延长距离),每个光纤仲裁环路最多可连接多达 126 个设备。FC RAID 适合磁盘阵列柜连接,在阵列柜上将光纤通道和 SCSI 转换,而阵列柜中只需要用 SCSI 硬盘连接即可,从而可降低成本。

2. 几种常见的 RAID

RAID 技术是一种工业标准,各厂商对 RAID 级别的定义各不相同。根据实际情况选择适当的 RAID 级别可以满足用户对存储系统可用性、可靠性和容量的不同要求。所谓 RAID 级别是指磁盘阵列中针对不同应用而使用的不同技术,业界公认的标准是 RAID0~7。RAID 级别并不代表技术水平的高低,而与操作环境及应用要求有关。例如,RAID0 及 RAID1 适用于 PC 等系统,如小型网络服务器及需要高磁盘容量与快速磁盘存取的工作站等;RAID3 及 RAID4 适用于影像处理、CAD/CAM 等应用;RAID5 则能满足金融机构和大型数据处理中心对数据备份与处理的需要。下面简要介绍获得业界广泛认同并应用较广的几种 RAID 的原理及其特点。

1）RAID0

RAID0 采用数据分条技术（data stripping array without parity），即把数据分成若干个大小相等的小块（block），经由 RAID 控制器平均分配到阵列的磁盘中，因此又称为"stripping"（即将数据条带化）。假设有 n 个磁盘构成 RAID0，当系统向 RAID0 发出 I/O 数据请求时，该请求将被分解为 n 个子操作，每个子操作均驱动一块物理硬盘进行读写。数据的分条不需要系统干预，在读写时，各磁盘仅执行各自的数据请求。

RAID0 的存储空间利用率高（接近 100%），适用于图像编辑、美工制作与 3D 动画、视频生产与编辑、临时文件转储等对数据容量和传输率有较高要求的应用场合。

RAID0 虽然具有成本低、读写性能和空间利用率高等优点，但安全性和可靠性是其致命弱点。由于它没有任何容错措施，不提供数据冗余处理，当阵列中有磁盘产生数据出错或丢失现象时，则无法进行检测、纠正与恢复，影响数据的可用性。

2）RAID1

RAID1 采用磁盘镜像技术（disk mirroring），即数据全冗余。其原理是在两个磁盘之间建立完全的镜像。当写入时，所有数据在被存储到称为工作盘的磁盘上的同时，也被存储到另一块称为镜像盘的磁盘上；当读出数据时，先从工作盘读取数据，如果读取的数据有误或数据被损坏，则自动转而读取镜像盘上的数据，不会造成用户工作任务的中断；更换故障盘后，数据可以重构，恢复工作盘的正确数据。由于被存储的数据有两份，RAID1 比起其他 RAID 为数据提供了更高的安全性和可靠性。

不难看出，在整个镜像过程中，只有一半的磁盘容量是有效的，另一半磁盘容量用来备份数据，系统的实际使用率不到 50%，因此磁盘空间利用率低，存储成本高。

同 RAID0 相比，RAID1 是另一个极端。RAID0 首先考虑的是磁盘的速度和容量，忽略安全性和可靠性；而 RAID1 首先考虑的是数据的安全性，容量减半，其目的是最大限度地保证用户数据的可用性和可修复性。

3）RAID0＋1

RAID0＋1，也称为 RAID10，是 RAID0 和 RAID1 技术的组合，以充分利用这两种技术的优点，达到数据存储和传输既高速又安全的目的。RAID0＋1 可以看成是两个 RAID0 互为镜像。

RAID0＋1 是存储性能和数据安全兼顾的方案，它在提供与 RAID1 相同数据安全保障的同时，也提供了与 RAID0 近似的存储性能。但 RAID1＋0 存储成本高，存储空间利用率不到 50%，不是一种经济高效的磁盘阵列解决方案。

4）RAID3

RAID3 采用单盘容错并行传输技术（parallel disk array）。其工作原理是采用 Stripping 技术把数据分成多个"块"，并按照某种容错算法对数据进行位校验。该种阵列有 $n＋1$ 个磁盘组成，其中 n 个磁盘作为数据盘，第 $n＋1$ 个作为容错盘（也称为校验盘），存储容错信息。当 $n＋1$ 个磁盘中有一个磁盘出现故障时，通过容错盘和其他磁盘的联合作用（运行某种算法）可以恢复出原始数据。然而，若有多于一个磁盘的数据同时产生错误，则无法纠错。

RAID3 采用的是一种较为简单的校验实现方式，具有并行 I/O 传输和单盘容错能力。

它在存储数据时，同时对被写入的分布数据按位进行异或运算，运算结果作为校验数据（parity data）被存储在容错盘上。校验数据对检查和纠正磁盘上的数据错误是至关重要的。

RAID3 的可靠性不如 RAID1，但空间利用率高。它的主要不足是校验盘很容易成为存储子系统的瓶颈，这是由于数据是在位一级交叉，任何数据的写入操作均导致校验盘相关信息的更改。因此，对于那些经常需要执行大量写入操作的应用来说，校验盘负载将会很大，从而导致 RAID 系统性能下降。

5）RAID5

RAID5 采用旋转奇偶校验独立存取技术（striping with floating parity drive），是一种存储性能、数据安全和存储成本兼顾的存储解决方案，应用最为广泛。其原理是将各块独立磁盘进行条带化分割，相同的条带区进行奇偶校验，校验数据平均分布在每块磁盘上。RAID5 不对存储的数据进行备份，也没有固定的校验盘，而是按某种规则把数据和相应的奇偶校验信息均匀地分布存储到各磁盘上，每块磁盘上既有数据信息也有校验信息。RAID5 的任何一块硬盘上的数据丢失时，均可以通过校验数据推算出来。这样，以 n 块磁盘构建的 RAID5 就可以有接近 $n-1$ 块磁盘的容量，存储空间利用率非常高，同时也为系统提供了较高的数据安全保障。

RAID5 的上述特点使其在多人多任务的频繁存取、数据量不大的环境下具有很强的适应性，例如企业档案服务器、Web 服务器、在线交易系统、电子商务等领域。其主要不足是当一块磁盘出现故障后，整个系统的性能将极大降低；写入时的校验运算开销较大，不适合输入输出数据量很大的图像存取。

图 3-1 比较了以上几种磁盘阵列的存储方式。不同存储方式导致不同 RAID 的性能存在较大区别。

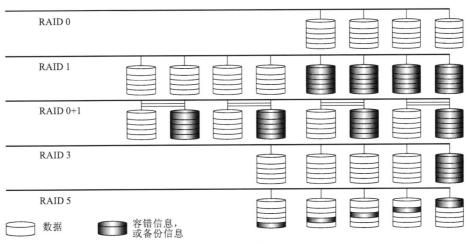

图 3-1　常用 RAID 的存储方式比较

表 3-1 和表 3-2 所示为上述几种磁盘阵列的特点和性能比较。一般而言，需重点考虑的因素有：可用性、存取速度和成本。如果可用性要求不高，可选择 RAID0 以获得最佳性能；如果可用性和存取速度是重要的，而成本不是主要因素，则可考虑选择 RAID1；如可用性、成本和存取速度均重要，则根据一般的数据传输速度和磁盘数量以选择 RAID3 或 RAID5 较为适宜。

表 3-1 常用 RAID 级别的特点比较

比较类别	RAID 级别			
	RAID0	RAID1	RAID3	RAID5
容错性	无	有	有	有
冗余类型	无	有（完全冗余）	奇偶校验	奇偶校验
热备份选择	无	有	有	有
硬盘要求	一个或多个	偶数个	至少三个	至少三个
有效硬盘容量	全部硬盘容量	硬盘容量 50%	硬盘容量 $(n-1)/n$	硬盘容量 $(n-1)/n$
存储方式	数据分块循环存到各硬盘	数据分块循环存到各硬盘	数据以字节交叉方式存于 n 个硬盘	数据以块交叉方式轮流存于 n 个硬盘

表 3-2 常用 RAID 级别的性能比较

比较类别	RAID 级别			
	RAID0	RAID1	RAID3	RAID5
读取数据	容易处理多个同时读取	较快，其中的任何一个硬盘都有数据	正常速度，与一个的速度一样	快
写入数据	容易处理多个同时写入	较慢，需要重复写入多个硬盘	较慢，Parity 编码的运算包含从其他硬盘内读取与写入 Parity 编码所需要的时间	较慢，Parity 的计算包含读与写
备份功能	无	安全性最高	很好	很好
空间利用率（费用）	非常合理，硬盘空间完全利用	硬盘使用率不到 50%	合理，硬盘空间被充分利用	合理，硬盘空间被充分利用

3.1.3 数据存储接口协议和标准

1. SCSI 技术

SCSI 最早研制于 20 世纪 70 年代末，原是为小型机和工作站研制的一种传输速度高的接口技术，现已广泛用于普通设备上，如硬盘、光驱、扫描仪、磁带机、打印机、刻录机等设备。

1）SCSI 类型

SCSI 标准至今已发展了几代：SCSI-1、SCSI-2、SCSI-3，各代 SCSI 的 I/O 速率在不断上升，最为流行的版本为 SCSI-2。另外，SCSI 还有几种延伸规格：Fast SCSI、Wide SCSI、Ultra SCSI、Ultra Wide SCSI、Ultra 2 SCSI、Wide Ultra 2 SCSI、Ultra1 60 SCSI、Ultra 320 SCSI 等。

（1）SCSI-1。它是最原始的版本，其异步传输时的频率为 3 MHz，同步传输时的频率为 5 MHz。现在 SCSI-1 几乎被淘汰了，但一些扫描仪和内部 ZIP 驱动器仍使用该标准。

（2）SCSI-2。早期的 SCSI-2 又称为 Fast SCSI。SCSI-2 通过提高同步传输时的频率使数据传输率从 5 MBps 提高为 10 MBps，支持 8 位并行数据传输，可连接 7 个外设。后来出现的 Wide SCSI，支持 16 位并行数据传输，数据传输率也提高到了 20 MBps，可连接 16

个外设。

（3）SCSI-3。SCSI-3 又称为 Ultra SCSI。SCSI-3 将同步传输时的频率提高到 20 MHz，数据传输率达 20 MBps。若使用 16 位传输的 Wide 模式，数据传输率可提高至 40 MBps。

各代 SCSI 的主要特点如表 3-3 所示。

表 3-3　各代 SCSI 的主要特点

代		传输频率/MHz	数据频宽/bits	传输率/MBps	可连接设备数
SCSI-1		5	8	5	7
SCSI-2	Fast	10	8	10	7
	Wide	10	16	20	16
SCSI-3	Ultra（Fast-20）	20	8	20	7
	Ultra Wide	20	16	40	16
	Ultra（Fast-40）	40	8	40	7
	Ultra 2	40	16	80	16
	Ultra 160	160	16	160	16
	Ultra 320	320	16	320	16

2）SCSI 的优点

（1）适应面广。SCSI 可支持多个设备，SCSI-2 最多可接 7 个 SCSI 设备，Wide SCSI-2 以上可接 16 个 SCSI 设备。同时，SCSI 支持多种类型的设备，如 CD-ROM、DVD、CDR、硬盘、磁带机、扫描仪等。

（2）多任务、高性能。SCSI 允许在对一个设备传输数据的同时，另一个设备对其进行数据查找。SCSI 能在 Unix、Windows 等多任务操作系统中发挥出更高性能。

（3）CPU 占用率低。由于 SCSI 卡本身带有 CPU，可处理一切 SCSI 设备的事务，在工作时，主机 CPU 只要向 SCSI 卡发出工作指令，SCSI 卡便可独自工作，工作结束后将结果返回给主机 CPU。所以 SCSI 对主机 CPU 占用率极低。

（4）智能化。SCSI 卡可对 CPU 指令自动进行排队。

（5）带宽高。最快的 SCSI 总线有 160 MBps 的带宽（需要 64 位 66 MHz 的 PCI 插槽），甚至 300 MBps。

（6）可用于外置或内置。

3）SCSI 的缺点

SCSI 除具有以上诸多优点外，也存在一些不足：① 在同样条件下，因为 SCSI 硬盘的控制指令比 IDE 硬盘的控制指令复杂，所以 SCSI 硬盘内部传输速度要比 IDE 硬盘慢；② SCSI 性价比不太高；③ SCSI 接口安装较复杂。

4）SCSI 与 IDE 的区别

IDE（integrated drive electronics，集成驱动器电子接口），也称为 AT-Bus（advanced technology-bus）或 ATA（advanced technology attachment）接口，同样也是极为常用的一种硬盘接口。IDE 的工作方式需要 CPU 的全程参与，CPU 读写数据时不能再进行其他操作，否则会导致系统性能下降。目前的 IDE 接口针对该问题做了很大改进，已经可以使用 DMA （direct memory access，直接内存存取）模式而非 PIO（programming input/output model，可编程输入/输出模式）来读写数据，数据交换由 DMA 通道负责，对 CPU 的占用大为减小。

在外观、接口特性、整体性能等方面，IDE 与 SCSI 均有较大不同，如表 3-4 所示。

表 3-4 IDE 与 SCSI 的特点及性能比较

比较类别	IDE	SCSI
类型	基本接口	扩充接口
可使用设备	硬盘、光驱、ZIP、LS-120	硬盘、光驱、ZIP、扫描仪、磁带机、打印机
可连接设备数	最多可接 4 部	7 或 16 部
主板功能	内置	部分内置，通常需自行扩充
安装方式	只能内接；安装步骤简单	可内接，可外接；安装步骤统一，内外相同
传输速率	3.3～66.0 MBps	5～160 MBps
最大连接距离	2～3 m	更长
价格	便宜	略高
稳定性	一般	较高
可靠性	一般	较好

2. 光纤通道技术

通道技术是硬件密集型技术，直接连接设备实现缓存间的快速数据传输，而不需要使用太多的逻辑；网络技术是软件密集型技术，通过操作大量节点，数据包可以被路由到网络中的任意节点设备上。FC 的设计集成了通道技术和网络技术的优点，可应用于高速、高可靠和可扩展的主干网络中。

光纤通道的传输距离很大程度上取决于所使用的线缆类型、传输率和衰耗。传输率越高，衰耗越小，线缆直径越大（对于光纤线缆），传输的距离就越远。光纤的传输率已经可以达到 1 Gbps、2.5 Gbps、10 Gbps 等多种。实验室中，单条光纤最大传输速率甚至达到了 26 Tbps。

1）结构层次模型

逻辑上光纤通道标准定义了功能类似的 5 个模块化层次，如图 3-2 所示。

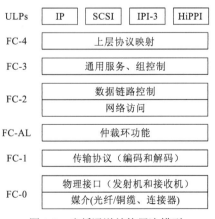

图 3-2 光纤通道结构层次模型

FC-0 层是物理介质层，描述了可使用的各种介质、用来与媒体连接的发射机和接收机及传送数据的速率，它用来决定光在光纤上的传输方式及发射机和接收机在各种物理介质上的工作方式。尽管被叫作"光纤通道"，实际上它既能使用光纤也可以使用铜质电缆。

FC-1 层是传输协议层或数据链接层，用于信号编码和解码，负责获得信号并将其编码成可用的字符数据，包括编码操作、复用和解复用、监控和检错等功能。

FC-2 层为光纤通道协议层，为光纤通道的最复杂部分，主要定义了帧及流量控制。协议层使用原语操作构成状态机制，用以控制诸如仲裁、环路初始化及运载数据帧等工作，并通过发送正确的原语来初始化数据传输以控制数据流量。

FC-3 层是通用服务层，提供一个成帧协议和对一个节点上的多个端口进行操作管理的通用服务，如名字服务、组控制等。

FC-4 层是上层协议（upper level protocol，ULP）映射层，定义了光纤通道到 ULP 的映射，包括许多重要的信道、外围接口和网络协议，如 SCSI、IP、IPI（智能外设接口）、HiPPI（高性能并行接口）及 FDDI（光纤分布式数据接口）。

2）拓扑结构

光纤通道有点对点、仲裁环路和交换 fabric 三种基本形式的拓扑结构。这些拓扑结构能够组合起来构成满足特殊需要的 SAN 系统。

（1）点对点拓扑结构：应用于两个设备之间，无需解析地址，所有的帧（即光纤通道数据包）全部发给另一个设备。

（2）仲裁环拓扑结构：也称光纤通道仲裁环路（图 3-2 中的 FC-AL），是以环状形式连接所有设备的一种拓扑结构。在该结构中，一台设备从上游设备接收光纤信号，并将其发送给下游设备，其中环路上的设备通过一个 8 位的 ALPA（仲裁环路物理地址）来标识。

（3）交换 fabric 拓扑结构：是一种允许连接大量设备的拓扑结构，易于扩展，可热插拔设备，它允许交换机使用硬件电路在节点间路由数据，从而更有效地使用带宽。

3）服务等级

为描述不同端口在传输数据时采用的交互机制，光纤通道定义了多个服务等级，分别为等级 1~4 和等级 F。不同的服务等级适用于不同类型的数据。服务等级除了用流控制定义，还要指明连接是否专用。

（1）等级 1：是一个面向连接的服务，建立了发送者和接收者之间的专用连接——运行在光纤上的虚拟端对端的链路，保证了两个 N/NL 端口之间的连接。等级 1 需要消耗大量资源，连接服务适用于对时间敏感的应用或传输流媒体数据，例如声音和视频数据等。

（2）等级 2：是一个面向无连接的服务，提供两个端口之间无连接的通道。等级 2 的帧同时使用缓存到缓存和端对端的流控制，并允许设备共享所有可用的带宽。

（3）等级 3：是多元的无连接的数据报服务，为光纤通道网络中最常用的服务等级。数据报服务是指不包含传输确认的通信。等级 3 除了没有端对端的数据传输确认，与等级 2 很类似，可以认为是等级 2 的子集。等级 3 允许所有设备共享带宽，并允许设备在网络通信量较少时全速运行，但当网络通信量较大时则共享带宽。

（4）等级 4：是面向连接的部分带宽服务，类似于等级 1 的一种不常用的服务级别。服务等级 4 中将带宽划分为独立的虚拟电路，以安全分配带宽资源。

（5）等级 F：用于 fabric 中的内部控制和协调。等级 F 的帧只在交换机之间传递，交换机则使用等级 F 来协调诸如域名服务器和解析传输层次等 fabric 服务。

3. iSCSI 技术

iSCSI（internet small computer system interface，互联网小型计算机系统接口）技术是一种基于 IP 存储理论的存储技术，将存储领域广泛应用的 SCSI 接口技术与 IP 网络技术相结合，方便进行远程存取和在 IP 网络上组建存储网络。

1) iSCSI 概念

iSCSI 是由 IBM 下属的两大研发机构——加利福尼亚 Almaden 和以色列 Haifa 研究中心共同开发的,是一个供硬件设备使用的、可在 IP 协议上层运行的 SCSI 指令集,是一种基于 IP 协议的开放的工业技术标准。该协议可以用 TCP/IP 封装 SCSI 指令,使得这些指令能够通过 IP 网络传输,从而实现 SCSI 和 TCP/IP 协议的连接。对于局域网环境的用户来说,采用该标准只需不多的投资就可以方便、快捷地对信息和数据进行交互式传输及管理。

iSCSI 在技术上处于领先地位,其重要贡献在于对传统技术的继承和发展:① SCSI 技术是被磁盘、磁带等设备广泛采用的存储标准,从 1986 年诞生到现在仍然保持着良好的发展势头;② 沿用 TCP/IP 协议。

以上两点为 iSCSI 的扩展提供了坚实基础,它的推出使 NAS 的性能得到了大幅度提高。iSCSI 产品一方面可以作为企业级光纤通道 SAN 的补充,实现不间断增长的集中存储管理,并与 IP 网络技术进行良好整合;另一方面,随着网络存储技术的发展,可以将其同 NAS 系统全面整合,成为一个独立的与 SAN 系统并驾齐驱的发展领域。

对 iSCSI 还有另一种描述:它是连接到 TCP/IP 网络的存储接口,可以使用与 NAS 和 SAN 存储一样的 I/O 指令对其访问。许多网络存储提供商致力于将 SAN 中使用的光纤通道设定为一种实用标准,但这种架构需要比较高昂的建设成本。iSCSI 融合了 SAN 和 NAS 的优势,在这两者之间架设了一座桥梁,可以在 IP 网络上应用 SCSI 的功能,充分利用现有 IP 网络的成熟性和普及性等优势。它基于 IP 协议,却拥有 SAN 大容量集中开放式存储的优点。相对于以往的网络接入存储,iSCSI 解决了开放性、容量、传输速度、兼容性、安全性等问题,其优越性能使其自发布之始便受到人们的关注与青睐。

2) iSCSI 工作流程

iSCSI 协议规定了在网络上封包和解包的过程。在网络的一端,数据包被封装成包括 IP 头、iSCSI 识别包和 SCSI 数据在内的三部分内容,传输到网络另一端时,三部分内容分别被顺序解开。图 3-3 所示为 iSCSI 的工作流程。

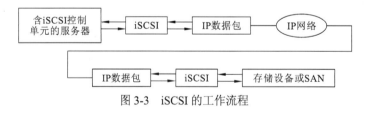

图 3-3　iSCSI 的工作流程

3) iSCSI 的安全性

相对于采用 FC 的 SAN,iSCSI 的安全性问题较为突出,也更值得关注。传统的 FC SAN 的底层采用光纤通道传输技术,上层采用 FCP(fibre channel protocol,光纤通道技术协议)传输 SCSI 协议,与 IP 网络不兼容,形成的独立网络环境往往与通信网络隔离开来,其安全性容易得到保障。而 iSCSI 采用 IP 网络技术作为底层传输技术,与现有的通信网络是完全兼容的,因而 iSCSI 具有 IP 网络类似的常见安全性问题,包括主动型攻击(如身份伪装、数据删除/修改等)和被动型攻击(如窃听、数据分析等)。因此,在配置 iSCSI 时须采取一定的安全措施。

针对各种安全风险,iSCSI 一般采用两种安全措施。①认证:在目标机器与发起者之间进行身份认证；②加密：对传输的 TCP/IP 数据包进行加密保护。

　　4）iSCSI 存储待解决的几个关键技术

　　尽管 iSCSI 标准已经建立且应用，但将其真正广泛应用到存储领域中还需解决以下几个关键问题。

　　（1）TCP 负载空闲。IP 包可以打乱次序传送，TCP 层需要重新修正次序，再提交到上层应用中（如 SCSI）。其典型操作是使用重调顺序缓冲器，将数据包顺序调整正确。这些处理均需要消耗主机 CPU 资源，同时增加事务处理延时，并需要进行更多的 I/O 处理。为此，需要采用一种称之为 TOE（TCP off-loading engine，TCP 负载空闲引擎）的设备，以降低主机处理器负载。

　　（2）存取速度。IP 存储产品需要保证高速运行，才能与快速的存储设备相匹配。但也有人认为，IP 存储的最大优势是 IP 的灵活性，而高速率则位居第二。

　　（3）安全性。存储设备通过 IP 网络远距离连接时，安全性变得愈加重要。生产企业必须明确产品的安全级别，并确保其安全性。

　　（4）互联性。基于 IP 的技术并没有被所有企业共同使用，为保证这些产品能够相互更好地配合，必须保证企业之间采用相同协议，使各企业产品具有良好的互联性。

3.2　网络存储分类

　　存储产品在 20 世纪 90 年代以前还是作为服务器的组成部分之一，以系统或服务器为中心的状况长期存在。21 世纪以来，数据所蕴含的价值被不断地发掘和重视，信息系统技术的发展快速转变为以数据为中心、数据存储为基础，数据共享为关键、数据服务为目标。随着大数据持续、快速增长和日益重要，基于 SAS（server attached storage，服务器附属存储）或 DAS 技术构建的直连存储系统已无法满足分布式、高效能存储的需要，于是网络存储技术受到越来越多的重视，得到了迅速发展。

　　网络存储将网络技术与存储 I/O 技术集成，融合两者特性，特别是网络的可寻址能力、即插即用、连接性和灵活性，以及存储 I/O 的高性能和高效率等。网络存储设备能提供基于网络的数据存取和共享服务，其主要特征有：超大容量存储、高数据传输率、极好的扩展性及高可用性。目前，网络存储主要有两种结构形式：NAS 和 SAN。

3.2.1　直连存储

　　当前应用最广的企业级存储产品仍集中为磁盘阵列、磁带机（库）、光盘塔（库）等几大类。这些存储设备均以并行 SCSI 总线与主机连接，并被主机直接访问和控制，其他主机则必须经该主机（服务器）的存储和转发才能访问存储设备中的数据。这样的“以服务器为中心”的存储结构被称为 DAS 或 SAS，该技术一直和 SCSI 技术的发展紧密相关。直接连接存储的主流技术为 Ultra3 SCSI 技术和 RAID。

　　图 3-4 所示为一台拥有本地存储设备的联网计算机（服务器）结构示意图，图中展示了远端客户端向其请求数据时可能存在的传输瓶颈。

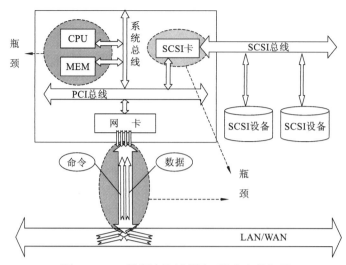

图 3-4 DAS 数据存取过程及可能存在的瓶颈

　　数据存取步骤：① 请求命令经过网络发至服务器；② 服务器查询缓冲区，若数据在缓冲区中则经网络将其直接发给客户机，否则将请求翻译成本地数据访问命令并发向与服务器相连的存储设备；③ 存储设备接收命令后将数据复制到服务器的系统缓冲区；④ 系统缓冲区将数据复制到网络适配器（网卡）的数据缓冲区中；⑤ 最后通过网络将数据发给客户端。

　　DAS 系统中网络上的数据须经服务器存储和转发，这导致服务器负荷加重，容易形成网络数据访问的瓶颈而降低系统整体服务能力。在服务器中存在 SCSI-IP 的协议交换，因此效率低下，实时性差，并且存储 I/O、网络 I/O 及 CPU 和内存均较易成为系统的瓶颈，难以满足海量数据存取的实际需要。同时，DAS 系统还存在代价高、管理效率不高、数据上传时间长、响应速度慢、可扩展性差等缺点。

3.2.2　附网存储

　　以服务器为中心的存储模式（DAS、SAS），面对快速增长的空间数据，显得力不从心，需要一种独立于服务器的数据存储模式以满足数据存储要求。这种数据存储模式，如 NAS，把以服务器为中心的数据存储模式转变为以数据为中心的存储模式，具有良好的可扩展性、可用性和可靠性。

1. 基本概念

　　NAS 是一种将分布、独立的数据整合为大型集中化管理的数据中心，以便不同主机和应用服务器对其进行访问的技术。NAS 作为一种概念于 1996 年在美国硅谷被提出，其主要特征是把存储设备和网络接口集成在一起，直接通过网络存取数据。亦即将存储功能从通用文件服务器中分离出来，使其更加专门化，从而以更低的存储成本获得更高的存取效率。典型的 NAS 一般都连接到以太网上，提供带有预先配置好的磁盘空间、集成的系统和存储管理软件，构成一个完备的存储解决方案。体系结构如图 3-5 所示。

　　NAS 中的磁盘阵列、磁带驱动器等存储器件和简易服务器通过控制器与网络直接相连，与主机服务器完全分离。NAS 与客户之间通过运行于 IP 网络上的 NFS（network file system，网络文件系统）协议和 CIFS（common internet file system，通用 Internet 文件系统）协议（或二者混合使用）进行通信。NAS 中的存储设备对数据集中管理，可以有效释放网络带宽，有助于提高存储的整体性能和降低总拥有成本。

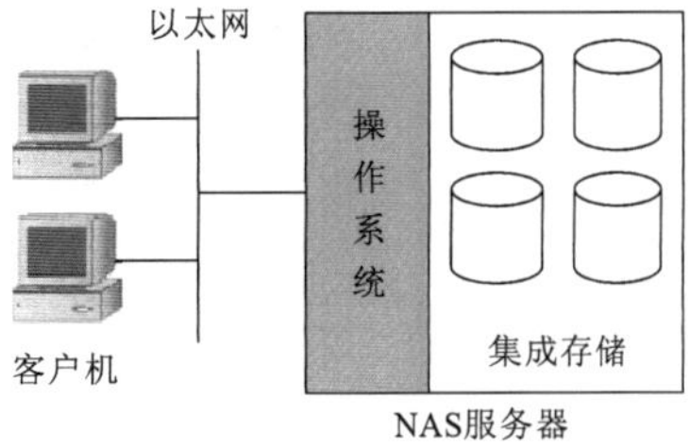

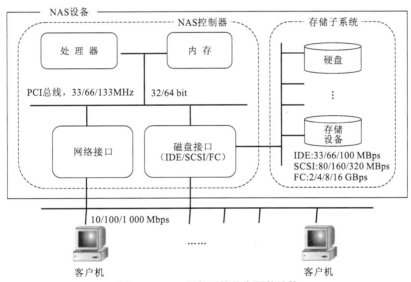

图 3-5　NAS 体系结构

2. 结构

1）NAS 的硬件

与传统的通用服务器不同，NAS 设备仅提供文件系统功能以用于存储服务，省去了通用服务器原有的不适宜于数据存储和传输的大多数计算功能。

如图 3-6 所示，NAS 设备由控制器和存储子系统两部分构成。控制器部分主要包括处理器、内存、网络适配器和存储控制器等模块，存储总线则一般选用 SCSI、IDE 或 FC 三种接口，均能很好地满足数据传输要求。

图 3-6　NAS 服务器的基本硬件结构

2）NAS 的软件系统

为实现较高的稳定性和 I/O 吞吐率，满足数据共享、数据备份、安全配置、设备管理等要求，NAS 系统将软件结构设计为如图 3-7 所示的 5 个模块：操作系统、卷管理、文件系统、网络文件共享和 Web 管理。

（1）操作系统：NAS 的核心部分，须对系统进行裁剪并针对特定硬件环境进行性能优化。中高端设备采用 VxWorks 等实时操作系统，中低端设备则采用源码开放的 Linux、FreeBSD 等。

（2）卷管理：主要负责磁盘管理和空间分区管理，包括磁盘状态监视、异常处理和软件 RAID。

（3）文件系统：支持多用户，具备日志功能，提供持久存储和管理数据的手段。

（4）网络文件共享：一般随操作系统提供，支持如 FTP 和 HTTP 服务、UNIX 系统的 NFS、Windows 系统的 CIFS、Novell 系统的 NCP 等文件共享协议。

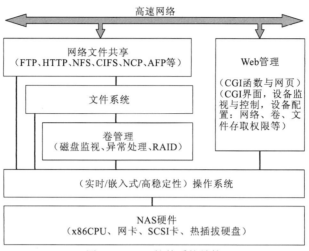

图 3-7　NAS 软件系统结构

（5）Web 管理：提供一个友好的系统管理界面，以浏览器方式实现监视、控制和配置 NAS 设备的网络、卷及文件存取权限等状态参数。

NAS 设备具有较好的协议独立性，内置常用的网络通信协议和文件共享/传输协议，支持多计算机平台，Windows、Unix、NetWare、Apple 或 Intranet Web/FTP 等客户不需要任何专用软件均可对其进行数据访问。NAS 设备可仿真成用户所需的 Windows、Apple、Novell 或 Unix 服务器，提供访问权限、用户认证、系统日志、报警等控制和管理功能。

3. 特点

NAS 设备通常用于文件服务，由工作站和服务器通过网络协议（如 TCP/IP）和应用程序（如 NFS 或者通用 Internet 文件系统 CIFS）进行访问。NAS 实际关注的是文件服务而不是实际文件系统的执行情况，具有自包含性，易于部署。

NAS 是文件级存储方法，可以直接连到网上，无需服务器亦不依赖通用的操作系统，具有即插即用特点，且物理位置灵活，可放置在工作组内或置于其他地点与网络连接。

为提高系统性能和满足不间断的用户访问，NAS 采用了专业化的操作系统用于网络文件访问，这些操作系统既支持标准的文件访问也支持如 NFS、CIFS、FTP、HTTP 等相应的网络协议。

表 3-5 是对 DAS 和 NAS 技术的比较。

表 3-5　DAS 与 NAS 的比较

比较项目	NAS	DAS
核心技术	基于 Web 开发的软硬件集于一身的 IP 技术，部分 NAS 由软件实现 RAID	硬件实现 RAID 技术
安装	安装简便快捷，即插即用，基本不需维护，无需专人管理	安装配置过程复杂，初始化 RAID 及调试第三方软件需时长。维护工作需专职人员
操作系统	操作系统对用户是透明的，兼容各种平台。独立的优化存储操作系统，不受服务器干预，能有效释放带宽，提高网络整体性能	与操作系统相关，平台间兼容性不好。无独立的存储操作系统，需相应服务器或客户端支持，容易造成网络瘫痪

比较项目	NAS	DAS
物理环境	物理位置灵活,可分散放置也可集中放置	对物理环境要求高,一般置于中心机房
设备平台	专用设备和网络连接以外的功能被舍弃和弱化	通用平台,完整的计算机系统,各部分性能均衡
连接方式	通过 RJ45 接口连上网络,直接向网络传输数据,可接 10 M / 100M / 1 000 M 网络	通过 SCSI 连接在服务器上,经由服务器的网卡往网络上传输数据
扩展性	易扩展,在线增加设备,与已建网络完全融合。性能增加和费用增加呈线性关系,良好的扩展性能满足全天候不间断服务	扩展性差,增加硬盘后重新做 RAID 须宕机,会影响网络服务,多服务器配合技术要求更高。系统性能增加和费用增加呈指数关系
安全性	完善的安全机制,可集成进入网络安全体系,具有和服务器同等的安全级别	具有服务器级的网络安全性
异构性	跨平台文件共享,支持现有的主流操作系统	不支持跨平台文件共享,各系统平台的文件需分别存储
数据存储模式	集中式数据存储模式,将不同系统平台下的文件存储在一台 NAS 设备中,方便管理大量的数据,降低维护成本	分散式数据存储模式。网管需要耗费大量时间奔波于不同服务器间分别管理各自的数据,维护成本增加
数据管理	管理简单,基于 Web 的 GUI 界面使 NAS 设备的管理一目了然	管理较复杂,需第三方软件支持。因各系统平台文件系统不同,增容时需对各自系统分别增加数据存储设备及管理软件
数据备份灾难恢复	集成本地备份软件,可实现无服务器备份,恢复数据准确及时。双引擎设计理念,服务器发生故障不致影响数据存取	异地备份,备份过程麻烦。对多台服务器的数据备份较难
软件功能	自带支持多种协议的管理软件,功能多样,支持日志文件系统,能集成本地备份软件	没有自身管理软件,需要针对现有系统情况另行购买
总拥有成本(TCO)	单台设备的价格高,但选择 NAS 后,以后的投入会减少,降低用户的后续成本,从而使总拥有成本降低	前期单台设备的价格较便宜,但后续成本会增加,总拥有成本升高
整体性能	整体性能好,但全部用于特定服务,并针对该服务优化系统结构,所以存储性能很好,性能价格比高	整体性能较高,但具体服务性能不理想。原因:①各种服务争夺资源并造成一定浪费;②平台通用性使得无法针对具体服务来优化系统结构
RAID 级别	RAID 0、1、5	RAID 0、1、3、5
硬件架构	冗余电源、多风扇、热插拔	冗余电源、多风扇、热插拔、背板化结构

4. 应用

如前所述,NAS 完全以数据为中心,具有较好的可扩展性、可访问性、高可靠性、低价位、安装简单和易于管理等优点。因此,NAS 可广泛应用于对数据量有较大需求的应用中,特别是那些需要存储器容量和速度能随着数据规模而增长的企事业单位、大型组织及政府部门等。目前,NAS 的用户主要有 ISP / ASP(Internet Service Provider / Application Service Provider,Internet 服务提供者/应用服务提供者)、企业、政府、军队、银行、航空、医疗、水利、电力、自然资源、应急管理、教育等。

3.2.3 存储区域网络

继 NAS 之后,在存储领域又产生了一种专门用于网络存储的技术,这是一种独立于现有网络的、统一的、高可用性和可扩展的网络存储技术框架,以实现对存储设备和数据实行集中管理。这种新的网络存储技术就是 SAN。

1. 基本概念

存储区域网是一种以数据存储为中心的专用网络存储体系结构,采用可伸缩的网络拓扑结构,通过光通道直接连接方式为 SAN 内部任意节点提供多路可选择的数据交换,并且将数据存储管理集中在相对独立的存储区域网内。SAN 的实质是一个独立的专门用于数据存取的局域网,是在资源共享环境下连接存储器和服务器的高速互联网络,它允许在主机和存储器之间快速进行信息交换而很少有带宽的限制。如图 3-8 所示。

图 3-8　SAN 拓扑结构示例

SAN 作为网络存储的一种配置方案,适合于远程通信,能实现存储设备与服务器之间真正的隔离,使存储资源成为由所有服务器共享的资源。另外,SAN 允许各存储子系统间直接相互协作,而无需通过专用的中间服务器。

2. 结构

SAN 系统由光纤通道硬件产品和 SAN 管理软件构成。光纤通道硬件产品是构成 SAN 系统的物质基础,提供服务器间和存储设备间的高速连接;而 SAN 管理软件则相当于 SAN 系统中的操作系统,决定 SAN 系统的功能和性能。

SAN 的硬件基础主要是 FC 产品,包括光纤通信的连接设备、交换器及从光纤到 SCSI 和光纤到以太网的连接器。这些连接器可以方便地把更多设备附加到 SAN 上。SAN 的硬件设施还包括通过光纤通信的适配器连接到光纤通信网的存储设备和服务器。

由于 SAN 的多样性,有必要分别从物理和逻辑的观点来分析 SAN 的结构。

1)物理观点

从物理观点来看,典型的 SAN 环境应包括 4 个主要组成部分:最终用户平台、服务器、存储设备(存储子系统)、互联设备。SAN 中,最终用户平台通过 LAN 或 WAN 与服务器连接,同时也可与光纤连接直接访问存储设备。服务器通过 HBAs(host bus adapters,主机总线适配器)、SCSI 或以太网连接到 SAN,具有高性能、易管理特点。相应地,存储设备则通过光纤通信网连接到服务器和终端用户。

2)逻辑观点

从逻辑观点看 SAN 的组成包括 SAN 的组件、资源及它们之间的联系、独立性和协同性。SAN 是由软件而非硬件拓扑结构来定义的,一个 SAN 的逻辑运行要求有应用程序和管理工具的参与，这些工具能够对许多主机系统中的存储资源进行管理。这种逻辑管理体系结构包括从数据管理到设备管理在内的几个层次，还必须包括每一层中的管理控制。

    SAN 需要通过网络并借助于管理工具或一整套工具软件实现数据的集中或远程管理。通常，每个可管理 FC 设备的厂家都会提供各自专用的软件来管理其特有的设备。理想的方案是用单一的端对端管理应用程序来管理 SAN 上的所有设备。这样的一个工具应该基于业界标准协议，如 SNMP（simple network management protocol，简单网络管理协议）。

    SAN 有如图 3-9 中所示的三种构造方法，分别是基于交换机的交换式 SAN、基于集线器的共享式 SAN、以交换机为主干的混合式 SAN。

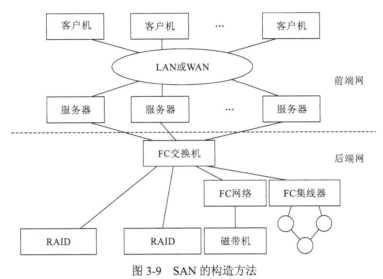

图 3-9 SAN 的构造方法

3. 特点

    SAN 具有高可靠性、高性能、动态配置存储结构三个主要特点，这些特点使得 SAN 受到青睐。SAN 中的存储资源被许多主机共享，主机访问存储资源的具体数目随资源容量的要求而动态地增减。

    与传统网络存储模式的分布式存储策略不同，SAN 采用集中式存储策略，在服务器与存储设备之间通过 SAN 进行连接，将多级存储器合并成一个集中管理的网络存储基础设施，由 SAN 取代服务器实施对整个存储过程的控制和管理，而服务器只承担监督工作。同时，SAN 中的存储设备之间可以相互备份而无需通过服务器，这将极大地减少因网络备份而带来的网络拥塞现象。

    SAN 是一个网络的概念，而 NAS 是指一种可以与网络直接相连的存储设备。与 DAS 和 NAS 等存储方案相比，SAN 具有以下几个方面的优越性。

    （1）SAN 采用网络结构，理论上具有无限扩展能力，服务器可以访问存储网络上的任何存储设备，因此用户可以根据实际需求自由增加磁盘阵列、磁带库和服务器等设备，不断扩大系统的存储空间和处理能力，以保证系统的整体性能。

    （2）SAN 中的通信协议与现有的应用系统一致，适应面广。在主机与存储设备之间使用 SCSI 协议通信，在主机与主机之间采用 IP 协议通信。

    （3）SAN 采用光纤通道技术，具有更高的连接速度和处理能力。

（4）SAN 能将所有客户机、服务器、存储设备、交换机、网络与存储管理工具等多种软硬件系统构成的共享存储池连接起来，提供高速的共享资源访问服务。

（5）SAN 的集中存储管理服务模式有助于降低企业的数据存储开销。

（6）SAN 承担以前服务器的备份与恢复、数据迁移等任务，可以极大地提高服务器性能。

（7）SAN 具有较好的数据完整性、可用性。

4. 应用

正是由于具有上述特点及优越性，SAN 越来越为业务量及数据量迅猛增长的企业所青睐。由于企业的业务形式通常错综复杂，数据也具有多样性，同时 SAN 结构复杂、建设较为昂贵，维护比较困难，SAN 并非是所有单位和部门存储系统的首选。是否选用 SAN，需要结合 SAN 技术特性及对行业和企业的数据特性分析后才能决定。总的来说，较为适宜采用 SAN 技术的企业环境往往具有如表 3-6 中所示的数据特性要求。

表 3-6　SAN 技术应用行业情况

数据特性	典型行业	典型业务
对数据安全性要求很高	电信、银行、金融、经济、证券	计费、银行业务
对数据存储性能要求高	电视台、交通、水利、测绘、遥感等部门	音视频、智慧城市、遥感监测等
在系统级方面具有很强的容量（动态）可扩展性和灵活性	各行各业	ERP 系统、CRM 系统和决策支持系统
超大型海量存储	各行各业	资料中心、历史资料库、数字图书馆、大数据中心高分遥感数据业务
本质上物理集中、逻辑上又彼此独立的数据管理	银行、证券、电信	银行业务集中、移动通信运营支撑系统集中
对分散数据高速集中备份	各行各业	企业各分支机构数据集中处理
对数据在线性要求高	商务、金融、保险、应急	电子商务、物联网、灾害应急响应
实现与主机无关的容灾	海量数据相关部门	大数据中心、灾备中心

在实际应用中，SAN 技术的实施还存在很多亟待解决的问题，如跨服务器平台的数据共享和互操作、高效的存储资源分配和管理机制等。随着 SAN 硬件和软件技术不断成熟，SAN 将在更广阔领域提供质优价廉的数据存储服务和更为丰富的存储资源。

3.3　网络存储模式

作为两种基础的网络存储技术，NAS 和 SAN 各有优缺点，在实际中可以根据各自特点灵活组合与集成，实现优势互补、扬长避短，为用户提供敏捷的透明存取服务。

3.3.1　网络存储集成式技术

NAS 和 SAN 的出现印证了 4 种重要的发展趋势：① 网络已成为主要的信息处理模式；② 数据采集技术日益丰富，要存储的数据量增速加快；③ 用户对数据需求日益增大，对数据价值的期待不断提升；④ 数据的战略竞争性日益重要。

NAS 和 SAN 是两种互为补充的存储技术，分别提供对不同类型数据的访问。NAS 提供文件级数据访问功能，而 SAN 则主要提供海量、面向数据块的数据访问与传输能力。SAN 在数据块传输和扩展性方面表现优秀，并能够有效地管理设备。与 SAN 相比，NAS 支持多台对等客户机之间的文件共享。应该说，SAN 和 NAS 均基于开放的、业界标准的网络协议，如用于 SAN 的光纤通道协议和用于 NAS 的网络协议（如 TCP/IP）。SAN 与 NAS 在技术层面的互补性表现为：①NAS 设备逐渐采用 SAN 来解决与存储扩展和备份恢复相关的问题，这将使得 NAS 和 SAN 之间的许多原有差别逐步消失；② 将 NAS 与 SAN 连接起来的"存储管理＋应用"专用服务器能够使 SAN 像访问网内存储设备一样访问 NAS；③ 将 SAN 与 NAS 服务器连接，NAS 服务器可以代替 SAN 中的文件服务器，同时也可提供文件共享服务。

基于上述几点互补性，NAS 和 SAN 主要有如图 3-10 所示的三种结合方式。NAS 和 SAN 技术的融合可以解决网络存储的诸多问题，但是要真正实现融合仍需攻克一些技术难关。

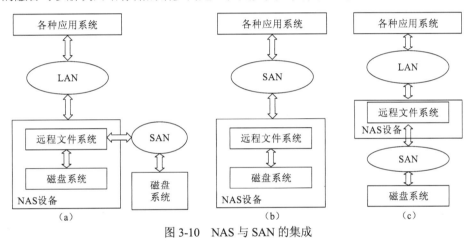

图 3-10　NAS 与 SAN 的集成

3.3.2　网络存储虚拟化技术

和其他领先技术一样，网络存储技术的发展趋势也将走现有技术和创新技术融合的道路。存储虚拟化技术正是这种融合的一种体现，它是对存储硬件资源进行的抽象化表现，屏蔽了存储子系统各物理存储设备的区别和复杂性，面向用户提供统一的存储资源或服务。

1. 概念模型

SNIA（Storage Networking Industry Association，国际存储网络工业协会）提出的存储虚拟化模型，主要涉及以下两个方面。

（1）虚拟化对象。针对不同的存储设备和数据形态，有多种形式的虚拟化资源：①虚拟数据块，例如建立在文件系统或内存上的块设备；②虚拟磁盘或者 SCSI 的 LUN（logic unit number，逻辑单元数），在内存、磁带机/库、硬盘上建立虚拟磁盘设备；③虚拟磁带或磁带库，利用磁盘、磁带机/库或者内存建立虚拟的磁带设备；④虚拟文件系统，跨越多个文件系统建立一个虚拟文件系统，或者在现有文件系统上增加其他文件系统的功能（例如不同文件系统的访问协议，NFS、CIFS等）。

（2）虚拟化层次。存储虚拟化可以在不同的层面上进行：①主机/服务器；②存储网络（交换机或存储专用设备）；③存储子系统（智能阵列控制器）。

2. 虚拟化的主要方法

对于三个层次的存储虚拟化，惠普公司有一个形象的比喻：一个 SAN 环境，就像一个有演讲者和听众的会场，演讲者就是主机，听众好比存储设备，但演讲者与听众讲不同的语言，相互间无法直接交流。存储虚拟化就像一台翻译器，基于主机的虚拟存储就是将翻译器安装在演讲者身上，基于存储设备的虚拟存储就是将翻译器安装在听众身上；基于网络的虚拟存储则好比会场中的同传设备。装上了翻译器，演讲者与听众间就可以顺畅地交流，而翻译器装在不同的位置也就构成了在不同层面上的虚拟化存储。

1）基于主机/服务器的虚拟化

这种层次的存储虚拟化通常由逻辑卷管理软件（logical volume manager）在主机/服务器完成，主机经过虚拟化的存储空间可以跨越存取多个异构的磁盘阵列，如图 3-11 所示。

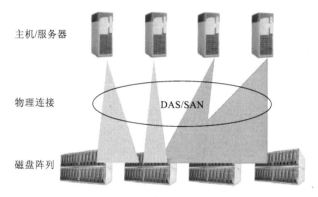

图 3-11　基于主机/服务器的虚拟化

基于主机/服务器进行虚拟化具有很强的稳定性和对异构存储系统的开放性。它与文件系统共同存在于主机上，使两者紧密结合从而实现有效的存储容量管理。卷和文件系统可以在不停机的情况下动态扩展或缩小。

2）基于存储设备的虚拟化

这种层次的存储虚拟化通过智能阵列控制器完成，如图 3-12 所示，将阵列上的存储容量划分为多个逻辑单元，以供不同的主机系统访问。智能的阵列控制器提供数据块级别的整合，同时提供如 LUN Masking（一种基于主机的数据隔离技术）、缓存、即时快照、数据复制等一些其他附加功能。

这种虚拟化独立于主机，能支持异构的主机系统，但对于每个存储子系统而言，它又是个专用私有的方案，不能够跨越各个存储设备间的限制，无法打破设备间的不兼容性。

3）基于存储网络的虚拟化

上述两种存储虚拟化层次都是一对多的访问模式，而在现实的应用环境中，为优化资源利用率，即多个用户可使用相同的资源，多个资源可对多个进程提供服务等，很多情况下是需要多对多访问模式的，亦即多个主机/服务器需要访问多个异构存储设备。这种情况下的存储虚拟化必须基于存储网络才能实现。

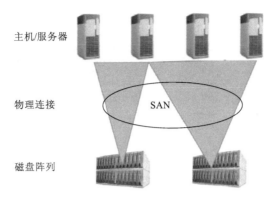

图 3-12　基于存储设备的虚拟化

基于网络的存储虚拟化通过使用专用的虚拟化引擎来实现，适合于开放的存储网络，即 Open SAN，它独立于主机和存储设备。所谓的虚拟化引擎（SAN appliance）是一种用来完成虚拟化工作的专用存储管理服务器。专用存储管理服务器建立在某种专用的平台或标准的 Windows 或 Unix 服务器上，配以相应的虚拟化软件而构成。它将多个物理磁盘系统组合成大的存储空间或者把它们分割成小的存储单元，并根据主机对容量、速度和可用性的要求，将这些存储单元分配给主机使用。在这种模式下，因为所有的数据访问操作都与 SAN Appliance 相关，所以在实际应用当中 SAN Appliance 通常都是冗余配置的，以避免单点失效带来损失。

SAN Appliances 以两种形式来控制存储的虚拟化，如图 3-13 所示。

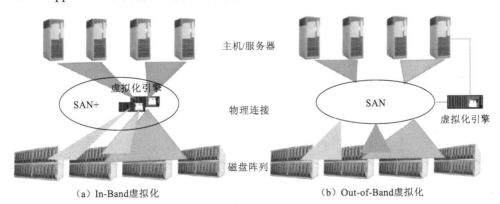

（a）In-Band虚拟化　　　　　　　　（b）Out-of-Band虚拟化

图 3-13　基于存储网络的虚拟化

（1）In-Band：带内虚拟化，或称对称模式。如图 3-13（a）所示，虚拟化引擎位于主机和存储系统的数据通道中间，控制信息和用户数据均通过它传送。该引擎将逻辑卷分配给主机，类似于标准的存储子系统。这种虚拟化方式无需在主机安装特别的虚拟化驱动程序，相对 Out-of-Band 的方式易于实施，并且支持广泛的异构存储系统，具有良好的互联性。

（2）Out-of-Band：带外虚拟化，或称非对称模式。如图 3-13（b）所示，虚拟化引擎物理上不位于主机和存储系统的数据通道中间，而是通过其他的网络连接方式与主机系统通信。这种方式在每个主机/服务器上都需要安装客户端软件或特殊的主机适配器驱动，客户端软件接收从虚拟化引擎传来的逻辑卷结构和属性信息及逻辑卷和物理块之间的映射信息，而存储的配置和控制信息则由虚拟化引擎负责提供，因此实施难度大于 In-Band 模式。

三种存储虚拟化方法的技术特点对比如表 3-7 所示。

表 3-7　存储虚拟化技术对比

虚拟化层次	基于主机/服务器	基于存储网络	基于存储设备
优点	支持异构存储系统，无需额外硬件支持，便于部署	不占用主机资源，技术成熟度高，易实施	不占用主机资源，数据管理功能丰富，技术成熟度高
缺点	应用性能不高，存在越权访问数据安全隐患，主机数量与管理成本成正比	消耗存储控制器资源；存储设备兼容性需要严格验证	受制于存储控制器接口资源，虚拟化能力较弱
主要用途	常用于不同磁盘阵列之间的镜像保护	异构存储系统整合和统一数据管理	异构存储系统整合和统一数据管理
适用场景	存储系统包含异构阵列设备，业务持续能力与数据吞吐要求较高	对数据无缝迁移及数据格式转换有较高时间性保证	系统中包括自带虚拟化功能的高端存储设备与若干需要利旧的中低端存储

3. 虚拟化作用

虚拟化是实现对逻辑环境简单管理的有效手段。通过虚拟化，用户不必关心底层物理环境的复杂性，能充分利用基于异构平台的存储空间，在开放的基础上实现对资源的有效规划。存储虚拟化技术对改善数据管理有许多好处。

1）实现存储管理自动化与智能化

存储虚拟化屏蔽了各物理存储设备的复杂性，简化了逻辑卷的使用。在虚拟存储环境下，所有的存储资源在逻辑上被映射为一个整体，对用户来说是单一视图的透明存储，而在服务器及应用系统看来，仅为一逻辑映象。同时存储虚拟化较易实现集群中的卷共享和文件共享，使多个主机系统在可控的前提下能够同时访问共享卷。

此外，存储虚拟化可以让存储管理员定制不同的存储服务质量。例如，按需获取存储容量、缩短故障恢复时间等。同时，利用存储虚拟化技术可以方便建立存储池，让使用者以事件驱动形式来分配存储资源。

2）提高存储设备利用率和数据可用性

存储虚拟化技术将系统中各个分散的存储空间整合形成一个连续编址的逻辑存储空间，突破了单个物理磁盘容量限制。存储池扩展时自动重新分配数据并利用高效的快照技术降低容量需求，以提高存储资源利用率。同时利用存储虚拟化技术，可在存储设备之间协调统一管理数据，实现数据的安全备份，提高数据的可用性。

3）降低成本，增加投资回报

采用存储虚拟化技术，可以支持物理磁盘空间的动态扩展，有效利用单位或部门的现有设备。这些不同操作平台的服务器和不同厂家、不同型号的存储设备均可以通过存储虚拟化技术融入系统中，有助于保障已有投资，降低成本，增加用户的投资回报。

随着时间的推移，存储虚拟化将由一个专门产品成为一个支撑存储容量和存储服务的基础平台，通过提供不同层次的功能协助管理工具来更好地完成管理工作。

3.4　云存储技术

云存储技术（cloud storage）是以云计算技术为基础，结合多种存储设备和存储模式发展起来的一种网络存储技术，其实质是一个以数据存储和管理为核心的云计算技术。它充分利用云计算集群优势，通过集群应用（cluster application）、网格技术（grid technology）或分布式文件系统（distributed file system）将异构存储设备集合起来协同工作，共同对外提供存储服务和业务访问功能，可以极大地提高空间数据的存储规模和服务性能。云存储主要应用于备份、归档、分配和共享协作等方面，在网络 GIS 中有着广阔的应用前景，是一项重要的存储技术。

3.4.1　云存储特点

云存储充分发挥了云计算在资源集中和分配利用上的优势，极大地降低单个用户的存储成本。用户甚至不需要为购买设备、部署系统和维护数据花费高昂成本，可以根据数据存储的实际需求从网上定制存储基础设施，即云存储服务（cloud storage service）。存储资源以服务方式提供给用户，不仅灵活方便，而且容易保持系统的稳定性，也使用户从烦琐的存储软硬件事务中解脱出来。

云存储技术的主要特点如下。

（1）按需服务。云存储中心的软硬件通过虚拟化技术接入云平台，用户可根据自身对存储容量和存取性能的需求选择相应的存储服务，按需申请和使用存储资源。存储服务可根据用户需求的变化进行定制和动态调整，从而更好地满足用户的数据管理需要。

（2）弹性伸缩。通常在设计存储子系统时，为满足未来一段时间的数据存储需求，往往需要购买远超过当前需求的软硬件设施。随着物联网、移动互联网等的广泛应用，数据将快速膨胀，面临不断扩充容量、升级换代的情形，并要解决可能存在的软硬件产品兼容性问题。云存储支持按需服务，用户仅需根据当前业务需求来定制适宜的存储软硬件服务即可，随着业务的变化，结合虚拟化技术可以随时进行存储服务的动态调整，体现出非常灵活的弹性伸缩特点。

（3）成本低廉。云存储结合了虚拟化、容错和可扩展架构等技术，可以通过较低廉的存储设备集群来获得高性能存储服务，使得低端硬件的有效使用时间得以延长，从而极大地降低硬件投入。云存储利用虚拟化构建统一的存储资源池，提高存储设备的自动化管理水平，可以有效降低管理和维护成本。

（4）资源利用率高。传统存储子系统中的存储资源因存储位置和访问权限不同，导致有的存储资源被频繁存取，有的长时间闲置，负载不均衡现象较严重，资源利用率整体偏低。云存储环境下，所有的资源通过池化方式统一调度和管理，其优点是：一方面，可以方便地根据用户需求定制存储资源和协调存储服务，还可以根据需求变化随时调整存储配置；另一方面，云存储中心结合多用户存储需求，动态分配和优化资源，均衡存储负载，尽可能让接入系统中的所有存储资源都得到充分利用，从而提高资源利用率。

（5）安全可靠。云存储具备分布式架构的负载均衡、资源调度和系统重构等能力，能实现存储节点之间的有效协同，极大地提高系统运行效率。与此同时，它利用数据资源的分片、冗余存储实现容错，保证数据安全，在单节点失效情况下仍能保障存储服务；利用数据加密、断点续传技术，提升节点间数据传输安全，可充分降低数据丢失、被窃取和被篡改等风险。

3.4.2　云存储类型

云存储主要有两种分类方法：①参照云计算分类方法，依据存储服务对象可分为公有云存储、私有云存储、混合云存储三类；②参照存储技术和访问方式，可分为块级云存储、文件级云存储、对象级云存储三类。

1. 按存储服务对象分类

1）公有云存储

公有云存储（public cloud storage）一般是由第三方云服务商（cloud service provider）提供给公众使用的、廉价的共享存储资源，主要通过 Internet 访问。采用公有云存储意味着由公有云存储服务商提供软硬件存储资源，负责存储资源调配和管理，用户只需要专注于存储的数据对象和资源需求。相对来说，公有云存储资源丰富易得，应用广泛，涌现出一大批优秀的云存储企业。国内公有云存储服务商以阿里、华为、百度和腾讯等为代表，国际上的云存储服务商有谷歌（Google）、微软（MicroSoft）、亚马逊（Amazon）等知名企业。

公有云存储使用便捷、费用低，能较好地解决数据资源管理问题，已成为大量中小型企业用户的首选。此外，公有云存储也十分重视个人用户。Dropbox、百度云盘、华为网盘等一大批主要服务于个人用户的公有云存储平台近年来发展迅速，已成为众多网络私人用户必备的数据存储和管理平台。

2）私有云存储

私有云存储（private cloud storage）主要是供单一企业内部各个用户共享存储资源的一种高安全性云存储模式，它可以为企业提供统一的数据管理和容错机制，随着业务拓展和存储需求变化可灵活地进行存储系统的扩展。

私有云存储有两种实现模式。①自建模式。自主建立的运行于 Intranet、通过物理方式与外部网络相隔离（安全性更高）的云存储环境，需购置云存储各类软硬件设施设备，还需专门的运维人员，投入成本相对较高。与此同时，可以充分利用大量开源、免费的云计算软件来优化私有云环境，如 OpenStack、Hadoop 等，均有大量成功的经典应用案例。②托管模式。云存储服务商提供托管服务，将软硬件基础设施部署在安全的主机托管场所，并负责云存储服务的运维；或者云存储服务商从其公有云中划分出一定的空间为企业提供私有云服务，如燕麦云盘 OATOS、3A Cloud、Eucalyptus（elastic utility computing architecture for linking your programs to useful systems，将程序连接到有用系统的弹性效用计算体系结构）等。

无论采用哪种实现模式，私有云存储都要求企业具有较强的云存储资源控制和管理能力，适合于对数据安全性和存取性能要求高、存储预算充足的企业级用户。

3）混合云存储

私有云存储的动态扩展能力弱于公有云，在临时需要存储性能升级或扩容、或有特定应用的存储需求变化频繁时，通常需要公有云作补充，从而形成私有云/本地存储系统与公有云相混合的一种存储模式——混合云存储（hybrid cloud storage）。这种模式中，根据访问、更新和安全性要求，数据被分别存于私有云/本地存储系统和公有云中，其中，私密性高、更新和访问频次低的数据更适合存入私有云/本地存储系统中，而访问和更新频繁的数据则部署在公有云存储中。图 3-14 所示为混合云存储示意图。

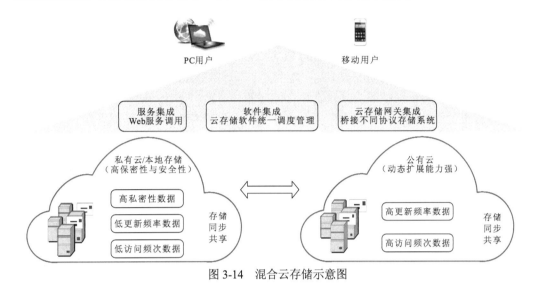

图 3-14　混合云存储示意图

由图 3-14 可见，建立混合云存储系统的关键在于如何对私有云和公有云存储系统进行整合，通常有三种途径：

（1）服务集成：将公有云和私有云的存取接口封装为标准的 Web 服务，通过服务调用实现集成；

（2）软件集成：基于云存储软件采用规范化接口统一调度和管理私有/公有云存储资源，实现存储系统集成；

（3）云存储网关集成：CSG（cloud storage gateway，云存储网关）也被称为云存储控制器，是一种基于硬件或软件的桥接设备，主要解决私有云/本地存储系统与公有云之间的协议转换，实现不同协议的存储系统之间互联互通。许多企业都提供了基于云存储网关的混合云存储方案，如腾讯云和阿里云的 CSG、亚马逊的 AWS Storage Gateway 混合存储服务等。

2. 按存储技术和访问方式分类

1）块级云存储

块级云存储提供数据块级的存储服务，直接对二进制数据操作，数据块的物理存储介质主要是磁盘、光盘等外存储设备。SCSI、FC、iSCSI 等协议均属于块级存储协议，RAID、SAN 等可以提供较好的数据块存储服务。块级存储是最底层的存储方式，映射到对应的外存储空间，直接提供物理层面的存储服务，具有高带宽、低延迟、高可靠性特点。目前主流的数据库系统大都应用在数据块模式下，块级云存储有效支持了高性能数据库应用。许多云存储系统能够提供块级云服务，如亚马逊的 EBS（elastic block storage，弹性块存储）、阿里云的盘古系统、腾讯云的分布式块存储系统 HCBS（high performance cloud block storage，高性能云分块存储），以及开源云计算平台 OpenStack 提供的块存储 Cinder 等。

2）文件级云存储

文件级云存储的基本操作对象是文件和目录，物理存储介质也是磁盘、光盘等，存储位置由文件系统确定,文件系统负责将文件目录和文件内容映射到底层的磁盘存储区域中。相对于块级存储，文件级云存储在提供存储服务时，无需考虑底层存储的具体实现机制，具有成本低廉、接口简单、扩展方便、可用性高、共享便捷等优点，在云存储中有着广泛应用。Hadoop 的 HDFS（Hadoop distributed file system，Hadoop 分布式文件系统）是文件级云存储的代表性系统。阿里云提供面向 ECS（elastic compute service，弹性计算服务）实例、HPC（high performance computing，高性能计算）和 Docker 等计算节点的文件级云存储服务，腾讯云也提供可扩展的共享文件存储服务。前述的 NAS 是典型的文件级存储设备，通过标准的文件访问协议提供数据存储服务，因此数据库一般较难部署在 NAS 上。

3）对象级云存储

对象级云存储结合了文件级和块级云存储两者优点，以数据对象为基本存储单元，单元内含文件数据和一组元数据信息，可以实现对存储资源的自动化、智能化控制与管理。对象存储系统舍弃了目录层次结构，改而采用容器和对象的两层扁平结构进行管理。每个对象惟一地从属于一个容器，实现基于容器的对象分组。这种扁平化结构能有效提高大数据集查询效率，实现容器级的快速增容，因而具有极强的系统扩展能力，具体如图 3-15 所示。

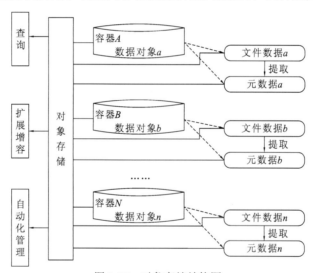

图 3-15　对象存储结构图

独立的元数据机制保障了数据管理的自动化能力，能很好地控制运维管理成本。对象级存储系统较好地满足了大数据管理和云服务需求，在商业和应用领域发展很快。如亚马逊 S3 对外提供的弹性存储空间租赁服务，微软的 Azure、阿里云的 OSS（object storage service，对象存储服务）、腾讯云的 COS（cloud object storage，云对象存储）等，均具有支持海量、高可靠、高弹性的对象存储服务。

在开源软件领域，OpenStack 平台的 Swift 和 Ceph 均为对象存储系统的代表。其中，OpenStack Swift 是一个开源项目，面向大规模非结构化数据的存储管理，提供类似于亚马逊 S3 的低成本、高弹性、高可用的分布式对象存储服务。作为典型的对象存储系统，Swift

为支持对数据的高效存储、快速检索与更新，基于一致性哈希技术将存储对象均匀散列到虚拟的存储节点上。Swift可部署在廉价的标准硬件存储设备上，基于存储管理软件建立存储集群，结合一致性哈希、数据冗余等技术，支持多租户模式、容器和对象读写操作，以及故障节点和磁盘的无宕机调换，使系统能够弹性伸缩，具有很强的可扩展性，适合于Internet下的影像、邮件等非结构化数据的存储管理与备份。

Ceph是一个具有自动负载均衡能力的分布式存储系统，同时支持块存储、文件存储和对象存储三种存储模式。与Swift一样，Ceph也具有可伸缩、高扩展性、高可用性特点，通过一个伪随机数据分布算法CRUSH（controlled replication under scalable hashing，基于可扩展哈希的受控副本策略）为数据建立多个副本，实现数据分布式存储、负载均衡、智能管理和修复，在单个甚至多个节点出故障时确保数据可用。Ceph支持企业级功能的对象存储生态环境，定义了对象存储生态系统结构，包括客户端、元数据服务器、对象存储集群和集群监视器4个组成部分，能够在高负载情况下保持高性能运行。Ceph通过存储拓扑图映射到原始数据，在数据访问上更具灵活性，并支持多种数据接口。

3.4.3 云存储系统架构

云存储技术在资源的可访问性、量化性、弹性和可扩展性等方面与云计算技术基本一致，其架构通常分为4层：存储资源层、基础管理层、接口层和访问层，如图3-16所示。

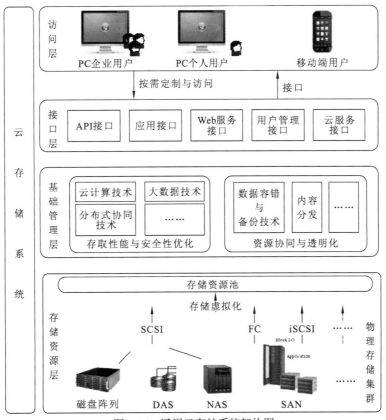

图3-16 通用云存储系统架构图

（1）存储资源层。存储资源层包含了各类不同的网络存储设备设施，如磁盘阵列、DAS、NAS、SAN 等，这些存储设备设施通过 iSCSI、FC 等连接到系统，形成超大规模的物理存储集群，再通过存储虚拟化软件构建存储资源池，对所有存储资源进行集中管理、状态监控、容量动态扩展，以及数据的统一管理，是一种面向服务的分布式存储系统。

（2）基础管理层。基础管理层综合利用云计算、大数据、分布式协同等技术，面向存储资源池提供统一的用户管理、副本管理及策略管理等功能，对资源的存取性能和安全性进行优化，结合数据压缩、数据容错与备份、内容分发等技术充分利用存储空间，实现异构存储资源的高度协同和透明化，并保障数据的安全性。

（3）接口层。接口层在基础管理层提供的各项功能基础上，结合外部应用需求提供不同的应用接口和相应的服务，如数据存储服务、空间租赁服务、公共资源服务、多用户数据共享服务、数据备份服务等，让云存储系统能够灵活地适用于各种应用环境。

（4）访问层。PC 端、移动端的企业或授权的个人用户，都可以随时随地按照标准的应用接口接入云存储平台，获得云存储服务。该层可以为不同用户根据存储需求按需定制服务。

3.4.4　云存储关键技术

云存储技术的发展得益于云计算、分布式系统、集群技术、存储虚拟化技术等的技术进步，存储技术本身也在快速进展。综合这些技术，形成了如下的云存储关键技术。

1. 分布式文件系统

存储系统一般采用集中式存储服务器管理数据，集中存储的海量数据给查询和读写带来了巨大压力，往往会成为应用的性能瓶颈，也对数据安全构成隐患。数据分布存储能够有效缓解单节点存取压力，提高可靠性和安全性。对于云环境下海量数据管理，分布式文件系统比集中式系统更具优势，成为云存储的核心基础之一。

最常见的分布式文件系统包括 Hadoop 的 HDFS，IBM 的 GPFS（general parallel file system，通用并行文件系统），以及 TFS（Taobao file system，淘宝文件系统）等。

（1）HDFS。Hadoop 的核心项目包括 MapReduce 和 HDFS。HDFS 主要解决分布式环境下的数据存储管理问题，具有高容错能力和高扩展性，适合于管理大规模数据集。它采用主从结构，一个 HDFS 集群由目录节点和多个数据节点组成，其中目录节点是集群的主节点，用于存储集群数据的元数据信息，如数据块大小、分布节点等，数据在多个分布式数据节点之间流动，因此这种结构可支持大量用户的并发请求。主节点一般采用 HA（high available，高可用性）架构设置备用节点以保障其高容错能力。集群内容的数据文件被切分成多个数据块存于不同的数据节点（从节点）上，并在数据写入时自动为数据建立多个副本，以保障数据可靠性。

主从节点之间通过心跳机制通信，主节点根据与从节点的通信状态定期更新从节点状态，以保证系统可用。为保持数据传输中的完整性和一致性，HDFS 采用了多种数据校验机制，因此具有极高的数据可靠性。

（2）GPFS。GPFS 是 IBM 的分布式并行文件系统，最新版本已更名为 IBM Spectrum

Scale，由 IBM 的 VSD（virtual shared disk，虚拟共享磁盘技术）发展而来，其技术核心是并行化的磁盘文件系统。GPFS 采用从磁盘到网络共享磁盘，再到文件设备的三层结构模型，将磁盘阵列的逻辑卷转换成网络共享磁盘，同时为每个磁盘指定多个管理服务器（可由任何 I/O 节点担任），从而保证磁盘逻辑卷在单个或多个 I/O 节点宕机时仍然可用。

GPFS 将服务器划分为一个或多个 GPFS 集群，每个集群采用 HA 架构，配置一个主管理服务器和一个备用管理服务器，负责节点增删、属性变更等集群管理与维护任务。同样地，任何 I/O 节点都可承担管理服务器功能。为保障系统的可用性，GPFS 集群中可指定服务器作为"仲裁委员会"的成员（quorum node，仲裁节点机制），只要仲裁节点中一半以上正常运行，GPFS 就可稳定工作。

GPFS 文件系统具有显著的高性能和灵活扩展能力，被广泛应用于超大规模高性能计算机系统中。

（3）TFS。TFS 是淘宝的开源分布式文件系统，由于淘宝交易数据增长迅速，仅图片数量就已经达到百亿级别，视频、文档等其他格式数据的数据量也极其庞大，存储访问服务必须支持高并发，并保障数据的可用性。与 HDFS 类似，TFS 也采用主从式的目录服务器和数据服务器架构，每个集群的目录服务器均有备用节点，可在主节点宕机时自动切换目录服务器，保障系统稳定运行。由于 TFS 设计初衷是解决海量小文件存取问题，其针对小文件（如图片等）存取特征进行了大量优化处理。TFS 以块（block）的方式组织文件数据，将大量小文件合并成一个数据块，并为每个块赋予惟一编号，冗余存储于多个数据服务器上。

2. 存储虚拟化技术

存储资源虚拟化聚合是云存储的核心思想。如前所述，存储虚拟化为异构存储设备的统一调度和管理提供了重要技术，结合虚拟机、虚拟卷、数据快照等技术，存储虚拟化可有效屏蔽底层存储资源的复杂性，构建虚拟存储池，实现异构存储设备的互联和统一管理，支持数据透明存储和共享服务。关于存储虚拟化技术，3.3.2 小节已有详细阐述，不再赘述。

存储虚拟化技术经过多年发展，已日臻成熟，在 Internet 应用场景下，涌现了大量优秀的虚拟化软件产品，如 VMware ESX、Citrix XenServer、KVM 等。

3. 异构平台协同技术

不同存储设备之间的协同是存储虚拟化的关键之一，存储架构、使用环境、操作界面、存储方案等均对这种协同产生影响。

CDMI（cloud data management interface，云数据管理接口）是 SNIA 所定义的"应用系统借以在云中创建、获取、更新和删除数据元素的功能接口"的重要组成部分，是云存储标准接口。它提供了通用云计算管理的基础架构，支持用户在不同云端供应商之间任意移动数据。CDMI 是创建和管理云存储数据对象的关键，对实现异构平台协同具有重要意义。

4. Web 2.0

Web 2.0 的核心是分享，它让 Web 应用从简单的互联、共享发展到资源的全面共享与交互。与 Web 1.0 相比，Web 2.0 以用户为 Internet 的中心，遵循"去中心化"思想。Web 2.0 时代的 Internet，信息由以往门户网站的信息发布转变为用户的主动创造、分享和获取信息，并且信息传播也由 PC 扩展到智能手机、平板电脑等多种终端。Web 2.0 的去中心化特点在存储方面体现为信息不再仅仅存储于网站，而允许用户分散化和本地化存储，并且推动着存储系统从后端逐步走向前端，不断推陈出新，满足用户多样化存储需求，使用户有可能通过多种设备实现数据、文档、图片和音视频等内容的集中存储和快捷的资料共享；在应用方面体现为信息可以按用户需求动态聚合，丰富了 Web 应用的内容和使用形式，但也引发了信息的快速膨胀，因此对存储系统的灵活性、可扩展性及稳定性等提出了更高要求。

3.5 网络 GIS 数据存储实例

根据数据"二八"定律，20%的数据分布在 Internet 上，80%的数据分布在不同单位和部门内。网络 GIS 应用中，大容量地存储这些数据，安全、可靠、完整地保护数据，迅速、有效地进行数据灾难恢复，是网络存储的基本功能。在此基础上，推出各种人工智能技术应用、实现数据充分共享、挖掘数据隐藏的价值，造福大众，提高企业竞争力，是网络 GIS 的重要目标。随着遥感影像数据获取、处理、加工和应用业务的开展，以及省、地、市各级基础地理信息数据库的建立，对数据的安全备份也提出了更高的要求。本节结合前面数据存储技术，简要介绍国内外网络存储与管理的有关应用技术。

3.5.1 商用网络化存储解决方案

在数字地球、智慧地球时代，首要的就是对数据的存储和备份，数据更是一个国家重要的战略资源。对于数据而言，存储区域网如同一家数据银行，云存储如同银行联盟。IBM 在业界最早推出了存储区域网络（SAN）计划，很早推出了云存储技术及产品。

1. IBM SAN 方案

IBM SAN 的基本内容包括连接、管理、使用和服务，它将光纤通道集线器、交换机和网关等硬件与软件管理功能结合为一体，各种设备和软件不论是否出自 IBM 公司都可以密切配合，随时随地实现数据的存储、访问、共享和保护。以下简要介绍商用 SAN 所能支持的解决方案。

1）资源汇集方案

商用 SAN 出现之后，为资源汇集提供了更好的解决方案，其表现为存储容量的增加和服务器集群。

（1）存储容量的增加。当所有设备都与 SAN 相连，那么为一个或多个服务器增加存储容量就变得非常容易。根据 SAN 配置和服务器操作系统的不同，有可能做到服务器不用停机或重新启动就可以增加或移走存储设备。若新的存储设备使用环路拓扑结构与 SAN 相连，那么 LIP（loop initialization procedure，环路初始化过程）可能会影响环路上其他设备的工作，该问题可以通过在连入新设备前暂停那些特殊环路上所有设备的操作系统的活动来加以解决。若存储设备利用交换机与 SAN 相连，那么有可能所有与 SAN 相连的系统都能使用这个设备。资源汇集允许多台服务器使用由 SAN 连接的存储设备组成的公用存储池，此时可以在一个存储子系统内或跨多个 IBM 或非 IBM 磁盘子系统对存储资源进行汇集，同时将汇集的容量指定给由服务器操作系统支持的独立文件系统。存储设备可以动态增加到存储池内，并根据需要随时分配给与 SAN 相连的服务器使用。由于存储设备做到了与服务器直接相连，并且存储容量的整合实现了容量有效扩展，与独立文件服务器的间接连接相比，这种资源汇集方法可以实现有效的存储资源共享。

（2）服务器集群。由于异构服务器集群可以将数据视为单一的系统映像进行操作，SAN 结构实际上是以一种全共享方式提供可扩展的集群。同时，SAN 允许分布式处理应用环境下的有效负载平衡，在一台服务器上受处理器限制的应用程序可以在多台服务器上获得更大的处理能力。为了达到此目的，服务器必须能访问相同的数据卷，同时应用程序或操作系统要提供对数据访问的并行化服务。除了这项优势，SAN 结构还可用于故障恢复。当主系统出故障时，辅助系统接管主系统工作，并直接访问主系统使用的存储设备。这可以消除由于处理器失效而导致停机现象，从而提高集群环境下系统的可靠性与安全性。

2）数据共享方案

真正的数据共享并不仅仅是利用汇集实现存储容量的共享，而是多个服务器真正共享存储设备上的数据。虽然 SAN 并不是提供数据共享的惟一解决方案，但 SAN 结构可以利用多台主机到同一存储设备的连通性来保证实现更有效的数据共享，SAN 的连通性为向异构主机（如 UNIX 和 Windows）提供数据共享服务创造了便利条件。

数据共享包括以下几个层次。

（1）序列化逐次或每次一个地访问：这是一种数据的串行再利用方式，相同的数据首先分配给不同服务器的第一个应用，然后到第二个，依此类推。

（2）多个应用同时读：在这种模式下，一个或多个服务器中的多个应用程序能同时读取数据，但只有一个应用程序能对数据进行更新，以保证数据的完整性和一致性。

（3）多个应用同时读和写：这有点类似模式（2）的情况，不同的是所有主机都能修改数据。在这种模式下，也分两种不同情况，一是所有的应用程序都运行在相同的平台上（同构），另一种情况是应用程序分别运行在不同的平台上（异构）。

3）数据移动方案

数据移动方案可以实现将数据在类似或不同的存储设备间来回移动。数据的移动或复制往往靠一台或多台服务器来完成，服务器从源设备中读取数据，然后通过 LAN 或 WAN 传送给其他服务器，最后将数据写入目标设备。整个过程要占用服务器处理器的操作周期，而且在 LAN 上数据要传送两次，一次是从源设备到服务器，一次是从服务器到目标设备。

SAN 数据移动解决方案的目标是不使用服务器（无服务器）、不使用 LAN 或 WAN 来进行数据拷贝，这样就释放了服务器处理器的操作周期，同时也释放了 LAN 或 WAN 的带宽。这种数据复制主要靠在 SAN 内使用支持第三方 SCSI-3 拷贝命令的智能网络来完成。第三方拷贝也可以视为外部数据移动或拷贝。

4）备份和恢复方案

对多个网络连接服务器的数据保护主要采用两种备份和恢复方法：本地备份和恢复、网络备份和恢复。

（1）本地备份和恢复具有速度快的优势，数据传输只需要通过内部局域网络。

（2）网络备份和恢复是一种高性价比的方法，因为它允许使用一个或多个网络连接设备实现存储设备的集中式管理。由于安装的存储设备得到了很好的利用，这种集中式管理具备更高的效益。一台磁带库可以被多个服务器共享，同时网络备份和恢复环境的管理也相对简单，因为它不再需要对多台服务器进行人工安装磁带操作。

SAN 将上述两种方法的优点结合到一起，其方法是对备份和恢复进行集中式管理，将一至多台磁带设备分配给每个服务器，使用 FC 协议将数据直接从磁盘设备传递给磁带设备。使用 SAN 基础结构可以在一个城市内甚至不同的城市实现远程灾难恢复备份。根据不同的商业需要，灾难保护解决方案可以使用磁盘存储子系统和磁带库中的拷贝服务（实现时也可能使用 SAN 服务）及 SAN 拷贝服务，最有可能的是同时采用上述两种方法。

5）IBM SAN 开放存储方案

IBM SAN 开放存储解决方案是指采用 Seascape 构建模块与 7133 串行磁盘系统和 SAN 网关 7139-111 一起，构成能够提高 IBM 与非 IBM 服务器（UNIX 与 Windows）操作性能的"光纤通道子系统"。此外，它还能在企业 SAN 中接受已安装的 7133 串行磁盘。

IBM SAN 开放存储解决方案主要面向低端与中型服务器。与 ESS（enterprise storage server，企业存储服务器）相类似，这种高性能产品能够提供拷贝服务，提高数据库与批处理应用性能，减少备份窗口，并通过双重及三重磁盘镜像避免出现因硬件故障而造成的死机现象。而且，7133 串行磁盘具有极强的扩展性，能够被迁移到企业存储服务器中。IBM SAN 开放存储解决方案的要点：① 提供即时拷贝能力；② 支持脱机备份和拷贝，以用于测试和开发；③ 提供具有 SSA 空间复用的高性能；④ 创建更大的 7133 容量需求；⑤ 支持 IBM 和非 IBM 平台；⑥ 扩展性强且非常方便（不中断）；⑦ 能够规划 SAN 并且平稳过渡到企业级 SAN。

2. IBM 云存储方案

IBM 云存储是继 SAN 方案后提出的一套适应云环境的存储方案，该方案提供了以全闪存阵列存储为基础、软件定义存储为架构、基于混合云平台的可扩展的、安全的大规模云端数据存储和管理技术，通过云平台向用户提供所需的连接和控制，以便在云上发掘、利用和扩大数据的业务价值，实现 IBM 提出的包括"安全、多云、开放和 AI Ready"4 个层面的现代基础架构理念（modern infrastructure）。

IBM 云存储具有 4 个主要特点。① 全球性。云存储产品可以部署在全球任何位置，在应用系统和用户附近保存数据还可以进一步提高性能，满足用户的数据需求。② 可扩展性。可以按需实现存储容量的动态伸缩，并且不会中断服务，体现出良好的可扩展性。③ 灵活性。可灵活选择块存储、文件存储和对象存储等不同的存储技术，从而满足不同的工作负载需求。与此同时，支持不同的云存储部署方式，包括内部部署、云端部署或由 IBM 负责管理。④ 简单快捷。提供了基于 Web 的图形用户界面、Web 门户网站及经 API 接口等多种部署和管理存储功能的方式，用户选择快捷，使用简单。

如图 3-17 所示为 IBM 的云存储架构。

1）软件定义存储

软件定义存储在 IBM 的云存储框架中是一种核心技术，作为操作系统的一部分，提供统一存储资源管理，从而提高资源利用率，简化存储工作，降低管理成本。目前，IBM 研发了 13 种存储软件和多种存储硬件，通过灵活搭配的数据管理方式和多云架构，可以满足多云存储、数据保护、存储管理、部署 AI 应用等各方面需求，主要包括以下几类多云架构。

（1）IBM 云对象存储。Cleversafe 是全球领先的分散存储网络和对象存储技术，IBM 于 2015 年 11 月将其收购后重新命名为 IBM 云对象存储（COS）。IBM COS 针对非结构化

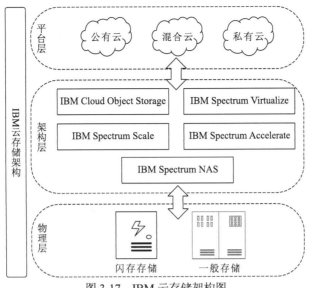

图 3-17 IBM 云存储架构图

数据存储难题，给出了行之有效、安全可靠的解决方案，包括数据分析、归档、备份、云存储和内容分发等。IBM COS 的基础容量为 75TB，其 dsNet 软件采用 IDA（information dispersal algorithm，信息分散算法）可以实现 EB 级规模的非结构化对象存储，而成本与传统存储系统相比，最高可节省 70%。它内置的 WORM（write once read many，单写多读）功能还能防止数据被篡改。

（2）IBM Spectrum Virtualize。Spectrum Virtualize（SV）是 IBM 提供的一种虚拟化软件层，可在物理基础架构内构建软件定义存储，实现对海量数据的有效管理和组织，提高数据安全性和简易性。实际上，IBM SV 已在 IBM SVC（SAN volume controller，SAN 卷控制器）、IBM Storwize 存储解决方案系列、IBM FlashSystem V9000 和 VersaStack 中使用多年。作为纯软件解决方案，它与 x86 服务器一起使用，可提供的存储功能主要包括：①支持超过 440 种不同的存储系统；②借助于自动精简配置实现存储池化管理和自动分配；③采用 Easy Tier 实现自动分层、轻松存储；④先进的数据压缩技术，可为应用程序存储多达五倍的数据；⑤软件加密策略可以提高现有存储的数据安全性；⑥快照拷贝（flash copy）和远程镜像（remote mirroring）可实现本地和远程复制；⑦可使用云存储补充组织内部存储的不足。

（3）IBM Spectrum Accelerate。Spectrum Accelerate（SA）是 IBM 的软件定义块存储技术，旨在快捷、灵活地在基础架构中完成部署，使单位或部门加速实现混合云的价值。SA 可部署在 x86 硬件、集成设备及 IBM 公有云的异构环境中，提供 IBM Spectrum Storage 的块存储组件，易于扩展。IBM SA 支持诸多任务的自动执行，可以最大限度地减少管理工作并降低对专业知识水平的要求，方便数据快速访问和加速部署，实现无缝数据流，即数据从云端流至多个位置，因此 Spectrum Accelerate 可以理解为数据存储的性能加速器。SA 具备的功能主要包括：高级远程镜像、快照、多租户和 QoS（quality of service，服务质量），以及通过 OpenStack、REST 和 VMware 完成自动化编排服务等。

（4）IBM Spectrum NAS。IBM Spectrum NAS 是 IBM 的软件定义文件存储技术，旨在简化 NAS 管理，提高敏捷性。它采用对称架构，每个节点都运行相同的小型而高效的系统核心，这种架构结合数据冗余功能，可避免单点故障，从而提高可靠性。同时，可与行业标准的 x86 服务器结合，形成向外扩展型的高性能存储集群，减少用户开支。它提供的丰富的数据管理功能主要包括：加密、反病毒、配额、分层、快照、镜像、基于事务的断电保护及集群自我复原功能等。

（5）IBM Spectrum Scale。IBM Spectrum Scale 是 IBM 的软件定义高级非结构化数据存储与管理技术，基于 AFM（active file management，主动文件管理）的分布式磁盘高速缓存技术，消除了存储基础架构瓶颈，比 NAS 具备更强的性能，例如极高吞吐量和低延迟访问。它拥有独特的数据感知智能，通过共享存储基础架构，可同时以最快速度自动将文件和对象数据移动到最佳的存储层，因此这种技术可以理解为是一种尺度可伸缩的存储优化技术。Spectrum Scale 还可以方便地进行跨不同存储和位置的数据访问，适合于广域分布环境乃至全球环境下实现数据访问和应用加速，可满足云计算和大数据分析等海量数据访问需求。Spectrum Scale 基于策略自动进行存储分层（包括闪存、磁盘和磁带），可大幅度降低存储成本（最高可达 90%）。当前，Spectrum Scale 支持 POSIX、GPFS、NFS V4.0 和 SMB V3.0 等协议，集成 Hadoop MapReduce、OpenStack Cinder、OpenStack Swift 等用于大数据分析和云计算服务。

2）IBM 全闪存存储

物理存储是云存储的基础，存储技术的作用越来越重要。自从 IBM 发布基于新一代 FCM（flash core module，闪存核心模块）技术的全闪存系列产品和相应技术以来，全闪存产品就占据市场第一的位置，Spectrum 系列软件定义存储产品也位居市场第一。IBM 通过在多云架构中采用超低延迟和高可靠性的全闪存技术，可以方便地扩充阵列容量、存储密度、快速接入等，极大地改善存储网络性能，适合人工智能、大数据分析等对数据存取时间有较高要求的应用。当前，基于全闪存存储的 IBM 云存储系统包括 IBM FlashSystem A9100（面向高端应用）、V7000F（面向中高端应用）、F900（面向极限性能应用加速）、V9000（面向扩展性需求高的整合环境）、A9000R（面向除重/压缩要求高的应用）、DS8880F（面向核心数据库高性能场景），以及 IBM 与 Cisco 联合开发的融合式基础架构和软件定义技术 VersaStack 等。

相较于一般存储模式，全闪存存储具有 4 个主要特点：①端到端的完整架构设计；②提供硬件级别数据路径；③分布式 CPU 独立处理路径；④更低的延迟度。

IBM 闪存的核心是 FlashCore 技术，主要依靠提供基于硬件的数据路径，产生极低的存储响应延迟。FlashCore 技术的基础是具备很多硬件加速的输入/输出（I/O）功能，包括非拦截交叉开关矩阵、高级交换矩阵、基于硬件的加解密以及主要基于硬件的磁盘阵列控制器等。FlashCore 技术主要应用于以下三个方面。

（1）硬件加速架构。FlashCore 专门提供了系统级的硬件 RAID 和 FPGA（field programmable gate array，现场可编程逻辑门阵列），借助 FlashCore 的纵横制交换功能，可最大程度地减少甚至消除 I/O 活动过程中的任何软件交互，并且支持无中断代码升级及其他软件维护活动。

（2）IBM MicroLatency 模块。IBM 并未采用标准的 SSD（solid state drive，固态驱动器）存储，而是设计了专有的 MicroLatency 模块。FlashCore 技术使用位于 MicroLatency 模块级的分布式 RAM（random access memory，随机存取存储器）来存储元数据，相比其

他全闪存阵列，可使用更少的 DRAM（dynamic random access memory，动态随机存取存储器）实现同等效果。

（3）高级闪存管理。FlashCore 通过专门设计的硬件和算法延长 NAND 内存使用寿命，可显著提升 NAND 的可靠性。

3.5.2 云存储在网络 GIS 中的应用

基于网络 GIS 对地理信息的巨大需求及复杂空间数据分析、计算的客观要求，需要不经过主机便可直接快速备份和访问系统中的海量空间数据。云存储技术为形成统一的基础地理空间数据存储、管理和共享模式提供了技术保障和实现方法。

1. 基础地理空间数据存储现状

基础地理空间数据一般包含各级比例尺或分辨率的 4D 产品（DLG、DOM、DEM、DRG）、元数据（metadata）、专题数据、行业业务数据等。各种数据的数据量都很大，其中，DLG、DOM、DEM、DRG 等数据量尤其庞大，对计算机的存储和运算能力要求更高。例如，以我国某城市（简称 Z 市）的数字城市建设为例，其基础地理空间数据中的 DLG 就包括主城区及建成区范围内的 1 : 500 DLG 数据和全市范围内的 1 : 2 000 DLG 数据；栅格数据方面则包括全市范围内 1 : 2 000 和 1 : 10 000 的 DOM 数据及全市范围内 0.61～0.70 m 分辨率的 QuickBird、5 m 分辨率的 SPOT、16 m 分辨率的高分 1 号，以及部分区域 2 m 分辨率的高分 2 号卫星影像数据；数字高程模型则涵盖全市范围内 1 : 2 000 的 DEM 数据等。

由于涉及具体业务和数据管理部门的不同，基础地理空间数据还分有不同的专题数据。根据不同专题将数据库体系划分为：基础地理信息矢量数据库、栅格数据库、控制测量成果数据库、综合管线数据库、地名及境界数据库、房产测绘数据库、土地资源数据库、地籍管理数据库、矿产资源数据库、地理国情数据库、三维景观模型库、决策支持库、元数据库和系统维护数据库。

系统数据库一般包括现势性数据、工作数据和历史数据，也可将其分为原始数据、过程数据、成果数据和数据库数据。原始数据主要是采集、扫描或购买的原始模拟图件、航片、卫星影像及业务数据等；过程数据主要是在原始数据基础上加工和处理而产生的中间数据，这类数据的数据量大，需要保留一段时间后才可以删除；成果数据是经生产和质检合格后的最终标准产品，往往以目录树或产品库的方式存储和分发；数据库数据则是经数据入库前的再检验和编辑，转换处理后存储于无缝空间数据库。这 4 类数据中的原始数据、成果数据和数据库往往需要长久保留，随着周期性数据的更新，需要将其归档为历史数据，从而造成数据量的不断增加。

在大多数网络 GIS 中，数据存储面临的主要困难有：① 现有存储体系和设备不一，造成数据转换过程复杂，难以进行统一管理；② 以局域网传输为主时，过于依赖数据服务器，传输性能受限于服务器；③ 面向网络计算进行 Internet 数据传输时，敏感数据的安全无法确保；④ 存储设备难以有效扩展，利用磁盘阵列进行扩充只能解决数据存储问题，面向应用的能力薄弱，导致数据利用效率不高；⑤ 数据备份方法单一，难以保证安全性，或者过程复杂，自动化程度低；⑥ 面对迅速增长的移动互联数据、物联网数据及志愿者地理信息，尚未形成可靠的存储技术体系。

基础地理空间数据库的数据类型复杂、数据量庞大、建设周期长,往往还具有不可再生性;另外在基础 GIS 数据更新、建库、管理工作中,数据的获取和加工处理、存储和分发服务各阶段都涉及数据流,均存在数据丢失等安全风险。同时,数据采集手段多样化、数据更新周期缩短,导致地理信息容量高速增长,也增大了以分布式方式构建的基础 GIS 中的数据管理难度和运行维护成本。因此,如何设计合理的方案建设基础地理空间数据库存储系统,服务于数字城市乃至智慧城市建设,是网络 GIS 建设中需要解决的重要问题。

2. 空间数据云存储应用设计

Z 市基础 GIS 建设目标是围绕数字城市构建包括地籍、房产、管线、土地利用、控制测量成果、地名、元数据及数据共享和分发等专题领域应用的公共信息管理和信息服务的基础平台,实现对基础地理信息采集、传输、录入、编辑、存储、查询、分析、输出、更新等功能,以达到全市范围内基础地理信息的资源优化配置,形成准确、动态、高效的数据管理和共享交换体系。系统涉及部门众多,不同部门的业务复杂,现有系统及其存储设备和运行方式不一,数据入库及其共享方式(既有文件级,又有数据库级的要求)差异也较大。

为满足基础空间数据和各专题数据的入库、质量检查及数据更新等功能需求,Z 市基础 GIS 中的每个基础库和专题数据库都对应有三个数据库,即现势库、历史库和工作库(临时库)。其中,现势库存储满足入库要求的最新数据,保持数据的"鲜度",供各子系统使用;历史库仅存储数据的变化情况,历史数据的恢复或回放需要同时从现势库和历史库中提取数据联合处理。为保证现势库和历史库的完整性,源数据在进入现势库之前及从现势库中提取用于更新数据时,都需要使用工作库,将数据先存放到工作库中进行质量检查或更新。质检合格的数据方能进入现势库。

根据对基础 GIS 数据特点的分析,在数据存储和备份方面要考虑的基本要求有:① 可存储与管理海量数据,并保护数据的安全性;② 实现跨平台共享各种存储设备中的数据;③ 充分利用现有设备,实现服务器及存储设备的平滑升级和扩展,方便地添加新购服务器及存储设备;④ 支持多种备份策略及数据库和文件的在线备份,且其操作不占用过多的网络资源;⑤ 具有全面的灾难恢复和安全保障机制;⑥ 具备较强的业务适应能力和较大的存储弹性。

基于上述要求,Z 市基础 GIS 在市政府设立了数据中心,建立了以 SAN 为架构的存储网络,发挥了一定的作用。但随着业务的扩展、数据的快速增长,原有架构已不适应新的情况,为此进行了改进,建立了混合云环境,私有云内运行各业务系统,公有云中提供各种信息的发布、搜集网络舆情等信息,同时在原来 SAN 存储环境的基础上进一步升级软、硬件设备,将其拓展为云存储系统,管理所有存储设备,支撑数据更新与维护,并通过数据服务器将基础地理空间数据由处理点定期更新到云存储系统中。客户端向数据中心提出备份申请或共享需求时,数据中心审核通过后将授权的申请发送给云存储系统,若为外网用户在经过防火墙和云存储系统双重验证后,可从外网直接与云端数据服务器交互,进行数据存取。显然,这种方式可以提高数据存取速度,有效缓解网络负荷。通过设置不同用户权限,还能极大提高数据的存取安全性。Z 市基础 GIS 采用如图 3-18 所示的网络拓扑结构进行部署。

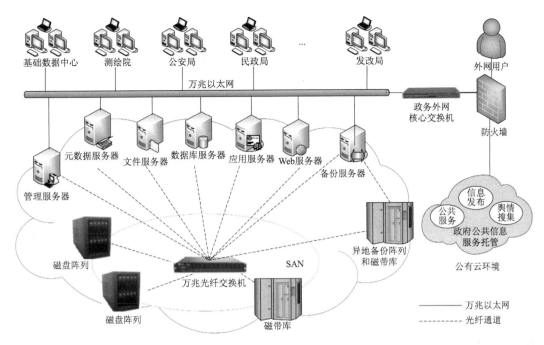

图 3-18　Z 市基础 GIS 网络结构及数据中心部署

图 3-18 中，市政府数据中心部署多台 10 000 Mbps 光纤交换机，以光纤通道连接云存储环境（由 SAN 构成的存储网络，包括各种磁盘阵列、磁带库、NAS 等大容量存储设备，并可灵活扩展），实现中心多种存储资源的整合，提供弹性可伸缩的数据存储能力，通过元数据服务器提高数据检索效率；SAN 通过光纤通道连接云环境，包括管理服务器、文件服务器、数据库服务器、应用服务器、Web 服务器等，向下联的各单位提供高效的数据存取和共享服务；云中的备份服务器（集群）连接异地备份数据中心，进行网络数据备份；下联各单位（包括自然资源局基础数据中心、测绘院、公安局、民政局、发改局、城建档案馆等）与云中各服务器的连接采用万兆以太网方式，各单位内部采用 1 000/10 000 Mbps 以太网，提供内部访问点的接入；针对外部用户，系统采用专门的政务外网核心交换机提供与外网连接。

3. 空间数据云存储应用效果

Z 市基础 GIS 中，采用云存储后，由于能支持数据安全备份与灾难恢复，以及集成环境的平滑升级与扩展，对于系统运行和数据库安全等起到了保障作用。在以下 4 个方面取得明显成效。

（1）大数据存储。存储管理软件将分布于网络中的资源（包括存储设备、服务器、多期高分遥感影像、城市不同比例尺地图数据、地理国情数据、平安城市监控视频、社会经济数据等）进行灵活整合和有机集成，具备良好的存储扩展及为用户提供透明存取服务的能力。同时，云环境下数传率和数据存取实效性得到保证。

（2）网络数据备份。数据备份和恢复是保证 GIS 应用系统数据安全的重要措施。通过制定备份策略，简化存储备份管理，实现了基于网络的结构化、非结构化、半结构化等多种形式的数据备份，比之前的 SAN 更加有效地提高了数据备份效率和安全性。

（3）全方位数据管理。采用云存储技术实现了多级别、多层次用户管理，可将存储在不同设备上的数据合并到一个整体的数据库里，方便管理和共享。在 Z 市基础 GIS 中，能实现远程和本地两种模式的管理，可根据软硬件实际配置，提供简单、快速、可靠、可扩展的数据管理方案，解决数据共享、保护和管理等一系列问题。

（4）多层次数据共享。以数据为中心的集中管理模式逐渐成为基础 GIS 数据共享交换的主要方式。通过构建数据中心的方式，集成存储设备、服务器和数据等多种资源，可以提供数据平台级、系统功能级和 Web 服务级的共享模式。其中，数据平台级共享模式可使各部门直接共享并利用中心数据库的空间数据；系统功能级共享模式主要为共享空间数据提供所需的功能部件支持；而 Web 服务级共享模式则能共享由数据中心提供的 Web 服务，如各种模型分析和应用服务。无论哪一种共享模式，由于是直接建立在云存储环境下的，因此均可高效、安全地利用数据中心的数据。

习　题　三

一、名词解释

数据存储，DNA 存储技术，网络存储，数据迁移，SCSI，RAID，软件定义存储，面向连接服务，NAS，SAN，存储虚拟化，云存储，全闪存存储

二、填空题

1. 网络 GIS 用户分布在不同地理位置，他们通常会在特殊时间段呈现出_____访问和_____存取情况。

2. 存储技术按存储系统联机方式可分为在线存储、离线存储和近线存储，其中在线存储和离线存储又分别称为_____和_____。

3. 磁盘阵列可分为_____和_____两种，后者又分为内置式和外置式两种形式。

4. RAID0 采用_____技术，数据被分成大小相等的若干个小块（block），经由 RAID 控制器平均分配到阵列的磁盘中，而 RAID1 采用_____技术，即数据完全冗余。

5. RAID0＋1 也称为_____，是 RAID0 和 RAID1 技术的组合，既提供与 RAID0 相同的_____，又提供与 RAID1 近似的_____。

6. SCSI 标准迄今已发展了 SCSI-1、SCSI-2 及 SCSI-3 等几代。SCSI-2 和 SCSI-3 又称为_____和_____。

7. 用来构成满足特殊需要的 SAN 系统的三种基本形式的光纤通道拓扑结构为：_____、_____和_____。

8. iSCSI 是一种基于_____理论的新型存储技术。它规定了一个在网络上_____和_____的过程。在传输之前，数据包被封装成含有_____、_____和_____的内容。

9. DAS 是以_____为中心的数据存储模式，而 NAS 和 SAN 则是以_____为中心的数据存储模式。

10. 在 DAS 存储模式中，_____、_____、_____和_____均易成为系统瓶颈，难以满足海量数据存取的实际需要。

11. NAS 与客户之间通过运行于 IP 网络上的_____协议和_____协议进行通信。

12. 为实现较高的稳定性和 I/O 吞吐率，满足数据共享、数据备份、安全配置和设备管理等需要，NAS 系统将软件结构设计为＿＿＿＿＿、＿＿＿＿＿、＿＿＿＿＿、＿＿＿＿＿和＿＿＿＿＿5 个模块。

13. SAN 采用为大规模数据传输而专门设计的＿＿＿＿＿，具有更高的连接速度和处理能力。

14. 从物理观点看，典型的 SAN 环境应包括＿＿＿＿＿、＿＿＿＿＿、＿＿＿＿＿、＿＿＿＿＿等组成部分。

15. NAS 和 SAN 是两种互为补充的数据存储技术。NAS 提供＿＿＿＿＿级的数据访问能力，而 SAN 则主要提供面向＿＿＿＿＿的数据访问能力。

16. 基于主机/服务器的虚拟化通常是由＿＿＿＿＿在主机/服务器上完成；基于存储设备的虚拟化是通过智能的＿＿＿＿＿来完成；基于存储网络的虚拟化是使用相应的专用＿＿＿＿＿来实现的。

17. 云存储主要应用于＿＿＿＿＿、＿＿＿＿＿、＿＿＿＿＿和＿＿＿＿＿等方面，在网络 GIS 中应用前景广阔。

18. 私有云存储主要有＿＿＿＿＿和＿＿＿＿＿两种实现模式。

19. IBM SAN 的基本内容包括＿＿＿＿＿、＿＿＿＿＿、＿＿＿＿＿和＿＿＿＿＿，它将＿＿＿＿＿、＿＿＿＿＿和网关等与软件管理功能结合为一体，随时随地实现信息的＿＿＿＿＿、＿＿＿＿＿、＿＿＿＿＿和＿＿＿＿＿。

20. 对多个网络连接服务器的数据备份和恢复一般采用＿＿＿＿＿和＿＿＿＿＿实现。

21. 数据共享是指访问多个系统和服务器上的相同数据，也可以称为＿＿＿＿＿和＿＿＿＿＿，是多台服务器真正共享存储设备上的数据。

三、选择题

1. 空间数据存储过程中存在多种潜在的数据安全问题，主要有（　　　）等，需要设计合理的存储备份和安全控制机理，保障突发状况下尽可能降低数据丢失风险和恢复成本。

    A.存储节点崩溃　　　　B.数据丢失　　　　C.数据冗余　　　　D.非法攻击

2. 光盘库属于（　　　）类型的存储技术。

    A.在线存储　　　　B.近线存储　　　　C.离线存储　　　　D.数据迁移

3. DAS、NAS 和 SAN 是按照（　　　）对存储产品进行划分的。

    A.存储速度　　　　B.存储系统联机方式　　　　C.接口协议标准　　　　D.存储类型

4. 在 RAID 的实现方面，（　　　）应用最广。

    A.SCSI RAID　　　　B.IDE RAID　　　　C.FC RAID　　　　D.iSCSI RAID

5. 在下列的 RAID 级别中，（　　　）没有数据冗余与容错能力。

    A.RAID0　　　　B.RAID1　　　　C.RAID3　　　　D.RAID5

6. 在下列的 RAID 级别中，（　　　）的数据安全性最高。

    A.RAID0　　　　B.RAID1　　　　C.RAID3　　　　D.RAID5

7. 采用数据交错存储技术，将用于校验的数据集中存储到磁盘阵列的某一个设定的磁盘中，这种技术被用于（　　　）中。

    A.RAID0　　　　B.RAID1　　　　C.RAID3　　　　D.RAID5

8. 下列中的（　　　）数据传输率最高。

    A.SCSI-1　　　　B.Fast SCSI　　　　C.Wide SCSI　　　　D.Ultra SCSI

9. 光纤通道标准逻辑上定义了功能类似的 5 个模块化层次，最低的 FC-0 层是物理介质层，而光纤通道协议层为（　　　）。

A.FC-1　　　　　　　　B.FC-2　　　　　　　　C.FC-3　　　　　　　　D.FC-4

10. 为描述不同端口所采用的交互机制，光纤通道定义了 1～4 和 F 服务等级，其中最常用的服务等级为（　　　）。

A.等级 1　　　　　　　B.等级 2　　　　　　　C.等级 3　　　　　　　D.等级 4

11.（　　　）把存储设备和网络接口集成在一起，并直接通过网络进行数据文件的存取。

A.SAS　　　　　　　　B.DAS　　　　　　　　C.NAS　　　　　　　　D.SAN

12. 下列中的（　　　）不属于 NAS 控制器的组成部分。

A.处理器　　　　　　　B.卷管理　　　　　　　C.网卡　　　　　　　　D.存储控制器

13. NAS 具有许多优点，如安装简单和易于管理等。下列中的（　　　）不属于 NAS 的特点。

A.物理位置灵活　　　　B.分散式数据存储模式　C.完全跨平台文件共享　D.可在线增加设备

14. 与 NAS 相比，SAN 也有许多优点，并受到人们青睐。下列中的（　　　）不是 SAN 的主要特点。

A.可靠性高　　　　　　B.高性能　　　　　　　C.通信距离长　　　　　D.动态配置存储结构

15. 对于不同的存储设备和数据形态，存储虚拟化资源有多种形式。下列的（　　　）属于存储虚拟化资源。

A.数据块　　　　　　　B.磁带设备　　　　　　C.文件系统　　　　　　D.服务器

16. 基于存储网络的虚拟化实现了（　　　）的访问模式。

A.一对一　　　　　　　B.一对多　　　　　　　C.多对一　　　　　　　D.多对多

17. 整合私有云和公有云存储系统，是建立混合云存储系统的关键，通常通过以下途径（　　　）实现。

A.服务集成　　　　　　B.数据集成　　　　　　C.软件集成　　　　　　D.云存储网关集成

18.（　　　）结合了块存储和文件存储的优点，是云存储的重要发展方向。

A.对象存储　　　　　　B.数据库存储　　　　　C.磁盘存储　　　　　　D.共享存储

19. HDFS 主要解决分布式环境下数据存储管理问题，具有高容错能力和高可扩展性，适合于管理大规模数据集。它采用（　　　）结构，数据在分布式数据节点之间流动，可支持大量用户的并发请求。

A.对等　　　　　　　　B.主从　　　　　　　　C.网络　　　　　　　　D.云

20. Web 2.0 的核心是（　　　），它让 Web 应用从简单的互联发展到资源全面交互，将用户使用场景从 PC 扩展到手机、平板电脑、移动多媒体等多种终端上。

A.集中　　　　　　　　B.扩展　　　　　　　　C.分发　　　　　　　　D.分享

四、判断题

1. 鉴于空间数据多源特性，应灵活使用多种存储机制才能保障数据存取性能，更好地服务于网络 GIS 应用。

2. 基于微电子机械系统的存储技术比磁盘存储技术具有更高的性能、更强的容错能力及更加低廉的成本。

3. RAID 级别是指磁盘阵列中针对不同的应用所采用的不同技术，也从一个侧面反映了相应技术水平的高低。

4. RAID0 缺乏数据的冗余容错处理能力，无法检测数据是否出错或丢失。

5. RAID1 具有比 RAID0 更强的数据安全性和更高的数据存取速度。

6. RAID3 采取单盘容错并行传输技术可以检、纠单个磁盘出错的情况，若有多余一个盘同时出错，则无法纠错。

7. RAID5 采取旋转奇偶校验独立存取技术可以检、纠多个磁盘出错的情况。

8. IDE 的工作方式需要 CPU 的全程参与，CPU 读写数据的时候不能再进行其他操作，而 SCSI 卡本身带有 CPU，对 CPU 的占用较 IDE 低。

9. 相对于传统的光纤通道 SAN，iSCSI 的安全性更高。

10. 21 世纪以来，数据受到更多的重视，信息系统技术的发展已转变为以数据为中心、数据存储为基础、数据共享为关键、数据服务为目标。

11. DAS 中的数据存取须有服务器直接参与，但服务器和网络之间不会产生严重的瓶颈问题，因此对系统整体服务能力的影响不大。

12. NAS 服务器可以代替 SAN 中的文件服务器，提供文件共享服务，并能提供适于数据库应用的数据块服务。

13. SAN 实质就是一个能连接存储器和服务器的数据存储局域网。

14. 在 SAN 中，服务器可以访问其中的任一存储设备，用户还可以根据需要自由增添存储设备。

15. 存储虚拟化技术可以对分散的存储空间进行连续编址，形成逻辑上连续的存储空间，这将限制物理磁盘空间的动态扩展能力。

16. SAN Appliances 主要以 In-Band 和 Out-of-Band 实现存储虚拟化，其中 Out-of-Band 模式由于不占用主机和存储系统之间的数据通道，在性能上优于 In-Band 模式，实施难度更小。

17. 按照服务对象划分，云存储可分为私有云存储、公有云存储和混合云存储三类。

18. 块级存储是最底层的存储方式，映射到对应的外存储空间，具有高带宽、低延迟、高可靠性特点。

19. 淘宝的开源分布式文件系统 TFS 适合于解决大数据文件的存取，不适合小文件存取。

五、简答题

1. 简述空间数据组织与存储在服务应用时面临哪些主要问题。

2. 数据存储技术有哪些分类标准?说明每种标准的分类依据。

3. 简述 DNA 存储技术的优缺点。

4. 请对比磁盘阵列技术与其他存储技术的异同，并简述磁盘阵列技术的优点。

5. 磁盘阵列可分为软件阵列（software RAID）和硬件阵列（hardware RAID）两种，两者有何异同?

6. 请分析几种常用的磁盘阵列技术的原理及特点。

7. 请对比说明目前流行的几种常用的数据存储设备接口技术的特点及适用环境。

8. iSCSI 作为一种新兴的存储技术标准，在存储领域中尚难以得到真正广泛应用的关键问题是什么?

9. 按数据存储连接方式分类，网络存储有哪几种存储模式，各自的特点是什么?

10. DAS 中常用的存储设备有哪些?客户机如何访问 DAS 中的共享数据?

11. 请简述 NAS 的概念和结构，它和 DAS 在软硬件组成、数据安全性和可靠性等方面有何异同?

12. 请简述 SAN 的基本概念，并从物理和逻辑两个方面讨论其组成结构。

13. 结合 SAN 的特点和功能特性，描述其适合的应用领域。

14. 试从应用角度分析 DAS、NAS 和 SAN 的优缺点。

15. 请分析 NAS 和 SAN 两种技术融合的形式、优点及难点。

16. 存储虚拟化技术是提高网络存储性能和存储设备管理效率的重要技术手段，请简述这种技术的特点。

17. 虚拟化方法一般有哪几种实现方式?简要描述每种方式的实现机理和特点。

18. 虚拟化的作用有哪些?这些作用是如何在网络存储中得以体现的?

19. 阐述云存储技术的优点。

20. 请说明对象存储的原理，并给出具体的实例。

21. 阐述云存储系统的架构和关键技术。

22. 分析 IBM SAN 是如何实现存储容量增加的。

六、论述与设计题

1. GIS 中的空间数据具有大数据特征，在网络上传输空间数据不仅受到网络带宽制约，也与存储技术和数据组织方式密切相关。请针对矢量和栅格这两种主要的空间数据论述应该采取的存储策略及其在网络上传输时的主要问题和解决方法。

2. 云存储技术是扩展存储容量、提高数据使用效率、促进数据共享的重要技术。请结合实际应用论述云存储怎样面向应用，以及在管理空间大数据方面的方法、组网方案及其优势。

第4章 移动GIS

GIS 经历几个阶段的发展后，不仅与 Internet 深度融合，而且与无线通信紧密结合，使得移动用户能够通过移动互联获得 GIS 服务，完成以前只有在办公室或家里才能完成的工作，实现"在移动中办公""在移动中获得空间信息服务"。当前，移动智能终端与 Internet、无线通信、GNSS 相结合的技术已普遍应用到人们生活和社会经济发展的各个方面，既丰富了 GIS 理论与技术，又拓展了 GIS 应用领域，而且形成了一种独具特色的网络 GIS——移动 GIS（mobile GIS）。

移动 GIS 是指将 GIS、GNSS 和移动互联网一体化的技术和系统，具有信息处理智能化、信息服务个性化、信息来源多样化、位置服务实时化等优点，不断改善着人们的生活、工作和学习方式。本章将主要介绍移动 GIS 的基本概念、组成和特点、移动 GIS 数据管理与传输及移动 GIS 应用系统开发技术。

4.1 空间移动服务与移动通信

近年来，Internet 和经济快速发展导致了"互联网＋"这一代表互联网发展新业态和经济发展新形态的概念的推出，其目的在于充分发挥 Internet 优势，将其与传统产业深度融合，以互联网思维和实践来优化和升级传统产业。这期间，移动互联网技术作为"互联网＋"的典型应用，进展十分迅速，越来越多的移动应用走入人们生活当中。移动互联网，亦即将移动通信技术与 Internet 平台、技术、模式及应用融合起来，形成的一种含有终端、网络与服务的应用体系，开辟了 Internet 应用新途径和新领域。

移动用户通常迫切想知道其时所处环境的信息，比如"我在哪儿""我的车子停哪""我怎么能快速到达目的地""我要找的人现在何处"等。如何提供这类服务，是移动服务提供者要回答的问题，于是 LBS 和 MLS（mobile location service，移动位置服务）应运而生。LBS 和 MLS 定义了未来空间信息服务和移动位置服务的蓝图，即当用户与现实世界的一个模型交互时，在不同时间、不同地点，该模型会动态地向不同的用户按需提供个性化、智能化、多样化的空间移动服务。

空间移动服务技术主要包括 GIS、RS、GNSS、移动通信、INS（inertial navigation system，惯性导航）、互联网通信等技术。除标准的大地坐标位置这一典型的空间数据外，以符号、文字或数字等形式出现的移动用户的地址、电话号码、服务区位置，乃至于拥有车载单元或手持移动终端的车辆及其使用者的实际位置，都包含有与地理空间位置相关的大量信息。LBS 和 MLS 正是通过对这些数据或信息进行深入加工，才实现为用户提供高效空间移动服务的目的。

当前，卫星遥感技术所获取的遥感信息具有厘米到千米级的多种尺度，如 63 cm、1 m、3 m、4 m、5 m、10 m、20 m、30 m、60 m、120 m、150 m、180 m、250 m、500 m、1000 m 等多种分辨率，重访周期从 1 天到 40～50 天不等。以 GPS 为代表的 GNSS 所具有的全球性、全天候、连续性、实时性的导航、定位、定时和测量的优势在空间移动服务中得到了深入应用。

无线网络技术摆脱了线缆约束，实现随时随地的无线接入。在移动通信领域，无线接入技术可以分为两类：一是基于 CPN（cell phone network，数字蜂窝移动电话网络）的接入技术，目前已有 2G、3G、4G、5G 等多种无线承载网络；二是基于局域网的接入技术，如蓝牙（bluetooth）、WLAN（wireless LAN，无线局域网）等技术，当前使用广泛的 Wi-Fi（wireless fidelity，无线保真技术）就是 WLAN 的典型应用。

GSM（global system for mobile communication，全球移动通信系统）是 1992 年欧洲标准化委员会统一推出的标准，它采用数字通信技术和统一的网络标准，使通信质量得以保证，在此基础上可以开发出更多的新业务供用户使用。相对于模拟移动通信技术，GSM 和 CDMA 属于第二代移动通信技术，所以简称为 2G。随着用户数量和网络规模的扩大，2G 网络通信速率低，难以满足要求。2008 年，国际电信联盟正式公布第三代移动通信标准（3G），WCDMA、CDMA2000 和 TD-SCDMA 成为国际三大主流标准制式。需要说明的是，TD-SCDMA 是我国拥有自主知识产权的第三代移动通信标准，也是我国电信领域的第一个国际标准。相较于 2G 技术，3G 能增加系统容量、提高通信质量和数据传输速率，其商用市场份额最大曾超过 80%，WCDMA 向下兼容的 GSM 网络遍布全球，WCDMA 用户数已超过 6 亿。

第四代移动通信技术（4G）将 3G 与 WLAN 结合起来，能够满足高质量视频图像传输需求。4G 技术包括 TD-LTE（time division LTE，时分双工）和 FDD-LTE（frequency division duplexing LTE，频分双工）两种制式，LTE（long term evolution，长期演进）是基于 OFDMA 技术、由 3GPP 组织制定的全球通用标准，包括 FDD 和 TDD 两种双工方式。我国在 TD-LTE 的自主比例在不断加大。

4G 下载速度可达 100 Mbps，上传速度能达到 20 Mbps。截至 2017 年底，我国移动电话用户总数达到 14.4 亿户，其中 4G 用户达 10.3 亿，占移动电话用户的 71.6%。当前，已进入 5G 国际标准关键阶段，2018 年 4 月我国华为技术有限公司获得全球第一张 5G 产品 CE-TEC（欧盟无线设备指令型式认证）证书，2018 年 6 月 3GPP 组织全体会议上第五代移动通信技术标准（5GNR Standalone，独立组网）方案获得批准并发布，2019 年 6 月 6 日，我国工业和信息化部发布 5G 商用牌照，标志着我国 "5G 商用元年" 正式到来。

5G 网络主要是让移动端用户始终处于联网状态，它所支持的设备除智能手机外，还支持可穿戴设备，例如智能手表、健身腕带等。国际电信联盟定义了 5G 三大应用场景：eMBB（enhanced mobile broadband，增强移动宽带）、uRLLC（ultra reliable & low latency communication，超高可靠低时延通信）和 mMTC（massive machine-type communications，海量机器类通信）。eMBB 为移动互联网用户提供超高流量应用体验；uRLLC 主要面向工业控制、远程医疗、自动驾驶等对时延和可靠性具有极高要求的垂直行业应用需求；mMTC 主要面向智慧城市、智能家居、环境监测等以传感和数据采集为目标的应用需求。

5G 网络的最大特点是超快的数据传输速度，在 28 GHz 波段下已达到 1 Gbps，未来的传输速率预计可达 10 Gbps。这将为实现基于 5G 的高速移动计算、不间断的远程分布式协同处理、"全网" 存储与备份及网络快速存取提供技术上的现实可行性。

以上这些技术的发展将为移动 GIS 更好地实现空间移动服务提供强有力的技术保障。

4.2 移动 GIS 产生与发展

基于有线网络的 GIS 是传统网络 GIS 的主要构造模式。从组件 GIS 到 WebGIS，虽然都具有各自的优点，如组件式 GIS 的高效无缝集成、不依赖于专业 GIS 开发语言等特点，以及基于 Client/Server、Browser/Server 模式的 GIS 具有的多源数据共享和跨平台操作等特点，它们使得传统网络 GIS 技术日趋完善。然而，无线技术特别是移动通信技术的飞速发展及其在 GIS 领域的不断渗透，使得有线网络 GIS 面临挑战。网络技术、空间信息技术、无线/移动通信技术、多媒体技术、VR（virtual reality，虚拟现实技术）、AR（augmented reality，增强现实技术）的结合，使得无线、移动 GIS 的产生成为必然。

4.2.1 位置服务进展

1996 年，FCC（Federal Communications Commission，美国联邦通信委员会）颁布规定，公众通信网和移动运营部门要为手机用户提供定位服务和应急特殊号码服务，使之能够定位呼叫者以便为用户提供及时救援。这实际上就是位置服务的开始。此后日本、德国、法国、瑞典、芬兰等国家纷纷推出各具特色的实用位置服务系统。这也说明，高速发展的移动通信技术带给人们的不仅是日益完善的无线信息基础设施和功能越来越强大的移动通信及计算设备，更重要的是它正在改变人们的生活和工作方式。这其中包括全新的空间信息服务和应用模式——移动地理信息服务（mobile geographic information service），它是移动通信技术与空间信息技术相结合的产物。其中，空间信息技术可为广大移动用户提供丰富的基于位置的空间信息服务，移动通信技术则为移动地理信息服务提供良好的承载平台。但是两者的结合不是简单累加，移动通信技术在空间信息服务领域具有自身发展空间和应用模式，空间信息服务也可以在无线平台上衍生出新的服务，而不仅仅是简单的转换运行平台。世界上的信息几乎都与空间位置直接或间接相关，移动用户对空间位置尤其敏感，而移动 GIS 正是以空间位置为核心的信息服务系统。

一般将掌上电脑（如 PDA）、平板电脑（如 iPad）、智能手机、便携式计算机、车载计算机等移动电子设备称为移动智能终端或移动计算设备。这些移动计算设备所处的环境称为移动计算环境，它们是一种以无线网络为主的、使用户无约束自由通信和共享资源的分布式计算环境。其应用领域十分广阔，可以应用到军事、国防、数字政府、智慧城市、智慧水利、智慧家居、工业控制、环境工程等多个领域。当前，各种移动 GIS 已经在这些移动计算设备上以不同的方式实现，并在各领域得到越来越多的应用。

随着移动 GIS 技术的发展，LBS 已大量应用于人们的生活、工作和学习中，例如出行、社交、电子商务、物流等，在促进社会进步的同时，成为经济社会发展的新增长点。统计显示，2016 年 LBS 产值达 1550 亿元，在 GIS 产业的产值中占据相当大比例，全球 GIS 和 LBS 产业产值增长趋势与国内类似。目前我国地理信息数据呈现迅猛增长态势，数据利用开发政策环境不断优化，水平不断提升，大数据技术和产业蓬勃发展，特别是位置服务与网络经济、共享经济、数字经济加快融合发展，手机地图和汽车导航已成为人们日常出行不可或缺的工具，手机地图用户规模 2019 年达 7.55 亿人次。高德地图、百度地图日均响应定位及路线规划请求均达到 1000 亿次。图 4-1 所示为 LBS 市场规模发展趋势示意图。可以看出，位置服务技术从 21 世纪初开始，经历了几年的缓慢增长和快速增长期，目前进入到稳步增长的成熟期。

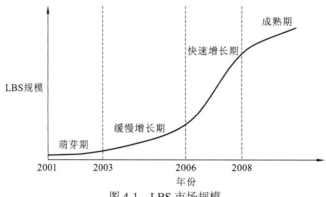

图 4-1 LBS 市场规模

移动定位技术的逐步成熟和应用规模的急剧扩大，推动着移动 GIS 与大数据、云计算、物联网等新技术的融合和交叉，使移动 GIS 的性能和潜在价值得到进一步提升。

4.2.2 移动 GIS 的发展

1. 移动 GIS 的产生

对 MGIS 的研究始于 20 世纪 90 年代初期。当时从事这一研究的大多为国外一些对野外作业人员进行管理的专业部门（如电力、自来水等公司），其目的主要是便于作业人员与公司总部通信及公司管理。这些部门试图通过移动 GIS 使室内外办公相结合，利用无线网络实现数据的及时更新，并将数据传回公司的 GIS 中，达到提高管理效率、降低管理成本的目的。

早期的移动 GIS 解决的问题主要是数据双向通信和数据管理，以便获取即时简短消息、发布工作信息等。此时对移动 GIS 的功能要求还比较弱，系统的结构和功能大多依赖于公司的业务需求，并兼顾已有的 GIS 及其他软硬件环境。

这一时期的移动 GIS 通信传输方式也有多种，如基于 GSM 蜂窝电话的数据通信、基于 PMR（private mobile radio，个人移动电台）的数据通信等。通信连接主要有直接连接和室外架设天线两种方式。

早期的移动 GIS 功能还不强大，受到许多技术上的限制，应用范围比较狭小，且专业性强，移动终端对移动环境要求高。

2. 移动 GIS 发展中期

20 世纪 90 年代中期以来，计算机软硬件发展迅速，电子移动终端不断涌现，GIS 理论和技术也有了较大发展，特别是 GPS 的实用化，促使移动 GIS 进入了 GIS 和 GPS 结合的发展阶段，其应用面得以拓宽，涉及的行业应用也更为广泛，各种与移动计算相关的行业都试图利用移动 GIS 进行移动办公。这时的移动 GIS 主要被用作室外移动办公的辅助工具，主要应用领域包括：图像导航、环境调查与监测、国土资源调查等。

在图像导航应用方面，国外学者利用移动 GIS 实现了初步的基于图像导航的多功能 3D 虚拟现实系统。在他们的移动 GIS 里，利用地磁仪、旋转仪及 DGPS（differential global positioning system，差分 GPS）测出大致的方位角及位置坐标，然后利用图像系统分析并用地面标识线计算出数码相机的精确位置及方位，系统自动检测以上数据后，利用空间数据库的 3D 模型进行图像实时覆盖，从而实现基于图像导航的多功能 3D 虚拟现实。

在环境调查与监测方面，利用移动 GIS 进行野外环境资源的调查与监测。野外作业人员通过数字化仪器进行环境数据的实时监测与采集，以供环境监测与评价。

在国土资源调查方面，移动 GIS 以掌上电脑（内核采用 Windows CE）、GPS 及数码相机等为工具完成数据采集和处理。它可以搜集被调查区域最新数据资料，对国土资源信息进行观测和观察，并进行空间数据的掌上矢量化，最后在室内完成空间数据整合及更新处理。

这一时期的移动 GIS 利用 GPS 技术进行各种资源调查，数据精度基本满足要求。但也存在诸多不足，特别是在城市区域或地势切割很深、山体坡度陡峻的情况下问题会比较突出，因为卫星信号易被高大建筑物、树木或山体阻挡，在城市中还会受到交通和通信工具干扰。

3. 移动 GIS 发展现状

随着无线通信技术的发展，特别是 Web 技术的普及应用，使无线通信技术、GIS 技术及 Internet 技术得以很好地结合，从而形成一种新的技术——无线定位技术（wireless location technology），也随之衍生出一种新的服务，即 LBS。LBS 是一种融合了 Internet、无线通信、移动定位与 GIS 的技术，是当前移动 GIS 的主要应用方向之一，它可以主动搜索移动设备的地理位置，实时提供基于此位置的相关信息，并使随时随地的信息沟通和处理成为可能，其目标是真正实现 GeoInformation for Anyone、Anything、Anywhere、Anytime。然而，由于受到传输网络和周围环境影响，移动 GIS 的数据传输速率相对较低，信息质量也有待提高，同时客户端的小型化使得处理大量数据和进行大数据运算受到限制。移动 GIS 将会随着新技术和网络传输标准的升级获得更大的发展空间。

虽然移动 GIS 的出现只是近三十几年的事情，但是由于用户需求增长很快，目前各主要 GIS 企业均提供了自己的解决方法。例如，ESRI 的 ArcPad 能运行于多种移动客户端，可用于快捷采集现场数据，并提供实时数据校正功能；Autodesk 的 MapGuide Onsite 可满足不同层次移动用户需要，它主要由两部分组成：运行在 Windows CE 上的客户端程序 Onsite View 及为其处理二维 DWG 和 DXF 数据文件的桌面应用程序；SuperMap 的 iMobile 是一款专业的移动 GIS 开发平台，支持快速开发在线或离线移动 GIS 应用，能够满足数据采集、空间分析、路径导航等专业需求。

4. 移动 GIS 发展前景

移动通信、电子技术与网络技术的高速发展及相互融合，使移动 GIS 的移动环境得到改善，也使移动 GIS 向智能计算、智慧服务转变。物联网的建设和使用将进一步扩大移动 GIS 的数据范围和应用范围，云计算、大数据、人工智能技术将为移动 GIS 提供智能、高效处理技术，云存储、5G 等技术将提高移动 GIS 的数据传输速率。可以预见，在不久的将来，移动计算环境将逐渐成为主流计算环境，这一趋势将使得移动 GIS 在辅助野外工作（如野外数据采集、测量成图、设备巡测、水情勘探、移动办公等）、个性化服务等方面发挥出巨大效能。

新的移动通信标准的提出及新的移动通信技术的应用将为移动 GIS 带来新的机遇和挑战，移动 GIS 将突破仅由无线通信网络作为传输媒质的限制，向着多元化、多途径方向发展，并将在推动紧急救援、ITS（intelligent transport system，智能交通系统）、消防抢险等城市生命线工程建设和智慧养老、儿童监控、共享出行、移动社交、宠物跟踪等位置相关的个人服务方面起到重要作用。此外，蓝牙、Wi-Fi、红外线等多种通信方式及它们的相互结合将进一步拓宽移动 GIS 应用领域，使移动 GIS 真正成为移动计算、移动服务的重要工具、环境和平台，为其带来更加广阔的发展前景。

4.3　移动 GIS 组成与特点

4.3.1　移动 GIS 组成

移动 GIS 主要由 Internet、无线通信网络、移动终端设备、地理应用服务器及空间数据库组成，如图 4-2 所示。

图 4-2　移动 GIS 组成结构

1. Internet

Internet 是移动 GIS 的网络传输、存储和计算环境，连接着地理应用服务器、空间数据库、各种外部设备等，并经由无线通信网络与移动终端设备连接。Internet 有无线和有线部分，无线为有线的补充。随着 IP 网成为基础网及"三网（电信网、广电网、互联网）"融合技术的发展，Internet 在向宽带发展的同时也在快速向无线、移动方向发展。目前发展移动互联网主要是从蜂窝移动电话、短信业务向移动数据增值业务演化（如移动社交、移动广告、手机游戏、手机电视、移动电子阅读、移动定位、手机搜索、手机内容共享、移动支付），从第三代（3G）快速向第四代（4G）和第五代（5G）演化。

2. 无线通信网络

移动 GIS 的无线通信网络有三个方面。①20 世纪 90 年代初期移动 GIS 刚形成时的 PMR。② GNSS 网络，用以定位移动设备。GPS、GLONASS、GALILEO、BD 是 4 种主要的全球卫星导航定位系统。③基于蜂窝通信系统的 GSM、GPRS、CDMA、WCDMA、CDMA2000、TD-SCDMA、TD-LTE、FDD-LTE 等。

3. 移动终端设备

移动 GIS 的客户端（移动终端）设备是一种便携式、低功耗、适合于地理应用，并且可以用来快速、精确定位和地理识别的智能设备。需求的多样性导致设备多样化，这些设备包括便携式计算机、掌上电脑、平板电脑、智能手机等，它们包括有显示屏、RAM 及高速的处理器等部件，而且各自采用不同的操作系统，较流行的如 Android、iOS 等。除以上移动设备外，还有定位精度高而费用较为昂贵的手持 GNSS 机等。

移动 GIS 的应用是基于移动终端设备的。随着科技的进步，移动通信服务也由以前简单的通话、短信业务转变成移动位置服务、移动地理信息查询服务、移动办公乃至移动存储、移动计算等。

4. 地理应用服务器

移动 GIS 中的地理应用服务器是整个系统的关键部分，也是系统的 GIS 引擎。它位于固定场所，为移动 GIS 用户提供大范围的地理服务及潜在的空间分析和查询操作服务。地理应用服务器应具备的作用和特征：① 提供高质量地图、数据下载及各种空间查询与分析等服务功能；② 能同时处理大量请求服务及不间断的访问请求；③ 能同时处理大数据应用请求，并在不中断操作的情况下增加处理能力；④ 必须具有可扩展性能，以便适应用户数量增加和新设备接入；⑤ 地理服务必须保证时刻都可获得，因此服务器必须稳定可靠，使用成熟的技术（如标准硬件）及 GIS 和 DBMS 软件配置，以保证其可靠性与可用性；⑥ 移动 GIS 技术发展迅速，所用的技术要尽可能地符合标准（如 XML 标准等），这样可以保证系统以后的兼容性及可扩展性。

5. 空间数据库

空间数据库用于组织、存储和管理与地理位置有关的空间数据及相应的属性描述信息，移动 GIS 中的空间数据库往往被称为移动空间数据库，它是移动 GIS 的数据存储中心，并且能对数据进行管理，为移动应用提供各种空间位置数据，是地理应用服务器实现地理信息服务的数据来源。移动空间数据库在移动 GIS 中还充当了数据泵的作用，它使得移动设备可以和多种数据源进行交互，屏蔽固定网络环境的差异，优化查询条件，提供无线长事务处理，使整个移动 GIS 具有良好的灵活性和适应性。

4.3.2 移动定位技术

移动终端设备和无线通信网络构成了移动 GIS 的定位系统，通过这个系统可及时提供位置信息，供移动定位和数据下载预判等使用。现有的定位技术主要包括卫星定位技术、手机定位技术、惯性导航系统、射频识别定位技术、室内导航定位技术等。

1. 卫星定位技术

卫星定位技术是利用人造地球卫星进行点位测量，由 GNSS 实现，主要包括我国的北斗卫星导航系统（BD）、美国的全球定位系统（GPS）、俄罗斯的格罗纳斯（GLONASS）、欧盟的伽利略系统（GALILEO）四大卫星导航与定位系统。GPS 是美国从 20 世纪 70 年代开始研制并于 1994 年建成的卫星导航与定位系统，具有海、陆、空全方位实时三维导航与定位能力。GPS 由导航星座、地面控制站和用户定位接收机组成。导航星座由以 55° 等角均匀地分布在 6 个轨道面上的 24 颗卫星组成，其中有 21 颗工作卫星和 3 颗备用卫星，卫星运行周期为 12h，3 颗卫星的覆盖区域已超过全球，从而保证全球各地用户至少可同时接收到 6 颗卫星播发的导航信号。地面控制站用于测量和预报卫星轨道并对卫星上的设备工作情况进行监控，为接收机提供卫星相对于地面的位置数据。GPS 具有全天候、高精度、自动化、高效益等显著特点，广泛应用于智能手机、便携式计算机等电子产品中。但 GPS 存在易受干扰、动态环境中可靠性差及数据输出频率低等不足，这在一定程度上限制了它的使用范围。

相较于 GPS，我国的北斗卫星导航系统（BD）起步较晚。这是我国独立建设和运行的卫星导航系统，旨在为全球范围用户提供高精度定位、导航和授时服务。2000～2003 年建成由 3 颗小卫星组成的"北斗一号"，2007～2012 年建成由 16 颗卫星组成的"北斗二号"，2017～2018 年发射 18 颗卫星，组网"北斗三号"，2020 年 6 月 23 日，"北斗三号"最后一颗全球组网卫星顺利发射，7 月 1 日起进入长期运行管理模式，完成由 35 颗卫星构成的北斗全球系统，实现全球服务能力。北斗系统由空间段、地面段和用户段三部分组成。空间段计划由 35 颗卫星组成，包括 5 颗静止轨道卫星、27 颗中轨道地球卫星、3 颗倾斜同步轨道卫星。地面段包括主控站、注入站和监测站等地面站，负责对卫星进行监测和控制。用户段可以接收和追踪卫星信号，获取定位和时间等信息。北斗卫星导航系统具有抗遮挡能力强、精度高、稳定性强、全天候等特点，可应用于交通、农业、林业、水利、海洋、电力、资源、环境、公安、防灾减灾等诸多领域，已产生一定的社会和经济效益。

2. 手机定位技术

移动通信系统是目前用户最多、覆盖范围最广的公众通信系统，因此可考虑使用手机这一普及率很高的智能终端设备提供定位信息。在移动通信网络中，早期采用的是基于基站代码的定位技术，它由网络侧获取用户当前所在的基站信息以确定用户当前位置，定位精度取决于移动基站分布及覆盖范围。为提高定位精度，发展了基于蜂窝电话网络的三角运算定位技术，根据手机接收到不同基站发出的信号到达该手机的时间差来计算该用户所在位置，但在基站几何条件或覆盖条件差的地区，定位效果并不理想。当前较有代表性的手机定位技术是高通公司的 GPSone 技术，其利用全球定位系统和手机定位（CDMA 三角定位技术）进行混合定位，以弥补两种定位技术在不同定位环境中的不足。

3. 惯性导航系统

INS 由惯性测量装置、控制显示装置、状态选择装置、导航计算机和电源等组成，它通过运载器上的惯性测量装置测量运载器的加速度，并自动进行积分运算获得运载器瞬时速度和瞬时位置。由于惯导的设备置于运载器内，工作时不依赖外界的信息，亦不向外界辐射能量，不易受干扰，保密性强，机动灵活，是一种自主式导航系统。但它存在误差随时间迅速积累的问题，导航精度随时间而发散，不能单独长时间工作，需不断加以校准。实际中，可结合 GNSS 使用以弥补双方的不足。

4. 射频识别定位技术

RFID 定位技术也是值得关注的领域，该技术使用多种频段通信，完成电子标签识别和数据读写，是一种非接触的通信方式，主要用于停车场、滑雪场、高尔夫球场、码头货场等，由用户自己布置在特定区域进行定位，类似的有红外、超声波、蓝牙和超宽带技术等室内无线定位技术。在这些区域的关键出入口等特定地点安放射频标签读写器之后，系统可以实时检测到带有 RFID 装置的物体所处的位置。RFID 定位不需要卫星或者手机网络的配合，其精度在于 RFID 读写器的分布，而读写器可以由用户自身根据实际需要进行设置，比较适合需要在特定区域进行定位的用户，具有较高的实用价值。

5. 室内导航定位技术

随着物联网和 LBS 技术的快速发展及城市建设的突飞猛进，室内导航定位的需求越来越大。室内导航是指用户在建筑物内用精确的定位功能确定位置并找到想去的地方。室内导航的关键技术是室内定位，室内定位技术主要是通过 Wi-Fi、蓝牙、RFID、UWB（ultra-wide-band，超宽带）、航迹推算等定位方式计算人和物体在室内的实时位置。当前，室内定位技术主要分为三类：无线信号交汇、指纹数据库和航迹推算。基于无线信号交汇的室内定位技术是当前较为成熟的室内定位方案，主要是通过计算发射端和接收端无线信号传播的速度和时间等指标确定所在位置，如 Wi-Fi 定位、蓝牙定位、ibeacon 定位、RFID定位、ZigBee 定位、UWB 定位、可见光定位等。基于指纹数据库的室内定位技术主要是在前期建立包含室内地磁场、重力场或 Wi-Fi 信号等特征的指纹数据库，通过实际参数与数据库参数进行匹配实现定位，这类定位技术不适用于环境特征变化的区域，常用于辅助导航定位。基于航迹推算的室内定位主要是借助加速度传感器、陀螺仪、磁力计等传感器获取环境信息和目标运动的加速度、速度及方向等信息，利用航位推算法预测目标在室内的位置，该类定位技术成本低，定位误差会随时间不断积累。目前，室内导航定位技术种类繁多，不同技术的交义融合提高了定位精度，广泛应用于商场导购、停车场、航站楼、应急救援、客流统计、物资管理等诸多场景。

2008 年至今，我国实施的室内外高精度定位导航——"羲和"计划取得阶段性重大成果，从推出首部能够实现 1 m 级定位的国产智能手机，到拥有室外亚米级、室内优于 3 m的无缝定位导航能力，具备亿级用户在线位置服务能力，扩充了导航应用的范围和深度，这也是我国导航与位置服务的国家基础设施重要组成部分。

4.3.3 移动 GIS 特点

移动 GIS 与 WebGIS 相比具有其自身的特点。

（1）运行平台延伸。与 WebGIS 相比，移动 GIS 运行平台从 Internet 延伸到了无线、移动网络。移动定位技术与 GIS 的结合产生了全新的 GIS 应用模式，使得地理空间信息在移动 GIS 的核心地位更加突出。

（2）分布式数据源。GIS 向无线平台的转移衍生了很多新的 GIS 应用，它们要求有分布式数据源的支持。例如，LBS 需要 GIS 实时提供最新的位置相关信息。由于移动用户的位置是不断变化的，需要的信息多种多样，任何单一数据源都无法满足要求，必须有地理上分布的各种数据源。

（3）终端的多样性。移动 GIS 的终端可以是台式机，但更多的是各种移动计算终端，比如智能电话、掌上电脑，甚至可能是专用的 GIS 嵌入式设备。终端多样性意味着移动GIS 服务需要有更灵活的定制能力和扩展能力及开放的体系结构，并能充分利用终端的信息表达能力。

（4）信息载体的多样性。与 WebGIS 相比，移动终端用户与服务器及其他用户的交互手段更加丰富，包括位置服务、视频、音频、文本、图像、图形等，这意味着计算能力有限的移动终端需要处理更多类型的数据，如何合理地表现数据成为一个亟待解决的问题。

此外，移动 GIS 还具有移动环境下的一些特点。

（1）移动性。移动 GIS 的终端可以自由移动，在移动的同时通过通信网络保持与固定节点（如地理应用服务器）或其他移动节点的连接。

（2）频繁断接性。移动 GIS 终端经常会主动地接入（要求信息服务）或被动断开（网络信号不稳定等），从而形成与网络间断性地接入与断开。这种松散耦合连接方式要求移动 GIS 在不同情况下能随时重新连接，并且可独立运行。

（3）弱可靠性。由于移动终端属于远程访问系统资源，数据传输容易被盗用、侵害或修改，从而带来一系列安全保障问题。

（4）非对称性。移动 GIS 终端不论是基于卫星定位导航还是基于蜂窝通信导航，都存在着上行与下行的数据通信非对称性问题。

（5）资源有限性。移动 GIS 终端设备的电源能力十分有限，通信网络带宽及移动设备的存储、计算等性能也相当有限。

（6）空间位置依赖性。通过无线网络进行通信的移动 GIS 要受到网络覆盖的限制，它所能提供的服务也仅限于此空间范围内的用户。

4.4 移动空间数据管理

移动空间数据是用来描述空间位置、空间关系、空间方向等的载体，包含丰富的地理信息，数据结构复杂，数据量庞大。受存储空间、计算能力、电池容量和网络带宽等因素限制，移动空间数据并不适合利用移动 GIS 进行存储、传输、分析计算和可视化。对移动空间数据的管理与传输是移动 GIS 提供高效空间移动服务的关键技术，一直是移动 GIS 研究的重要问题。当前主要有两种解决办法，一是通过优化存储格式、压缩编码和建立高效空间索引提高存取效率，二是通过金字塔和渐进式传输技术提高空间数据传输效率。

4.4.1 移动空间数据存储与编码

Android、iOS 等促进了移动操作系统的发展。相较于桌面终端，移动终端因存储容量较小、CPU 处理能力较弱导致在处理复杂空间分析、路径规划等高级功能时需要依赖网络服务器来完成。这种对网络的过度依赖是移动位置服务应用的一大瓶颈，因此降低对无线网络依赖、实现移动空间数据高效管理，对深化移动 GIS 应用具有重要的理论和实际意义。

1. 移动空间数据存储

移动空间数据包括两个位置的数据：移动客户端数据和服务器端数据。为了方便阐述和突出重点，这里将移动空间数据视为移动客户端的空间数据，其存储方式主要有文件存储和嵌入式数据库存储两种。文件存储适合非结构化数据，数据结构相对简单，操作灵活。常用的文件存储格式包括 JPEG、Shapefile、JSON、KML、GML、GeoJSON、Mobile SVG 等。以 ArcGIS 系列为例，ArcGIS for Android/iOS 可以直接调用相关的接口加载缓存在移动终端的 tpk 和 vtpk 地图底图文件，也可以加载 ArcGIS Desktop 支持的常见的空间数据格式文件，包括 Shapefile、KML、KMZ、GeoTIFF、IMG 和 JPEG 等。tpk 和 vtpk 文件是 ArcGIS 推出的将地图的底图切片文件打包形成离线地图包的标准文件格式，通过将底图切片进行封装有利于底图数据的传输、下载和共享等网络操作。其中，tpk 文件是栅格切片包，切片常见格式包括 PNG 8、PNG 24、PNG 32 和 JPEG。vtpk 文件是 ArcGIS 10.4 推出的矢量切片包文件，矢量切片包括 GeoJSON、KML、GeoRSS、TopoJson 和 PDF 等自定义矢量格式，矢量切片通过协议缓冲（protocol buffers）技术实现移动 GIS 客户端动态、可交互地图显示。

此外，在服务器端，ArcGIS for Server 发布的底图切片方案有紧凑型（compact）和松散型（exploded）两种模式。前者缓存的底图切片为紧凑型切片，扩展名为*.bundle 和 *.bundlx，切片多在 ArcGIS 的服务器端使用，并能充分利用 Bundle 文件的迁移方便、存储空间小等优点。后者缓存的底图切片为松散切片，扩展名多为 PNG，可以在非 ArcGIS 服务器中使用。

移动 GIS 包含复杂的空间数据和属性数据，仅使用文件存储时，属性数据的查询、插入、更新、统计和维护等较为困难，因此移动终端常使用文件存储和嵌入式数据库存储混合模式。嵌入式数据库是一种新型的应用于嵌入式系统的数据库，除了能够实现对结构化数据的管理，还针对移动终端设备特点进行了体系结构优化，具有量级轻、独立、无服务器组件、占用内存少等优点。常见的移动端嵌入式数据库包括 SQLite、Berkeley DB、LevelDB、UnQLite 等。以 SQLite 为例，这是开源的轻量级嵌入式关系型数据库，由 D.Richard Hipp 建立，当前最新版本是 SQLite 3。SQLite 数据库由于占用资源极低、使用方便、结构紧凑、高效可靠、体积小的优点，广泛应用于运行 Android、iOS 等操作系统的移动终端上。SQLite 支持 ACID（atomicity（原子性）、consistency（一致性）、isolation（隔离性）、durability（持久性））事务，采用模块化设计，其基本架构如图 4-3 所示。

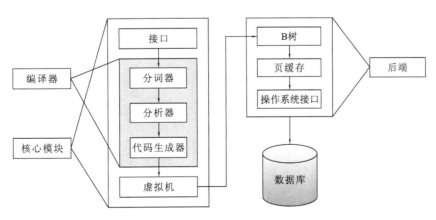

图 4-3　SQLite 基本架构

SQLite 体系结构的核心是 VDBE（virtual database engine，虚拟数据库引擎），VDBE 类似于 Java 中的 JVM（Java 虚拟机）和.NET 平台的 CLR（common language runtime，公共语言运行库）。编译器将 SQL 语言翻译成虚拟机指令，虚拟机负责执行每条指令，完成特定的查询请求，它在后端调用 B 树的相关接口发起数据查询请求，页缓存根据 B

树的请求调用操作系统接口从磁盘读取或写入页面。其中，B 树主要负责将页组织为树状结构，以便搜索，同时负责碎片清理和内存分配，页缓存负责页面存取和缓存及对数据库文件加锁。

移动 GIS 中，SQLite 常与 SpatiaLite 配合使用，SpatiaLite 是扩展 SQLite 内核的开源库，同时集成了其他开源库，例如用于空间分析的开源库——GEOS 库（geometry engine-open source，几何引擎-开源）。SpatiaLite 使得 SQLite 支持高效的空间查询功能。同时，SpatiaLite 提供一个完整而强大的空间数据库管理系统，兼容 OGC 发布的 SFS（simple features interface standard，简单要素标准），由于其跨平台及轻量级特点，常被用于移动 GIS 应用开发中。

2. 移动空间数据压缩

根据空间数据结构可把移动空间数据压缩分为矢量数据压缩和栅格数据压缩。

1）矢量数据压缩

矢量数据压缩基本原理是在减少曲线上点的数量的同时尽可能保证图形要素主要特征，也称为抽稀。根据压缩是否有数据损失可以分为有损压缩和无损压缩。无损压缩主要应用于文本数据、程序和特殊应用场合的图像数据（如指纹图像等）的压缩，作为一种通用数据压缩方法，无损压缩没有考虑矢量数据的空间结构特征，压缩比较低。因此，移动 GIS 中矢量数据压缩一般是有损压缩。矢量数据压缩主要有垂距限值法、角度限值法、光栏法、道格拉斯-普克（Douglas-Peucker）算法、基于小波技术的压缩方法等。下面简单介绍垂距限值法、角度限值法和道格拉斯-普克算法的基本原理。

垂距限值法与角度限值法这两种方法的基本原理是，设定垂距阈值 L（垂距限值）或角度阈值 θ（角度限值），从曲线的一端开始依次选择三个点 A、B、C，计算中间点 B 到直线 AC 的距离 d 或者直线 AB 与 AC 的夹角 α，如果 $d \geqslant L$ 或 $\alpha \geqslant \theta$，则保留 B 点，否则舍弃。继续取下三个点计算，直到除端点外所有点计算完成为止。以垂距限值法为例，具体处理过程如图 4-4 所示。

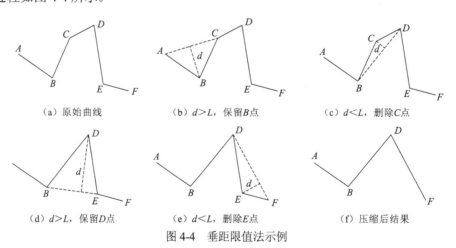

（a）原始曲线　　　　　（b）d>L，保留B点　　　　　（c）d<L，删除C点

（d）d>L，保留D点　　　　　（e）d<L，删除E点　　　　　（f）压缩后结果

图 4-4　垂距限值法示例

道格拉斯-普克算法起初由乌尔斯·拉默（Urs Ramer）、大卫·道格拉斯（David Douglas）和托马斯·普克（Thomas Peucker）于 1973 年提出，后由其他学者进行了改进和完善，是一种常用的矢量数据压缩算法。其基本思想是：假设曲线 C 由若干个点构成，$C=(P_1, P_2, P_3, \cdots, P_n)$，设定阈值 δ，连接曲线两个端点 P_1 和 P_n，计算中间点到直线 P_1P_n 的距

离 d_i（i=2，3，…，n-1），得到距离最大的点 P_t。若 $d_t < \delta$，则删除曲线 C 中间所有点，否则，点 P_t 将曲线分为两部分，曲线 P_1P_t 和 P_tP_n，在曲线上重复上述步骤，直到曲线上点到端点连线均小于阈值为止。算法示例如图 4-5 所示。

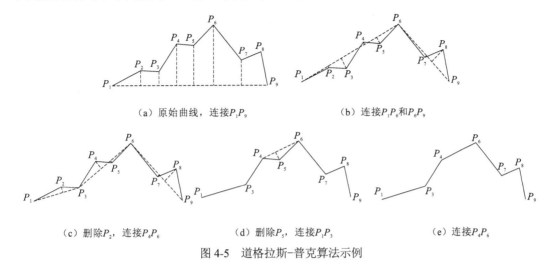

（a）原始曲线，连接 P_1P_9 （b）连接 P_1P_6 和 P_6P_9

（c）删除 P_2，连接 P_4P_6 （d）删除 P_5，连接 P_1P_3 （e）连接 P_4P_6

图 4-5　道格拉斯-普克算法示例

2）栅格数据压缩

地理栅格数据常用于展示地貌、地质、气候、水文、城市建筑等细节信息，近些年来，随着 VR、AR、模拟仿真技术的发展，栅格数据被广泛应用于三维场景中。当移动端用户进行地图平移和缩放等操作时，地图服务器需要及时响应用户请求，但因栅格数据的海量特性，导致存取效率不高，往往会产生延迟，从而影响应用。栅格数据压缩主要是通过减少编码冗余、像素冗余和心理视觉冗余来减小数据量，从而提高数据存取效率。

经典的栅格数据压缩方法大致分为三种：预测编码、变换编码和统计编码。在 GIS 领域，栅格数据压缩编码主要包括链式编码、游程编码、块码和四叉树编码。

（1）链式编码。又称为弗里曼链码或边界链码，其流程是先要确定原点和基本方向，通过保存多边形要素的边界像元达到栅格数据压缩的目的。如图 4-6 所示，按照顺时针方向依次定义方向：东（E）为 1、东南（ES）为 2、南（S）为 3、西南（SW）为 4、西（W）为 5、西北（WN）为 6、北（N）为 7、东北（NE）为 8，确定原点坐标为（2，2），则类别 F 区域的多边形要素按顺时针方向的链式编码为：（2，2），1，1，1，3，2，4，5，6，6，7。

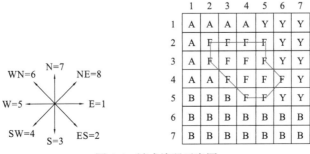

图 4-6　链式编码示意图

链式编码能够有效地压缩栅格，方便计算多边形面积和周长，检测方向变化。但链式编码的缺点也很明显：叠置分析困难、重复存储相邻多边形公共边界。

（2）游程编码。游程编码的基本思路是针对一幅栅格图像，按照行（列）来记录栅格属性值和重复的像元个数，也可以记录栅格属性值和游程的起始或终止行（列）号。假设某栅格直接编码如图4-7所示，沿行方向进行游程编码的结果为：（0，2）（2，3）（5，2）（3，1）；（0，3）（2，2）（5，2）（3，1）；（2，2）（1，4）（3，2）；（2，2）（1，2）（3，4）；（4，4）（1，4）；（4，4）（1，4）；（5，2）（4，2）（1，4）；（5，2）（4，2）（1，4）。

（3）块码。游程编码的另外一种形式是块码，是其在二维上的扩展，把栅格中具有相同属性值的像元划分成正方形区域，然后根据每个区域的原点坐标和分块大小对栅格进行编码。图4-8是对图4-7中栅格进行块码划分的示意图，采用 (x, y, r, n) 描述每个正方形分块，其中 x, y 表示原点像元坐标（例如左上角行列号），r 以正方形边长表示分块大小，n 表示分块的像元值，则图4-8的块码编码为：（1，1，2，0），（1，3，1，2），（1，4，2，2），（1，6，2，5），（1，8，1，3），（2，3，1，0），（2，8，1，3），（3，1，2，2），（3，3，2，1），（3，5，1，1），（3，6，1，1），（3，7，2，3），（4，5，1，3），（4，6，1，3），（5，1，2，4），（5，3，2，4），（5，5，4，1），（7，1，2，5），（7，3，2，4）。

	1	2	3	4	5	6	7	8
1	0	0	2	2	2	5	5	3
2	0	0	0	2	2	5	5	3
3	2	2	1	1	1	1	3	3
4	2	2	1	1	3	3	3	3
5	4	4	4	4	1	1	1	1
6	4	4	4	4	1	1	1	1
7	5	5	4	4	1	1	1	1
8	5	5	4	4	1	1	1	1

图4-7　栅格编码

	1	2	3	4	5	6	7	8
1	0	0	2	2	2	5	5	3
2	0	0	0	2	2	5	5	3
3	2	2	1	1	1	1	3	3
4	2	2	1	1	3	3	3	3
5	4	4	4	4	1	1	1	1
6	4	4	4	4	1	1	1	1
7	5	5	4	4	1	1	1	1
8	5	5	4	4	1	1	1	1

图4-8　块码分解示意图

块码中，栅格像元类型越多、边界越复杂，所记录的数值越多，编码压缩效率越低。块码和游程编码都适合面积大且边界简单的多边形图斑，不适用于细碎图斑。

（4）四叉树编码。四叉树又称为四元树，可用于栅格编码和多级空间索引，基本思想是依次将栅格划分成4个象限，分割 n 次可以得到 $2^n \times 2^n$ 个子象限。依次检查每个象限中像元值是否相同，如果不同则继续分割，直到一个象限中的像元值惟一为止。整个栅格为四叉树的根节点，每个父节点包含4个子节点，不能继续划分的节点称为叶节点，叶节点对应的栅格区域中每个像元具有相同的属性值。对图4-7的栅格进行四叉树编码的示意图如图4-9所示。

四叉树编码按照存储顺序可以分为常规四叉树和线性四叉树。常规四叉树使用6个量来存储每个节点，包括4个子节点指针，1个父节点指针和节点属性值。线性四叉树编码的基本原理是不考虑中间节点，只记录叶节点，使用 Morton 码表示叶节点的位置信息。相比于常规四叉树，线性四叉树压缩率更高。

四叉树编码具有可变的分辨率，压缩灵活，在图斑复杂区域分辨率高，在大面积属性一致的区域分辨率低，能够在尽量压缩数据的情况下精确表达栅格空间特征，是当前运用十分广泛的一种栅格数据压缩方法。

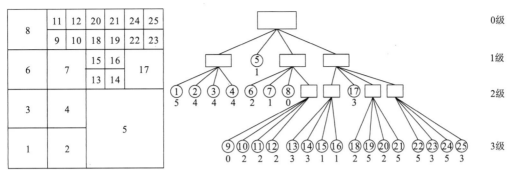

图 4-9 四叉树分割及结构示意图

当前，在现有经典压缩编码方法基础上，国内外学者又提出了基于区域分割的编码、基于神经网络的编码和基于小波变换的编码等。这些方法能够在保证压缩比和失真度的同时，有效地为移动空间数据存储和传输提供技术支撑，促进了移动 GIS 的快速发展。

4.4.2 移动空间数据传输

移动互联网技术、云计算技术等 IT 技术的发展催生了许多新应用，智能移动设备在方便用户通信的同时，还激增了用户对 LBS 的需求。快捷、高效的网络数据传输是满足这种需求的基础，是为用户源源不断供给数据的必要环节。优化移动空间数据传输策略，有助于提高网络利用率、避免网络阻塞和延迟。

1. 渐进式传输

虽然网络带宽在不断提升，但海量的移动空间数据传输仍是制约移动 GIS 应用发展的主要瓶颈，高分辨率的细节信息难以得到及时表达。解决该问题的有效措施之一是采取渐进传输策略，根据用户视觉感受逐层展示不同分辨率数据，这种方法有助于减小用户等待加载时间、改善移动客户端细节信息加载效果。

渐进式传输是从小比例尺概略表达到大比例尺详细表达的过程，如图 4-10 所示，当服务器端收到请求后，首先向客户端快速传输分辨率低的轮廓数据，然后根据用户需求逐步传输分辨率高的数据，同时客户端对接收的数据进行集成以展现更丰富、更全面的数据，让用户得到更多细节信息。空间数据的渐进式传输可以减少用户首次访问数据时的加载时间。

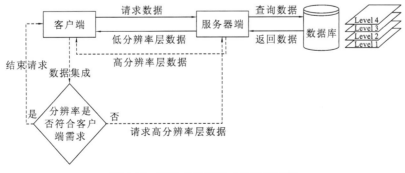

图 4-10 移动 GIS 渐进式传输结构图

栅格影像的渐进式传输技术较为成熟，视频、音频、图像等多媒体在 Internet 中普遍使用流媒体传输技术，利用基本层码流提供图像轮廓信息，增强层码流不断解码，持续提供图像细节信息。图像渐进式传输的关键技术为图像可分级编码，一般包括 SNR（signal noise ratio，信噪比）可分级编码、空间分辨率可分级编码和 ROI（region of interest，感兴趣区域）可分级编码。JPEG2000 图像的重要特征之一就是实现了渐进式传输，网络 GIS 中常以 JPEG 格式作为栅格数据传输格式。

矢量数据的渐进式传输较为复杂，其关键在于服务器端矢量空间数据的多尺度表达，这也是当前研究的热点和难点，主要包括两个方面。

1）建立高效的 LOD 模型

LOD 技术是一种有效的图形生成加速技术，在不影响视觉效果条件下，使用合理的算法在服务器端生成不同分辨率的矢量数据层，分别表达不同几何复杂度的地物表面细节，从而提高绘制算法效率。LOD 的每个模型均保留了一定层次的细节，在绘制时，根据不同的标准选择适当的层次模型来表示空间对象。一种方法是当地图比例尺变小时，使用概化算子减少图面地物表达的复杂程度。常用的概化算子有：选取/删除、合并、简化/平滑、夸大等。本节介绍的道格拉斯—普克算法属于简化/平滑算子。

2）LOD 的有效组织和管理

目前有学者提出采用多分辨率曲线模型保存不同层次细节，这类曲线模型针对矢量数据的概化程度将矢量数据以树的形式组织成层次结构，树的某个节点负责管理属于该节点的下层所有节点的概要信息，树根代表整个区域的矢量数据的概要信息（全貌）。树的高度越高，表明相应的数据的分辨率越高，细节信息也就越明显。这类多分辨率曲线模型包括 Strip-Tree、BLG-Tree、Arc-Tree、Multi-scale Line Tree 等。

移动空间数据的渐进式传输关键技术可以归纳为 4 个方面：① 使用合适的算法或者编码技术生成包含不同分辨率的层次细节模型；② 使用高效的数据结构对层次细节模型进行组织和管理；③ 移动空间数据包含丰富的空间位置信息，渐进式传输要保证拓扑关系的一致性；④ 移动 GIS 客户端接收到数据后，要能够和已有数据集成，还原细节信息。

2. 移动空间数据缓存

当移动 GIS 终端在短时间内频繁向服务器端请求数据时，海量数据和有限网络带宽之间的矛盾将导致移动终端操作响应变得缓慢。通过在客户端和服务器端建立缓存，以空间资源消耗为代价来减少网络流量和用户等待时间，提高空间数据存取效率。图 4-11 所示为移动空间数据缓存技术的基本流程。

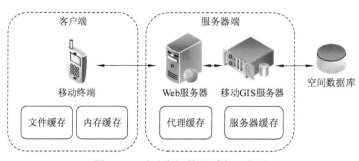

图 4-11　移动空间数据缓存示意图

移动 GIS 客户端把从服务器端接收的数据暂时存储在本地，当一段时间内用户再次访问该空间范围内数据时，直接从本地缓存中读取数据，无需再次通过网络请求。客户端缓存一般包括内存缓存和文件缓存。内存缓存是将短时间内频繁访问的数据暂时缓存在内存中，优点是存取速度快，但受到终端设备内存大小的限制且程序退出时缓存的内容将被清除；文件缓存是将数据保存在本地计算机上，同一程序或者不同程序间能够多次访问和共享保存在本地缓存中的数据。当缓存容量或缓存时间达到限值时，删除缓存。例如 Android 系统分别提供了 LruCache 技术和 DiskLruCache 技术帮助开发者实现这两种缓存。

服务器端缓存包括代理缓存和服务器缓存两级。代理缓存是在移动终端和 GIS 服务器中间建立 Web 缓存服务器，将客户端频繁请求响应的内容保存在代理缓存中，当用户再次发起请求时直接返回响应结果，从而减少 GIS 服务器的访问次数，提高处理效率、节省带宽。当代理缓存不能满足客户端需求时，转而访问服务器缓存。服务器端缓存包括 IIS 缓存、ASP.NET 输出缓存、对象缓存和数据库缓存等多种缓存策略。在实际应用中，还需要考虑缓存索引、缓存淘汰、缓存预热、缓存更新、缓存穿透、缓存雪崩、缓存击穿等问题。

4.4.3 移动空间数据调用

移动空间数据调用和存取与时间、位置、网络状况、客户端性能等多种因素相关，根据服务器、移动客户端特点及数据调用要求，可以将移动空间数据的调用分为离线、在线和混合三种模式。

1. 离线模式

离线模式是指移动 GIS 的各项功能和服务不受网络条件限制，移动空间数据存储在移动终端设备上或者首次加载时从服务器端下载了完整的空间数据，移动 GIS 终端直接从本地完成数据的检索加载并进行可视化和分析。这种模式的主要特点有：①移动终端能存储大量空间数据，具备显示、查询和检索空间信息的能力及基本的空间分析能力；②不依赖网络环境，方便随时随地使用；③不能获取实时动态更新的网络信息服务。

2. 在线模式

在线模式是指移动 GIS 终端通过网络连接到 GIS 服务器端，实时获取移动空间数据。在线模式下所有的空间数据都存储在服务器端，空间分析和空间服务也依赖于服务器。该模式的主要特点有：①适用于网络条件好，但移动终端存储和计算资源有限的移动 GIS 应用系统；②当数据量较大时，流量成本高，客户端可能产生延迟，操作不便；③丰富的网络资源不仅能够帮助移动客户端完成实时更新，还能提供多样化的、及时的、最新的服务和功能。

3. 混合模式

混合模式是指将离线模式与在线模式结合起来，当网络条件良好时，移动 GIS 客户端积极向服务器端请求数据更新，同时将移动空间数据缓存到本地。当网络条件欠佳时，调用缓存于本地的数据。从移动空间数据类型上看，对于长时间不易变化的空间数据（比如行政区划边界、江河湖库界限），一般缓存到本地；对于实时、动态更新的数据则适合实时向服务器端请求。混合模式可以充分平衡网络条件和客户端性能，缓解网络速度和资源不足的问题。

4.5 移动 GIS 设计与开发

移动 GIS 应用系统设计与开发应遵循网络 GIS 工程技术和工程管理的基本原理和方法（参见第 8 章）。在设计系统的逻辑结构时，要考虑移动终端设备的有效显示范围和空间数据存储容量，客户端负载量不能太大，并且符号显示应简洁、明了。本节将首先介绍移动 GIS 应用系统架构，然后以 Android 平台为例，详细阐述基于 Android 的移动 GIS 应用系统设计与开发技术。

4.5.1 移动 GIS 应用系统结构

移动 GIS 应用系统结构如图 4-12 所示，系统终端包括智能手机、掌上电脑、平板电脑等移动设备，地理应用服务器和空间数据库组成了移动 GIS 的服务器端，负责为移动 GIS 用户提供大范围的空间信息服务及潜在的空间分析和查询服务，对空间数据库的存取往往需要借助于 SDE 实现，它是介于应用程序和空间数据库之间的中间件，为用户提供了访问空间数据库的统一接口。

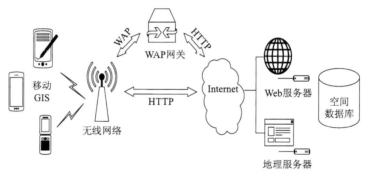

图 4-12　移动 GIS 应用系统结构示意图

移动终端设备可以通过 WAP 接入，或者直接接入 Internet。早期无线网络接入一直受到手机设备和无线网络的限制，WAP 是专为小屏幕、有限存储容量、低处理能力的移动终端和窄带宽、长时延的无线传输环境量身定制的。具体地说，就是应用程序和网络内容用标准格式表示，在传输时采用一定的压缩编码格式（如紧缩二进制格式）以减少传输的数据量，移动终端上使用与标准浏览器类似的微浏览器，并用标准模式进行网上浏览。图 4-13 所示为 WAP 应用框架。

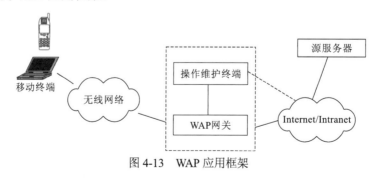

图 4-13　WAP 应用框架

WAP 使用代理技术（以 WAP 网关为该技术的承载体）连接无线部分和 WWW。WAP 网关可为用户提供服务，并作为网络运营管理的业务控制点。其主要功能包括协议转换和内容编解码。

（1）协议转换。实现 WAP 结构与 WWW 协议结构之间的转换，这些 WAP 主要包括：WSP（wireless session protocol，无线会话协议）、WTP（wireless transaction protocol，无线事务处理协议）、WTLS（wireless transport layer security，无线传输层安全）、WDP（wireless datagram protocol，无线数据报协议）等。

（2）内容编解码。对 WAP 数据进行编码，减少数据容量和网络数据流量，在终端设备上再进行解码，最大程度地利用无线网络的传输带宽。

WAP 在 21 世纪初得到普及，随着 4G 技术和 Android、iOS 等嵌入式操作系统的大量应用，移动终端设备的互联网浏览器已能完全支持 HTML，可以像桌面终端那样直接访问 http 网站，而不再需要 WAP 网关代理来实现移动端网页的兼容性。移动终端设备和电信运营商往往支持用户自主选择 APN（access point name，接入点名称），以中国移动为例，使用 CMNET（China Mobile Net）可直接接入 Internet，使用 CMWAP（China Mobile WAP）则需通过网关完成 WAP-WEB 协议转换后接入 Internet。

4.5.2 Android 简介

Android 最早是由 Andy Rubin 团队开发的基于 Linux 内核的开源操作系统，2005 年 8 月 Google 收购并注资，2007 年 11 月，Google 与包括硬件制造商、软件开发商及电信运营商在内的多家企业组成 OHA（Open Handset Aliance，开放手机联盟），致力于移动操作系统开发与改良，同时 Google 开放 Android 源代码。2008 年 9 月，Google 发布 Android 1.0，2009 年开始，Android 操作系统使用形象化的甜点名称作为版本代号，例如，Android7.0 代号为 Nougat（译为牛轧糖，一种奶油果仁糖，简称 Android N），Android 8.0 代号为 Oreo（译为奥利奥，一种巧克力味夹心饼干，简称 Android O），2018 年 8 月，Google 发布了最新的 Android 9.0，代号为 Pie（译为派，一种馅饼，简称 Android P）。

1. Android 系统架构

Android 系统架构主要包括应用程序层、应用程序框架层、运行库层和 Linux 内核层，如图 4-14 所示。

应用程序（applications）层位于最上层，包括 Android 自带的应用程序（短信、日历、浏览器、联系人等），以及使用者安装的第三方应用。这些应用程序基于 Java 开发，开发者可以通过 API 和 Android NDK（native development kit）调用复杂的系统功能。

应用程序框架（application framework）层是对 Android 核心库和接口的进一步封装，包括活动管理器、窗口管理器、电话管理器等 10 个部分。在 Android 平台上，开发者可以自由访问和调用相关的 API 开发并发布自己的功能模块，体现了 Android 自由开放的特点。

运行库（libraries）层由一系列二进制动态库构成，一般基于 C/C＋＋语言实现，通常被系统服务加载到其进程中，通过类库提供的接口进行调用。Android 运行环境（Android runtime）由核心库和 Dalvik 虚拟机组成，核心库中包含了框架层和应用层依赖的 Java 库，

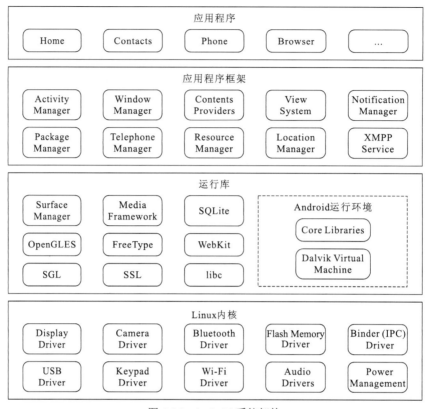

图 4-14 Android 系统架构

Dalvik 虚拟机采用基于寄存器的虚拟机架构设计，负责管理对象生命周期、分配运行空间、管理堆栈、回收处理等。

Linux 内核是硬件和软件的中间层，Android 基于 Linux 2.6 内核开发，主要实现对底层驱动程序的管理，包括管理电源驱动、键盘驱动、音频驱动和 Wi-Fi 驱动等。

2. Android 主要特点

Android 系统具有以下主要特点。

（1）开源。这是 Android 最突出的特点。开放式的操作系统允许不同移动设备制造商和电信运营商加入联盟中，共同推动 Android 硬件和软件向前发展。在硬件层面，众多厂商可以根据自身需求和用户喜好，深度开发和定制特色鲜明且用户体验良好的 Android 系统，例如小米公司推出的MIUI，华为推出的EMUI 等。在软件层面，开源的 Android 系统为第三方软件开发商提供了自由、宽泛的开发环境，开发成本低廉，提高了 Android 软件的市场竞争力。

（2）跨平台。Android 软件使用 Java 语言开发，拥有跨平台优势。同时，Android 基于 Linux 平台，保证了 Android 具有强大的可移植性，能够兼容不同的硬件环境。因此，Android 系统不仅能应用于手机、平板电脑等移动终端设备，还可以广泛应用于电视、音箱等智能家居设备中。

（3）无缝集成 Google 应用。Google 已渗入 Internet 的各个领域，它在软件方面可以为 Android 提供邮件、地图、搜索、云存储等服务，在技术层面可保证 Android 系统的持续更新和完善。通过无缝集成 Google 应用，Android 能够迅速吸引 Google 生态中庞大的用户和开发者群体。

3. Android 程序结构

以 Android Studio 开发 Mobile GIS 为例，应用程序主要结构如图 4-15 所示。

图 4-15 中，build 目录为软件编译时自动生成的文件；libs 目录用于存放第三方 jar 包，

图 4-15　Android 程序结构

存于该目录下的 jar 包均会被自动添加到构建路径里，例如添加百度地图官方提供的 BaiduLBS_Android.jar 可以调用百度地图相关功能；src 目录存储 Android 开发的各种源文件，java 子目录存放 java 源代码，res 子目录存放图片、布局文件等资源文件和字符串、样式、颜色等配置文件；AndroidManifest.xml 是 Android 项目清单文件，用于控制 Android 应用的名称、图标、启动项、访问权限等属性。同时，Android 程序的 4 大基本组件（Activity、Service、ContentProvider、BroadcastReceiver）也需要在清单文件中完成配置。

4.5.3　Android 基本组件

Android 应用由多个基本组件构成，其中，Activity、Service、ContentProvider 和 BroadcastReceiver 4 大组件是构建 Android 应用的基础。

1. Activity 组件

Activity 是负责与用户交互的组件，提供了可视化的用户界面，可以把一个 Activity 理解成一个屏幕窗口。首先要理解 Activity 的生命周期，如图 4-16 所示。

Activity 有 4 种状态。①运行：Activity 位于前台可见，可以获取焦点；②暂停：Activity 可见，比如 Activity 弹出一个对话框，但不能获得焦点；③停止：Activity 不可见，失去焦点；④销毁：Activity 结束或 Activity 所在进程结束。

在 Activity 生命周期中，Android 提供了不同的函数接口供开发者调用，开发 Activity 时通过选择性地重写或覆盖相关方法，控制 Activity 的加载、执行和停止等操作。具体包含以下几个函数。

（1）onCreate（）：Activity 首次被创建时调用此方法。一般在此方法中进行控件的声明、添加事件等初始化工作。

（2）onStart（）：启动 Activity 时调用此方法。

（3）onResume（）：恢复 Activity 时被调用，在 onStart（）之后执行。

（4）onRestart（）：再次启动 Activity 之前调用此方法。

（5）onPause（）：暂停 Activity 时调用的方法。

（6）onStop（）：Activity 被停止时调用的方法。

（7）onDestroy（）：销毁 Activity 时被调用，该方法和 onCreate 一样仅被调用一次。

启动 Activity 使用 startActivity（）方法，借助 Intent 对象实现 Activity 之间数据的传递。例如在 mainActivity 中启动子活动窗口 childActivity 并传递经纬度示例代码：

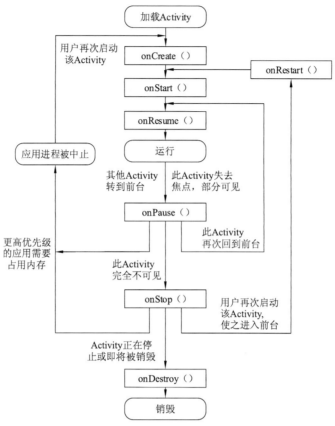

图 4-16 Activity 生命周期

```
Intent intent=new Intent(mainActivity.this, childActivity.class);
intent.putExtra ("longitude", 114.365796);
intent.putExtra ("latitude", 30.534921);
startActivity (intent);
```

此外，Android 提供了很多常用的 Activity，例如打开浏览器、打开相册界面、打开拨号界面等，可以直接调用操作系统自带的这些功能。

打开浏览器：

```
Intent intent=new Intent ();
intent.setAction (Intent.ACTION_VIEW);
intent.setData (Uri.parse ("http://www.whu.edu.cn"));
startActivity (intent);
```

打开相册：

```
Intent intent=new Intent ();
intent.setAction (Intent.ACTION_GET_CONTENT);
intent.setType ("image/*");
startActivity (intent);
```

2. Service 组件

Service 与 Activity 都是可执行的程序，且拥有自己的生命周期。不同的是，Service 只能在后台运行，没有用户界面。例如使用移动 GIS 记录用户轨迹信息，当退回到桌面或者打开其他应用程序时，后台仍然在记录地理位置坐标。又如在后台播放音乐，亦可以使用 Service 实现。Service 有两种运行方法：Context.startService（）和 Context.bindService（）。

startService（）方法：该方法启动 Service，会调用 onCreate（）、onStart（）方法，如果 Service 已经存在，则只执行 onStart（）。访问者（Context，例如 Activity）与 Service 之间没有关联，即使退出，Service 也仍然运行。结束 Service 使用 Context.stopService（）方法。

bindService（）方法：该方法适合与 Service 进行数据交换，Android 提供了 Binder 这样一种 Client/Server 模式来支持系统的全局服务。启动 Service 时会调用 onCreate（）和 onBind（）方法，Service 是服务端，在 Service 中可以继承 Binder 实现 IBinder 对象，onBind（）方法将返回给客户端（即调用 bindService 的一方，比如 Activity）IBinder 接口实例。客户端通过 IBinder 接口访问 Service 的内部状态，从而实现在客户端直接调用 Service 中的方法，并且通过 IBinder 实现跨进程的 Client-Server 的交互。这种 Service 实现方法会把访问者和 Service 绑定在一起，当 Context 退出时，Service 就会调用 onUnbind（）和 onDestroyed（）退出。

3. BroadcastReceiver 组件

BroadcastReceiver 意为广播消息接收器，类似于编程中的事件监听器，可以监听 Android 应用中的其他组件。例如，当有电话呼入或收到短信时，可利用 BroadcastReceiver 进行处理。Broadcast 是 Android 应用程序间信息传输的一种机制，当其他组件通过 sendBroadcast（）、sendStickyBroadcast（）、sendOrderedBroadcast（）方法发送广播时，若 BroadcastReceiver 想要获取广播内容，则可触发它的 onReceive（）方法。

注册 BroadcastReceiver 有两种方式：在 Java 代码中利用 Context.registReceiver（）方法动态注册或者在 AndroidManifest.xml 文件中写入＜receiver/＞元素进行静态注册。

4. ContentProvider 组件

Android 没有公共存储区供所有应用共同访问，应用程序间相互独立，一个应用程序所拥有的数据库、文件等内容，不能被其他应用直接访问。ContentProvider 为 Android 存储和读取数据提供了统一接口，可以实现不同应用程序之间的数据共享。例如，发送短信时需要读取联系人列表里的信息，就可以使用 ContentProvider 来实现。基本用法是一个应用程序使用 ContentProvider 提供数据访问入口，其他应用通过 ContentResolver 类从该内容提供者中获取或存入数据。

ContentProvider 使用 URI 来惟一标识其数据集，URI 语法结构如下：

```
content: //<authority>/<data_path>/<id>
```

URI 以 content：//为前缀，表示该数据由 ContentProvider 管理；＜authority＞代表授权者名称，用以确定由哪一个 ContentProvider 提供资源；＜data_path＞代表数据路径，用以确定请求的数据集，可以是数据库中的某个表名称；＜id＞是数据编号，用来惟一确定数据集中的一条记录，若省略则返回全部记录。

4.5.4 Android 界面编程

Android 提供了大量功能丰富的用户界面（UI）组件，所有组件均提供了两种方式控制组件的属性和方法。一种是在 XML 布局文件中通过 XML 属性控制界面，另一种是在 Java 代码中调用相关方法进行控制。例如背景颜色设置，可以在 XML 文件中使用<android：background/>元素设置背景色，也可以在 Java 代码中使用 setBackgroundResource（）设置。Android 推荐使用 XML 布局文件控制界面，这样可以将应用的视图控制逻辑从 Java 代码中分离开来，使 Java 语言只负责业务逻辑，体现 MVC 的设计原则。

以下程序段为布局文件 demo.xml 的示例：

```xml
<?xml version="1.0" encoding="utf-8"?>
<LinearLayout xmlns: android="http://schemas.android.com/apk/
                               res/android"
      android: layout_width="match_parent"
      android: layout_height="match_parent"
      android: orientation="vertical">
<TextView
      android: id="@+id/tv_demo"
      android: layout_width="wrap_content"
      android: layout_height="wrap_content"
      android: text="mobile GIS"/>
<Button
android: id="@+id/btn_demo"
      android: layout_height="60dp"
      android: layout_width="match_parent"
      android: layout_marginTop="20dp"
      android: text="click me"/>
</LinearLayout>
```

demo.xml 使用线性布局 LinearLayout，页面内容包含一个文本显示组件和一个按钮。将 demo.xml 布局文件放入指定目录下，R.java 会自动添加到布局资源中，在 Activity 中使用 setContentView（R.layout.demo）方法可以显示并控制该布局视图。

在 Java 中通过 UI 组件的 id 属性访问该组件，并且可以控制组件的外观、绑定事件监听器等。例如：

```java
TextView tv=(TextView) findViewById (R.id. tv_demo);
tv.setTextColor (Color.WHITE);
```

上述代码通过 findViewById（）获取示例 XML 文件中 id 为 tv_demo 的 TextView 组件，并设置了字体颜色。

4.5.5 Android 传感器与 GPS 定位

国内外市场上有很多基于 LBS 的移动 GIS 软件,这类软件以生活服务型和运动型居多,主要功能包括定位导航、日常活动轨迹记录、运动步数统计、上下楼的楼层数量计数等。实现这些功能的前提是获取 Android 传感器数据和 GPS 定位数据。

1. Android 传感器

Android 传感器主要分为三大类,分别为:① 描述运动状态:加速度传感器、线性加速度传感器、陀螺仪传感器、重力传感器等;② 描述环境状况:湿度传感器、光线传感器、温度传感器等;③描述空间位置:方向传感器、磁力传感器等。

Android 系统为开发人员利用传感器功能提供了便利手段:只需要为传感器注册一个监听器,当外部环境发生改变时,Android 系统会通过传感器感知并获取数据,并将获得的数据传给监听器的监听方法。获取传感器数据的步骤如下。

(1)调用 Context 的 getSystemService(Context.SENSOR_SERVICE)方法获取 SensorManager 对象,该对象代表系统的传感器管理服务,它提供了注册、注销传感器监听器的方法,以及与传感器精度、扫描频率、校正有关的常量。

(2)调用 SensorManager 的 getDefaultSensor(int type)方法获取指定类型的传感器。Sensor 类为每种传感器指定了整型常量,包括 Type_Accelerometer(加速度传感器)、Type_Gyroscope(陀螺仪传感器)、Type_Light(光线传感器)等。

(3)一般选择在 Activity 的 onResume()方法中调用 SensorManager 的 registerListener()方法为指定传感器注册监听器。示例程序结构如下,当传感器的值改变时会调用 onSensorChanged()方法,当传感器精度发生改变时调用 onAccuracyChanged()方法。SensorEvent 对象的 Values 属性可以获取监听传感器的数值。

```
@Override
protected void onCreate (Bundle savedInstanceState)
{
super.onCreate (savedInstanceState);
setContentView (R.layout.activity_main);
// 获取传感器管理对象
SensorManager mSensorManager = (SensorManager) getSystemService
                              (Context.SENSOR_SERVICE);
// 获取加速度传感器
mSensor=mSensorManager.getDefaultSensor
        (Sensor.TYPE_ACCELEROMETER);
}
@Override
protected void onResume ()
{
  super.onResume ();
 // 为加速度传感器注册监听器
```

```
mSensorManager.registerListener(this,mSensor,SensorManager.SENSOR_
    DELAY_GAME);
}
@Override
protected void onStop()
{
    super.onStop();
    // 取消监听
    mSensorManager.unregisterListener(this);
}
// 当传感器的值改变的时候调用该方法
@Override
public void onSensorChanged(SensorEvent event)
{
}
// 当传感器精度发生改变时调用该方法
@Override
public void onAccuracyChanged(Sensor sensor, int accuracy)
{
}
```

2. Android GPS 定位

Android GPS 核心类主要包括 LocationManager、LocationProvider 和 Location 三个,
LocationManager 是位置服务的核心组件,提供一系列与 GPS 定位相关的方法来处理位置
相关问题,包括查询上一个已知位置、注册和注销来自某个 LocationProvider 的周期性的位
置更新、注册和注销接近某个坐标时对一个已定义的 Intent 的触发等; LocationProvider 是
定位组件的抽象表示,通过 LocationProvider 可以获得该定位组件的相关信息; Location 是
位置信息抽象类,通过这个类可以获取定位信息的经纬度、高度、定位精度等信息。使用
它们获取 GPS 定位信息的主要步骤如下。

(1) 配置权限。在 AndroidManifest.xml 声明定位权限:

```
<uses-permission android:name="android.permission.ACCESS_
                            COARSE_LOCATION"/>
<uses-permission android:name="android.permission.ACCESS_
                            FINE_LOCATION"/>
```

(2) 获取系统的 LocationManager 对象。

```
LocationManager lm =(LocationManager)getSystemService
                    (Context.LOCATION_SERVICE);
```

(3) 获取 LocationProvider。例如通过名称获得指定 LocationProvider:

```
LocationProvider gpsProvider=lm.getProvider(LocationManager.
                            GPS_PROVIDER);
```

（4）创建 LocationListener 对象 mLocationListener，并添加监听：

```
mLocationListener=new LocationListener ();
mLocationManager.requestLocationUpdates(gpsProvider, 3000, 8,
    mLocationListener);
```

（5）重写 mLocationListener 的 onLocationChanged（）方法，获取 location 对象。

4.6　移动 GIS 应用

移动 GIS 主要应用在数字政府、智慧城市、个性化服务及国防等领域。在数字政府方面，主要体现为移动执法、城管巡查、农林水普查、国土监察、路政巡查等移动政务；在智慧城市方面，主要体现为天气、新闻、娱乐、智慧商务、智能交通、物流运输、应急联动、移动办公等，利用移动 GIS 方便灵活的特点，可以及时获取和处理相关信息；在个性化服务领域，如城市地理导航、车辆导航、智能停车、紧急呼救、共享出行、移动社交、疫情防控、智慧健康服务、渔船信息服务、电话增值业务等面向大众的智能信息服务；在国防建设方面，军用目标（如飞机）自动跟踪与监控、作战导航与指挥、战场信息实时获取与处理等。

当前移动通信设备已成为人们获取信息、交流沟通、处理任务的重要手段，现在的移动设备在传输带宽、处理速度、数据分析及智能服务方面远超十多年前的设备，拥有诸多优越性能。与此同时，可以实现极为丰富的各种实用化功能，支持海量图像信息浏览、录入、检索、分析等。其实，早在"数字地球"框架提出不久，美国政府部门就要求手机生产企业必须在手机上提供浏览地图接口，以显示电子地图。SMS（short message service，短信息服务）业务的拓展及基站式移动定位技术的日趋成熟，特别是智慧城市、智慧水利等智慧化工程建设对移动数据采集和分布式快速处理的要求，使得基于移动通信设备的电子地图、空间移动计算和服务等拥有广阔的应用前景。

4.6.1　移动 GIS 应用基础——移动电子地图

GIS 电子地图实际上是一种空间大数据，首先体现出来的就是数据量巨大，要在尺寸小、存储容量小的移动终端设备上使用移动电子地图，不仅需要对电子地图进行合理的选择，还需要一些关键技术的支持，否则会严重降低移动终端设备的性能。

移动电子地图是移动 GIS 应用的基础。这里仅对移动 GIS 的应用基础部分——移动电子地图作基本的介绍。

1. 移动电子地图基础

电子地图不像纸质地图，它是指利用现代网络、通信、GIS、遥感、GNSS 等技术实现的一种新的地图服务方式，为人们诠释了一种新的地图概念。

与纸质地图相比，电子地图有许多优点，例如不受比例尺和图形样式的限制，能够长期保存（只要存储介质不受损伤），并能根据人们的需要随时裁剪和显示。另外，电子地图更新也较纸质地图方便快捷。当前空间数据的采集手段日新月异、纷繁多样，例如空天地一体化数据采集体系、志愿者地理信息采集技术、行业监测数据采集、经由大数据分析而获得的空间数据等等，电子地图可以根据采集的数据随时进行更新，并且被更新的数据还可以作为历史数据予以长期保存。在当前的 GIS 应用中，电子地图常常是空间数据的外在表现形式，GIS 通过对空间数据库的有效管理和各种应用分析模型而为各个领域提供空间信息服务。

在移动 GIS 应用中，往往把配置在移动终端设备上的电子地图称为移动电子地图，是移动空间数据的一种形式。不同的移动终端所能承载的移动电子地图容量和具备的处理能力是不同的。但是，它们有一个共同要求，即地图容量均不宜太大（受限于设备的存储能力），使用的地图范围较小，但用于导航时则要求精度更高，信息更丰富。在移动电子地图应用方面，通常数据传输量少，对网络带宽、稳定性和时延很敏感，信息处理能力没有有线网络高。

移动电子地图技术可使得用户充分共享网络数据和无线通信网络，并且操作简单易行，提供随时随地的按需服务。结合移动定位技术、无线通信和 GIS 技术，可以将移动电子地图中的空间数据与属性数据的处理很好地结合起来，以直观、实时（或准实时）的方式显示与位置有关的信息（如移动目标、固定目标的位置、状态以及周边信息）。

2. 移动电子地图作用

从移动电子地图的应用领域看，它主要具有以下作用。

（1）为空间移动服务提供数据基础。空间移动服务主要具备移动定位和空间分析两大功能。作为移动空间数据的移动电子地图为这两大功能的实现提供了数据基础。在实际操作中，可根据不同的需求对移动电子地图进行配置和细化，配合信息服务的需要，还可以产生许多新的分层结构，为派生新业务领域提供支持。

目前 GPS 的应用已相当普遍，在车辆应用中主要包括监控、导航和调度等。我国北斗系统和室内定位系统发展极为迅速，将在更多领域内获得应用。移动电子地图是这些定位导航应用服务中实现直观、实时地显示与位置有关信息的重要基础。

（2）促进电子地图平台建设。任何定位技术返回的结果都是基于地理坐标的，要获得准确、高效的移动位置服务，必须建立准确、统一、全面的电子地图平台，基于该平台的支持，可以在移动电子地图上准确地反映出移动目标的地理坐标及感兴趣信息。随着移动用户及其需求的不断增长，移动电子地图可以发挥的作用也越来越大，因此，从移动电子地图的应用方面看，必将对电子地图平台建设提出更高的要求，进一步降低移动位置服务门槛。

（3）丰富移动终端设备内容与功能。近年来，移动电子地图在导航定位终端上的应用新产品和新技术层出不穷，所支持的设备种类多，如车载终端、PDA、智能手机等。基于移动电子地图的移动终端设备可以实现许多功能，例如，根据地址找位置、从位置找地址、依据不同条件计算两个位置间的路线。此外，还可以根据移动电子地图的有关属性信息实现语音导航、三维导航功能等。

（4）为数据更新提供新手段。随着数字城市和智慧城市的持续推进，空间数据的采集便捷性和更新及时性日益受到重视，空间数据种类在不断延伸和拓展，数据更新手段也在不断丰富。通过移动电子地图所提供的便捷操作环境，可以方便地进行野外数据测量和处理，并弱化数据采集的专业特性，降低采集难度，很容易得到大众（非专业）的广泛支持，为及时更新空间数据库内容提供了不竭动力和广阔途径。

3. 移动电子地图支撑技术

根据移动电子地图应用的实际要求，若要更好地发挥移动电子地图的作用，必须解决好几项关键技术，主要包括：嵌入式技术、蜂窝移动网络技术、定位技术、空间数据库技术及并发处理技术等。

（1）嵌入式技术。嵌入式技术（embedded technology）是继 Internet 技术后发展的技术，其产品在航天、航空、环境、资源、通信、金融、测绘、遥感等领域形成了一个独特产业。它将各种计算机技术、通信技术多层次、多方面地交叉融合在一起，形成以应用为中心的专用计算机系统，它的软硬件可以根据需要进行裁剪，适应对功能、可靠性、成本、体积、功耗等指标有严格要求的应用场合，例如移动终端设备。嵌入式技术为移动电子地图的实现提供了最基本的软硬件技术支持。

（2）蜂窝移动网络技术。随着数字蜂窝移动技术的快速发展，产生了 Cell-ID、UL-TOA 和 E-OTD 等基于移动通信基站的无线定位技术，利用基站定位、GNSS 定位和 Wi-Fi 定位相结合的混合定位模式，能够满足移动 GIS 室内外复杂场景下高精度定位需求。更重要的是，数字蜂窝移动网络是空间移动服务和空间信息无线传输的媒介。当前，蜂窝移动通信网络以 3G 和 4G 为主，正在向 5G 迈进，除话音服务、SMS 及 MMS（multimedia messaging service，多媒体消息服务）等增值服务外，还提供高质量、高速率、大容量的视频、图片、声音和文字等多媒体信息传输服务，为移动 GIS 的实时画面监控、语音导航、轨迹查询、POI 检索等空间移动服务提供了支持。

（3）定位技术。定位技术可为用户提供随时随地的准确的位置信息。当前有 GPS、Glonass、Galileo、BD 4 种 GNSS 可用于定位。我国现阶段使用的主要是 GPS，其基本原理是将 GPS 接收机接收的信号经过误差处理后解算得到位置信息，再将位置信息传送给所连接的设备，连接设备对该信息进行一定的计算和变换（如地图投影变换、坐标系统变换等）后传递给移动终端。定位精度和定位信息传输的实效性是定位技术的关键。

（4）空间数据库技术。移动电子地图实际上应该包括两个部分，一种是静态电子地图（例如用户所在位置周围的建筑物分布图、道路图等），另一种是实时道路交通数据及其他监测数据。这两种不同的数据要及时反映在移动终端设备上，除采用定位技术实时获取位置数据外，还需要强有力的空间数据库管理技术的支持（例如：空间数据的裁剪，以满足移动终端显示尺寸的要求；静态电子地图的数据格式转换，以符合移动终端数据显示格式的要求）。

（5）并发处理技术。地理应用服务器和空间数据库及它们所服务的对象在地理上均是分布式的，当不同地理位置处的多个用户向系统发出并发服务请求时，系统应对每位用户作出及时响应，这对网络的性能和系统处理能力提出了更高要求。除需对移动电子地图本身进行合理组织外，还要借助于现有的分布式处理技术，为多用户访问提供支持。目前有些大型 GIS 研究和开发部门采用基于 Java 的地理信息发布技术能够实现多主机及网络负载平衡，较好地支持并发访问，当系统容量扩大，用户数量增多时，只需增加地理应用服务器就可以满足用户的需求。网格计算技术、云计算技术是地理信息分布式处理的主要技术，雾计算、边缘计算技术也在实践当中，将成为云计算的有益补充。

以上几项技术在移动 GIS 的移动电子地图服务方面具有基础性的支撑作用。此外，目前在手持移动终端的移动定位方面还存在许多技术难题，比如信号延时、盲区处理、大数据传输、移动 IP 和服务器转移及多用户查询等方面都还有待进一步研究解决。随着移动终端设备性能的不断提升，移动端计算也将是新的研究热点。

4. 移动电子地图分类

按照使用移动电子地图的终端设备的特点进行归类，可将移动电子地图分为掌上电脑、平板电脑移动电子地图和手机移动电子地图。

1）掌上电脑、平板电脑移动电子地图

掌上电脑、平板电脑移动电子地图是移动电子地图的一种简化形式，它们具有可裁剪性、可移植性，资源消耗低，支持多任务应用和与 GNSS 接收机等其他外部设备的连接，是一种性能较高、功能较丰富的嵌入式产品。这种设备的主要特点是：存储容量适中，数据处理能力较强，能进行一定的数据分析和图形表达，基本可以满足地图浏览、空间查询及最佳路径分析等实用要求。

相较于台式机电子地图，掌上电脑、平板电脑移动电子地图在功能上凸现了更加方便和灵活的特性，例如在智能交通应用方面，它可以通过语音技术，实时提醒驾驶员，可以通过三维技术给驾驶员提供更加直观的信息，应用 SMS 技术和集群通信技术实现实时监控。但是，它也存在一些不足：①存储空间有限，较难满足大数据量的数据缓存要求，加之运算能力不及台式机，导致数据处理延时加长；②还不能很好地支持声音、视频等多媒体数据实时传输与处理；③在无线连接下，由于现行带宽限制，信号不稳定，数据传输受到较大影响。

掌上电脑、平板电脑移动电子地图的建立通常采用两种方式：一种方式是将移动电子地图直接存于电脑存储卡或直接传输并存于其内存中；另一种方式是通过网络远程下载。对于第一种方式，当用户根据自己的情况要求得到某种服务时，可将相应的移动电子地图数据传输并固化到存储器中，在今后的使用中一般不再需要传输大规模地图，这种方式容易导致数据老化，降低数据现势性；对于第二种方式，一般是通过与远程服务器连接，从服务器端的空间数据库中获取地图数据，进行适当裁剪和处理后下载到掌上电脑、平板电脑中，这种方式可得到最新地图数据，不过因传输频繁，对传输速度要求高。由于地图数据量一般都比较大，为提高传输和处理效率，在空间数据传输和存储之前，一般需要对移动电子地图进行高效压缩处理。

建立移动电子地图仅仅为用户提供了一种最基本的应用环境，当需要进行移动定位和导航时，还需要 GNSS 技术的支持。一般将 GNSS 接收机预置于掌上电脑、平板电脑中，作为移动定位数据的采集手段。在定位和自动导航时，需对获取的 GNSS 数据进行计算，并转换到相同的投影模型和范围中，将转换后的位置信息与移动电子地图的图形信息快速匹配，在屏幕上显示出用户当前位置。在这种方式下还可将定位信息以短消息或微波方式反馈到监控端，监控端得到当前设备或用户的地理位置数据后，可用于实时监控和指挥调度等（如物流运输车辆、城市出行平台、安防监控等）。

2）手机移动电子地图

现今的手机均为智能手机，应用已经普及，借助于无线通信网络和 Internet 来实现移动互联、丰富手机功能成为各界共识和关注的焦点。结合 GNSS 定位技术，UE（user equipment，用户设备）可以实时获得手机用户所处的地理位置信息，从而使得单一的地理信息查询演变成动态的移动位置服务。

手机内存和计算能力十分有限，大数据量的移动电子地图难以像掌上电脑和平板电脑那样存储在内存或存储卡上，空间数据传输主要以浏览器/服务器方式实现。这种模式是基于无线通信的空间数据双向通信系统，主要包括信源、信宿、通信载体三部分。这里，服务器端提供信源，有线网、无线网及 Internet 为通信载体，UE 为信宿。

实现手机移动电子地图及服务的基本原理是：①当服务器端接收到从手机用户发来的数据请求后，服务器根据用户所在的地理区域和所需的地图比例尺，对服务器端存储的海量空间数据和属性数据进行相关地图检索；②在传输结果之前，将检索到的地图数据压缩为地图片段，并按用户的需求进行相关专题查询（如旅游景点、交通路况、最短路径等），然后将移动电子地图和专题信息一同传送给用户；③当 UE 收到数据后，先对数据解压，再显示在屏幕上；④在内置 GNSS 或 LBS 的帮助下，移动终端（手机）可以实时判断用户是否在显示的范围（地图片段）内。如果在显示范围之外，用户端将发送新的请求，并将请求传递给服务器，服务器再重复上面的过程。如图 4-17 所示。

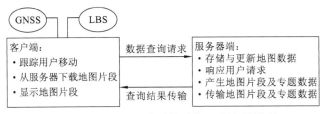

图 4-17　移动电子地图的浏览器/服务器模型

在这种服务模式中，移动电子地图的内容和范围是随着用户位置的变化而不断变化的。服务器端除响应移动终端请求外，主要任务是按用户的请求启动相应的服务引擎在服务器端的空间数据库中进行检索，并将检索出的数据压缩后再返回给用户终端，其处理流程如图 4-18 所示。

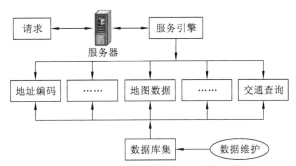

图 4-18　移动电子地图服务器端数据检索

掌上电脑、平板电脑移动电子地图在数据处理和存储能力、显示范围和交互性等方面有着手机移动电子地图不可比拟的优点，但是在无线数据传输方面，手机移动电子地图及其应用有着比前者更大的灵活性。

4.6.2　空间位置信息服务

移动 GIS 的典型应用是位置信息服务，它是移动电子地图应用的拓展与深化，实现在正确的时间、正确的地点把正确的信息发送给正需要信息的人。随着新一代通信技术的推进和 GNSS 特别是我国北斗计划的顺利进展，以及各种分辨率遥感卫星及处理技术的发展，LBS 将融入通信、遥感和互联网领域，实现更加方便和智能化的通信与管理，其中包括对手机用户位置的实时监测和跟踪，并提供满足用户各种需求的、基于位置的智慧信息服务。

1. LBS 的体系结构

LBS 主要由 4 部分组成：客户端、网络基础设施、服务器端、地图／属性数据库，如图 4-19 所示。客户端可以是手机、车载终端、掌上电脑、平板电脑、便携式计算机等。客户端需首先在通信网络上注册。

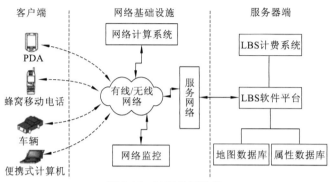

图 4-19　LBS 体系结构

当客户端发送一个位置请求信息并经网络传送到应用服务器后，应用服务器将启动位置信息查询功能，将查询结果通过位置信息服务中心反馈给客户端。在服务器端安装有使用位置信息的各种应用，它通过 API 实现与网络通信，如第三方提供的外部应用。这些应用通过 TCP/IP 和 HTTP 协议与网络端的服务网关进行通信。

2. LBS 软件平台

LBS 软件平台是指用来构建与支撑位置信息服务应用软件的软件系统，是开发与运行位置信息应用软件的基础。首先，该平台能动态集成位置和业务数据，发布地理位置及相关信息，执行空间查询、路径选择、数据分析、制图输出等地理信息服务；其次，该平台为用户提供日志和计费管理等功能或接口，以维护正常的系统管理；第三，LBS 软件平台提供与通信网络及 Web 访问的接口，用于获取移动用户的网络位置或发布位置信息到 Internet 上。

LBS 软件平台的核心是 GIS 空间数据引擎，其主要作用是：①移动定位，确定用户当前位置；②信息检索，为用户提供与位置相关的空间信息服务和天气、出行、娱乐等生活信息服务，以及商务信息服务、社交信息服务等；③路径规划与引导，规划用户出行路径并引导其正确到达目的地。

3. LBS 应用

近几年，伴随互联网地图的出现和无线通信、硬件设备及智能技术快速发展，LBS 应用规模越来越大，领域越来越广，市场呈现高速发展态势，涌现出很多优秀的 LBS 应用软件，这些软件大致可分为地图导航、生活服务、运动、社交、游戏等几大类。

1）地图导航类应用

我国这类应用主要包括高德、百度、腾讯等地图导航系统。LBS 通过移动定位确定用户所在位置，并根据用户目的地进行路径规划与引导。图 4-20 所示为高德地图 V9.02.0、百度地图 V10.14.0、腾讯地图 V8.5.0 的路径导航示例，为用户提供了步行、驾车、公交等多种交通方式并结合距离和时间使用算法推荐了最优出行方案。

当前，地图导航类 LBS 应用正围绕在线地图构建以商户平台、车联网平台和地图开放平台为核心的庞大移动互联生态体系。

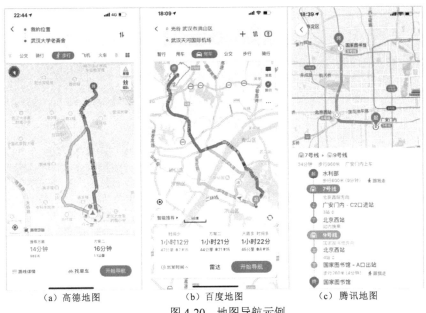

| （a）高德地图 | （b）百度地图 | （c）腾讯地图 |

图 4-20　地图导航示例

2）生活服务类应用

在我国，典型的 LBS 生活服务类应用包括摩拜单车（Mobike）、哈啰出行（Hello Bike）、大众点评、美团、携程、滴滴出行、去哪儿等各具特色的软硬件系统，为人们的生活提供了诸多便利。LBS 基于用户地理位置进行周边信息检索，提供出行、旅游、餐饮、交通、住宿、医疗等生活服务信息。这类 LBS 针对性强，拥有大众基础，具有巨大的应用价值，一方面可以为企业提供准确的需求信息，为顾客提供基于地理位置的优惠信息，实现精准营销，推送优质廉价服务；另一方面为顾客提供了更多更优选择，增强了用户体验。

如图 4-21 所示为摩拜单车 V8.14.1、哈啰出行 V5.13.0、携程网 V8.2.2 的检索示例，应用程序根据当前用户位置自动检索一定半径范围内的单车位置或目的地酒店、美食城等，并可视化地显示在电子地图上，节约了用户寻找时间。

3）运动类应用

运动类应用程序通常是 LBS 与智能手机内置的传感器结合，LBS 负责定位用户并记录运动轨迹，利用传感器获取用户运动步数和心率，并计算运动数据，包括配速、时间和消耗的卡路里等。典型的 LBS 运动类应用包括咕咚、悦跑圈、乐动力等。当前，这类应用正转向运动社交模式，实现基于地理位置的同城活动。图 4-22 为悦跑圈 V4.3.0 运动 APP 示例，用户运动轨迹可视化地展示在地图上，同时还记录了运动里程、时间、速率、消耗的能量等，方便使用者掌握身体大致状况，增添生活乐趣和信心。

4）社交类应用

在移动互联网时代，人与人之间的交流沟通渠道更加多样化、便捷化、高效化，LBS 正与社交网络深度结合，形成了移动社交网络，提供 SNS（social networking service，社交网络服务）。移动社交网络将地理位置作为用户社交的基础，据此为用户提供社交服务。基于 LBS 的社交类应用有很多，例如国外的 Loopt、Foursquare，国内的街旁网、玩转四方等。图 4-23 所示为 Foursquare Swarm V6.1 APP 示例，用户可以基于地理位置进行签到，拍摄上传该地点的图片和文字描述等，并且将签到位置与大家共享。

|（a）Mobike|（b）Hello Bike|（c）携程旅行网|

图 4-21 生活服务类导航示例

5）游戏类应用

游戏类应用主要是将 LBS 与 AR 技术结合，AR 是一种将真实世界信息和虚拟世界信息无缝集成的技术。通过 LBS 技术能够将虚拟世界映射到真实世界，使环境和虚拟物体同时叠加到同一空间。具有代表性的 LBS＋AR 游戏是 Nintendo（任天堂）、The Pokemon Company（口袋妖怪公司）和谷歌 Niantic Labs 联合发布的 Pokemon Go（精灵宝可梦 Go），如图 4-24 所示，游戏地图基于现实世界中的地图简化而成，游戏中的角色位置则是根据玩家在现实世界中的地理位置信息来确定的。

图 4-22 悦跑圈

图 4-23 Foursquare Swarm

图 4-24 Pokemon Go

4.6.3　志愿者地理信息

VGI 最早由 Michael Frank Goodchild 提出，是指在互联网时代由大量非专业用户自发创建、组织和分享的地理信息（参见 1.3.6 小节），也叫众源地理信息，典型的应用是 OSM。Web 2.0 为各种地理信息提供了动态协作环境，移动 GIS 终端实现了"人人都是传感器"的目标，任何人都能够参与地理信息上传、更新、维护和使用。

当前，随着移动终端设备的普及和移动互联网的发展，VGI 打破了地理信息专业人员和公众间的界限，为维护动态更新的开放地理数据库提供了可行方案。例如电子地图更新，通过专业人员使用 GNSS 采集路网信息，往往需要投入大量人力、物力和财力，而公众日常出行中移动 GIS 应用终端会产生大量的移动地理信息，公众可以自发将这些数据上传到服务器实现数据共享，为电子地图动态更新提供了广泛、及时、全面的数据来源。

1. VGI 应用系统组成

VGI 应用系统主要包括普通大众用户、专业人员、通信网络、VGI 数据库和软件平台几个部分，如图 4-25 所示为一种简易结构的 VGI 应用系统。

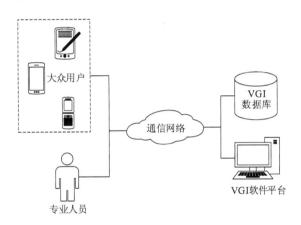

图 4-25　VGI 应用系统组成

其中，专业人员是指具有测绘、遥感、GIS 及计算机等相关专业经验、负责 VGI 数据的审核与校验的人员；通信网络包含 Internet 和无线通信网络，完成定位、数据传输等；VGI 数据库（服务器数据库）和软件平台负责 VGI 数据的存储、处理、管理。

普通大众用户（非专业人员）利用自身的移动 GIS 终端（各种智能手机、可穿戴设备等）采集地理空间数据，经过通信网络上传到服务器的数据库中，再由专业人员进行数据审核和筛选，以确保地理数据的质量。普通大众还可以参与 VGI 数据管理和维护，对当前已有的 VGI 数据进行校正和补充。这种双向协作方式有助于消除地理信息提供者和使用者之间的隔阂，任何一个普通用户都可以参与完成地理空间数据的维护和更新，从而大幅度缩短地理信息获取和传播的时间。

2. VGI 数据分析与质量保证

1.3.6 小节中列出了 VGI 数据的主要特点，优点体现在 VGI 数据面广、类多、量大、内涵丰富、现势性强、传播快。但也存在一些不足，例如不确定性很大，真实性与正确性判断困难，这里的不确定性主要是指数据质量的不确定性，数据采集人员多为非专业人员，多样化的采集设备、采集方法和数据内容等造成了 VGI 数据质量参差不齐。Goodchild 归纳了保证 VGI 数据质量的三种机制。①众源方法（the crowdsourcing approach）：使用集体智慧去检验和修正数据错误；②社会方法（the social approach）：设置具有更高权限的 VGI 管理员审核和修正数据错误；③地理方法（the geographic approach）：依据现有地理学理论和常识排除错误数据。

3. 基于 VGI 的校园故障设施报修平台开发实例

校园的路灯、垃圾桶、教室多媒体设备和桌椅等公共设施对师生的工作和学习具有重要意义，这些设施一旦出现故障就需要及时维修，否则会对师生带来较大影响。为了提供这样一个连接师生和后勤部门的平台，我们使用移动 GIS 技术建立了一个基于 VGI 的校园故障设施报修平台。每位老师和学生都可以在移动 GIS 终端随时随地上传故障设施信息，后勤部门收到故障信息后可以安排维修人员及时维修。

平台采用 B/S 和 C/S 相结合的开发模式，面向师生群体的故障信息上传客户端基于 Android 平台开发，面向后勤管理人员的故障设施报修管理平台基于 HTML/CSS（cascading style sheets，层叠样式表）开发，服务器端基于 C#.NET 实现，数据库采用 SQL Server 2012。利用 VGI 和移动 GIS 技术，一方面迅速扩大了故障报修的人员范围，丰富了数据来源，有

助于形成人人参与校园公共设施管理、人人关心爱护校园设施的良性氛围，实现高校后勤扁平化管理，提高故障维修效率；另一方面，移动 GIS 以在线地图和移动定位为手段进行空间信息集成，省去了故障报修中复杂的空间位置描述，实现故障点的精准定位和可视化管理，同时还能够通过智能挖掘技术来分析故障频发的热点区域。

图 4-26 所示为故障报修平台 APP，当师生发现身边设施出现故障时，可以在报修 APP 中上传故障信息。

用户登录 APP 后，移动 GIS 会自动获取当前地理位置，用户也可以拖动图标或者手动编辑当前位置信息，故障设施 VGI 数据包括位置信息、报修类型、联系电话和故障详细描述等文本信息，并支持图片上传。

客户端上传的 VGI 数据保存在服务器数据库中，后勤管理人员可以登录管理系统对故障信息进行管理维护，如图 4-27 所示。

图 4-26 故障报修平台 APP

由于 VGI 数据的复杂性和不确定性，可能存在误报情况，管理人员可以对上传的故障信息进行审核，查看报修时间、故障类型、故障地点、报修人员等信息，删除不合理的报修信息，对未维修的故障设施分配承修单位。同时，该平台支持可视化展示故障信息点，自动生成故障点热力图，为决策管理提供参考。

图 4-27 故障报修信息管理与维护

习 题 四

一、名词解释

互联网＋，LBS、5G、空间移动服务，移动智能终端，移动 GIS，GNSS，RFID，室内导航，移动空间数据，嵌入式数据库，LOD 模型，移动电子地图

二、填空题

1. LBS 可以在不同时间、不同地点动态地向不同的用户按需提供＿＿＿＿＿、＿＿＿＿＿、＿＿＿＿＿的空间移动服务。

2. 无线接入技术可以分为两类：一是基于＿＿＿＿＿的接入技术，目前已有 2G、3G、4G、5G 等多种无线承载网络；二是基于＿＿＿＿＿的技术，如蓝牙、无线局域网等无线技术。

3. 移动地理信息服务是＿＿＿＿＿与＿＿＿＿＿相结合的产物。

4. 移动计算环境是一种以无线网络为主、可以使用户自由通信和共享资源的＿＿＿＿＿计算环境。

5. 移动 GIS 主要由＿＿＿＿＿、＿＿＿＿＿、＿＿＿＿＿、＿＿＿＿＿及＿＿＿＿＿5 部分组成。

6. GNSS 主要包括我国的＿＿＿＿＿、美国的＿＿＿＿＿、俄罗斯的＿＿＿＿＿、欧盟的＿＿＿＿＿。

7. 移动终端可以基于卫星和蜂窝通信、定位，但无论哪种方式，均存在上行与下行数据通信＿＿＿＿＿问题。

8. 移动空间数据在客户端的存储方式主要有＿＿＿＿＿和＿＿＿＿＿两种。

9. 在客户端和服务器端分别建立缓存可提高数据存取效率。客户端缓存一般包括＿＿＿＿＿和＿＿＿＿＿，服务器端缓存主要包括＿＿＿＿＿和＿＿＿＿＿。

10. 无线应用协议（WAP）使用＿＿＿＿＿技术连接无线部分和 WWW。

11. 移动终端用户使用 CMNET 可直接接入 Internet，使用 CMWAP 则需通过＿＿＿＿＿＿＿完成 WAP-WEB 协议转换后才能接入 Internet。

12. Android 是基于＿＿＿＿＿＿＿内核的开源操作系统，广泛应用于智能移动终端上，其架构主要包括＿＿＿＿＿＿、＿＿＿＿＿＿、＿＿＿＿＿＿、＿＿＿＿＿＿4 层。

13. Android 传感器主要分为＿＿＿＿＿、＿＿＿＿＿、＿＿＿＿＿三类，当外部环境改变时，Android 系统会通过这些传感器感知并获取数据，并将获得的数据传给监听器的监听方法。

14. 嵌入式系统软硬件可按需要裁剪，适应系统对功能＿＿＿＿＿、＿＿＿＿＿、＿＿＿＿＿、＿＿＿＿＿等指标有严格要求的应用场合。

15. 按使用移动电子地图的终端设备特点，可将移动电子地图分为＿＿＿＿＿、＿＿＿＿＿、＿＿＿＿＿。

16. LBS 的应用软件大致可分为地图导航、＿＿＿＿＿、＿＿＿＿＿、＿＿＿＿＿、游戏等几大类。

三、选择题

1. 以 GPS 为代表的 GNSS 具有（　　　），其导航、定位、定时和测量优势在空间移动服务中得到了深入应用。

　　A.全球性　　　　　　B.全天候特性　　　　C.连续性　　　　　　D.实时性

2. 我国拥有自主产权（或知识产权含量很高）的第三、四代移动通信国际标准是（　　　）。

　　A.WCDMA　　　　　B.TD-LTE　　　　　　C.TD-SCDMA　　　　D.FDD-LTE

3. 主要 GIS 企业提供的移动客户端大多能实现以下功能（　　　）。

　　A.数据采集　　　　　B.空间分析　　　　　C.大数据挖掘　　　　D.路径导航

4. 移动计算将逐渐成为一种主流计算环境，将使得移动 GIS 在（　　　）方面发挥出巨大效能。

　　A.移动办公　　　　　B.野外数据采集　　　C.云存储　　　　　　D.个性化服务

5. 现有的定位技术主要包括（　　　）。

　　A.卫星定位　　　　　B.手机定位　　　　　C.惯性导航系统　　　D.射频识别定位

6. 北斗卫星导航系统是我国自主研制和独立建设的卫星导航系统，建成时将由 35 颗卫星构成，为全球用户提供（　　　）服务。

　　A. 高精度定位　　　　B.短消息　　　　　　C.导航　　　　　　　D.授时

7. 室内定位技术主要分为（　　　）等几类。

　　A.无线信号交汇　　　B.激光测距　　　　　C.航迹推算　　　　　D.基于指纹数据库

8. SQLite 是用于移动端的嵌入式数据库，占用资源极低、使用方便、结构紧凑、高效可靠、体积小，广泛应用于 Android、iOS 等移动终端上，支持（　　　）事务。

　　A.Atomicity　　　　　B.Consistency　　　　C.Isolation　　　　　D.Durability

9. 栅格数据压缩大致有（　　　）等几种无损压缩编码方法。

　　A.链式编码　　　　　B.游程长度编码　　　C.块码　　　　　　　D.二叉树编码

10. 移动空间数据调用分为（　　　）三种模式。

　　A.离线　　　　　　　B.近线　　　　　　　C.在线　　　　　　　D.混合

11. Android 的 Activity 组件的状态有以下几种（　　　）。

　　A.运行　　　　　　　B.暂停　　　　　　　C.停止　　　　　　　D.销毁

12. 以下属于移动终端的设备是（　　　）。

　　A.车载电脑　　　　　B.遥控器　　　　　　C.可穿戴设备　　　　D.智能手机

13. 移动电子地图应用的关键技术有（　　　）。

    A.通信技术　　　　　　B.移动定位技术　　　　　C.嵌入式技术　　　　　　D.大容量空间数据存储技术

14. 基于无线通信的空间数据双向通信系统，主要包括（　　　）。

    A. 信源　　　　　　　　B.信息　　　　　　　　　C.载体　　　　　　　　　D.信宿

15. LBS 软件平台的核心是 GIS 空间数据引擎，其主要作用是（　　　）。

    A. 分发信息　　　　　　B.移动定位　　　　　　　C.路径规划与引导　　　　D.信息检索

16. 为保证 VGI 数据质量，Michael Frank Goodchild 归纳出三种机制，即（　　　）。

    A. 众源方法　　　　　　B.专业方法　　　　　　　C.地理方法　　　　　　　D.社会方法

四、判断题

1. 移动互联网是将移动技术和 Internet 相结合的一种技术，重点在于移动，不属于互联网＋应用。

2. 空间移动服务的支撑技术主要有 GNSS、RS、GIS、移动通信和惯导。

3. 移动计算环境下所有的设备均是可以自由移动的。

4. 移动 GIS 具有很高的可靠性，传输的空间数据不易被窃取。

5. 移动 GIS 发展前景广阔，无线通信网络将来可以完全取代有线网络，进而成为主流技术。

6. 移动 GIS 中的目标定位只能采用 GPS 定位技术。

7. 室内定位是一种不需要卫星支持的定位技术。

8. 移动 GIS 的客户端设备携带方便、功耗低，适合于地理空间信息应用。

9. 移动环境下的嵌入式技术是根据移动终端特点而开发的一系列可以移植的组件。

10. 矢量数据压缩的基本原理是间隔一段距离减少曲线上一些点的数量，也称为抽稀。

11. 代理缓存是在移动端和服务器中间建立 Web 缓存服务器，用于保存客户端频繁请求响应的内容。

12. Android 系统虽然具有较强的跨平台性能，但主要应用于智能手机、平板电脑等微小型移动终端设备中，不能应用于电视、音箱等智能家居设备中。

13. 电子地图与纸质地图一样，是地图的一种表现形式，并且受到比例尺和图形样式的限制。

14. LBS 基于 Internet、无线通信、移动定位与 GIS 技术，能为移动用户提供个性化的空间信息服务。

五、简答题

1. 简述 5G 技术特点。

2. 简述移动 GIS 产生的必然性及其发展过程。

3. 阐述 LBS 的目标、技术特点及制约因素。

4. 简述移动 GIS 的无线通信网络的组成。

5. 移动 GIS 的主要终端有哪些?它们各自采用哪些操作平台?

6. 怎样理解空间数据库是移动 GIS 的数据存储和管理中心?

7. 简述常用的几种移动定位技术。

8. 举例说明移动 GIS 的基本特点，怎样理解其对空间位置的依赖性?

9. 如何改进移动空间数据的传输技术。

10. 分析栅格和矢量数据渐进式传输过程，这种方式的关键技术有哪些?

11. 怎样提高移动空间数据调用效率?

12. WAP 的主要功能有哪些?

13. 简述 Android 系统的主要特点和程序结构。

14. 举例说明移动 GIS 的主要应用领域。

15. 简述移动电子地图的作用及基本实现原理。

16. 掌上电脑移动电子地图的不足主要体现在哪些方面?

17. 阐述手机移动电子地图及服务的基本流程。

18. 分析 LBS 的体系结构和工作流程。

六、论述与设计题

1. 我国的移动用户数量居全球第一,这些用户实际上都是移动 GIS 巨大的潜在用户群。近几年,移动 GIS 发展速度很快,移动位置服务和车辆导航应用较多,无人驾驶技术也取得了一定进展。请根据我国情况,分析移动 GIS 在促进智慧城市建设中可以起到什么作用,还需要解决哪些技术和非技术问题?

2. 假定要建立一个同城快递网络 GIS,需要兼顾快递公司、快递员和用户三方需求。请围绕系统所涉及的数据情况、系统目标与功能、系统架构设计、关键技术等进行相应的设计和分析。

3. 分析城市智能停车特点和要求,设计一个为自驾司机提供寻找停车场和停车位、引导停车的智能停车服务系统。

第 5 章　P2P GIS

P2P 技术在众多领域的成功应用所展现出的诸多优点使其在 GIS 领域受到关注。P2P 技术能够提高网络 GIS 的数据存储、数据发现、数据传输等各个应用环节的效率，也有利于地理协同计算。在网络 GIS 与 P2P 的结合上，结构化 P2P 技术作为 P2P 技术的代表，无论在系统扩展性、容错性、稳定性，还是在性价比方面都远超出其他的 P2P 技术。本章将介绍 P2P 的基本概念、发展阶段、分类及应用，重点阐述 P2P 与空间数据查询技术的结合，并从结构和应用方式等方面对 P2P GIS 进行分析，最后给出几个相关的应用实例。

5.1　P2P 技术概述

P2P 的发展与网络技术和个人电脑性能的不断提升有直接联系。作为一种分布式系统，P2P 为充分利用网络上无数普通节点提供了适用的解决思路。

5.1.1　P2P 的内涵

P2P 是指采用直接交换方式来实现计算资源和服务共享的一种网络计算模式，一般称为对等计算或对等网络。它是在网络环境下的一种重要实现模式，突破了传统客户/服务器模式的限制，体现了网络节点之间的对等与协作。在 P2P 的对等计算环境下，系统中所有参与的节点之间都是相互对等的关系，没有客户机和服务器之分。每个节点既能充当网络服务的提供者，也能向其他节点发送服务请求，真正实现"我为人人，人人为我"的美好愿望。由于这种运行方式可充分利用系统中每一个节点的资源，理论上具有存储容量和计算能力都可无限扩充的优点，同时还能充分利用节点之间的数据交换能力，因此，P2P 在网络资源存储、搜索和共享等方面具有显著优势。对照 TCP/IP 的分层模型，P2P 的应用模式属于最高层——应用层，如图 5-1 所示。

P2P 技术构建于现有的 Internet，是通过将广域网内的成千上万个节点进行逻辑互连而组成的独立于底层物理网络的逻辑网络，从而形成更加广泛的资源共享和数据交互环境，通常把这个网络称为"覆盖网"（overlay）。覆盖网在应用层重新确定一种与物理层上不同的节点邻居关系，它的拓扑结构与节点所采用的资源分布及消息路由算法密切相关，而与节点在应用层以下各层中的分布没有直接的关系。图 5-2 所示是覆盖网络与底层物理网络的映射关系，可以看到，在物理网络中节点 P7 与节点 P2、P5、P6 和 P8 有相邻关系，而在构建的覆盖网络中 P7 则与节点 P1、P2、P6 和 P8 成为邻居，导致两层的网络拓扑结构不同。

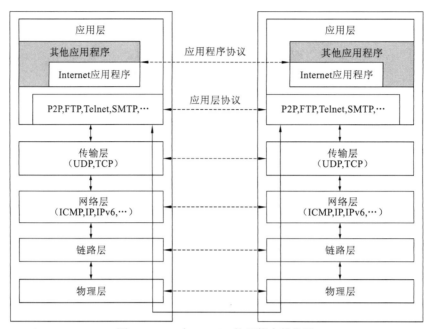

图 5-1　P2P 在 TCP/IP 协议栈中的位置

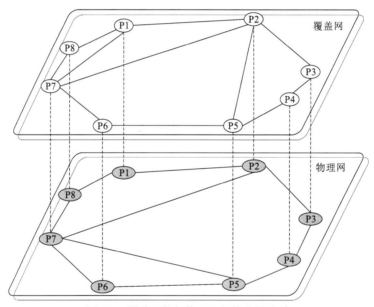

图 5-2　覆盖网络与物理网络的映射关系

5.1.2　P2P 的特点

P2P 通过节点之间的交换和协作来完成任务,弱化了管理节点的作用,甚至可以不需要管理节点。总的来讲,P2P 具有以下特点。

(1)分布性。P2P 的典型特征是节点分布性强,节点分布范围遍布整个互联网,数据资源分散在各个节点上,使得资源在整个系统内的分布相对均衡,有利于较好地保障系统负载平衡。

（2）对等性。P2P 不同于传统的 C/S（B/S）结构中的主从计算模式，节点之间关系对等、地位平等。这种对等结构特性决定了 P2P 中各节点间能协同实现许多功能，如资源检索、存储服务、协同计算、即时通信等，为 P2P 广泛应用奠定了基础。

（3）动态性。节点平均在线时间短是 P2P 的又一显著特征。P2P 提供了灵活的节点加入和退出机制，用户进入系统往往带有特定的任务，当任务完成后一般会选择退出系统，而不会一直连接在系统中，这使得系统具有极高的动态性，也给系统资源的维护带来了很大困难。

（4）自治性。P2P 的对等和动态特征使得网络节点可以自主决定其在网络中的行为，体现出这种技术的自治特点。由于信息传输无需经过服务器，直接分散在各节点之间进行，在一定程度上确保了用户隐私信息。但这种特征在带来高度灵活性的同时，也导致很大的随意性和连接的不可靠性，从而影响着 P2P 应用的有效性。

（5）可扩展性。P2P 能将资源和负载较为均衡地分布到各个节点上，使得系统具有良好的可扩展性，可以随着应用的需要灵活调整系统规模。随着用户规模的扩大，P2P 的服务能力和质量也将随之提高，总是能满足当前用户的需求，因此具有理论上无限扩展的服务能力。

（6）健壮性。健壮性强是 P2P 的固有优势。在 P2P 中，服务和应用被分散在多个对等节点上，单个节点故障不会对系统整体造成太大影响，这保证了 P2P 具有很强的持久性和容错性。

（7）高性能。P2P 主要构建在普通的 PC 机和现有网络之上，PC 机和网络性能随着软硬件技术发展一直在不断提升，这使得基于 P2P 的高性能计算和大容量存储得以实现。P2P 充分利用了分散在互联网边缘的闲置计算能力和存储能力，既保障了服务和应用的高性能，又有效降低了运行成本。

5.2 P2P 分类与应用

集中式、非结构化和结构化是现有 P2P 技术的三种主要形式，并有着广阔的应用领域。目前，在商业应用、科学研究、电子政务及日常娱乐方面都有许多成功的 P2P 应用实例。与传统的分布式系统相比，P2P 在系统扩展能力、通信能力和查询效率上均表现出很大优势，因此常被应用于文件共享、分布式计算、协同作业、即时通信、搜索引擎、流媒体传输、分布式存储等领域。

5.2.1 P2P 的分类

对等计算的基本思想很早就开始萌芽，其代表是 Usenet（1979 年）、FidoNet（1984 年）这两种成功的分布式对等网络技术，而 P2P 和这两种技术几乎是一同产生的，甚至更久远。但是由于网络环境的不成熟，一直未受到足够重视。随着 Napster 系统在 1999 年的出现及成功应用，P2P 应用逐步得到重视。自 1999 年至今，P2P 的发展出现了突飞猛进的势头，经历了集中化、分布化和散列化三个发展阶段，演化出集中式、非结构化和结构化三种主要结构形式。

1. 集中式 P2P

集中式 P2P 是最早出现的 P2P 技术。尽管集中式 P2P 中数据的存储与传输采用对等方式来实现，但共享数据的索引信息仍然采用了由中心服务器来存储并由其提供查询服务。与传统的 C/S（B/S）模式相比，集中式 P2P 在数据存储与传输方面突破了服务器和客户机之间的角色和功能限制，使客户节点之间形成对等的关系，对等节点既是共享资源的提供者又是资源的使用者。同时，中心服务器与对等节点之间以及对等节点相互之间都具有交互能力。

Napster 是集中式 P2P 的代表之一。Napster 采用一个中央服务器机群保存所有用户上传的音乐文件索引及索引所在位置等元数据信息。中央服务器机群是一个集中化的目录服务器，用于维护系统内的这些元数据信息，并实时监控各个节点的状态。节点加入系统时，首先需要向目录服务器注册，提供本机的 IP 地址及共享文件列表，以供服务器统一管理。当用户有数据需求时，首先连接上 Napster 中央服务器，向目录服务器发送请求以获得目标文件的存储节点和文件索引信息，然后根据该索引信息在请求节点和目标存储节点之间直接建立连接，实现数据的传输，传输时无需服务器介入。

这种集中式 P2P 因采用了独立的目录服务器，故可以为共享文件提供统一管理，具有维护简单、查询效率高的优点，但当用户请求数目过大时，容易形成单点瓶颈，可靠性和安全性相对较低，影响系统的扩展性和健壮性。一旦目录服务器关闭或出现故障，新的请求将无法被响应，整个系统都将不能正常工作。

由于音乐著作权方面的问题，Napster 于 2002 年被 Bertelsmann（贝塔斯曼集团）收购，由其引发的基于 P2P 的文件共享技术热潮继续蓬勃发展，并演化出许多新的结构。

2. 非结构化 P2P

在 Napster 之后，采用全分布式系统结构的 P2P 开始流行，这类 P2P 没有使用有序的结构，一般被称为非结构化覆盖网（unstructured overlay）。与集中式 P2P 正好相反，全分布式的非结构化 P2P 采用了自组织网络（Ad Hoc network）的形式，是一种无中心节点的覆盖网，节点之间是完全对等的松散耦合关系，这类网络以 Gnutella 和 Freenet 为代表。其中，Gnutella 采用随机图来组织节点，每个节点定义各自的本地共享文件夹，因其采用简单的洪泛（flooding）机制实现数据的查询和转发，系统中容易产生大量低效和冗余的请求，严重制约了系统的可扩展性。与 Gnutella 出于交换文件的目的不同，Freenet 则是为了共享计算机资源，它支持通过定义本地共享目录来共享存储，允许其他节点向本地共享目录写入对象或文件。此外，在 Freenet 中，被请求的对象会根据查找路径返回，并被缓存在每个路径节点上备用。

尽管这种覆盖网配置简单，能很好地适应网络的动态变化，但是信息搜索和路由算法效率并不高，而且会占用大量的网络资源，一般适合于较小规模的网络。当网络规模不断扩大时，系统的查询效率急剧下降，并带来沉重的网络负载，因此系统的扩展性差。为提高效率、增强可扩展及容错能力，出现了许多优化策略，主要体现在两个方面。①在消息路由选择方面，尽力提高查询消息的并行度，或基于历史记录等信息确定更适合转发消息的那些节点。②在系统结构构建方面，利用节点的异构性，设计一种由核心层和扩展层构成的双层结构，核心层仍然使用原有的非结构化路由方法，而扩展层的节点则依附于一个或多个核心层节点，以 C/S 方式来实现扩展层节点与核心层节点之间的消息转发，其结构如图 5-3 所示。

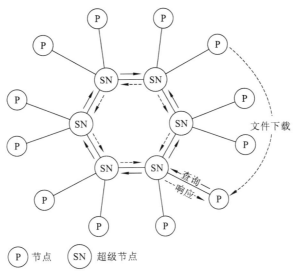

图 5-3　双层非结构化 P2P

　　KaZaA 和 Skype 是采用这种双层结构设计的两种商业化 P2P 软件。KaZaA 是为 Sharman Networks 所有的一种分散的 Internet P2P 文件共享程序，2011 年被微软收购的 Skype 是一款全球语音和视频沟通软件。它们都是全球范围内十分流行的 P2P 软件，主要采用了洪泛和随机漫步（random walk）两种基本的路由方式。

　　（1）洪泛。采用洪泛机制进行路由时，首先将查询信息发送到当前节点的所有相邻节点中，如果某相邻节点含有所需资源，则返回一个请求命中信息到请求节点。当相邻节点中没有需要的资源时，各个节点将会把查询信息继续转发给各自的相邻节点。不难看出，这种方式通过多次相邻节点间的消息转发来实现查询消息在 P2P 中的迅速扩散，在未找到所需的资源之前，引发的查询消息通信数目会随着转发半径长度的增加而呈指数倍地增加，就像洪水在网络各个节点中流动一样，因此被形象地称为"Flooding"，即"洪泛"。为防止查询请求陷入无限转发当中，往往需要设定一个跳数极限值来限制转发的半径，以减少网络带宽的占用、避免网络阻塞。这样当查询消息到达目的节点或者完成规定的跳数时就结束查询。

　　（2）随机漫步。随机漫步可视为洪泛的一种优化，与洪泛中将查询消息路由到所有相邻节点不同，随机漫步中会随机挑选 K 个相邻节点，并将查询信息分别发送给这些节点。较之于洪泛方式，随机漫步的主要好处就是网络开销只随查询距离线性增加，而不是指数增加。

　　对非结构化 P2P 的改进措施虽然可以根据节点的综合性能确定其在系统中承担的角色，这在一定程度上改善了系统负载均衡能力、提高了数据查询和搜索效率、增强了系统的抗风险能力，但在路由效率和可扩展性等方面仍然不能取得令人十分满意的效果。

3. 结构化 P2P

为克服非结构化 P2P 在查询和扩展性方面的缺陷，研究结构化的 P2P 便成了 P2P 发展的重要方向，其中一项主要研究成果是基于 DHT（distributed hash table，分布式散列表）的结构化 P2P，或称为结构化覆盖网（structured overlay）。与非结构化 P2P 一样，数据对象的索引信息不采用任何集中式方式管理，但与其相比的不同之处主要是，它引入的 DHT 技术可以构建一种更加规则的覆盖网络，使得消息路由效率更高。DHT 通过 Hash 函数确定系统中网络节点和共享数据索引信息的映射位置及两者之间的对应关系。每个网络节点维护一张路由表，形成高度结构化的网络拓扑，这种网络结构可以提供准确的路由算法和查询机制，且能够灵活适应网络中的节点动态加入或退出，具有良好的可扩展性。同时，覆盖所有节点的 Hash 算法保证了资源分配的均匀性，使 P2P 具有较好的负载均衡能力。目前具有代表性的结构化 P2P 主要有 Chord、Pastry、CAN、Tapestry 和 Kadelima 等。下面以 Chord 为例阐述结构化 P2P 的搜索与路由实现方法。Chord 是 MIT（Massachusetts Institute of Technology，麻省理工学院）提出的一种分布式查询协议，它通过 Hash 函数为每个网络节点和数据对象分配 m 位的标识符，可分别记为 nodeID 和 objectID，所有网络节点按 Hash 映射后获得无重复的 nodeID，这些 nodeID 按大小排序，依顺时针放置在一个容量为 2^m 的 Chord 环上，环上的标识符从 0 到 2^{m-1} 排成一个圆。由于 m 通常足够大，两个节点（或数据对象）映射到同一个标识符的概率可以小到忽略不计。

标识符为 objectID 的数据对象分配到环上标识符等于 objectID（若不存在，则为顺时针方向紧随其后的 nodeID）的网络节点，该节点被称为标识符为 objectID 的数据对象的后继节点（存储节点），记为 successor（objectID）。如图 5-4 所示，Chord 环中共有 4 个网络节点（其他节点为虚节点），其标识符分别为 0、4、7、12，数据对象的标识符分别为 1、3、9、11。由于 successor（1）=successor（3）=4，objectID 为 1 和 3 的数据对象被分配到标识符为 4 的网络节点上，successor（9）=successor（11）=12，objectID 为 9 和 11 的数据对象被分配到标识符为 12 的网络节点上。由于 Hash 函数可以保证所生成的标识符是均匀分布的，这可使得每个节点存储数量大致相等的数据对象，从而实现负载均衡。

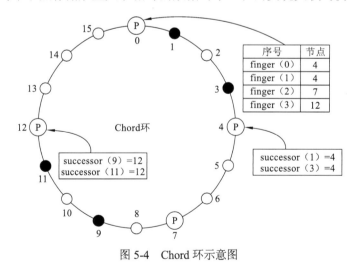

图 5-4　Chord 环示意图

每个网络节点 P 维护一条索引信息指向其后继节点，即 Chord 环上紧随其后的第一个网络节点，用 P.successor 表示，索引信息通常包括该节点的 nodeID 和 IP 地址及端口号等信息。这里需要注意网络节点的后继节点与数据对象的后继节点在定义和表现形式上的区别。

网络节点还维护一条链接指向其后继节点，可根据该链接信息沿着 Chord 环实现路由定位。为提高路由定位效率，每个节点还需维护更多有关其他节点的索引信息来辅助路由定位。

Chord 环中的每个节点维护一张大小为 m 的路由表（也称为指向表，finger table），每个表项指向一个节点，标识符为 k 的节点的路由表中第 i 项指向的是标识符为

$$s = \text{success or } ((k+2^{i-1}) \bmod 2^m) \ (1 \leqslant i \leqslant m)$$

的节点；若为虚节点，则自动推后。即 s 是在 Chord 环上顺时针方向到 k 的距离至少为 2^{i-1} 的第一个节点，称为节点 k 的第 i 个指针，如图 5-4 所示，节点 0 的路由表中 4 项分别指向节点 4、4、7、12。

上述路由表的设计具有两个特点：①每个节点维护部分其他节点的索引信息，并且离它越近的节点所知道的信息越多；②每个节点维护的路由表只有 $O(\log N)$ 项，使得通常不能从当前路由表中直接找到一个数据对象的维护节点。为了确定数据对象的后继节点，查询节点需要在自己的路由表中找到一个最靠近该后继节点的节点；收到查询请求的节点如果发现自己维护了该数据对象，则可以直接响应该查询节点，否则继续转发该请求到自己的路由表中一个最靠近的节点；上述查询过程一直持续到请求被转发到目标节点。

从上述路由表的设计和查询算法可以看出，查询过程实际就是折半查找过程，在一个有 N 个网络节点的 Chord 中，查询操作所需的转发跳数最多为 $O(\log N)$。

基于 DHT 的 P2P 实现了完全对等的节点关系，在系统查找上具有效率高和扩展能力强的特点。但是，也存在如下几点缺陷。

（1）结构化 P2P 主要以网络跳数（hop count）来评价系统的效率，而作为一种应用层网络，P2P 与底层物理网络之间存在不一致性，因此跳数并不能真实、准确地反映系统的整体效率，还需要考虑到节点之间的网络延迟。

（2）实现 DHT 算法的前提是假设加入网络的所有节点都是可信任的。在开放网络中，恶意节点很容易加入 P2P，从而对系统造成攻击。一般恶意节点可能会对系统的查询路由进行攻击，将查询请求恶意地传递给不存在的节点，造成路由失败；或者修改路由表信息，导致查询状态不一致，进而影响系统查询。

（3）数据对象经 DHT 算法映射后生成的键值导致数据语义信息的丢失，同时 DHT 仅能对一维数据提供高效的精准查询。

5.2.2　P2P 的应用

1. 常见的 P2P 应用

（1）文件共享。传统的 C/S（B/S）模式一般采用服务器上传、用户下载的模式来实现文件的共享。这种文件共享方式给服务器带来了很大的负载，也使得共享服务质量受到网络带宽、通信状况和服务器负载能力的限制，执行效率相对较低，系统维护成本较高。采用 P2P 模式来共享文档、地图、多媒体等文件，巧妙地将存储任务分散到多个网络节点上，并支持用户之间的直接通信，可以满足用户对文件共享的需求、扩大文件共享范围和

共享的数据量，直接推动了 P2P 技术的快速进展。

（2）分布式计算。充分整合和利用网络上的闲置计算能力，是 P2P 计算的重要应用形式之一。P2P 实现了对等节点的直接通信，可整合各个对等节点的计算能力，构建一台虚拟的超级计算机，用于复杂计算和大数据处理。这种分布式计算模式能够为天文模拟、天气预测、生物计算等提供强大的计算能力。目前已经出现很多利用 P2P 技术实现分布式计算的成功应用，如 SETI@Home、Distributed.net、Avaki、Popular Power 等。

（3）协同作业。随着现代企业规模的扩大，企业的分支机构日益分散，企业内部的相互交流和协作就显得十分重要和迫切，基于网络的协同作业应用应运而生，由于这种作业方式需要消耗大量的网络带宽，如果采用 B/S 或 C/S 模式，将给服务器带来巨大负担。采用 P2P 模式将协作任务分配到多个节点上，是解决多台计算机协同作业的现实可行技术，并已在网络协同作业中得到了应用。Groove 就是一个采用 P2P 技术解决企业级协同作业的软件平台，该平台能够很好地支持使用者之间进行交互、协作并提供客户服务。

（4）即时通信。P2P 在即时通信领域是一种非常重要的实现技术。目前十分流行的即时通信软件如 QQ、微信、Skype、WhatsApp、Facebook Messenger、Viber、Telegram、Line 等，均采用了 P2P 技术。P2P 技术支持两台计算机之间的直接通信，包括视频、音频、图像、图形和文字等方式，较之 E-mail 通信方式，具有便捷、实时、交互性强的特点，因此在网络应用中受到广泛关注。

（5）信息检索。P2P 的搜索技术不受文档格式和宿主设备的限制，能够在广域范围内实现深度的文档搜索。与传统的搜索技术相比，P2P 能够在短时间内将搜索请求转发到更广的网络范围，搜索范围甚至包括了网络上所有开放的信息资源。目前有很多搜索引擎公司正将目标瞄准 P2P 技术，这表明 P2P 技术在信息检索上有巨大潜力。

（6）流媒体传输。传统的多媒体系统大多采用 C/S 结构，存在扩展性差、服务器单点瓶颈等缺陷，而引入 P2P 技术能够有效地解决以上问题。目前，针对 P2P 流媒体服务的研究在学术界和商业应用领域都得到了重视，并有许多成熟的 P2P 流媒体应用典范，如暴风影音、PeerCast、PPLive、Thunder、PPStream 等。

2. 分布式存储应用

P2P 技术支持数据资源的分布式存储。在 P2P 中，存在大量的对等节点，节点可以随时加入或退出系统，使得系统具有良好的扩展性和自治性。P2P 技术的发展，尤其是结构化 P2P 技术的出现，使得构建面向 Internet 的大规模分布式存储系统成为可能。现有的 P2P 分布式存储主要有两种：一种是 P2P 存储服务系统，主要是将多个服务器用对等方式整合起来，以提供存储服务，比如 CFS、OceanStore、PAST、Granary 等；还有一种是 P2P 存储交换系统，采用纯 P2P 模式的架构，主要用于数据备份，如 Freenet、Nations、Pastiche、FarSite 等。

1）基于 P2P 技术的广域存储服务系统

（1）CFS。CFS（cooperative files ystem，协作式文件系统）是麻省理工学院开发的一个文件系统，采用 Chord 协议实现数据的存储和定位。存储系统中的所有节点通过 Chord 协议组成一个虚拟的环状结构，并将数据复制多份（例如 K 份），分别存储在数据源节点的 K 个后继节点上。

（2）OceanStore。OceanStore 是加利福尼亚大学伯克利分校开发的一个持久数据存储系统，目标是提供全球范围的、支持海量存储及各种计算终端的广域存储系统。它采用了基于 Tapestry 协议的存储和定位算法，保证用户能够访问到离自己最近的数据副本。OceanStrore 通过服务器组构成的资源池来协同提供服务，并利用数据副本和用户端加密技术提供数据安全保证。

（3）PAST。PAST 是微软公司和莱斯大学开发的广域存储系统，采用 Pastry 协议实现路由和定位，是一种可扩展的、完全自组织的持久存储系统。该系统使用了匿名的中间媒介，增强了系统的安全性，并通过智能卡实现对节点的有效控制。

（4）Granary。Granary 是清华大学开发的广域存储系统，实现了基于对象的存储和访问。该系统采用专门的结构化覆盖网路由协议 Tourist，设计了以 PeerWindow 为节点信息收集算法。Granary 能够自适应地支持高动态系统，并通过完全冗余的副本策略来保障数据的可用性。

2）P2P 存储服务系统分析

（1）P2P 存储系统基本特点。P2P 存储服务系统是一种重要的分布式存储系统，适合于解决分布式环境下的数据资源存储服务问题。与传统的存储系统相比，P2P 存储服务系统具有良好的可扩展性，能够实现系统规模的弹性伸缩。由于各节点之间功能对等，可有效避免存储系统单点失效问题，提高系统容错能力。通过充分利用各个节点的带宽和性能，P2P 存储服务系统总体成本比传统的存储系统要低，而传输速率则得到了较大提高。

（2）P2P 存储服务系统面临的主要问题。P2P 的侧重点在于系统的可扩展性和可用性，相对来说，安全性面临较多威胁。一方面，P2P 存储服务系统构建于开放式网络环境中，传输信息有被第三方窃取的危险；另一方面，在数据传输过程中，信息有可能丢失或顺序被打乱而导致数据不可用。因此，在 P2P 存储领域，数据传输的安全性是重要的研究方向。系统需要通过数据加密、节点认证等方式来增强数据传输安全性。

由于 P2P 存储服务系统中的节点随时有可能退出系统，这些节点上的数据会变得不可用。为实现数据的持久存储，避免节点动态变化带来数据丢失，P2P 存储服务系统多采用副本（数据冗余）机制来保障数据的可用性。此外，错误检测也是维护数据存储持久性的重要技术，在 P2P 领域中主要通过定期心跳和失效广播来发现节点错误并通知网络中的其他节点。

3. 区块链应用

区块链（blockchain）是近年来发展十分迅猛的 P2P 新型应用模式，是比特币（BitCoin，一种 P2P 形式的数字货币）的一个重要概念和底层技术，本质上是一个去中心化的数据库和一串使用密码学方法相关联产生的区块。这个数据库包含一张被称为区块（block）的列表，存有持续增长且排列整齐的记录。每个区块都包含一个时间戳和一个与前一区块的链接（chain），各个区块根据时间戳顺序相连，构成一种链式数据结构，时间戳和密码学方法还保证了一旦数据被记录下来，将不可被篡改和伪造。也就是说，区块链是基于块链式结构来验证与存储数据、基于分布式节点共识算法来生成和更新数据、基于密码学方法来保证数据传输和访问的安全、基于智能合约来编程和操作数据的一种全新的分布式基础架构与计算模式。

区块链主要有以下几个特征。

（1）去中心化。采用分布式核算和存储技术，节点间地位相等，数据块由系统中具有维护功能的那些节点来共同维护。

（2）开放性。区块链系统的信息是透明的，除交易各方的私有信息被加密外，任何人都可以通过公开的接口来查询区块链数据，体现出区块链的开放性。

（3）自治性。区块链采用了一种基于协商一致的规范和协议来确保各节点能够自由、安全地交换数据，有效避免了人为干预。

（4）防篡改性。一旦信息通过验证并添加至区块链，便会被永久存储，单个节点无法篡改和伪造记录，除非能同时控制住系统中超过一半以上的节点，从而确保了区块链的数据拥有极高的稳定性和可靠性。

（5）匿名性。区块链各节点之间按照固定且预知的算法进行数据交换，这种交换可以基于地址而非个人身份进行，系统中的程序规则会自行判断事务或交易是否有效，因此区块链中的数据交换是无需信任的，可以做到匿名交换。

5.3 P2P GIS 概 述

传统网络 GIS 的客户/服务器模式虽然在 OGC 相关规范中被扩展成多服务器（分布式服务器）节点网络，每个服务器节点均提供明确的服务，如目录服务、WFS（web feature service，网络要素服务）、WCS（web coverage service，网络覆盖服务）、WMS（web mapping service，网络地图服务）等，但本质上仍严重依赖于重量级服务器和轻量级客户端的分工与协作。随着对地观测应用范围的日益扩大和通信技术的快速进步，越来越多的地理空间信息应用需要大数据支持和众多成员紧密协作。现有的大多数 GIS 应用软件中的所有操作不仅需要借助于集中式服务器来实现，而且很难支持多用户应用模式，因此需要一种更加灵活有效的、适合多用户协作的 GIS 实现框架。P2P 技术近年来在各领域的成功应用所表现出的可扩展性、无单点失效、健壮性、自治性等诸多优点，使得以其作为设计和实现 GIS 体系结构的一种新方式成为可能，具有广阔的应用前景。基于 P2P 技术的 GIS（P2P GIS）无需集中式服务器的介入即可直接、有效地共享各类资源，实现 GIS 的各项功能，并且支持多用户访问，因而可以提高系统的运行效率。

5.3.1 P2P GIS 基本概念

从应用情况看，由于 P2P 中计算节点的自治性，对于各种网络状况的变化（如节点加入或退出、特定阶段对部分热点数据的大量查询导致的较大网络流量等），系统能快速地进行自适应调整。而且，由于计算节点在时间和空间上都采取一种比较松散的组织方式，整个系统可根据数据、功能、性能、服务质量等方面的需要灵活扩展，并降低系统的建设成本和应用准入门槛。

奥地利学者 Alenka Krek 等对 P2P GIS 给出了定义：P2P GIS 是由大量互连、异构、对等的计算节点构建的分布式 P2P 系统，为了有利于各自所管理的分布式地理空间数据资源的共享，这些节点能根据网络上当前可用的节点来动态适应覆盖网络的拓扑变化，并且每个节点能根据需要承担不同的角色。经过对一些 P2P GIS 应用实例的总结和分析，他们认为 P2P GIS 的本质特征就是利用 P2P 技术在大量的计算节点间部署广域分布式 GIS 应用，以一种更有效的方式灵活组织节点来提供各种 GIS 服务。

5.3.2　P2P GIS 特点

与传统的基于 C/S 和 B/S 方式实现的 GIS 相比，P2P GIS 具有如下特点。

（1）网络带宽高效使用。网络 GIS 具有数据密集型特点，网络带宽是一种十分宝贵的资源。传统网络 GIS 应用中的主要带宽资源都由服务器提供，而 P2P 中的所有资源甚至服务都分散在系统的所有节点中，使得数据传输及应用服务实现都直接在节点之间进行，而无需其他任何中间环节和服务器的参与，避免了可能出现的带宽瓶颈问题，从而降低了系统的数据分发成本。

（2）良好的可扩展性。在网络环境中部署 GIS 应用和服务的一个显著特点是，随着应用范围的不断扩大，用户数目和数据规模都在不断增大，通常需要采取升级硬件和网络设施的方式来适应这种发展变化，而在 P2P GIS 中，增大用户数和数据量却能使系统整体的资源和服务能力同步扩充，并且理论上 P2P GIS 的计算能力和存储能力可以无限扩展，不会出现单点失效和系统瓶颈问题。

（3）系统负载均衡。由于 GIS 应用服务功能不再只是由少量的服务器提供，而是由系统中大量的普通节点来实现，每个节点可根据需要灵活地选择在应用中是服务器还是客户机，与传统的 C/S（B/S）结构中的服务器相比，降低了对节点的负载需求；同时，因资源分布在多个节点，故可实现良好的负载均衡效果。

（4）有效支持多用户应用。传统的分布式 GIS 不能支持多用户应用模式，多个用户之间无法感知彼此的各种动态行为，难以有效进行科学决策，而 P2P GIS 却能方便地实现并发访问和多用户协同作业。

5.3.3　P2P GIS 发展趋势

基于 P2P 技术的软件应用在不断增多和升级，例如区块链、比特币等新兴应用，P2P GIS 也将得到进一步发展。在相当长的时间内 P2P GIS 需要重点关注以下几个问题。

（1）地理信息交换基础结构。通常地理空间数据都是以不同的格式分布式存储的，这将导致空间数据交换变得困难。鉴于缺乏合适的基础结构、空间元数据及其描述，而现有的 P2P 并不能有效处理地理参考数据的交换，需要引入一些新的概念，如基于定性空间参考模型的强互操作空间元数据及表示地理名称的合适结构。鉴于地理空间数据应用日益广泛，将 P2P 方式与空间数据语义集成和信息检索方法相结合，将是解决 P2P 处理地理信息交换效率不高问题的可行方法。

（2）P2P GIS 体系结构设计。P2P GIS 体系结构的一个重要方面是构建一种科学合理的分层框架，并确定每一层中节点角色的划分及角色动态改变的转换方式。合理的结构就是通过设计合适、灵活可重调整的支撑底层来支持地理信息交换、检索和存储，并降低各参与节点之间直接交互时的难度。

（3）计算节点间的任务和数据分布。由于 GIS 数据和任务的分布在时空上的不均衡性，在 P2P 节点之间的数据和任务分布成为一个重要问题，需要避免出现特定阶段部分节点上的负载不均甚至因超载引起服务不可用问题。

单纯依靠 P2P 技术无法有效解决上述所有问题，需要借鉴其他技术在解决相关问题上的成功经验，将多种技术融合起来将是 P2P GIS 的主要发展方向。

5.4 P2P 与空间数据查询

空间数据查询是网络 GIS 的基本功能之一，在网络环境下，由于受到网络带宽、空间数据地理分布、空间数据库规模及查询条件复杂程度等多种因素制约，查询效率往往难以得到保证。本节重点阐述利用 P2P 技术辅助解决空间数据查询问题，以提高查询效率。这也是近年来的一个热门研究领域。

集中式 P2P 中的目录服务器使其本质上仍然存在 C/S（B/S）模式的一些缺点，如单点失效、可扩展性差、高并发访问时性能瓶颈严重、硬件投资成本高等；非结构化 P2P 虽然具有拓扑结构简单、容错性好的优点，但整个网络的无结构化使其在路由效率方面难以取得较好的效果。结构化 P2P 则不存在上述缺点，它所具有的良好的可扩展性、较高的数据查询效率、强大的容错能力等优点使其比较适合作为信息系统的基础架构。同时，P2P 所固有的可扩展性使系统的计算能力和存储容量都可以随着网络节点的加入而不断提高，尤其适合网络 GIS 这种兼具计算密集和数据密集的应用。

结构化 P2P 在空间数据应用中面临的一个主要问题是一些经典的结构化 P2P 协议不能有效支持空间数据查询。针对这一问题，已经开展了大量相关研究工作，已有的解决方法可分为两类：一是在现有的结构化对等网络协议基础上进行部分优化设计，以便能有效支持空间数据操作；二是设计一种适合于空间数据查询特点的结构化对等网络模型。

5.4.1 空间索引

作为一种辅助性的空间数据结构，空间索引介于空间数据操作算法和空间对象之间，通过筛选来排除大量与特定空间操作无关的空间对象，从而提高空间数据操作效率。由于空间查询所处理的对象的数据类型复杂，整个操作过程需要涉及大量的复杂计算，如果能预先过滤掉大部分无关的操作对象，那么将会提高空间数据访问速度，所以空间索引的合理与否会直接影响应用系统的整体性能。

常用的空间数据索引方法可分为两大类。

1. 基于空间目标排序的索引方法

由于现有的通用数据索引方法已经能高效地支持一维索引，提供对一维数据的快速查询，如果多维的空间数据对象能被映射后降成一维数据，则可以直接利用一维索引方法。这类空间索引方法的基本思想是将空间对象映射到一维空间，以便空间对象的相关信息存储在标准的一维索引中。影响这类方法性能的关键在于映射后的一维对象必须较好地保持多维空间目标间的邻近关系，这样才能提高空间查询效率。

基于空间目标排序的索引方法有很多，常见的有 Hilbert 空间填充曲线、Z-排序、Peano 曲线等。以 Hilbert 空间填充曲线为例可非常容易地理解这类方法的基本原理，其具体实现算法：①读入 x 和 y 坐标的 n 比特二进制表示；②隔行扫描二进制比特到一个字符串；③将字符串自左至右分成 2 比特长的串 s_i，其中 $i=1，2，…，n$；④规定每个 2 比特长的串的十进制值 d_i，例如 00、01、10、11 分别等于 0、1、3、2；⑤对于数组中的每个数字 j，若 $j=0$，则把后面数组中出现的所有 1 变为 3、所有 3 变为 1；若 $j=3$，则把后面数组中出现的所有 0 变为 2、所有 2 变为 0；⑥将数组中每个数字转换成二进制表示，自左至右连接所有的串，并计算整串的十进制值。

图 5-5 为使用以上算法获得的 Hilbert 空间填充曲线示意图，它利用一个线性序列来填充分布空间，实现二维分布空间映射成一维后仍能保持空间数据的空间邻近等特性，例如，左侧图中 x 坐标为 11，y 坐标为 01 的单元格按上述算法执行后，各步的计算结果如右侧图所示，可以看出，（11，01）单元格在一维空间中的标号应为 12。

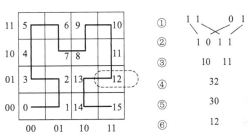

图 5-5　Hilbert 空间填充曲线示意图

由于空间数据的多维性，无法设计一个映射函数将空间数据对象从多维空间映射到一维空间后，使得任何两个在原有多维空间中邻近的对象在一维空间中仍邻近；另外，这类方法只能直接作用于点类型的空间数据对象。因此，基于空间目标排序的索引方法不仅对空间数据对象的索引效率不高，而且空间数据类型的适用范围有限，需要设计专门的外部空间索引结构来适应空间数据对象的多维特性。

2. 基于空间包含关系的索引方法

这类方法通常按照空间数据的空间包含关系，以树型结构将多维的索引空间划分为多级子空间，然后将属于这些子空间的空间对象分别存储在对应的磁盘页或数据桶中。从空间索引方法的发展历程看，基于空间包含关系的空间索引方法（尤其是 R 树及其变体）已成为空间索引的主流方式，它在整个空间索引方法的发展过程中占有重要地位。

Guttman 在 1984 年提出的 R 树是最早支持扩展对象存取的索引方法之一，这是一棵高度平衡树，是 B 树在 K 维空间上的自然扩展，它根据空间实体对象的 MBR（minimum bounding rectangle，最小外接矩形）建立，可直接对空间中占据一定范围的对象进行索引。图 5-6 为 R 树的结构示意图。

R 树空间索引具有以下特征。

（1）每个叶节点包含 m 至 M 条索引记录（其中 $m \leqslant M/2$，设定下限 m 的目的是为了确保存储空间的利用率，上限 M 的存在则是因为磁盘空间的大小有限），除非它是根节点；

（2）一个叶节点上的每条索引的记录形式为 $(I，元组标识符)$，这里 I 为元组的 MBR，即在空间上包含了所指元组表达的 K 维数据对象，用 $I=(I_0，I_1，…，I_{K-1})$ 表示，

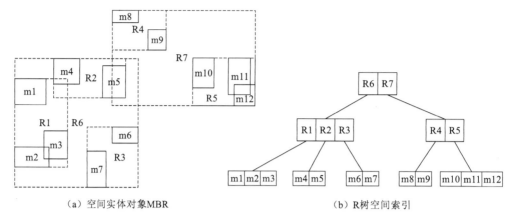

（a）空间实体对象MBR　　　　　　　　　　　（b）R树空间索引

图 5-6　二维空间 R 树示意图

其中 I_i（$0 \leqslant i \leqslant K-1$）为元组沿方向 i 的一个闭合区间 $[a, b]$。若是不定区间，则 a 和 b 可用无穷大表示；元组标识符是数据库中存储对应于 MBR 的对象的元组惟一标识符；

（3）每个非叶节点都有 m 至 M 个子节点，除非它是根节点；

（4）一个非叶节点上的每条索引记录形式为（I，子节点指针），此处的 I 为在空间上包含该节点的所有子节点中矩形的 MBR；

（5）根节点至少有两个子节点，除非它是叶节点；

（6）所有叶节点出现在同一层；

（7）所有 MBR 的边与一个全局坐标系的轴平行；

（8）所有节点都需要同样的存储空间（通常为一个磁盘页）。

R 树是一棵完全动态的平衡树，插入、删除、查询可以交叉进行，不需要定期进行全局结构重组，目前已有许多商用数据库管理系统和原型系统将 R 树及其变种形式作为存取空间数据的方法，如 Informix、Oracle Spatial、Paradise、PostgresSQL、SpatialHadoop 等。

5.4.2　基于结构化 P2P 的优化设计方法

现有的通用结构化 P2P 不能有效支持空间数据查询的原因主要在于：①空间数据的多维性使得数据对象之间没有天然的顺序关系，而现有网络结构大多是基于一维命名空间来设计的，通常一维数据对象之间都存在顺序关系；②通常使用的 DHT 映射破坏了数据的空间语义信息，而空间数据查询通常需要保留这一信息；③现有方法大多只考虑一维精确查询的应用，而对其他类型的查询较少考虑。

已有一些研究工作针对上述原因对现有方法进行优化改进，以支持空间数据应用，主要的有以下研究工作。

1. SCRAP 方法

斯坦福大学的 Ganesan Prasanna 等提出的 SCRAP 方法针对空间数据的多维特性，使用两步方式对空间数据进行降维映射处理：①使用一种基于空间目标排序的空间索引方法（如 Hilbert 空间填充曲线或 Z-排序），将多维空间数据映射为一维；②将映射后的一维数据在 P2P

的动态节点集上按范围划分，如每个网络节点管理一个连续范围内的一维码值数据。

这种简单直接的方法关注了空间数据本身的多维性，但对空间数据应用中查询的特点未予以足够重视，因此不能有效处理如空间范围查询这样常见的空间数据查询。同时，这种方法仍然承袭了基于空间目标排序的空间索引方法的缺点：①映射后的空间对象邻近性保持效果不佳；②仅对点类型空间对象有效。

2. pSearch 方法

现有结构化网络大多是一维拓扑结构的，但也有多维结构的，代表性的是由 AT&T 提出的点对点搜索模型 CAN（content addressable network，内容可寻址网络）。由于 CAN 使用 Hash 函数映射关键字的方式极易破坏数据对象的语义，无法有效支持多维范围查询。一种直接的解决方法就是不使用 Hash 函数而直接根据数据对象在多维空间的语义信息来确定其映射位置，但引出的新问题是：空间数据的分布通常是不均匀的，这种方式会导致数据分布密集区域的索引管理节点的负载较高，造成负载不均衡。

罗彻斯特大学的 Tang Chunqian 和 HP 实验室的 Xu Zhichen 等在 SIGCOMM 2003 上提出的 pSearch 方法，针对这一问题所提出的解决方法是：对系统中当前一些数据对象的语义关键字进行抽样，以获得系统中数据对象的区域分布信息，新加入系统中的节点不是随机选择一个位置，而是根据抽样获得的数据对象区域分布信息将节点分配到数据对象分布较密集的区域。这种方法在一定程度上能缓解负载不均的问题，但是由于以下三点原因仍不能根除负载不均现象。

（1）抽样方式很难准确、真实地获得系统中数据对象的区域分布信息。样本量太大将带来较重的系统通信负载，样本量太小则不能真实反映关键字的分布。

（2）由于 P2P 的动态特征，数据分布是动态变化的，却缺少相应的节点位置调整策略来适应存储负载的动态变化。

（3）数据分布不均只是引起负载不均的众多原因之一，动态查询的不均也会引起这一问题，而上述方法没能考虑到查询负载的动态变化特点。

3. P2P R 树方法

东京大学的 Anirban Mondal 等提出的 P2P R 树方法是一种基于空间划分的方式，采用一种全局已知的静态方法将数据分布空间划分为块（block），随后再将块静态划分为组（group），组再结合数据分布的需要被动态划分为一级或多级分组（subgroup），分组可以根据数据的变化动态调整，最后将如上的层次化结构按照 R 树的形式进行组织并分布到对等网络节点上。

上述静态划分的方法可避免将查询处理集中在靠近根的两层节点上，这种方式与澳大利亚墨尔本大学的 Egemen Tanin 等提出的一种将查询请求执行节点的层级控制在一个设定范围的方法类似，有助于改善系统的负载均衡。但这种静态方法也有弊端，它限制了系统对数据分布和查询等变化的动态适应性；另外，由于不能保证树结构的平衡，查询效率也无法得到保证。

从以上几个代表性的研究工作中可以看出，基于现有结构化对等网络优化的实现方式取得了一定进展，但效果仍有待提高，还存在不少问题。这主要是由于为了兼顾原有的拓扑结构，往往针对多维查询的某个方面进行优化，这就限制了拓扑结构与数据分布之间的协作，并且还继承了原有方式的一些固有缺陷。因此，需要针对空间数据及其查询特点来设计覆盖网络的拓扑结构和路由方式，将覆盖网络结构与分布式空间索引结合起来，设计一种适合于空间数据及其应用特点的结构化对等网络模型。

5.4.3 面向空间数据查询的结构化 P2P 设计

针对空间数据查询而设计的结构化 P2P 通常有两种方法实现空间索引：一是采用树型组织方法来实现，如 VBI-Tree、DPTree、DHR-Trees 等，其中具代表性的就是新加坡国立大学 Ooi Beng Chin 教授领导的研究小组提出的 VBI-Tree（virtual binary index tree，虚拟二叉索引树）；另一种方法是跳出利用树型结构索引来支持空间数据查询的思维模式，针对空间数据的分布性和查询特征并结合结构化 P2P 设计特点，设计一种适合空间数据应用的节点分布和路由表项设计规则，这类方法的一个成果是雅典国立科技大学知识和数据库系统实验室几位学者提出的 Spatial P2P 方法。

1. VBI-Tree

VBI-Tree 是基于一个虚拟平衡二叉树结构的覆盖网络通用框架，可用来支持任何基于空间包含关系设计的层次化树结构，如 R 树、M 树、X 树、SS 树及它们的变体，总体框架如图 5-7 所示。

图 5-7 VBI-Tree 总体框架图

该框架由两部分组成：首先是基于平衡二叉树概念支持多维数据索引的覆盖网络，主要涉及网络节点的动态加入、离开及相应的负载平衡处理等。需要指出的是，这里的二叉树是虚拟的，每个对等网络节点并不是物理上按照树结构进行组织的，而是逻辑概念上的，每个对等网络节点管理二叉树中序遍历上的一对相邻节点：一个叶节点和一个内部节点；其次是定义了多维索引的抽象方法，包括数据对象的插入、删除等动态变化和点查询、范围查询、kNN 查询等各类空间查询算法及树节点扇出超限后的节点分裂算法。

VBI-Tree 节点分为两类：数据节点（叶节点）和路由节点（内部节点），前者存储数据对象的实际索引信息，而后者维护前者的有关路由信息。每个节点用层次和该层从左至右自 0 开始计数的编号来表示，即使该位置不存在节点，编号仍然保留，如根节点的层次为 0，编号为 0。层次和编号这两个参数不仅可直接标识一个节点在二叉树中的位置，还可用来确定任意节点对之间的关系，例如可通过这两个参数来判定两个节点是否具有父子关系。VBI-Tree 的结构如图 5-8 所示。

VBI-Tree 中每个路由节点维护以下索引信息。

（1）父节点；

（2）左、右子节点；

（3）左、右邻居节点；

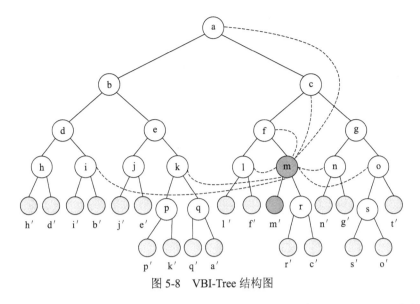

图 5-8　VBI-Tree 结构图

（4）祖先表。记录路由节点的每个祖先节点的覆盖区域信息，而不记录节点信息；

（5）左、右子树的高度；

（6）双侧路由表。路由表中的记录项包括所有邻近节点信息，不包括邻居节点的覆盖区域（即为节点所维护的索引项的空间范围，通常用 MBR 表示）信息。

这里对邻居节点和双侧路由表中邻近节点的定义作简要说明：使用中序遍历为树节点构建一个线性序列，在该序列中，某节点前的节点称为其左邻居节点，之后的称为右邻居节点，例如图中的中序遍历顺序为 h′→h→d′→d→i′→i→b′→b→j′→j→e′→e→p′→p→k′→k→q′→q→a′→a→l′→l→f′→f→m′→m→r′→r→c′→c→n′→n→g′→g→s′→s→o′→o→t′，因此节点 m 的左右邻居节点分别为 m′和 r′；双侧路由表中的左（右）邻近节点是指同层中编号小于（大于）该节点编号的 2 的递增次幂的节点，例如编号为 N 的节点的左侧路由表中第 i 个元素的链接就是指向同层中编号为 $N-2^{i-1}$ 的节点。同理，右侧路由表的相应链接为 $N+2^{i-1}$。如果对应位置的节点不存在，那么路由表中仍然有这条记录，标记为 Null。图 5-9 所示为路由节点 m 和数据节点 m′所维护的索引信息示意图。

网络中的每个计算节点都指定一对 VBI-Tree 节点：一个数据节点和一个路由节点，而且在中序遍历中数据节点是路由节点的左邻居，这里的惟一例外就是保存最右边数据节点的对等节点中没有路由节点（如图 5-8 中的节点 t′）。由于每个对等节点都维护了一路由节点和一个数据节点，查询请求可根据路由节点中维护的索引信息进行转发，为节省空间和维护代价，数据节点无需维护双侧路由表和祖先表；另外，数据节点没有子节点，因此也就无需子节点和子树的高度等信息。维护最右侧数据节点的特殊节点（只有该节点没有对应的路由节点）总是将请求转发给父节点进行处理。

利用覆盖网络的基本结构及节点的路由表项可以构建一个通用多维索引，基本思想是将多维空间按空间区域划分后分配到每个数据节点，每个内部节点分配一个覆盖其所有子节点维护区域的区域，这里遵循常用的基于空间包含关系的集中式层次化空间索引方法中区域分配的基本规则。起初，根是惟一的数据节点，它覆盖了全部区域，当新节点加入时，使用节点加入算法进行区域分裂；当一个节点离开时，则实施节点离开算法进行区域合并。有关节点失效、查询处理、负载均衡等相关算法的实现细节请参看相关原文。

节点m（路由节点）：

层次：3；编号：5；
父节点：f；左子节点：m′；右子节点：r；
左邻居节点：m′；右邻居节点：r′；
祖先表：$f_{覆盖区域}$、$c_{覆盖区域}$、$a_{覆盖区域}$；
左子树高度：1；右子树高度：2；

左路由表：

	节点	左子节点	右子节点
0	l	l′	f′
1	k	p	q
2	i	i′	b′

右路由表：

	节点	左子节点	右子节点
0	n	n′	g′
1	o	s	t′

节点m′（数据节点）：

层次：4；编号：10；
父节点：m；
左邻居节点：f；
右邻居节点：m；

图 5-9　VBI-Tree 节点结构

VBI-Tree 实现了空间查询跳数的理论最优值：$O(\log N)$，这个数值是由 Kaashoek 等人经过严密的数学推导后证得的，同时每个节点的度、路由表大小及查询代价都很低。但该方法仍然在几个方面存在缺陷。①没有考虑多维空间中的多维数据，现有结果只是在点类型数据上取得的，因为线、面等多维数据会引起节点范围的重叠，这一特性会导致在 P2P 环境下查找出多条路径，必须对此进行优化。②使用的是平衡二叉树，扇出（fan out）数较小，导致树变得较高，即层数多，如果能加大扇出，不仅可减小树的高度，同时还有助于改善前面的覆盖范围重叠问题，从而更有利于降低查询的路由跳数。③该方法使用的是类似平衡二叉树的旋转操作来进行网络重建并维护树结构平衡的方式，使得在上层节点的信息发生变化时的索引维护代价较高。

2. Spatial P2P

作为 R$^+$树空间索引方法的提出者，Timos Sellis 教授领导其所在的知识和数据库系统实验室在 P2P 空间数据管理方面进行了深入研究，分析了在 P2P 系统中空间数据应用特征，总结了空间索引结构不同于非空间数据的两个主要需求：保持位置性和方向性，据此提出了 Spatial P2P 方法。针对现有方法大多只考虑空间数据的位置邻近性，该方法首先使用一种基于初级格网（basic grid）的空间划分方式来定义网络节点和数据对象的编址体系，并且对格网的各方向进行排序，以同时保留空间数据的位置性和方向性，随后提出一个该编址空间中的距离计算公式来解决数据对象与网络节点之间的归属问题；接着考虑线或面等覆盖多个格网单元的应用情形（areas in the grid），修正距离计算公式；最后在此基础上确定节点路由表中所维护的索引信息项。不难看出，格网划分和距离计算的定义以及网络节点路由表设计，是 Spatial P2P 方法的核心内容。

对于常见的二维空间数据，该方法使用 $x \times y$ 的格网对数据分布空间进行划分，每个格网单元可用其 x 和 y 坐标来标识。在格网划分中，点类型的数据对象可以直接按其位置信息映射到相应的格网单元上，而网络节点则可以使用类似 DHT 的方式映射到某个格网单元，从而数据对象和网络节点的标识符都统一到了同一个命名空间中，使用一个二元组来表示，即（x，y）的二维坐标形式，这样可避免出现二维数据到一维的映射过程中通常存在的数据邻近性保持效果不好的问题。

对于两个格网单元 $C=(c_x, c_y)$ 和 $C'(c'_x, c'_y)$（这里 c_x 和 c_y 分别表示格网单元的横、纵坐标，c'_x、c'_y 类似），在初级格网中它们之间的距离计算公式定义如下：

$$D（C，C'）=（d_1，d_2）\tag{5-1}$$

其中：$d_1=\max\{|c_x-c'_x|，|c_y-c'_y|\}$；$d_2=\min\{|c_x-c'_x|，|c_y-c'_y|\}$。

对于两个距离 $D（d_1，d_2）$ 和 $D'（d'_1，d'_2）$，它们之间的加法和大小比较的运算规则定义如下：

$$D+D'=（d_1+d'_1，d_2+d'_2）\tag{5-2}$$
$$D<D' \text{当且仅当} d_1<d'_1，\text{或} d_1=d'_1 \text{且} d_2<d'_2 \tag{5-3}$$

与大多数基于 DHT 的结构化网络类似，该方法中将数据对象交由距其最近的网络节点维护（按上述格网编址和距离公式计算）。如图 5-10 所示，这是一个 8×8 的格网，B 为某数据对象的映射位置，p 和 p' 为两个网络节点的映射位置，B 与 p 的距离 $D（B，p）$、与 p' 的距离 $D（B，p'）$ 均为（2，1），这种情况仅仅只依靠位置邻近规则无法确定数据对象的归属节点，而且不难看出，对于某个格网单元，在其邻域内通常存在 8 个距其位置相等的格网单元。因此，结合空间数据应用中保持数据方向性的需求，对每个位置的邻居区域按每 45° 一个分组进行划分，并对分组自右下区域开始按顺时针方向依次编组进行编号，编号的大小表示方向的优先级别。图中所示，邻近 B 的 8 个分组区域分别用不同的颜色表示，p 位于分组 4，而 p' 位于分组 5，根据优先级别的定义，数据对象 B 交由网络节点 p 负责，从而解决前面提到的不确定性问题。

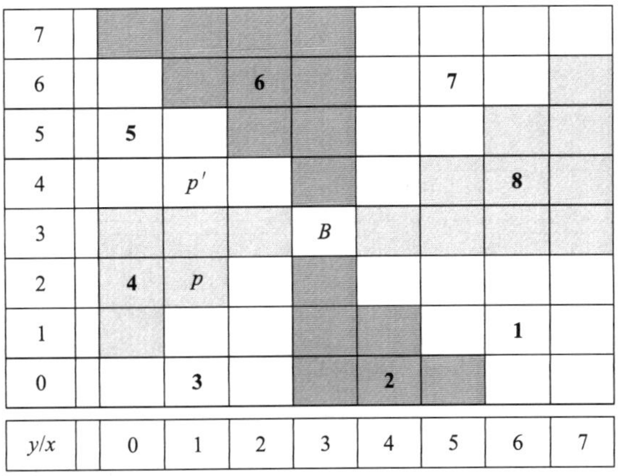

图 5-10　格网单元划分

上述方法对于点类型的数据很容易解决，而对于线或面类型的数据，因覆盖了多个格网单元，故需映射为一个包含多个格网单元的区域，此时不能直接应用上述距离计算公式，需要进行相应的修正，以适应线或面类型数据。对于格网空间中的一块区域 A，可用四元组（a_x，a_y，a'_x，a'_y）表示，其中（a_x，a_y）表示 A 中左下格网单元的地址，（a'_x，a'_y）表示 A 中右上格网单元的地址。定义如下两个参数：

区域 A 的大小为

$$\alpha(A)=\sqrt{(a'_x-a_x+1)(a'_y-a_y+1)}\tag{5-4}$$

区域 A 的中心位置

$$\kappa(A) = \left(\frac{a'_x + a_x}{2}, \frac{a'_y + a_y}{2} \right) \tag{5-5}$$

则对于两个区域 A 与 A' 之间的距离定义为

$$D_z(A, A') = (d_1, d_2) \tag{5-6}$$

其中：

$$d_1 = 2 \cdot \frac{M_x + \theta \, |\alpha(A) - \alpha(A')|}{\alpha(A) + \alpha(A')}$$

$$d_2 = 2 \cdot \frac{M_y + \theta \, |\alpha(A) - \alpha(A')|}{\alpha(A) + \alpha(A')}$$

$$(M_x, M_y) = D(\kappa(A), \kappa(A'))$$

可以看出，区域格网中距离计算规则的定义同时考虑了两个区域的中心位置之间的距离及它们的大小差值，并设定一个参数 θ 来调整大小差值在整个距离计算结果的权重分配。对于区域格网中两个距离之间的加法和大小比较的运算规则定义与初级格网中类似。

如图 5-11 所示，两个区域 A（0，1，1，2）与 A'（4，4，6，6），当权重参数 $\theta = 5$ 时，依上述公式计算可得 $\alpha(A) = 2$，$\alpha(A') = 3$，$\kappa(A) = （1/2，3/2）$，$\kappa(A') = （5，5）$，$M_x = 9/2$，$M_y = 7/2$，则可得 $d_1 = 19/5$，$d_2 = 17/5$，即 $D_z(A, A') = （19/5，17/5）$。

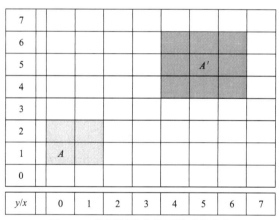

图 5-11　格网划分中的区域对象分布

与其他任何 P2P 协议类似，每个节点也需要维护一个路由表项来记录一些其他节点的索引信息，本方法中路由表项中主要包括两类节点的信息：后继节点和索引节点。

后继节点有两个作用：确保网络的连接性和保持节点的位置性及方向性。每个节点（假定映射为区域 A）需要维护 6 个后继节点，定义规则如下。

（1）前 4 个为大小 [即 $\alpha(A)$] 与本节点相等，分别位于 4 个象限（即图 5-10 中分组 1 和 2、3 和 4、5 和 6、7 和 8）中到本节点距离（即 D_z）最近的节点；

（2）后两个分别为大小 [即 $\alpha(A)$] 比本节点大和小的节点中距离最近的节点。

索引节点与 Chord 中指针节点的定义类似，其形式化定义为：对于每个节点 p（p_x，p_y，p'_x，p'_y），其索引节点为 q（q_x，q_y，q'_x，q'_y），则存在如下关系：

$$\alpha(q) = \alpha(p) \text{ 且 } \kappa(q) = \kappa(p) \pm (\alpha(p) \cdot 2^i, 0) \tag{5-7}$$

或

$$\alpha(q) = \alpha(p) \text{ 且 } \kappa(q) = \kappa(p) \pm (0, \alpha(p) \cdot 2^i) \qquad (5\text{-}8)$$

或

$$\alpha(q) = \alpha(p) \text{ 且 } \kappa(q) = \kappa(p) \pm (2^i, 0) \qquad (5\text{-}9)$$

或

$$\alpha(q) = \alpha(p) \text{ 且 } \kappa(q) = \kappa(p) \pm (0, 2^i) \qquad (5\text{-}10)$$

或

$$\alpha(q) = \alpha(p) \pm 2^i \text{ 且 } \kappa(q) = \kappa(p) \qquad (5\text{-}11)$$

其中：$i \geqslant 0$，若对应位置的节点不存在，则选择距离（按 D_z 计算）其最近的节点。

执行空间查询时，若目标区域正好存储在本地节点，则直接返回查询结果；如果目标区域与当前节点的路由表项中某节点对应，则将查询转发到该节点；否则就将查询转发到路由表项中距离目标区域最近的节点。

两种距离公式的定义符合度量空间的基本性质，即非负性、同一性、对称性、三角不等性。有关本方法中路由表信息、空间查询、节点加入及离开的维护等实现细节请参考相关文献。虽然 Spatial P2P 方法在查询效率、负载均衡和可扩展性等方面取得了不错的效果，但是该方法对节点异构性、数据分布的非均匀性等方面却未予以考虑。

5.5 P2P GIS 结构与应用技术

空间数据的地理分布与多源异构、用户的地理分布与个性化需求、处理环境的地理分布与多样化，构成了当前围绕空间数据而形成的三种形态的空间分布特点，亦即，无论是空间数据本身，还是提供服务的服务器，或者消费服务的客户，客观上都是分布在不同的地理位置，这要求 P2P GIS 在提高空间数据存储效率、资源发现质量、网络传输速度、地理协同计算能力方面充分发挥优势，以满足空间数据应用服务的多方面需求。

5.5.1 P2P GIS 应用架构

P2P GIS 改变了传统网络 GIS 单纯依赖集中式服务器（机群）提供服务的应用架构，将原来由服务器实现的部分功能扩展到各个网络节点来完成。参照传统的分布式 GIS 结构，P2P GIS 的应用架构如图 5-12 所示。

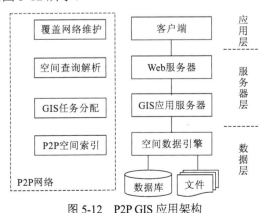

图 5-12 P2P GIS 应用架构

在全分布式 P2P 网络中，每个网络节点既是服务器又是客户端，兼具空间数据及服务的消费者和提供者角色。由于空间数据具有海量特征，又包含着复杂的属性信息，如果采用全分布式的纯 P2P 网络来维护空间数据的索引及管理信息，则 GIS 的应用效率难以保证，因此，P2P GIS 一般都是将数据的存储、传输及部分应用功能以 P2P 方式来实现，而空间数据索引和管理信息则分布在服务器集群或系统中部分较稳定的强节点上。这些性能较强的网络节点担当资源服务器角色，每个资源服务器负责管理一部分普通 GIS 节点，并负责这些 GIS 节点资源的注册和发现。在 P2P GIS 网络中，GIS 服务器由分布在网络上的多个服务器网络节点共同组成，负责为用户提供多种空间信息服务和计算功能。GIS 服务器节点一般会和特定的一个或几个资源服务器之间建立联系，由资源服务器对 GIS 服务器节点中的资源信息进行管理。各个 GIS 服务器节点的功能可能大不相同，有的是负责空间计算和数据处理的服务器，有的是以提供空间信息资源为主的数据存储服务器。除了 GIS 服务器节点和资源服务器节点，P2P GIS 网络中还包括 GIS 应用节点。资源服务器负责 GIS 应用节点及其资源的管理，并通过相互之间的通信实现整个 P2P GIS 的资源管理，GIS 应用节点通过资源服务器获得所需的资源信息，并实现相互之间的资源共享。GIS 服务器节点之间、资源服务器节点之间以及应用节点之间的关系，在 P2P 中是完全对等的。

由于将密集型的空间数据传输操作分散到整个网络中，P2P GIS 的应用架构突破了传统网络 GIS 的集中控制式体系结构，提高了服务器抵御风险的能力，能灵活适应 GIS 应用和管理的自治模式。同时由于各个节点的数据及功能部署差别较大，可以充分发挥这些节点的各自特性，实现相互之间的互补，还可以方便地利用多个 GIS 应用节点的不同资源为实现一些新的应用提供高效服务。

5.5.2　基于 P2P 的空间数据存储与发现

P2P GIS 是采用松散耦合的 GIS 网络应用模式，较好地适应了空间数据存储和管理的地理分布特性，有助于更好地利用存储在不同物理节点的空间数据。这种模式实际上满足了 P2P GIS 对空间数据分布式存储的基本要求——地理分布，而要解决 P2P GIS 的空间数据存储和高效管理及快速、准确查询的问题，还需要对空间数据作进一步的预处理，其中比较关键的是要按一定的策略将空间数据划分为多个逻辑集合，分别存储在不同的网络节点上。为了实现对海量空间数据有效、统一管理，需要结合空间索引和空间元数据目录服务技术来设计空间数据划分方法，以保证每个网络节点上所存储的空间数据在负载平衡、查询响应、存储代价等方面均取得较好的效果。通常可将空间数据按其覆盖区域分块，并为数据块建立空间索引，数据分块的尺寸（即数据粒度）根据实际需要而定，主要考虑磁盘存取效率和查询效率及以后的内容扩展。通过构建分布式空间索引来实现空间数据的分布式存储是一个重要的技术思路，这种方法将空间索引扩展到 P2P 存储环境，并与 P2P 查询路由算法结合，构建基于 P2P 的分布式空间索引，进而实现空间数据的分布式存储，能够更好地组织空间数据，以适应 P2P 网络的动态变化。

空间数据分布式存储为实现高效管理带来的直接问题是查询和检索空间数据的难度增大。这是因为，虽然 P2P 技术（主要指结构化 P2P 技术）在数据定位方面效率高、定位精确，适合于网络环境下大规模空间数据的发现与定位，但是由于结构化 P2P 技术采用的是基于 DHT 的定位和路由算法，较适合单属性空间数据资源的定位，而对于多属性空间数据的定位则有很大的局限性。图 5-13 是基于 P2P 的空间数据资源发现的一般实现模式。

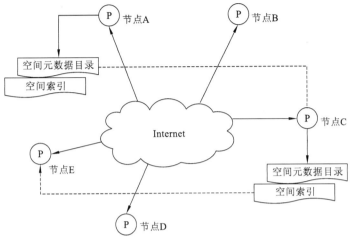

图 5-13 基于 P2P 的空间数据资源发现的一般模式

其中，节点 A 和节点 C 上均记录着分布式空间索引的一个子集，子集通过 DHT 算法分别映射、存储在这两个节点上，节点上还存储有查询其他空间索引子集的索引路由表，便于查询消息在不同节点之间进行快速路由。针对该空间索引子集所包含的空间数据，在数据节点上建立了对应的空间元数据目录，从而同时满足快速定位和多属性查询的需求。

空间数据应用中常需要实现诸如空间范围查询、空间关系查询等查询操作，这些复杂的查询很难通过 DHT 算法直接实现。因此，针对 GIS 应用特点设计适合于 P2P 环境的分布式空间数据索引结构或结合空间元数据目录服务技术是 P2P GIS 中常用的方法。如 5.4 节所述，基本实现思想是借鉴集中式空间数据库索引领域的一些成功经验，并结合 P2P 的动态性、异构性等特征，设计一种高效的覆盖网络结构和分布式空间索引，将不同的空间范围映射到不同的数据节点上，每个节点管理所分配空间范围内的空间数据索引信息，通过建立索引路由表和元数据目录来实现空间数据的高效发现。这样，既可以实现 GIS 应用中常见的基于空间范围的高效数据定位，又能通过索引信息或元数据目录满足多层次、多属性的空间查询需求。

5.5.3　P2P GIS 的空间数据传输

P2P 在即时通信领域的广泛应用，充分体现了 P2P 在数据传输和文件交换方面的优越性。在空间数据传输平台中将 P2P 和 GIS 结合起来，有助于解决空间数据量大、传输效率低下的问题。

1. P2P GIS 的空间数据传输

基于 P2P 技术的空间数据传输是一种多点传输技术，它突破了网络 GIS 固有的单点传输方式，可以由多个数据源同时提供数据，既降低了多用户并发访问的风险，又提高了数据的传输效率。为了实现 P2P GIS 的多点传输，需要对空间数据切片，并按照一定的规则编号，数据切片的编码保持惟一。切片大小对传输效率有影响，过大或过小都会降低传输性能，需要经过严格的传输测试来确定。图 5-14 为基于 P2P 技术实现空间数据多点传输的原理示意图。

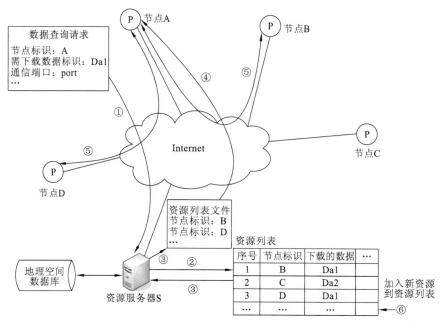

（a）资源列表中存在正在下载同一数据的节点

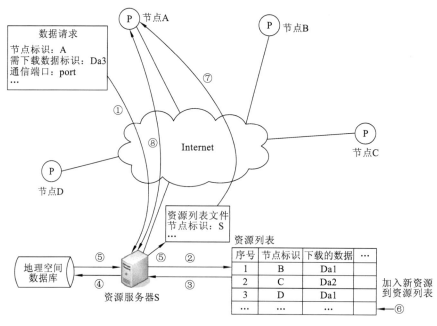

（b）资源列表中不存在正在下载同一数据的节点

图 5-14　基于 P2P 的空间数据多点传输原理

图 5-14（a）中，由用户节点 A（请求的数据为 Da1）向资源服务器 S 发出数据查询请求（①）；S 在收到该请求后，开始在资源列表中查找正在下载同一（或部分相同）数据的其他节点（②）；当 S 发现在系统中同时正在下载数据 Da1 的节点 B 和 D 时，将查找到的

结果信息形成资源列表文件（③）；然后将资源列表文件以请求响应应答的形式返回给节点A（④）；A 收到资源列表文件后，尝试与资源列表文件中的节点（这里为 B 和 D）建立连接并进行空间数据传输（⑤）；在将资源列表文件传输给 A 的同时，S 会将节点 A 也加入到它的资源列表中（⑥）。

然而，在 P2P 空间数据服务系统中，并不是用户请求的每个数据文件都一定有其他的节点在同时下载或已存在。例如图 5-14（b）中，如果资源服务器 S 在资源列表中没有正在下载全部（或部分）数据 Da3 的节点时，那么查询地理空间数据库服务器，得到所需要的数据（图 5-14（b）中的④与⑤），并将资源服务器 S 本身作为一个节点加入资源列表文件中（⑥），创建资源列表文件（⑤），将该文件返回给请求节点 A（⑦）；然后，A 尝试与资源列表文件中的节点（这里为 S）建立连接并进行空间数据传输（⑧）。

概括起来，P2P 环境下空间数据的传输过程可分为三个阶段。

（1）资源搜索。当 GIS 资源服务器接收到新的客户端请求时，将会搜索资源目录，并获得拥有该资源的所有节点列表。

（2）建立连接。客户端根据资源对应的节点列表，尝试与尽可能多的资源节点建立对等连接。通过与资源节点之间的互连，客户端正式加入 P2P 系统中，成为 P2P 中的一个对等节点（Peer）。

（3）数据传输。多个建立连接的资源节点向新的 Peer 传输数据，每个节点传输数据的一部分切片。最后，新的 Peer 将接收到的所有数据切片进行组合，获得所需的完整的空间数据。

需要指出的是，资源节点和资源服务器之间是通过超文本传输协议（HTTP）传输资源列表文件的，而并非对等协议。这是因为资源列表文件比较小，无需额外建立对等连接就可以完成数据的传输。

2. P2P GIS 的空间数据传输应用

SAND 的 APPOINT 方法是前述三个阶段空间数据传输的应用之一（参见 5.6 节），在 SAND 互联网浏览器所使用的 APPOINT 方法中，假定数据以文件形式存在，APPOINT 针对这些文件的请求进行优化。一些频繁访问的数据集会被访问节点复制到缓存，以便其他节点对这些数据集的后续访问可以在无需访问服务器的情况下获得，而服务器的存在又确保了非热门数据的持久可用性。可以看出，这种方式不仅保证了数据的访问效率和可用性，而且减轻了服务器负担，通过充分利用网络边缘的资源，增强了系统的可扩展性。在资源搜索阶段可通过连接服务器查询到缓存中存在目标数据的节点，由服务器返回这些节点的相关信息，经与这些节点连接，请求要获得的目标数据，最后在这些节点之间进行数据的传输即可完成整个数据集的传输。数据请求和传输过程如图 5-15 所示。

其中，客户端（即请求端）将数据查询请求发送到服务器以获得各个数据分片在网络节点中的分布情况。图 5-15 表明，请求端所需的数据由两个数据块组成，分别存储在客户端 1 和客户端 2 中。当请求端得到其所需数据的分布情况后，即分别向存储这两块数据的客户端 1 和客户端 2 发送数据请求，客户端 1 和客户端 2 响应请求端的请求后将数据块 1 和数据块 2 直接传输给请求端（不经由服务器）。

P2P 系统中的节点（peer）具有既是客户端又是服务器、信息在网络节点间直接流动

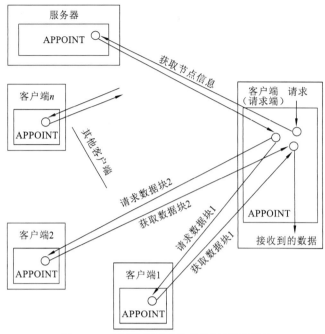

图 5-15　空间数据请求和传输过程示意图

的特点。信息在 peer 间不仅可以高速及时地传递，还可降低传统空间数据传输方式中的中转服务成本。可见，P2P 技术为空间数据传输和共享提供了更高的网络带宽利用率和更低廉的数据共享成本，并且能够有效地维持系统的负载平衡。P2P 的结构决定了 P2P GIS 具有良好的可扩展性，可根据应用需要随时进行弹性扩展，动态地满足空间数据的传输和共享需求。

5.5.4　P2P GIS 的地理协同工作

　　P2P 中的网络节点是互连、异构的对等实体，通常可根据可用节点的状态来灵活适应物理网络的拓扑，共享独立于任何集中式控制的分布式资源。由于节点的高自治性，网络具有自调整能力，这样的网络非常适于拓扑、信息和位置频繁变化的情况。节点不仅能与一个服务器通信，而且还可在节点之间进行信息交换。另外，与此相关的可扩展性也可为节点的动态加入和离开提供支持。由于 P2P 的这些特性，利用这一模式在应急管理等动态环境中进行地理协同应用时明显优于服务器集中式的 C/S（B/S）模式。

　　计算机支持下的协同工作作为一个多学科交叉和支持的研究领域，尽管其形成和发展的历史较短，但各领域研究人员对这一技术表现出了浓厚的兴趣，地理协同也成了研究焦点之一，它是指两个或两个以上的个人或组织使用 GIS 技术协同处理和完成一项与地理空间信息相关的任务。这种协同方式可以是同一时间、同一地点的协作，更多的是不同地理位置的协作，需要借助于网络通信和协作技术。

　　人类的许多活动都与空间信息相关，随着天、空、地全方位立体化的信息获取技术和高速网络技术的进步，基于网络环境和空间信息的协同计算和决策变得可行，并有着广阔的应用前景，尤其是在应急响应、交通等对时间特别敏感的应用领域。在遭遇紧急情况时，这种基于网络的远程协同决策更是不可或缺的。以突发性火灾为例，需要调集消防人员、急救人员、交管人员和安防人员互相协作，才能尽快灭火并尽量减小火灾所造成的损失与伤害。由于消防、急救、交管等分属于不同的管理机构，要实现相互协作，需要这些管理机构能够及时共享信息并协作进行决策，P2P 能够为这种复杂的协作方式提供有力的技术支持。首先，可以基于 P2P 技术构建一个统一的协作平台作为各组织之间共享和协作的工具，P2P 能够支持高性能的即时通信和信息共享，从而很好地支持不同的组织或个人利用该平台共享相互的位置信息和当前状态等，确保分属于不同组织的信息都能够被协作平台及时获取，为全面调度和科学决策提供参考。

与所有计算机支持下的协同工作相同，P2P GIS 的地理协同工作也可以概括为地理协同计算和分布式空间数据库的协作与共享两个方面。无论是哪个方面，作为分布式系统的 P2P GIS 的协同工作都需要一个有效的地理协同模型来支持这一过程的实现。一般认为，能够支持 P2P GIS 实现地理协同工作的模型必须能有效地解决以下几个问题。

（1）节点间通信。要实现 P2P GIS 中节点之间相互协同工作，对等节点间的通信是必不可少的，因此，地理协同模型必须支持对等节点间的基本的网络通信。

（2）动态节点资源管理。由于 P2P GIS 中的节点往往是动态加入和退出的，一个有效的 P2P GIS 地理协同模型应具有对等节点发现、对等节点监视、共享资源（文档、用户、系统信息等）分布式索引和有效的分布式查询的能力。

（3）基本地理协同服务。P2P GIS 的地理协同模型应提供一些基本的地理协同服务，包括保证地理空间数据可用性、一致性、机密性和可恢复性的分布式存储服务及用于通知用户系统改变信息的发布/提交服务等。这些基本服务可用于支持终端协同服务的建立。

（4）并发控制。P2P GIS 是一种多用户的系统。它在支持多人、多组织、多部门之间协同工作或决策应用中，往往需要多用户并行编辑地理空间数据库并提供事务的视图，以便 P2P 中的节点之间能够清楚掌握对相互所做的编辑，保持数据的一致性。并发控制也包括对提交给整个系统的多个任务的并行分布式处理。

（5）认证与安全访问管理。P2P GIS 的节点具有动态性，系统中对等节点间在大多数情况下都无法互相确认对方的身份和可信度，因此，P2P GIS 协同工作的模型应考虑提供一个安全框架以进行节点身份的认证和安全访问管理。

5.6 P2P GIS 应用实例

当前，P2P GIS 处于发展阶段，许多科研机构和商业组织尝试利用 P2P 技术提高 GIS 服务的质量和性能。这里重点介绍几个具有代表性的应用实例。

1. Toucan Navigate

Toucan Navigate 的中文名字叫做大嘴鸟导航，已经作为一个扩展集成到了 Microsoft Office 的 Groove Virtual Office（虚拟办公）协作软件中。借助 Groove 可以实现 Office 套件中的文件在网络化办公、移动办公、团队协作环境下的快速、灵活整合，支持分散的、流动的小组实时位置共享，小组成员能够添加地图或事件，并与他人共享。同时，Toucan Navigate 能够连接 GNSS（如 GPS），随时发布和共享团队成员的位置，从而更为有效地支持地理协同应用。

Toucan Navigate 具有添加空间分析工具的能力，能够在 Groove 环境中实现协同决策，这主要通过 P2P 技术来实现。Toucan Navigate 中的每个节点都是团队的一部分，都能够以服务器的方式进行工作并能够穿透防火墙。Toucan Navigate 节点的协作能力保证了处于同一工作组内的各个节点都能够快速访问到工作组内共享的数据和信息。工作组中所有使用 Toucan Navigate 的成员节点都能够浏览到同样的地图数据和位置信息，并能够在当前的视图中实现对自己当前位置或其他空间信息的添加、更新等编辑操作，实现真正的协同式空间信息编辑和处理。而且，如果某个节点在编辑过程中断开了网络连接，则当节点重新连接到网络时，脱机的编辑文件会被自动上传到工作组的共享空间，并发送通知给工作组中的其他节点。

Toucan Navigate 的一个应用实例就是一个共享团队中的每个成员都能使用导航定位系统向其他所有成员广播自己的位置。只要团队中的所有成员都使用 Toucan Navigate，无论其所处的物理位置在哪里，都能够浏览到相同的地图和位置，而且能添加或更新自己的位置及当前视图内的空间数据,同时还能通过使用 Groove 软件套件中的协同工具来支持相互之间以同步（实时使用即时消息）或异步（共享文档）的方式进行通信。图 5-16 所示为 Toucan Navigate 的工作界面。

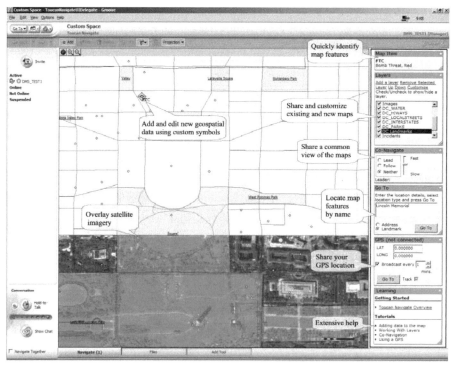

图 5-16　大嘴鸟导航的工作界面

2. OPUS

OPUS（open use server）采用的是 P2P GIS 文件共享体系结构，该结构也被称为快速在线制图网络（RoMap.net），通过在系统间直接交换的方式来支持包括地理信息、空间任务处理、缓存和磁盘空间等地理资源和服务的高效共享。这个项目当时是为米福林县开发的，并获得了美国 FGDC（The Federal Geographic Data Committee，联邦地理数据委员会）的授权。OPUS 使用 MapServer、PHP 和 Apache 开发，采用 Java 编程语言。图 5-17 所示是 OPUS 的基本运行界面。

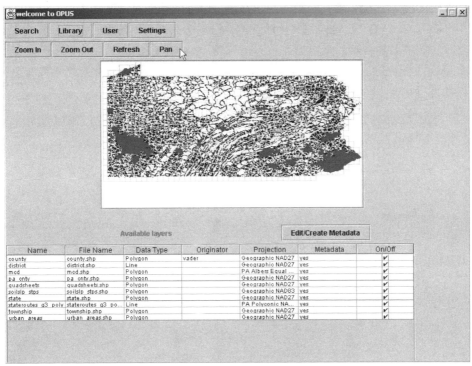

图 5-17　OPUS 的基本运行界面

RoMap 包含了一系列 P2P 协议和网络基础设施，支持复杂的 GIS 应用，并通过网络实现相互协作。OPUS 具有的主要特点：①允许任何一个网络节点从其他节点上浏览和下载数据；②具备基于 GIS 的图形化信息展示能力；③易安装、易操作，并且几乎不需要专业人员；④支持多种数据格式；⑤支持网络中任何数据集的关键字查询和空间信息查询。

3. SAND 互联网浏览器

SAND（spatial and non-spatial data，空间和非空间数据）互联网浏览器是一个能根据服务器状态自适应选择数据传输模式（P2P 或 C/S）的浏览器，可视为一个轻量级的 GIS 客户端，由美国马里兰大学帕克分校（University of Maryland，College Park）开发。

用户可以使用 SAND 互联网浏览器以一种交互、可视化的方式远程操作空间数据，由于远程访问的速度缓慢，该浏览器针对两种不同的客户端环境分别引入了对应的改进方法来提高系统性能，构建一个高可扩展的动态网络基础结构，为海量在线空间数据交互提供高效、可靠支持。实际的数据库操作核心功能是由马里兰大学开发的一个基于服务器的 SAND 系统提供的，客户端的 SAND 互联网浏览器提供图形用户接口以支持互联网上的 SAND 应用。

SAND 互联网浏览器是基于 Java 的，具有跨平台可移植性。Java 往往已在很多机器上预先安装，因而可以很少甚至无需任何额外的软件安装或定制化过程就可以部署该浏览器。根据用户机器是否预装了 Java 环境，SAND 互联网浏览器分为两个版本：第一个版本直接在标准的 Web 浏览器上作为一个 Java 应用程序来运行，为在带宽有限的 C/S（B/S）结构中平衡服务器端的本地资源和客户端的网络连接延迟，在这一版本中使用了有效缓存的方法来改进性能；第二个版本则是与基于 Internet 的数据库管理系统一起在本地安装的一个独立的 SAND 互联网浏览器，为帮助用户在较长时间内操作海量在线数据，SAND 通过充分利用分布在 C/S（B/S）结构中大量活跃客户端的分布式网络资源，使用一种集中式 P2P 的方法来更为有效地传输海量数据，该方法称为 APPOINT（an approach for peer-to-peer offloading the internet，对等网络的一种负载下载方法），它是 C/S 结构的一种有益补充。浏览器的运行界面如图 5-18 所示。

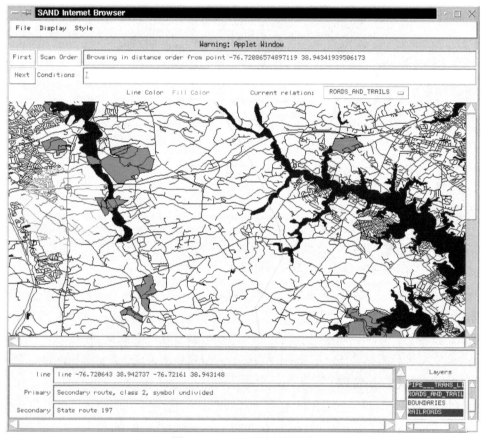

图 5-18　SAND 的运行界面

在 APPOINT 方法中，仍然存在一个服务器，作为数据的集中源和服务的决策协调者，很多情形下系统仍然以 C/S 的方式运行。与一般的 C/S 结构不同的是，APPOINT 会维护更多有关客户端的信息，包括客户端已下载的数据及其可用性等。当 C/S 服务质量开始变差或者发起某个数据项的服务请求的客户端到服务器的连接速度变得很慢时，APPOINT 就会指派系统中某个（些）活跃客户端代替服务器来提供服务，活跃客户端的目录服务仍然由服务器执行，但是服务器不再服务于所有的请求。在这种设计中，客户端主要用来共享其网络资源而不是引入新的内容，因此可以减轻服务器的负载并扩大服务规模。与依赖于洪泛机制来发现活跃节点的纯 P2P 方式相比，服务器的存在简化了动态节点管理复杂度，而且服务器仍然是数据的主要来源。

APPOINT 方法工作在应用层，所有操作都是以一种对客户端透明的方式实现的，具有平台独立性且易于部署。

4. CarbonCloud P2P 框架

The Carbon Project 是一家美国软件技术公司提出的地理社交网络（geosocial networking）和云计算解决方案，致力于 SDI（spatial data infrastructure，空间数据基础设施）建设，为政府和企业提供网络服务和地理空间数据。它建立的 CarbonCloud P2P 框架是世界上第一个用于共享位置内容的基于 IPv6 的 P2P 框架，旨在让所有人在任何地方都可以访问和使用基于地理位置的信息。

CarbonCloud 作为 Carbon Project 地理社交网络解决方案的技术平台，将 GIS 与 P2P 技术紧密结合，不依赖于任何 Internet 连接，而是将地理位置作为连接大众的基础。也就是说，CarbonCloud P2P 框架可以在 Internet 上使用，也可以在没有 Internet 服务的本地 Ad Hoc 网络上使用，计算机到计算机之间的无线对等网络提供了直接与邻居和朋友通信的框架。

基于 CarbonCloud P2P 框架开发了 CarbonCloud Sync 和（（Echo））MyPlace 两个主要的 P2P 软件。前者是一个可以运行在 Gaia 软件上的动态链接库。Gaia 是基于 .NET 开发的轻量地图数据可视化和共享平台，支持 OGC 标准 WMS、WMTS、WCS、WFS 服务和过滤器编码，可以在线加载 Bing Maps、Yahoo!地图和 OSM 地图。集成了 CarbonCloud Sync 的 Gaia 可以实现 P2P 检索并支持 GPS、美国国家网格（United States National Grid，USNG）坐标及美国国家国土安全绘图标准等，其示意图如图 5-19 所示。

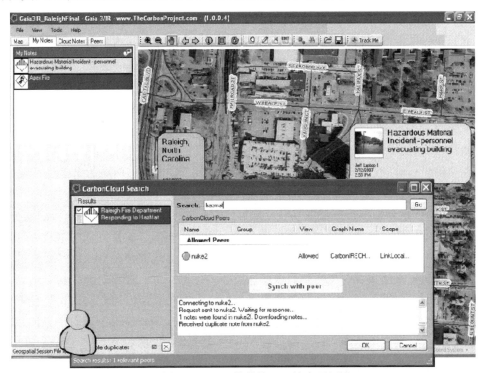

图 5-19　Gaia 软件的 P2P 检索示例图

CarbonCloud Sync 旨在实现地理空间协作，方便众源地理数据管理与更新，为不同来源数据提供一个动态协作更新平台。基于 OGC 通用互操作性标准，现有的 GIS 基础设施可以通过 GIS 专业或非专业人员在本地 Ad Hoc 网络或 Internet 中进行同步与更新。CarbonCloud Sync 支持以无中断且经济高效的方式与现有系统和流程集成，也可以托管在 Microsoft Azure 云上。当前 CarbonCloud Sync 属于商业扩展插件。

（（Echo））MyPlace 是一款基于地理社交网络的 P2P 软件，使用.NET Framework 开发，允许用户直接从一台计算机到另一台计算机实时共享照片和其他信息，其核心是 P2P 技术而非 Web 2.0。该软件将 CarbonCloud P2P 技术、Microsoft Virtual Earth 及流式传输技术相结合，在 P2P 网络中用户可以在虚拟三维地球或者地图上分享彼此的内容，包括图片、HTML 文本、Flash 或 Silverlight 等。

5. 面向遥感数据管理和发布的 P2P GIS 开发实例

为方便对 DPGrid（digital photogrammetry grid，数字摄影测量网格）所生产的各类数据进行有效管理和应用，武汉大学开发了基于 DPGrid 的数据管理系统。该系统面向 DPGrid 生产的各类影像数据及一部分矢量和属性数据的管理，为数据生产单位提供以影像数据为主的数据维护管理和客户端应用平台，并支持海量影像数据远程操作、数据发布和安全检查等功能。

为满足跨平台应用需求，系统基于 C＃.Net 平台实现，采用 B／S 和 C／S 相结合的开发模式。客户端兼具二维、三维数据的发布与展示功能，对数据的需求量非常大。开发中采用了 P2P 技术，目的是更好地响应多个客户端的并发数据存取请求、减轻服务器端的工作负载、提高系统整体性能。考虑服务器需要承担大量的处理任务，并以服务器集群的形式对外提供支持，系统采用了半分布式的 P2P 结构，结合多服务器技术处理客户端的数据请求。

当客户端请求连接时，会接收到各个服务器所发送的系统状态参数，包括 CPU、内存占用率等信息，保证客户端能够自动连接上负载较轻的服务器。服务器端担负着 P2P 资源索引节点和原数据节点的角色，在分布式的服务器系统上存储着所有的数据资源，每台服务器上还保存着一个 P2P 资源索引目录。索引目录记录的信息包括数据信息及下载过该数据的 P2P 客户端列表。

当接收到数据请求时，服务器会首先检索本节点的 P2P 资源索引目录，将满足用户请求的索引信息和对应 P2P 客户端的连接信息提供给用户，由用户所在的 P2P 客户端自动连接上拥有数据的客户端，并与这些客户端之间实现数据的直接传输。传输时，服务器将会监测传输过程，以保证用户能够成功获取数据，并随之更新服务器上的 P2P 资源索引目录。如果 P2P 资源索引目录中的数据并不能完全满足请求，那么服务器将查询本节点的数据资源目录，并将消息在服务器之间转发，以确认其他节点上是否存在目标数据或数据的一部分分片。资源搜索结果最终在收到请求的服务器上进行汇总，若其他服务器节点上不存在 P2P 客户端缓存数据，则由这些服务器将数据发送给客户端；如果查询到其他服务器节点上的 P2P 资源索引目录中存在数据，则由服务器端将满足用户请求的索引信息和对应 P2P 客户端的连接信息提供给用户，重复前面的 P2P 客户端数据传输。

采用 P2P 技术以后，客户端在多用户连接的情况下，仍然能够获得良好的响应速度，提高系统运行效率。无论是申请二维还是三维数据，服务器都能够保证快速响应，让用户可以像打开本地数据一样流畅地浏览和处理影像。图 5-20 为客户端动态获取影像数据后显示在用户界面上的示意图。

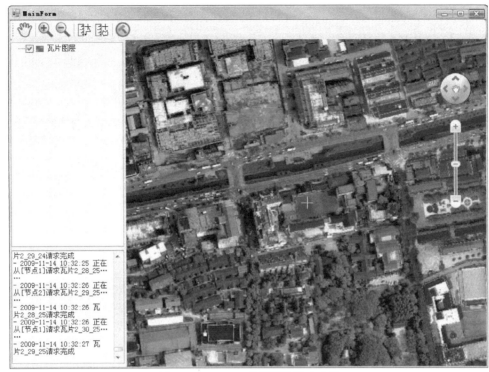

图 5-20　P2P GIS 的影像浏览客户端

习　题　五

一、名词解释

P2P，覆盖网，洪泛，随机漫步，Chord 环，区块链，P2P GIS，空间索引，多点传输，地理协同计算

二、填空题

1. P2P 技术能够提高网络 GIS 的_____、_____、_____等各应用环节的效率，有利于地理协同计算。

2. P2P 技术构建于_____网，在资源存储、搜索和共享等方面具有显著优势。

3. P2P 通过节点之间的_____和_____来完成任务，弱化了管理节点的作用和概念。

4. P2P 经历了_____、_____和_____三个阶段，演化出_____、_____和_____三种主要形式。

5. 采用洪泛机制进行路由时，首先将查询信息发送到_____的所有相邻节点，若某个相邻节点含有需要的资源，则返回一个_____到请求节点，若相邻节点中没有需要的资源，各节点将会继续把查询信息转发给各自的相邻节点。

6. DHT 通过_____函数确定系统中网络节点和共享数据索引信息的_____及二者之间的_____。每个网络节点维护一张_____，形成高度结构化的网络拓扑。

7. 采用 P2P 模式来共享文档、地图、多媒体等文件，巧妙地将存储任务分散到多个_____上，并支持用户之间的_____，可以满足用户对文件共享的需求、扩大文件共享范围和共享的数据量。

8. P2P 存储系统是一种重要的_____存储系统，与传统的存储系统相比，它具有良好的_____，能够弹性地实现系统规模的伸缩。

9. 在网络环境下，由于受到_____、_____、_____及_____等多种因素制约，空间数据的查询效率往往难以得到保证。

10. 常用的空间数据索引方法可分为_____和_____两大类。

11. 基于空间目标排序的索引方法是将空间对象映射到_____空间，但多维空间目标间的_____关系须保持。

12. 基于空间包含关系的索引方法，以_____组织结构将多维的索引空间划分为多级_____，然后将属于这些_____的空间对象分别存储在对应的磁盘页或数据桶中。

13. VBI-Tree 是基于一个虚拟_____结构的覆盖网络通用框架，可用来支持任何基于_____设计的层次化树结构，VBI-Tree 的节点分为_____和_____两类。

14. Spatial P2P 方法在查询效率、负载均衡和可扩展性等方面取得了不错效果，但没有考虑节点的_____、数据分布的_____。

15. 基于 P2P 技术的空间数据传输是一种_____传输技术，它突破了传统网络 GIS 的单点传输方式，可以由多个数据源同时提供数据。传输过程分为_____、_____和_____三个阶段。

16. P2P 系统中的节点具有既是_____又是_____、信息在_____间直接流动的特点。

17. Toucan Navigate 支持_____、_____小组实时位置共享，小组成员能够添加_____或_____，并与他人共享。

三、选择题

1. P2P 应用位于 TCP/IP 分层模型的（　　　　）。

    A.链路层　　　　　　　B.网络层　　　　　　　C.传输层　　　　　　　D.应用层

2. 下列不属于 P2P 的特点的是（　　　　）。

    A.分布性　　　　　　　B.动态性　　　　　　　C.自相似性　　　　　　D.可扩展性

3. 与传统的分布式系统相比，P2P 在系统扩展能力、通信能力和查询效率上均表现出诸多优势，常被应用于（　　　　）等领域。

    A.分布式计算与存储　　B.文件共享　　　　　　C.即时通信　　　　　　D.数据备份

4. 以下几个系统中，属于结构化 P2P 的系统是（　　　　）。

    A.Skype　　　　　　　B.Chord　　　　　　　C.KaZaA　　　　　　　D.CAN

5. 下列中，（　　　　）不属于非结构化 P2P 所采用的路由算法。

    A.泛洪机制　　　　　　B.DHT 技术　　　　　　C.随机漫步　　　　　　D.中序遍历

6. P2P 特别重视系统的（　　　　），相对而言，它的安全性面临诸多威胁。

    A.可扩展性　　　　　　B.异构错性　　　　　　C.容错能力　　　　　　D.资源的分布性

7. 下列中的（　　　　）不属于区块链的特征。

    A.资源共享　　　　　　B.防篡改　　　　　　　C.中心化　　　　　　　D.开放性

8. P2P 技术的主要应用领域包括（　　　　）。

    A.文件共享　　　　　　B.协同计算　　　　　　C.即时通信　　　　　　D.信息检索

9. 下列存储系统中，基于 P2P 技术实现的包括（　　　　）。

    A.OceanStore　　　　　B.Disk Array　　　　　C.PAST　　　　　　　　D.Granary

10. P2P 具有的（　　　），使得以其作为设计和实现 GIS 体系结构的一种方式成为可能，具有广阔的应用前景。

    A.可扩展性　　　　　　B.健壮性　　　　　　C.无单点失效　　　　　D.自治性

11. 下列方法中，基于空间目标排序的索引方法有（　　　）。

    A.Z-排序　　　　　　B.Peano 曲线　　　　C.四叉树索引　　　　D.Hilbert 填充曲线

12. 以下中的（　　　）属于以树型组织方法来设计结构化 P2P。

    A. VBI-Tree　　　　　B.平衡二叉树　　　　C. DPTree　　　　　D. DHR-Trees

13. VBI-Tree 实现了空间查询跳数的理论最优值 $O(\log N)$，但也存在以下缺陷（　　　）。

    A.未考虑多维数据　　B.树过高　　　　　　C.索引维护成本高　　D.查准率低

14. 空间数据、GIS 服务器、客户，客观上均分布在不同的地理位置，这要求 P2P GIS 在提高空间数据的（　　　）方面充分发挥优势，以满足空间数据应用服务的多方面需求。

    A.存储效率　　　　　B.资源发现质量　　　C.存取速度　　　　　D.协同计算能力

15. 下述现象或行为中，（　　　）需要用到地理协同工作。

    A.山洪灾害应急　　　B.收发短信　　　　　C.地震预警　　　　　D.打击效果评估

16. 下列 GIS 软件系统中，采用 P2P 技术的有（　　　）。

    A.Google Earth　　　B.OPUS　　　　　　C.SAND　　　　　　D.Toucan Navigate

17. 支持空间数据应用的结构化 P2P 的改进方法有（　　　）。

    A.SCRAP　　　　　　B.pSearch　　　　　C.P2P R-Tree　　　　D.DPGrid

四、判断题

1. P2P 中的节点对之间存在一种较为严格的主从关系。

2. 与 SAN 类似，覆盖网也是一种独立于现有网络的新型网络。

3. 集中式 P2P 由于采用了中心服务器，当用户请求数目过多时，容易形成单点瓶颈，可靠性和安全性相对较低，中心服务器的运行和维护费用也将随着系统的扩展而不断增大。

4. 全分布式的非结构化 P2P 采用 Ad Hoc 网络形式，是一种无中心节点的覆盖网，节点之间完全对等、紧密耦合。

5. 与网格相比，P2P 在资源发现与定位方面有较大的优越性。

6. 最早出现的 P2P 是采用 DHT 技术的结构化 P2P。

7. 洪泛机制通过一层层的相邻节点将查询消息在 P2P 中迅速扩散，传输效率较高，可以快速到达目的节点，但带宽占用严重。

8. 基于 DHT 的 P2P 可以提供精准的路由算法和查询机制，具有良好的可扩展性，能动态适应网络节点的变化。

9. Chord 环中的网络节点用于存储数据对象，数据对象的后继节点与网络节点的后继节点只是形式上有所区别，实质上是一样的。

10. 采用 DHT 技术的 P2P 系统能够方便地支持多维属性查询和多目标搜索方式。

11. CFS 系统采用 Pastry 协议来实现数据的存储和定位。

12. OceanStore 采用基于 Chord 的存储和定位算法，保证用户能够访问到离自己最近的数据副本。

13. P2P 存储系统具有高扩展性和强容错性，其安全性也比传统网络更高。

14. 结构化 P2P 存在的诸多优势使其可以直接用于空间数据查询。

15. P2P GIS 无中心服务器模式可以有效共享各类资源，支持多用户访问，因而可以提高系统运行效率。

16. VBI-Tree 是将集中式树索引结构中的每个节点与网络中的每个对等节点一一对应分布的。

17. Spatial P2P 方法可以解决空间索引的位置性和方向性问题。

18. P2P 的多点数据传输中，每个节点都要传输数据的完整内容。

19. 基于 P2P 的地理协同工作应该支持多用户并发访问，并保证数据安全。

20. SAND 具有跨平台特性，在它支持的数据传输方法 APPOINT 中仍然需要服务器的支持，因此并不是一种 P2P 结构。

五、简答题

1. P2P 技术是怎样体现"我为人人，人人为我"的理念的?

2. 简要说明三种形式的 P2P 结构特点。

3. 阐述采用洪泛机制进行路由的基本过程和特点，分析它与随机漫步的区别。

4. 阐述 Chord 协议的基本原理，分析其优缺点。

5. 基于 DHT 的 P2P 虽然具有较高的查询效率和扩展能力，但也存在一些不足，主要体现在哪些方面?

6. 列举 P2P 技术的主要应用领域，并简要说明。

7. 分析 P2P 存储系统的基本特点和所面临的主要问题。

8. 什么是 P2P GIS?简述其主要特点和可能的发展趋势。

9. 常用的空间索引方法主要有哪些? 分析每种方法的原理。

10. 举例说明 R 树空间索引的特点。

11. 分析现有的通用结构化对等网络不能有效支持空间数据查询的原因。

12. VBI-Tree 采用哪种遍历方式? 两种节点的结构有什么区别?

13. Spatial P2P 的核心思想是什么? 请简要阐述其在解决点类型对象空间索引时的基本方法。

14. 阐述 P2P GIS 的应用架构，分析其优点。

15. 简述 P2P GIS 空间数据多点传输原理和各阶段任务。

16. 分析 SAND 的 APPOINT 方法在空间数据传输方面的优点。

17. 举例说明 P2P GIS 技术在地理协同工作中的重要作用和要解决的主要问题。

六、论述与设计题

1. 鉴于 P2P 技术具有的良好的健壮性、可扩展性、容错性和灵活性等优点，它在空间数据查询、存储、传输等各环节均有不同程度的应用。请结合三种客观存在的分布情况（空间数据分布、服务器分布、客户分布）论述 P2P 技术在网络 GIS 应用中如何发挥作用。

2. 城市突发事件应急是城市管理的一项重要内容，一旦发生该类事件，往往需要城市的多个部门密切配合、共享资源、协调行动。请设定一个这样的事件，运用 P2P 技术设计一个能支持空间数据、实时数据及其他可能的数据之间进行地理协同计算的快速应急响应技术方案。

第6章 GIS 云

随着 Internet 在各个行业的发展与渗透，用户数和接入网络的终端数快速增加，各大网站和业务系统需要更加便捷和高效的计算、通信和存储环境以处理更多的业务量，但系统架构复杂、技术要求高、经济成本高制约了高性能计算环境的建立与发展。当前，我国高速网络和大型数据中心建设日新月异，网络基础设施条件得到极大改观和提升，人们开始借助虚拟化（virtualization）技术，寻求将网络上的软硬件资源聚集起来，形成逻辑上整体部署及管理的超高性能的计算环境，通过该环境中的不同机器的协同计算和负载均衡（load balance）等完成大规模复杂任务。这种计算环境和计算模式就是云计算。

云计算与网络 GIS 的结合可以为空间数据存储和高性能计算提供实用技术和方法，并形成网络 GIS 的各种云环境，即 GIS 云（GIS cloud）。本章将在简要介绍云计算相关知识和技术基础上，详细阐述 GIS 云的定义、特点、原理、方法及几个典型应用。

6.1 云 计 算

云计算是分布式计算、并行计算、效用计算（utility computing）、网络存储、高可用性（high availability）集群等计算机技术和网络技术相互交叉与融合发展的产物，也是继 20 世纪 80 年代从以大型机为中心到客户/服务器计算模式转变之后的一种新模式。

6.1.1 云计算形成与发展

1959 年，英国计算机科学家 Christopher Strachey 在《大型高速计算机的时分系统》一文中，首次提出虚拟化概念，成为云计算基础架构的基石。

2003 年，Google 阐述了一种可扩展的分布式文件系统，该系统可以运行在廉价硬件上，并且容错能力较好，适合于分布式的、有大量数据访问的大型应用。2004 年，Google 发布了 MapReduce 技术，这是一种针对大规模数据集的分布式计算技术，其核心思想是先将任务分解，然后在多个计算节点同时处理，最后将结果合并从而完成大数据处理。2006 年，Google 发布了针对结构化数据分布式存储和管理的 Bigtable 技术。同年 8 月，Google 首席执行官 Eric Schmidt 在搜索引擎大会上首次提出了"云计算"的概念，与此同时，Amazon 以 Web 服务形式为企业提供 IT 基础设施服务，2006 年提供的 EC2 产品（elastic computing cloud，弹性计算云）被公认为最早的云计算产品。

2007 年 10 月，Google 与 IBM 联合，在卡内基梅隆大学、麻省理工学院、斯坦福大学等知名高校推广校园云计算计划。2008 年 1 月，Google 在我国台湾省启动"云计算学术计划"，与省内学校合作，进一步加快了云计算技术的推广。

Microsoft 积极参与并大力推动了云计算技术的发展，于 2008 年发布了基于微软数据中心的云计算平台——Windows Azure Platform，提供了基于 Windows 系统的线上开发、存储和服务代管开发环境，能够帮助开发者开发和测试基于云环境的 Windows 应用程序。同年初，云计算的中文名称得以确定。

云计算在服务器端展现了强大的计算处理和存储管理能力，但随着物联网的快速发展，在远端数据存取和处理方面，云计算逐步显露出不适应性。于是，为了适应多种环境和应用需求，在云计算基础上延伸出了雾计算（fog computing）、边缘计算（edge computing）等多种计算模式。这些计算与云计算相辅相成，互为补充，在复杂的应用场景下为人们提供更加便捷高效的计算服务。人们越来越意识到"云计算"将会成为继水、电、气、电话之后的第 5 类公共资源，为满足人民群众日常需求而提供多种必需的基本服务。

6.1.2　云计算定义与组成

简单地说，云计算就是指利用"云"进行各种问题的求解，通过 Internet 使计算分布在大量的分布式计算机上，而非本地计算机或远程服务器中。"云"是指由各种异构资源相互连接、聚合而成的一种虚拟化的资源共享和协同计算环境，能够提供安全、高效的计算和存储等服务。"云"中各虚拟化资源的软硬件结构差异被隐藏起来，使得用户无需自己布置和维护各种软硬件，只需通过连接 Internet，就可以利用"云"所提供的资源完成计算任务。

对于"云"的理解，有一个形象的比喻，从单台服务器计算模式转到云计算就好比是从传统的单台发电机模式转向电厂集中供电模式。有了电厂，用户用电无需家装发电机，而是直接从电力公司购买。这意味着云的计算能力也可以像水电一样作为一种商品进行流通，供用户便捷、廉价地使用。云计算体现出这样一种思想：把网络上特定范围内的全部资源或者力量综合起来，为每一位有需要的用户提供按需服务。

1. 云计算定义

作为一种快速发展的新的计算模式，很难对云计算给出精准定义。以下是 4 个有代表性的云计算定义。

（1）维基百科：云计算将 IT 相关的能力以服务方式提供给用户，允许用户在不了解服务所涉及的技术、没有相关知识及设备操作能力的情况下，通过 Internet 获取需要的服务。

（2）中国云计算网：云计算是分布式计算、并行计算和网格计算的发展，或者说是这些科学概念的商业实现。

（3）IBM 技术白皮书"cloud computing"：云计算一词用来同时描述一个系统平台或者一种类型的应用程序。一个云计算平台按需进行动态部署（provision）、配置（configuration）、重新配置（reconfigure）及取消服务（deprovision）等。云计算平台中的服务器可以是物理服务器或者虚拟服务器。高级的计算云通常还包含一些其他资源，例如 SAN、网络设备、防火墙及其他安全设备等。在应用方面，云计算描述了一种可以通过 Internet 进行访问的可扩展的应用程序。"云应用"使用大规模数据中心和高性能服务器来运行网络应用程序与网络服务。用户通过 Internet 接入设备及标准浏览器可以访问任何一个云计算应用程序。

（4）NIST：云计算使用一种按使用量付费的模式，该模式通过快速提供可配置的计算资源共享池，使用户获得可用的、便捷的、按需的网络访问。这些资源包括网络、服务器、存储设备、应用软件、服务等。在该模式下，仅涉及较少的管理工作和与服务提供商的交互。

综上可以看出，云计算定义阐述的内容主要包括：①云计算是 Internet 上的虚拟资源，对海量的计算机资源进行整合、聚集后，再分配给不同的用户；②云计算可根据用户的不同需求，调整、强化所需的局部硬件资源；③云计算中的软件资源可以被快速部署，降低了用户的运维需求；④用户通过台式计算机、便携式计算机、智能手机等客户端接入云中，按自己的需求进行运算。

因此，可对云计算定义做进一步阐述：云计算是建立在分布式计算基础上的、实现对虚拟化的计算和存储资源池的动态部署、动态分配、实时监控的一种计算模式。它以对用户透明的方式为其提供满足服务质量要求的基础架构服务、平台服务和软件服务。

2. 云计算特点

作为虚拟计算资源的提供者，云计算支持软件的自动管理，实现强大效能的网络服务。结合技术发展和应用背景，云计算的特点可归纳为以下主要方面。

（1）大规模。大多数云计算都具有相当大的规模，例如，Google 的云拥有 100 多万台服务器，Amazon、IBM、Microsoft、Yahoo 等的云均拥有数十万台服务器，企业私有云通常拥有数百乃至上千台服务器。云中心通过整合和管理这些大规模、超大规模服务器集群为用户提供超强计算和存储能力。

（2）虚拟化。虚拟化技术是云计算的基础，通过虚拟化可以将分布的内存、外存储器、服务器乃至网络等资源封装组织起来，形成对用户透明的、符合自己业务需求的虚拟计算设备，用户无需了解云计算环境的具体构成，就可以通过台式机、便携式计算机或手机等客户端设备经由网络来管理或控制高性能计算机，完成包括超级计算、事务处理等在内的各类任务。

（3）高可靠性。在构建"云"的过程中，常采用副本容错架构，以屏蔽部分资源损坏可能带来的软硬件失效问题。同时还通过使用数据多副本容错、计算节点同构、任务流自动化调度等措施来保障云服务的高可靠性。这种多环节冗余容错技术使得"云"的可靠性远高于本地计算机。

（4）高通用性。作为一种通用服务标准，云计算并不针对特定行业和领域的应用，它在虚拟化技术支持下，可使用户自由、快捷地构建纷繁多样的业务平台和软件环境，支持各种类型的业务应用，并保证这些应用的运行效率和服务质量。

（5）高可扩展性。"云"的结构和规模并不是固定不变的，而是随着应用环境和用户需求的变化动态伸缩。实际应用中，用户所用的"云"是大规模服务器集群的子集，在用户任务需求不超过总集群规模的前提下，"云"通过灵活调配和任务调度获取完成用户任务所需的资源，充分满足用户业务需要。这种动态伸缩特性使得"云"能有效适应用户业务增减，充分利用各种资源。

3. 云计算组成架构

云计算作为一种特殊的软硬件系统，涉及众多的模块和组件，目前还没有一个统一、全面的体系架构。本章通过对云计算现有产品、技术和方案进行分析、整合，给出了"三横两纵"的云计算通用架构，如图 6-1 所示。

图 6-1 中，三个横向层作为云架构的服务部分，由资源层、平台层和应用层构成。两个纵向层作为云架构的管理部分，由管理层和用户访问层构成。由于云体系架构以服务为

图 6-1　云计算通用架构

核心，设置纵向管理部分可以更好地管理和维护三个横向层，从而为用户提供更好的服务。在服务方面，每个横向层对应一种服务。

1）两层管理架构

由管理层和用户访问层共同构成的管理架构，为云计算环境提供状态监控、运维、计费、安全及与用户服务相关的一系列功能。

（1）管理层。管理层主要为云服务提供运行和维护保障，能让云计算系统的管理与维护更加系统化和自动化。它主要提供：①对各资源节点运行状态进行监测，并根据各自负载情况自动调节软硬件的运行状态，可以有效节约云计算系统维护成本；②对大规模的服务器、存储设备等硬件资源进行虚拟化，方便系统资源的灵活调度与管理，较好地实现负载均衡；③为云计算中心存储的数据和应用程序等提供安全保护。通过用户访问权限、网络隔离和数据加密等措施，保证基础设施和服务资源被合法、正确地获取与使用。

（2）用户访问层。用户访问层面向云服务的用户，负责为用户与服务对接提供相关的管理和功能支持。该层主要提供：①对用户注册的账号信息及访问权限等进行组织和管理；②对用户调用服务的环境配置信息进行统一管理，方便用户协调使用多个服务；③将云提供的多个服务进行注册和规则封装，并采用一定的标准接口进行连接，使系统处于松耦合状态，更好地为用户提供服务。

2）三层服务架构

（1）应用层。向用户提供基于 Web 的服务，用户通过网络浏览器即可访问云上运行的应用。应用层服务提供商负责提供和管理云计算系统的软硬件设施和应用程序接口，用户无需考虑硬件环境的搭建与维护、操作系统与软件的安装与部署等，极大地降低了使用门槛。

（2）平台层。即中间件层，可以提供中间件服务、应用服务、分布式缓存、数据库服务等，用户经由该层可以获取一个具有完善的开发环境、网络资源、存储资源等基础资源的开发平台，并在平台上开发、测试和部署应用程序。同时，用户还可以利用该平台开发出多种多样的服务并将其集成在同一服务器上。

（3）资源层。资源层向用户提供虚拟机、云服务器等底层物理资源、计算资源、网络资源、软件资源、存储资源等。资源层采用硬件虚拟化技术将服务器和应用程序进行整合，为用户提供所需的基础资源，而无需考虑基础资源的管理和维护问题。

3）云计算服务模式

云计算的表现形式是一系列服务的集合。根据服务类型的不同，云计算服务在三层服务架构支撑下主要分为 SaaS(software as a service,软件即服务)、PaaS(platform as a service,平台即服务)及 IaaS(infrastructure as a service,基础设施即服务)三种类型。

(1) SaaS。SaaS 是云计算的一种主要商业模式,是指用户通过浏览器和 Internet 获取云上的各种软件服务的过程。在 SaaS 应用模式中,SaaS 软件服务提供商通常将软件划分为若干个模块,供用户按需选择模块。在获取服务时,用户需要支付一定的使用费,系统维护、部署、更新升级等均由服务提供商负责。SaaS 模式的主要特点是成本低、运营维护费用少、对用户要求少、服务灵活多样。

(2) PaaS。PaaS 是平台服务提供商为用户提供的应用平台、开发平台等,服务内容包含软件更新、升级、安全措施、操作系统、软硬件及应用托管等。平台服务供应商提供的开发环境和开发语言通常都做了限定,例如,Google 的 App Engine 的开发语言被限定为 Python 及对应集成开发环境。用户接收的服务为 SaaS 模式,通过上传指令和数据即可使用云平台服务,无需关注硬件、存储方式和操作系统。PaaS 属于 SaaS 应用的发展,在 SaaS 服务基础上提供 PaaS 服务,比如 SalesForce 公司的 Force.com 既是一个开发平台,也是在 SalesForce.com 基础之上的一个软件服务引擎,可提供站点应用、商业和移动应用服务等。

(3) IaaS。IaaS 为用户提供计算、存储、带宽乃至服务器等基础设施服务,可根据用户实际使用的基础设施类别,按实际消耗量计费。在 IaaS 模式中,终端用户通常为企业用户和系统开发者,不同用户可以共用同一个基础设施。

SaaS、PaaS、IaaS 的对比如表 6-1 所示。

表 6-1 SaaS、PaaS、IaaS 技术对比

类型	服务内容	系统案例	关键技术	使用方式	服务对象
SaaS	提供基于 Internet 的应用软件服务	SalesForce.com、微软在线办公软件	Web 服务、Internet 应用开发技术	用户上传数据	需要软件应用的用户
PaaS	提供应用平台、开发平台部署与管理服务	Azure、Google APP Engine	海量数据处理、资源管理与调度技术	用户上传数据、程序代码	程序开发者
IaaS	提供算力、存储、带宽等基础设施部署服务	EC2/S3、IBM 的蓝云服务	数据中心管理、虚拟化技术	用户上传数据、程序代码、环境配置	需要硬件资源的用户

6.1.3 云安全

云计算事实上是一种将硬件资源托管到专门机构(企业)中,由其代为运维的计算和存储资源服务方式。托管方式的优势在于用户不再需要构建独立的硬件运维体系,可以降低投入成本和部署难度。硬件托管也意味着用户在使用云服务时,是将自身的数据安全、信息安全、系统安全及网络安全亦托付于专门机构(企业),显然存在一定的安全隐患。

在现代信息社会中,"数据"蕴含着大量的个人隐私、商业情报、社会发展战略乃至国家安全信息。随着数据的作用和地位日益重要及云计算的普及,云计算安全(cloud computing security）问题成为了政府、企业和个人的核心关注点。云计算安全亦称为云安全（cloud security），旨在采取可靠的策略、技术、规范和方法来保证云计算环境中的基础设施、架构、数据、应用程序、服务等的安全，它是计算机安全、网络安全、信息安全的子域，本质上是云计算平台上的计算机网络安全问题。

云安全通常分为安全与隐私、规范遵循、法律与契约议题三个大的方面。①安全与隐私是为了确保数据是安全的，即不能被未授权用户存取。云服务提供商需要提供隐私数据保护、身份管理、实体与个体信息安全、应用程序安全等措施。②规范遵循是指数据存储与使用中需遵从的规范。云服务提供商要协助客户做到遵守相应的规范，例如商业连续性与数据撤销规范、日志与审核追踪规范等。③法律与契约议题是指除了遵从安全和规范议题，云服务提供商必须要有良好的商业信用体系和法律法规支持，和客户之间要按照责任来协商订定相关的法律条款、知识产权与服务约定等。

根据云计算的信息安全保障内容，可以将云计算安全分为以下几个方面。

1. 数据安全

云计算供应商通常从节约空间、降低成本或提高效率方面考虑，采取不同的存储策略，例如将不同用户的数据存储于同一个存储节点上，或者将同一用户的大量数据分布存储于不同的存储节点上，并且通常没有容错措施，这样一旦因设备故障、老化等就会导致服务器无法正常运行，用户数据的安全性和稳定性极易受到威胁，面临数据失效后无法恢复的风险。

数据安全是云计算安全的重中之重，唯有确保数据安全，用户才能够放心使用各项云服务。数据安全包含了数据的完整性保护、集中式存储隔离、数据隐私加密保护等机制。

数据安全主要有以下几个方面。

（1）数据完整性保护。数据安全首先要保障数据的完整性，数据完整性关乎数据的可用性，但在数据存储中，因为用户无法完全了解云服务器是否会对自己的数据进行完整性保护，所以用户有必要对其数据的完整性进行验证。远程数据完整性验证协议通常能够仅根据原始数据的一部分信息和数据的标识实现。

（2）数据集中式存储隔离。将多个用户的数据集中存储在一台服务器上虽然可以节约成本，但若黑客通过不正当方式取得该物理服务器上某一虚拟机的权限，则可能威胁到服务器上其他虚拟机的数据安全。为妥善保护数据，保持各份数据的独立性，需要将一个客户的数据与其他客户数据适当隔离。这样，当数据存储在原来的地方，或从一个地方移至其他地方时，均能确保其安全。此外，对使用数据的权限应当通过明确的职责划分加以确定，特权用户的边界也应明晰，从而确保对数据的审核与监控不会失效。在技术上，云服务提供商需要建立相关系统以防止数据外泄或被第三方任意访问。

（3）数据隐私加密保护。当用户把数据上传到云端后，数据的优先控制权实际上已经归属于云服务提供商，如何确保云服务提供商在遵守法律法规情况下，采取技术手段保证数据的机密和隐私非常重要。例如，在使用支持搜索的加密算法的情况下，用户可将数据加密后存储到云服务器端，在搜索时提供已加密的关键字，服务器根据加密过的关键字和加密的数据进行搜索，得到结果后返回给用户。

若数据没有经过加密，则由于 Internet 的开放性，数据存储到云服务器上会面临隐私泄露和被不法用户盗取和破坏的风险。此外，还因这种远程存储往往存在一定的跨国、跨区域特性，数据的存储和调用通常受到当地法律法规的制约，例如美国在 2018 年 3 月 23 日宣布生效的《澄清域外合法使用数据法》中申明，美国人的数据及在美国境内的人的数据，无论存储于何地，外国政府要调取均应当通过司法协助渠道，即必须经过美国国内的司法程序；"其他国家的数据"只要为美国数据控制者持有，美国政府就能借机要求发出调取命令的外国政府必须遵守一定的人权和隐私保护基线，同时给美国政府同样的对等待遇，而且美国能够随时关闭外国政府的这个渠道。这一法令使得其他国家在云中保存的存在一定涉密性和隐私性的数据的安全性大为降低。

2. 网络安全

与传统的集中式数据存储或网络存储技术相比，云中数据是通过 Internet 在第三方数据存储设备上存储的，这意味着任意的网络用户都有可能通过网络获取或破坏存储在云计算中心的数据资源；另外，在上传、使用远程云计算中心中的数据时，都需要通过 Internet 传输，在这一过程中需要经过多个通信环节，可能遭遇网络软硬件故障所导致的网络传输失败。网络传输过程意味着数据的流动，这个过程还极易受到黑客或非授权用户的入侵和破坏攻击，不仅影响数据传输的时效性，导致服务器工作不稳定，而且还将带来严重的数据安全问题。一般可以通过两个方面提高网络访问和传输安全。

（1）网络层次划分。云计算系统的网络结构十分复杂，组成部分众多，不同的网络组成具有不同的系统架构，同时云计算需要管理的终端设备和业务设备数量庞大，容易面临较大的风险。通过对网络进行合理的网段规划和拓扑结构设计，可以提高云计算系统网络的可管理性和安全性。

（2）网络安全审计。来自不法用户的网络攻击容易通过云计算的用户终端设备从后台渗入系统主机和其他服务应用节点当中，对云计算系统带来损害，影响系统的整体安全。通过收集和分析用户使用过程中的相关信息，来检测和判断用户行为的合理性和安全性，一定程度上避免可能导致网络异常的危险操作。

3. 虚拟机安全

云服务大量使用虚拟机技术，虚拟机面临着共享物理机、旁道攻击、用户越权访问及病毒传播等多方面的安全性问题。在云基础设施中，通过虚拟化平台（如 VMware ESXi、KVM、XEN 等）对物理服务器资源进行隔离创建服务器，同时该平台包含监视器，用于监督运行于物理机上的虚拟机。如图 6-2 所示为虚拟机的一种安全架构。

增强虚拟机安全性可以通过以下几种方式来实现。

（1）隔离物理机。采用虚拟化技术将一台服务器虚拟化为多台虚拟机，便于多个用户共享物理机，提高资源利用率。这种方式中，若一台虚拟机在使用过程中因操作不当而失效，则将导致整台物理机崩溃，其他虚拟机随之瘫痪，影响其他用户正常使用。显然，最好的解决方法是用户独占物理机，这对于有较强经济承受力的用户而言是一种安全、可靠的选择。

（2）抗旁道攻击。旁道攻击是指某一虚拟机攻击位于同一台物理机上的其他虚拟机的行为。比如当其中一台虚拟机窃取到整个物理机的权限时，便可以轻易访问到该物理机下其他用户的虚拟机，从而会带来数据、隐私泄露等危害。对虚拟机进行实时动态监控，是解决这一问题的有效途径，通过监视器对虚拟机的权限进行监控，一旦发现越权行为立即制止。

（3）防火墙技术。系统运行时，多台虚拟机之间往往会有通信及虚拟机与外部的通信，在通信过程中可能会有病毒传播或用户的越权访问问题。可以通过防火墙配置保障，对数

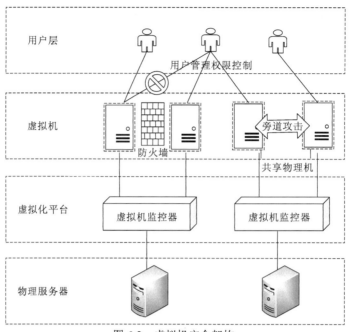

图 6-2　虚拟机安全架构

据访问权限进行控制，阻止非法用户对数据的访问与操控。在多用户的云基础设施中，软件服务提供商可以同时租用多台虚拟机，并在每台虚拟机上各设置一个防火墙，通过防火墙对虚拟机之间的通信进行过滤。

6.2　GIS 云概述

　　自 2006 年提出云计算概念以来，计算资源整合的规模和力度在不断增大，网络带宽和传输效率在稳步提高，云计算体系从概念走向实用的步伐在不断加快，与各行各业、各领域的结合正在变得深入和广泛，而且在互联网＋中不断显现出诸多优越性能。

　　GIS 在发展的每一阶段都深受计算机和网络技术发展的影响。随着高分辨率传感器、SAR（synthetic aperture radar，合成孔径雷达）、LiDAR（light detection and ranging，光的探测和测距）、UAV（unmanned aerial vehicle，无人机）等技术的广泛应用，GIS 正面临数据密集（data intensive）、计算密集（compute intensive 或 CPU bound）和 I/O 密集（I/O bound）等诸多方面的严峻挑战，亟须一种更加可用的计算技术来提供实时可用的 IT 资源，支撑时空大数据发现、获取、处理及应用服务，并满足固定和移动终端设备的高并发访问。

　　云计算的兴起为 GIS 带来了新的发展机遇，GIS 云就是以 Internet 为基础实现云计算与 GIS 深度融合的一个成功范例。

6.2.1　GIS 云及其特点

　　近年来随着 Internet、数字/智慧城市、地理国情监测、卫星遥感等领域的快速发展，接入网络的终端设备、传感器数量、数据获取手段等越来越丰富，产生了十分庞大和难以管理的时空大数据。与此同时，用户对地理信息服务的需求日趋迫切，需要管理的数据规模也在急剧扩大。如今地理空间信息行业越来越多的数据呈现出空间特征、时序特征、多维特征，并具有时效性、海量性、复杂性、不确定性等多重特点，通常称具有这些特点的数据为时空大数据。这种数据除具有一般大数据的规模巨大、变化快速、多样化、性能要求高和价值密度低的特点外，还具有数据对象的地理分布、多源异构、事件的时空尺度、空间关联和动态演化等特征。时空大数据的价值主要在于时间、空间、对象之间的关联关系，这种关系往往是异常复杂和宝贵的。对时空大数据进行有效存储和管理，并按照实际需求进行多维度关联分析、计算和挖掘，进而提供相应的地理空间信息服务来满足用户需求，这就不得不借助于云计算技术。

1. GIS 云产生背景

云计算为 GIS 面临的诸多难题提供了全新解决思路。基于云计算技术，建立从基础设施、数据、平台到服务的一体化时空信息云平台，对各类应用中的时空大数据实施有效管理，并按照实际需求进行数据的存储、处理、分析，并提供相应服务，满足各类 GIS 应用。此外，结合云计算在资源管理、数据共享、计算能力、产品成本和服务等方面的独特优势，可以变革传统 GIS 的处理方法和应用模式，推进时空大数据和地理信息功能共享，解决地理信息科学面临的挑战。作为云计算技术、大数据技术和传统 GIS 技术融合的产物，GIS 云应运而生。宏观意义上讲，GIS 云可以提供更丰富的地图服务资源库、更便捷的数据处理和共享方式以及更完善的空间数据分析服务。

GIS 云并不是简单地将 GIS 复制到云平台上，而是在地理信息服务平台基础上创建的云服务平台，是为了适应分布的地理时空大数据及其应用需求而诞生的产物，其核心变化在于突破了传统 GIS 存储与计算的能力上限。

2. GIS 云定义

GIS 云是以地理空间信息科学和分布式计算理论为基础，以地理时空大数据为处理对象，通过综合运用云计算技术和 GIS 技术解决分布式环境下 GIS 的数据密集、计算密集和 I/O 密集的应用难题，遵循时空关系和地理分布特性对地理空间数据进行存储、传输、组织、处理、管理和分析的一种大规模高性能云服务系统。

GIS 云将空间数据的使用由基本的查询、检索、统计、可视化表达、空间分析提升到复杂的空间关联分析、时空状态拟合、智能分析决策等更高层级，能够将 GIS 中的服务资源虚拟化并进行动态分配和调用，实现时空大数据的快速处理，灵活、便捷、大范围地向用户提供各类地理信息服务。

GIS 云的构建需要在已有的云技术体系架构中，根据地理时空大数据特征和应用需求进行规范化、标准化、业务化构建与部署，它将会为地理空间数据的存储管理、组织查询、关联分析和显示服务等方面带来新变化。

GIS 云的存储系统面临的是巨量的、地理分布的、持续增长的时空大数据，需要具备面向应用和业务需要的纵向伸缩与横向扩展能力。GIS 云的数据组织体系要有较强的包容性和灵活性，在统一的数据组织规范约束下，有助于形成时空多维度关联模型，以满足对时空大数据快速索引的需求。GIS 云的计算能力体现在对时空数据多维解析、语义分析和时空动态关联，以及对空间变化规律的重构和未来状态的预测等，因此需要提供弹性的、充足的、强大的计算能力。

GIS 云的服务模式较传统 GIS 变得更加简单，它提供简洁、跨平台的界面入口和丰富、完整的应用算法，根据用户需求进行地理信息的定制化，实现按需服务，降低 GIS 用户使用门槛。

3. GIS 云特点

GIS 云可用于解决网络 GIS 面临的分布式存储、协同计算、弹性资源管理等难题，采用云计算技术强化 GIS 基本功能的实现方法，扩展功能覆盖范围，提高系统性能，为用户提供按需分发的更高效率的地理信息服务能力。GIS 云除具有云计算的大规模、虚拟化、高可靠性、高通用性、高可扩展性等特点外，还具有以下特点。

（1）计算资源集中管理。GIS 云依托云环境聚集计算资源，为用户提供各种用途的大规模、高性能云服务，如矢量数据计算、大范围影像拼接、复杂地理分析等需要大量计算资源才能完成的任务。通过抽象化方式实现的由计算、存储、网络资源构成的一种或多种形式的虚拟资源池，能为多种应用提供充足的资源服务。

（2）按需、弹性与在线服务。GIS 云的优质服务体现在按需服务、弹性服务和在线服务等方面。按需服务是按照用户要求实现服务的申请、配置和调用，服务商同时对资源及时分配和回收，以满足用户的多层次需求。弹性服务是指 GIS 云根据服务访问规模和压力进行自动扩容、自动均衡负载。当访问压力过大时，GIS 云服务集群组就会自动创建一个新的计算节点，实现在高负载下自动拓展计算节点的能力；当访问压力下降时，则自动减少计算节点，回收并释放计算资源。在线服务是指云中的各种 GIS 服务都可以在线申请、在线交付、在线使用、在线管理，地理信息服务商可以将各种功能、各种资源均以在线服务方式提供给用户，无需用户处理基础地理空间数据、搭建软硬环境，因而可以极大地缩短 GIS 建设周期，减少建设成本。

（3）时空大数据无缝融合。面对 TB、PB 甚至 EB 级规模的大数据及各行各业用户纷繁多样的空间数据服务需求，GIS 却面临着数据既多又少、既快又慢的问题。一方面，空间数据逐渐呈现多源、多尺度、多时相特征；另一方面，空间数据以多种格式组织、分布存储在不同的地理位置，数据传输不快，交流不畅，容易形成数据孤岛和传输瓶颈，使得在处理时，很难快速地获得所需的数据。GIS 云作为 GIS 和时空大数据的载体，为多元时空大数据无缝融合处理带来了新手段和新方法。在 GIS 云环境下，经由数据并行传输技术获取待处理数据，利用大数据分析技术深度挖掘空间位置关系并揭示时空数据关联模式，通过云计算实现协同处理。

6.2.2 GIS 云部署模式

当前 GIS 云仍处于发展阶段，云计算的多种部署模式在 GIS 云中都有体现。"云"的规模可以按照行业、流程、业务和用户层次的差异动态伸缩，"云"之间也可以根据不同的用户需求、不同的业务属性进行聚合，服务提供商可以重新定制其应用模式，从而为各种用户按需定制应用。GIS 云的部署模式主要有三种：公有 GIS 云、私有 GIS 云和混合 GIS 云，其中混合 GIS 云由一个或多个公有 GIS 云和私有 GIS 云环境组合而成。

（1）公有 GIS 云。为适应 GIS 应用领域、用户需求和业务量不断扩大的现实情况，优化提升 GIS 云自身服务能力并满足其对多维数据高效存储的需求，为大规模计算用户提供高性能、高可用性、高性价比的云服务，很多专业的 GIS 云服务供应商提供了包含各种类型 GIS 资源服务的公有 GIS 云（public GIS cloud）解决方案。用户无需关心云的资源的安全、管理、部署和维护等问题，可以根据各自的需求获得定制化的地理信息服务。由于具有前期投入少、使用门槛低、更新容易、维护简单、能够自动在线升级等优点，公有 GIS 云广受欢迎。常见的公有 GIS 云平台有 ArcGIS Online、Google Earth Engine、SuperMap Online。

（2）私有 GIS 云。公有 GIS 云中，服务中心和数据都部署在第三方公共平台上，数据和服务的安全与保密性存在一定隐患。私有 GIS 云（private GIS cloud）通常是企业为了满足内部单独使用而搭建的 GIS 云平台，因而可以有效确保数据的安全性和服务质量，便于管理和维护云中各种资源，非常适用于某些由于政策限制或网络安全等原因无法使用公有云的部门与组织。私有 GIS 云所提供的服务通常都基于内部云平台进行运营和管理，对外不提供基础设施服务。私有 GIS 云的针对性强，构建过程复杂，需要专业运维人员，因此成本较高。已有很多企业提出了私有 GIS 云解决方案，OpenStack 等开源项目也常被用来搭建私有 GIS 云平台。

（3）混合 GIS 云。企业组织出于安全性考虑，通常希望将数据存放在具有较高安全性的私有云中，同时考虑成本问题及希望获得公有云的计算资源，在这种情况下融合了公有 GIS 云和私有 GIS 云的混合 GIS 云（hybrid GIS cloud）能够获得最佳效果。混合 GIS 云是由多个不同的云设施以某种方式整合在一起而形成的，各个云之间相对独立，通过某些特定的数据传输与通信技术实现多个云之间的连接，保证了数据和服务的共享性。如同云存储一节所述（详见 3.4 节），混合云能够将公有云的通用性、灵活性和私有云的安全性相结合，将访问和更新频繁的基础空间数据和保密程度低的数据存储于公有 GIS 云上，由云服务提供商负责维护；将私密性高、更新和访问频次低的敏感数据和应用部署于私有 GIS 云上，为用户提供安全服务。

6.2.3 GIS 云服务原理

如前所述，云计算采用经典的"三横两纵"服务架构，基于该架构提供 IaaS、PaaS、SaaS 三层服务模式。GIS 云在云计算通用架构基础上，结合 GIS 技术特点进行演化、升级和丰富，其服务结构原理如图 6-3 所示。

不难看出，GIS 云架构类似于云计算通用架构，其管理层和用户访问层为 GIS 的数据服务、分析服务等提供一系列服务保障，其主要功能可参见 6.1.3 小节。

1. 四层服务架构

（1）资源层。资源层是 GIS 云的架构基础，通过对硬件资源进行池化管理和虚拟化计算资源、存储资源、网络资源等，实现资源高效利用。该层一方面负责对 GIS 资源、镜像、服务的管理和监控，另一方面，利用资源虚拟、负载均衡、自动部署和弹性服务等技术实现各类资源充分共享，为用户提供超越客户端计算能力的服务。

（2）数据层。数据层主要解决地理信息科学领域中各种数据密集型和 I/O 密集型问题，该层涉及海量、异构、动态的矢量、栅格及切片数据等时空大数据。与其他技术领域相比，

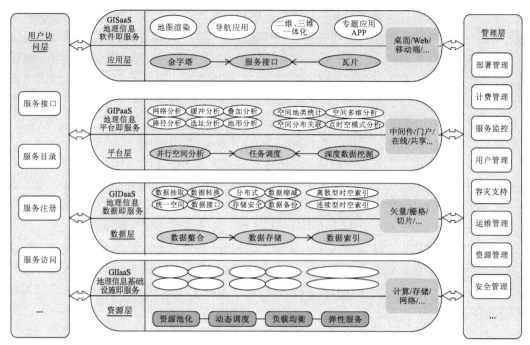

图 6-3 GIS 云服务结构原理示意图

GIS 具有更强的数据依赖性,且对数据访问多以服务为主。数据层不仅能对空间数据进行处理和运算,而且还可以对大量集中和分布式的存储阵列进行面向应用的存储与有效管理。

(3)平台层。平台层重点解决计算密集型问题,以 Web 中间件、GIS 门户、在线平台和共享平台等提供多种形式的应用分析服务。该层将各种硬软件虚拟化、分布式计算模式、负载均衡等技术用于支持地理空间信息的分析流程中,从而改善 GIS 分析方法,以一种更加友好和廉价的方式,高效率地分析时空大数据,挖掘地理信息。在处理功能和流程控制上既包括 GIS 的基本空间分析功能的并行化处理,也包括大数据环境下延伸的时空数据挖掘与智能分析。用户通过该层可以获取基础资源开发平台,开发出更多适宜于自身需要的空间信息服务。

(4)应用层。应用层置于云架构的上层,为数据层和平台层提供统一的接口,在云端提供不同类型的 GIS 应用,供用户浏览器访问和使用,如满足制图业务需求的桌面端应用、部署在 Web 和移动端的应用,以及可多端部署的三维应用等。该层负责对时空大数据的统一可视化表达,而且在云端将其下三层的功能以服务形式提供给用户,打破了以往 GIS 数据局部化和分析本地化的局限。

2. 四层服务模式

GIS 云基于四层服务架构为用户提供服务,其中 IaaS、PaaS 和 SaaS 融合了地理信息,形成面向 GIS 的 GIIaaS(geographic information infrastructure as a service,地理信息基础设施即服务)、GIPaaS(geographic information platform as a service,地理信息平台即服务)、GISaaS(geographic information software as a service,地理信息软件即服务)。此外,还衍生出独特的 GIDaaS(geographic information data as a service,地理信息数据即服务)。这 4 种服务模式的具体内涵如下。

1）GIIaaS

地理信息基础设施作为服务是指企业将自己的地理信息服务部署在其他专门提供云服务的基础设施中。相较于其他服务模式，GIIaaS 更贴近底层，是 GIS 云提供的最基础的一种服务。当前，Amazon、IBM 及国内的电信与移动等企业，通过构建地理信息基础设施服务来提供弹性的租赁服务和强大的计算能力，GIS 云客户可以向这些服务商租赁基础设施，将自己的地理空间信息部署上去实现云端服务。

GIIaaS 通常提供两种租赁模式，一种是弹性计算云（EC2），另一种是 Amazon S3（Amazon simple storage service，简单存储服务）。客户需要使用 Amazon 的存储服务时，可以通过如 REST 或者 SOAP（simple object access protocol，简单对象访问协议）等网络平台提供的标准接口访问而得到相应服务。当客户对亚马逊云平台有消费需求时，会被 Amazon EC2 要求首先建立基于 Amazon 规格的 AMI（Amazon machine image，服务器映像）。当客户的 AMI 建立起来后，便可以将自己的服务通过 AMI 上传到 EC2。Amazon 提供了 API，客户可以通过调用 API 实现对 AMI 的管理与使用。目前，ArcGIS Server 已经可以部署在 Amazon 的云计算平台上。

2）GIDaaS

GIDaaS 是根据 GIS 云自身的特点衍生出来的一种模式，它将所有地理相关信息作为服务内容向客户提供。这种层次的服务属于 GIS 云最低层次的应用，目前该层次的服务主要由 Google 地图、Bing 地图等在线地图（online map）网站提供简单的服务。国内有代表性的网站（如百度地图、高德地图）等均提供有较丰富的 API 接口，供开发人员进行二次开发，以建立功能更强大、更加人性化的交互式地图应用程序。这些网站支持的编程语言主要是 JavaScript，API 可以看作由 JavaScript 编写的接口。此外，一些门户网站作为空间基础设施的重要组成部分，也属于这类服务模式，例如国内地球系统科学数据共享网、测绘科学数据共享网等。它们为了方便客户注册和使用地理信息，允许地理数据的实时下载，可提供发布、管理、查询等服务。

3）GIPaaS

GIPaaS 主要为开发人员提供 GIS 应用程序的开发环境和编程框架，并支持以服务的形式发布。开发人员通过调用 GIPaaS 提供的 API 编写程序，实现复杂的地学分析，包括影像解译、变化监测、运算结果可视化等功能。用户借助 GIPaaS 上传指令和数据，以获取 GIS 云平台服务，因此开发人员无需关注开发所需的硬件设备、存储设施等底层硬件，也不用过多地关注操作系统，便可以方便使用必要的算法服务，也可以自由地编写算法，创造性地重组现有算法。

4）GISaaS

GISaaS 是指服务提供商将 GIS 处理软件部署在自身服务器上，客户通过浏览器和 Internet 获取这些地理信息服务。GIS 云之前的地理信息软件还不能被称为服务，其主要功能有地图发布、地理数据格式转换与空间分析等。将地理信息软件部署到云平台，实现 GIS 云的在线地理信息服务就是 GISaaS。该模式下，SOA 架构模式通常被应用于顶层，将接口、注册、查找等地理信息服务按照标准进行封装，并将它们归入 SOA 体系，以便实现对其管理与运营。云端的地理信息管理主要包括维护、部署、更新升级以及对客户使用资源的统计以便计算资费，使整个系统处于负载平衡状态等。

3. 两种服务系统

GIS 的处理对象为海量空间数据，处理技术为各种分析方法，数据和分析构成了 GIS 的核心，也是 GIS 云的核心，通常可以将 GIS 云分为 GIS 数据云和 GIS 分析云两种基本的服务系统。

GIS 数据云可看作云计算系统上的数据管理服务及其延伸，也可以认为是一种空间数据服务云，即 DaaS（data as a service，数据即服务），简称为"数据云"。例如，Google Earth Engine 云平台建立在 Google 数据中心的一系列支持技术之上，包括 Borg 集群管理系统、Bigtable 和 Spanner 分布式数据库、Colossus（下一代 Google 文件系统）和执行流水线并行计算 FlumeJava 框架。用户可灵活使用云存储的覆盖全球的 PB 级数据集，同时支持用户上传本地数据并在线调用。

GIS 分析云是在云服务框架基础上对 GIS 各种计算资源、网络资源等的虚拟化和智能部署，以提高时空大数据计算和资源调度的时效性。GIS 分析云结合了云计算和空间分析两者特点，特别是云环境下的空间数据分布式存储和协同计算为 GIS 分析云的效率提高奠定了基础。ArcGIS Online 是一典型的 GIS 分析云系统，搭建于亚马逊的 AWS 和微软的 Windows Azure 之上，利用云的资源池化和动态配置特性，提供满足实际需求的弹性计算资源和硬件资源，并通过 SOAP 和 REST 提供地理信息分析服务。

6.2.4 GIS 云关键技术

根据 GIS 云服务框架，GIS 云有很多服务模式和功能实现技术，其中的关键技术主要有虚拟化技术、智能化部署技术、资源监控技术、弹性负载均衡技术、数据可视化技术等。

1. 虚拟化技术

前面已经对虚拟化技术进行了较多的阐述。虚拟化是云计算的基础和其最关键的技术之一，其实质是一种资源管理技术，它对计算机的计算资源、存储资源、通信资源等实体资源进行抽象和转化，消除了实体资源间的独立性和界限，形成可共享的资源池，从而为 GIS 云的客户提供满足不同要求的云服务。

1）计算虚拟化

计算虚拟化能使用户便捷地使用云的客户端（虚拟机），并按用户需要提供相应的计算资源。其核心是 VMM（virtual machine monitor，虚拟化监视器），是一种运行在物理服务器和操作系统之间的中间层软件，如图 6-4 所示。

VMM 可以访问服务器上包括 CPU、内存、磁盘、网卡在内的所有物理设备，协调各硬件资源间的访问，在各个虚拟机之间施加防护。当服务器启动 VMM 时，它会加载所有虚拟机客户端的操作系统，同时分配给每一台虚拟机适量的内存、CPU、网络及磁盘等资源。

通过计算虚拟化技术，可以将一个计算节点虚拟为多个逻辑节点，每个逻辑节点可以运行不同的操作系统和应用程序，以实现固定资源的重新配置和按需调度，提升 GIS 云工作效率，从而实现基础资源在不同软硬件环境的同步运行和统一管理。

计算虚拟化通常包括三方面的内容，即 CPU 虚拟化、内存虚拟化、I/O 虚拟化。

（1）CPU 虚拟化。CPU 虚拟化是指把物理 CPU 虚拟为多个虚拟 CPU，从而实现一个 CPU 能被多台虚拟机共用，但仍然保持多台虚拟机之间的相互隔离。CPU 虚拟化要解决的

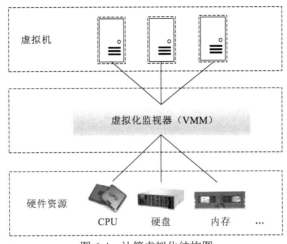

图 6-4　计算虚拟化结构图

主要问题是隔离和调度,隔离指的是让不同的虚拟机之间能够相互独立地执行命令,调度指的是 VMM 决定 CPU 当前在哪台虚拟机上执行。鉴于 x86 体系设计的 CPU 特点,有两种方法实现 CPU 虚拟化。其一是采用完全虚拟化的方式,利用动态指令转换或者硬件来辅助实现 CPU 虚拟化;其二是采用半虚拟化的方式,在客户的操作系统内核上进行一定的更改使得操作系统明白自己的虚拟机角色,并且能在 VMM 管理下尽可能地访问硬件。

(2)内存虚拟化。物理内存容量非常有限,每个进程在使用内存时还不能覆盖其他进程的内存区,这就可能会在进程较多时产生内存溢出问题。内存虚拟化指的是把一块物理内存看作若干虚拟内存来使用,对物理内存进行抽象,为每一个进程分配一个虚拟的连续内存空间,从而保证每个进程使用自己的内存区而不发生溢出。但程序还是要运行在真实的内存里,因此需要建立一种映射机制来实现虚拟地址到物理地址之间的映射。

(3)I/O 虚拟化。当遇到 I/O 瓶颈时,CPU 就会空闲下来等待数据,显然,计算效率会极大地降低,亦即 I/O 瓶颈最终将拉低资源虚拟化所带来的资源使用效率的提升。因此,虚拟化也必须扩展至 I/O 子系统,在工作负载、存储及服务器之间动态共享带宽,最大化地利用网络接口。通过缓解服务器 I/O 潜在的性能瓶颈,使其能够承载更多的工作负载并提升性能。

2)存储虚拟化

通过存储虚拟化把不同厂商、不同型号、不同通信技术、不同类型的存储设备互联起来,将系统中各种异构存储设备映射为一个统一的存储资源池。存储虚拟化技术能够对存储资源进行统一分配和管理,屏蔽存储实体间的物理位置及异构特性,实现资源对用户的透明性,可以降低构建、管理和维护资源的成本,提升云存储系统资源利用率。存储虚拟化在第 3 章已有详细阐述,这里不再赘述。

3)网络虚拟化

网络虚拟化的目的是节省物理主机的 NIC(network interface controller,网络接口控制器,俗称网卡)资源,让一个物理网络能够支持多个逻辑网络,从而高效利用网络资源。网络虚拟化主要解决的是虚拟机构成的网络通信问题,完成的是各种网络设备的虚拟化,如网卡、交换设备、路由设备等。网络虚拟化可以保留网络设计中原有的层次结构、数据通道和所能提供的服务,使得最终用户的体验和独享物理网络一样。

在传统网络环境中，一台物理主机包含一个或多个 NIC，要实现与其他物理主机之间通信，需要通过自身的 NIC 连接到外部网络设施。这种架构下，为了对应用进行隔离，往往是将每个应用单独部署到一台物理设备上，导致应用之间无法动态调控资源，某些应用长期处于空闲状态，而另一些繁忙的应用又无法得到充足的资源；另一个问题是无法实现横向扩容，当应用增多时通常要添加新的物理设备，这样会造成物理资源的极大浪费。借助网络虚拟化技术，将一块物理网卡虚拟成多张虚拟网卡（virtual dual NIC），通过虚拟机来隔离不同的应用。同时，通过利用虚拟化层 Hypervisor（虚拟机监视器）的调度技术，将资源从空闲的应用上调度到繁忙的应用上，达到资源的合理利用。此外，还可以根据物理设备的资源使用情况进行横向扩容，无需新增设备。

如图 6-5 所示为网络虚拟化技术架构示意图。其中，虚拟机与虚拟机之间的通信，由虚拟交换机（V-Switch）完成，虚拟网卡和虚拟交换机之间的链路也是虚拟的链路，整个主机内部构成了一个虚拟的网络。

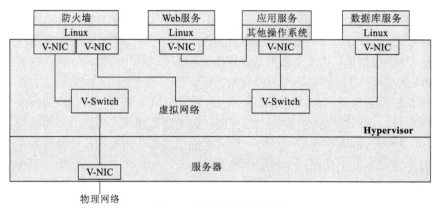

图 6-5　网络虚拟化架构图

（1）基于互联设备的虚拟化。基于互联设备的虚拟化方法，可以在专用服务器上运行，使用标准的操作系统，这种虚拟化较之于基于主机的虚拟化方法，具备易使用、设备廉价等优势。而且许多基于设备的虚拟化提供商，会提供附加的功能模块，对系统的整体性有很好的改善作用。

但是，基于互联设备的方法沿袭了基于主机虚拟化方法的部分缺陷：需要一个代理软件或基于主机的适配器运行于主机上，主机的任何故障或不恰当的主机配置均可能导致访问到未被保护的数据。

（2）基于路由设备的虚拟化。基于路由设备的虚拟化方法是借助路由器固件的功能来实现的。在这种方法中，路由器被置于每个主机与存储网络的数据通道中，用以截取网络中的指令。

2. 服务器集群技术

为了实现"云"上多用户数据共享和任务协同，需要 GIS 服务器集群技术的支撑。GIS 服务器集群是指将多个 GIS 服务器组建成群组，当有用户请求到达服务器集群时，服务器集群的父节点统一对 GIS 服务进行调配，使 GIS 服务器集群发挥更高的性能、提供更稳定和更灵活的服务。随着云计算数据量的不断增大，GIS 云必然需要更多的服务器来支持，如何让这些物理服务器彼此之间能更好地兼容，是构建 GIS 云的关键，只有使得多平台、多系统的服务器能够相互兼容、相互协调，才能发挥出云环境高效率的优势。

图 6-6 所示为 GIS 服务器集群技术简图，当用户向集群父节点发送任务请求时，父节点对任务进行分析和分配，收到分配任务的子节点完成任务处理后，把结果返回到集群父节点，最终再由父节点响应给各个请求用户。关于多服务器技术的细节可参见 2.2.3 小节。

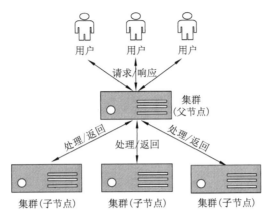

图 6-6　GIS 服务器集群技术原理示意图

使用 GIS 服务器集群技术的优势体现在以下几方面。

（1）整体服务性能高。当多用户并发访问时，GIS 服务器集群的响应效率比单机高得多，可以显著提高整体服务性能。

（2）可靠性高。采用集群技术，服务器集群中一个子节点出现故障（断电、断网、宕机等），该节点的服务器所提供的服务将会中断，此时父节点会将任务安排给其他子节点来完成，用户仍然能得到合理的响应和正确结果，不会产生单点失效问题。

（3）可扩展性好。在集群环境下，服务器的加入和退出均较为简单，体现出弹性可扩展能力，对于持续满足用户需求十分有利。

（4）成本低。将多个普通服务器搭建成集群，采用集群技术可以使普通服务器联合发挥出大型计算机的性能，但是成本却比具有同等运算能力的大型机低得多。

3. 资源监控

GIS 云平台上有着大量的资源，如海量存储的时空数据库、众多的物理服务器及其虚拟机、各式各样的服务等，并且这些资源在实时地发生变化，为了保证云平台为用户提供高质量服务，需要在云端实时监测系统中各类资源的使用情况和节点的承载负荷等信息，及时掌握资源动态变化和节点负荷压力，从而为系统资源的科学分配与调控提供必要信息，并为可能出现的系统资源故障提供参考依据，保障服务的可靠性。

资源监控的基本思想是，通过在各个计算节点部署代理监控程序，将监控到的节点状态信息传送给数据处理中心进行分析，从而跟踪各个节点上各类资源的使用情况和访问效率，并为可能产生的系统故障提供参考。其流程如图 6-7 所示。

两种常见的资源监控手段是端口扫描和 Ganglia 技术。

1）端口扫描技术

端口扫描技术是指通过向各个端口发送一系列扫描消息，模拟向端口发起攻击，并根据接收的返回信息类型来探测服务的脆弱点。其原理是，当一个主机向远端一个服务器的

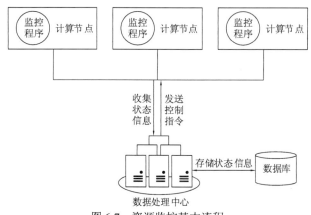

图 6-7　资源监控基本流程

某一端口提出建立一个连接请求，如果对方有此项服务，便会应答；若对方未安装此项服务时，则不会应答。利用这个原理，如果对所有熟知端口或自己选定的某个范围内的端口分别建立连接，记录下远端服务器给予的应答情况，通过查看记录就可以知道目标服务器上安装了哪些服务。通过端口扫描可以搜集到很多关于目标主机的有参考价值的信息。

根据扫描时发送端发送的报文类型，可以将端口扫描技术分为 TCP 链接扫描、TCP 同步扫描、FIN 系列扫描、UDP 扫描、ACK 扫描和窗口扫描等。

利用端口扫描技术可以自动检测远程及本地主机安全性脆弱点，便于查找目标主机漏洞，以避免黑客的入侵，获得更大的安全保障。需要注意的是，端口扫描这一用来检测漏洞的功能经常会被不怀好意的人作为入侵他人计算机的手段。

2）Ganglia

Ganglia 是由伯克利大学开发的开源监控软件，其优势在于即使对超大规模的集群进行监视，也能确保获得良好性能。Ganglia 的核心包含 gmond、gmetad 及一个 Web 前端，主要是用来监控系统性能（如 CPU、内存、硬盘等的使用率及 I/O 负载、带宽使用量等情况），通过监控曲线可以很清楚地看到各节点工作情况，对于合理调配系统资源、提高资源利用率起到关键作用。此外，Ganglia 的兼容性和扩展性也较为突出，能适应多种操作系统。

Ganglia 由 gmond、gmetad 和 gweb 三个守护进程（daemon）构成，守护进程是一类在后台运行的服务端程序，各守护进程之间既相互独立又相互协作。相互独立是指任一守护进程无需其他守护进程也能启动和运行，相互协作是指三个守护进程同时使用时可以发挥更大的功效。gmond 与普通代理一样，安装在每台被监控的物理机或虚拟机上，负责与操作系统交互以获得需要的数据指标，例如 CPU 负载和硬盘容量变化情况。gmetad 采用轮询方法监控总控端，对网络中每个集群进行轮询，将每台服务器上返回的状态信息写入各个集群对应的轮询数据库 RRD（round robin database，环状数据库）。gweb 是 Ganglia 的可视化工具，利用该工具，用户无需任何自定义设置即可便捷地访问任意一台服务器的任意一种指标。

集群中每台设备均需通过部署 gmond 来采集指标数据，这些数据汇总到安装了 gmetad 的总控节点，总控节点再将数据存储到 RRD 文件中，供 gweb 及其他程序使用。

4. 弹性负载均衡

GIS 云中网络、计算、应用等资源池内部的负载均衡对于有效发挥 GIS 云的作用至关重要，是解决多台服务器并行处理和协同工作时合理分配任务的关键技术。弹性负载均衡技术是指通过实时分析计算节点的运行数据，获取集群中各计算节点的当前负载状况和数据流量信息，监测各节点的健康状态，运用合适的任务调度和资源分配算法，把来自多用户请求的任务动态分配到各计算节点，以确保系统正常和稳定运行的一种技术。通过合理调度计算和存储资源，可以有效提高计算节点使用效率，提高空间数据的网络传输速率，获取最佳整体性能。图 6-8 所示为负载均衡模型示意图。

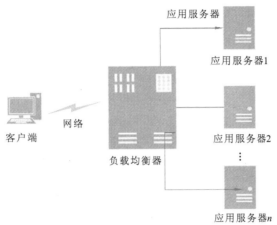

图 6-8　弹性负载均衡模型

弹性负载均衡包括三个主要步骤：①以服务调度形式处理大规模并发访问，亦即使用多个不同的服务节点来处理不同用户的服务需求，把大量的数据交换及大规模并发访问的处理任务分散交给多个处理服务节点分别进行操作，以缩短 GIS 云的使用者的等待时间；②对那些被调度的具有较大计算量的单个运算任务进行并行化处理，亦即将重负载任务进行再划分，并交由多个服务节点处理，当每个节点的处理任务都完成后再汇总计算结果，并返回给用户，从而大幅度提升 GIS 云在处理具有较重负载计算任务时的能力；③对各个节点的负载情况进行动态分析，对那些计算量不确定的任务采取灵活、有针对性的调度策略，最大程度发挥 GIS 云的处理分析能力。

6.3　GIS 数据云

时空大数据存储、管理与传输是 GIS 云计算系统的基础和延伸，配置了大容量数据存储设备的云计算系统可视为特殊的云计算服务，又可以理解为利用 GIS 云来建立时空大数据存储、管理与传输系统。这种专门针对时空大数据存储、管理与传输的云计算服务，可被称为"GIS 数据云"。例如，利用亚马逊的 S3 服务（云服务）可以建立一个数据存储和管理系统，这样的系统就是一种数据云。

6.3.1　GIS 数据云及服务组织

GIS 数据云以云存储为支撑环境，解决在大数据时代 GIS 所面临的海量异构数据存储难题。当云计算系统的运算和处理的核心任务涉及大量数据存储、管理与传输等服务时，需配置大容量存储设备、制定高带宽传输策略，以解决数据及时供应问题，此时就需要一个专门的数据云为计算和处理提供源源不断的时空数据，因此可以说数据云是一个基于云存储环境、以时空大数据服务为核心业务的 GIS 云。

1. GIS 数据云的特征

GIS 数据云借助于云服务优势，使得数据不仅可以通过 Internet 进行存储，而且可以便捷地传输和访问。GIS 数据云的特征主要体现在以下 5 个方面。

（1）分布式存储与管理。近几年来，航天、航空、中低空、地面空间数据采集技术蓬勃发展，构成了空间数据立体采集体系，采集的数据不仅量大（通常达 TB 乃至 PB 级），而且隶属于不同的部门，因此分布、异构、多源、多尺度是其典型特征。面对这样的空间数据，常规数据管理的存储容量小，网络传输也较慢。GIS 数据云通过网络可以将大量的普通服务器互联，对外以一个整体形式提供存储服务，具有较高的可扩展性、可用性和可靠性。分布式文件系统管理文件、图片、音频、视频等非结构化数据，它们以对象的形式组织，对象间无显性关联，如 GFS（Google file system，Google 文件系统）、HDFS 等；分布式数据库系统用于管理结构化数据，提供 SQL 关系查询语言，支持多表关联、嵌套子查询，例如 MySQL Sharding 集群、MongoDB 等。

（2）冗余容错机制提高可靠性。GIS 数据云一般使用多机冗余、单机磁盘 RAID 等措施，确保数据可靠性，拥有数据副本，并且定时备份，一旦正在使用的数据出现故障，会立即启用备份数据，保证用户能够时刻获得所需数据。

（3）便于传输和共享。GIS 数据云通过 Internet，为宽广范围内的用户随时随地获取服务器上的数据，采用多副本机制、基于分布式存储的多路并行传输技术等为用户快速传输数据，极大地促进了空间数据共享，减少了用户等待时间，提升了数据使用价值。

（4）弹性存储。GIS 数据云通过集群服务器规模化部署及分布式存储技术能够实现云端存储空间根据应用需求进行弹性伸缩。数据需求增加，系统就会扩展存储空间，理论上只要云端基础设施充足，就可以无限扩充存储空间。当用户数据存储量减小或需清空存储空间时，数据云也可以随时释放出这些存储空间，收回资源，供其他用户使用，从而提高了资源利用率。

（5）快速数据可视化。GIS 数据云借助并行计算、内存计算等技术，解决了传统 GIS 平台采用切片方式进行数据快速浏览时存在的耗时、耗力、耗存储空间及动态渲染效果差等问题，实现了空间数据在网络端无需缓存切片，即可进行实时地图浏览和快速动态渲染等功能。同时还可以在线生成相应的列表、柱状图、散点图、折线图等多种图表形式，对数据进行多维度展示，方便用户进行多角度分析。

2. GIS 数据云的服务组织

GIS 数据云将物理分散的空间数据资源，在逻辑上实现一体化存储、更新和管理。它提供了多样化数据获取能力，支持对矢量、栅格数据和元数据的实时增量获取，采用云存储及虚拟化技术，具有数据统一调度和管控能力，还具备时空大数据可视化快速配置能力。

根据 GIS 数据云的主要功能和数据自底向上流向的特点，可将其划分为 4 层，分别为资源层、数据层、服务层和用户层，如图 6-9 所示。

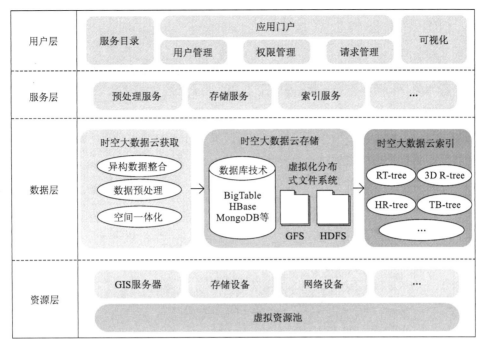

图 6-9　GIS 数据云服务层次结构

（1）资源层。也称池化资源层，包含虚拟资源和物理资源。其中物理资源是 GIS 服务器（计算设备）、存储设备、网络设备等物理设备的集合，虚拟资源是虚拟化的基础设施，提供经过虚拟化和细粒度切分的池化资源。资源层可以动态调度和分配池中资源，向上提供物理或虚拟资源，并提供对资源的统一监控和动态调度。

数据云资源层居于最底层，对大容量存储资源进行整合，部署统一的存储资源池，其核心功能是为大数据提供可弹性扩展、性价比较高的存储空间，实现存储资源的灵活分配和回收。该层提供 GIS 空间数据托管服务，有助于时空大数据的数据管理和处理。

（2）数据层。根据数据处理流程，数据层可分为云获取、云存储和云索引三大部分。GIS 数据云是专门存储、处理时空大数据的云端系统，能够提供超大规模、长时序、大尺度范围内的数据集。借助于云获取部分，可以完成时空大数据的整合、清洗、预处理和一体化等工作；云存储通过集群应用、网格技术或分布式文件系统等功能，将大量各种不同类型的存储设备通过网络及应用软件集合起来协同工作，共同对外提供数据存储和业务访问功能；为了支持分析型查询任务，云索引提供了高效更新和查询的各项索引机制。

（3）服务层。GIS 数据云的服务层提供了数据预处理、存储和索引等服务。该层连接数据层和用户层，对数据服务 APIs 进行抽象和封装，实现数据的封闭和保护。同时提供了多种在线地图 APIs，使用户能够将托管的数据服务与在线地图 APIs 结合起来，便于开发定制的业务应用程序。

（4）用户层。用户层根据提供的数据和服务接口，使用户可以在 Web 门户和客户端门户等获得相关数据服务。该层能够为大规模异构数据提供统一的可视化接口和存取机制、丰富的组件库和模板，实现空间数据检索和挖掘等分析结果的可视化。用户可以不受时间和地域限制，随时随地获取所需数据服务。

6.3.2 GIS 数据云的数据服务

GIS 数据云依赖于时空数据整合与云存储平台，向客户端提供类型丰富的数据服务，主要包括数据整合、数据存储、数据索引、数据备份、数据缩减、数据安全 6 个主要方面。

1. 时空数据整合

为便于时空大数据管理，云计算需要利用数据库技术来完成对空间数据的有效管理，而这个数据库需要处理的数据往往是异构的、多源的。为解决这一问题，通常采用"翻译"或"映射"来完成命令的统一转换，使用"封装"实现数据的格式统一。时空数据整合的总体流程如图 6-10 所示。

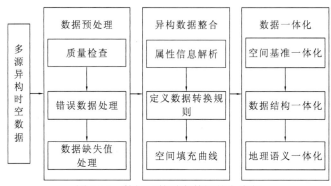

图 6-10 数据云的时空数据整合流程

1）数据预处理

在数据预处理环节，主要对原始数据进行质量检查和清洗，发现并清除数据中可能存在的数据错误、数据缺失、数据重复、数据不一致和误差等质量问题，从而有效提高数据的规范性、可用性、可靠性、一致性。原始数据可能存在的质量问题种类多样且难以进行精确统计，因此数据预处理人员可以设定一系列数据预处理的规则，对 GIS 数据云中的空间数据进行批量质量检查和问题处理，以提高处理效率。这个环节的关键是对各个类别的数据集设定一套与其对应的质量规范和标准，并作为对数据进行预处理的操作规则，例如缺失值的处理规则、数据错误的处理方法等。

2）异构数据整合

在 GIS 数据云中通常存在着来源不同、编码标准不同、结构各异的多种数据集，为将这些数据集进行有效融合和统一管理，需要设立一系列规则，建立起一套整合的标准化体系，对数据云中的异构空间数据进行整合处理，确保在同样的指标下对异构数据进行分析时能够得到有效结果，提高多源数据规范性、可用性和共享性。

异构数据结构化整合处理的基本流程是，首先对源数据的各项属性信息、相关性信息等进行解析，汇总分析后得到目标结构信息；其次，以此为依据对源数据进行整合，按照一定规则将多源数据转化为符合目标数据结构的数据，最终形成结构化、规模化的数据。

异构数据整合是 GIS 数据云的基础工作，其中可能会使用的处理方法包括数据格式转换、数据接口转换等，因此定义一套数据转换规则十分必要。一种可行的方法是基于 XML 构建转换规则。由于符合 XML 的数据具有高度结构化和统一化的定义规则，拥有良好的可用性和可扩展性，更易被人理解和计算机编译。

为了提高空间数据并行计算效率，应尽量减少在分布式空间数据库之间移动数据，或者减少数据在网络通信节点之间的传输耗时。这就需要一种技术能够把与计算相关的数据划分（聚类）在同一个或一组近邻存储节点上来进行计算。目前的空间数据划分主要针对关系型数据库，划分方法主要从数据量均衡性方面考虑的。但是空间数据除具备海量、多尺度和时态特征外，它们之间还存在空间方位、空间距离及空间拓扑等空间关系和联系，所以这种划分不太适合于空间数据。

由 5.4.1 小节可知，Hilbert 曲线能将高维数据映射为低维数据，并结合空间曲线的空间分布这一特性把多维空间数据按照线性排序，然后填充到一维曲线上，这条曲线在填充时可以充分顾及空间对象之间的相邻、包含等空间关系，尽可能地把邻近的一些对象划分到相邻或者一个存储空间里去，以提高空间数据查询效率和系统的并行处理能力。

3）数据一体化

数据一体化属于空间数据管理范畴，旨在适应空间数据向时空大数据的迈进，将结合云计算与空间索引技术，突破多源数据结构差异的限制，为各种用户提供标准统一、管理精细、服务灵活的时空信息单元和便捷、个性化的信息交互模式。数据一体化的优势在于：①消除数据格式引起的异构数据整合壁垒，将异构数据转化为同属性结构进行表达；②数据的空间格网化、层级化、单元化使得空间数据表达更加精确，为更细粒度的空间分析提供数据保障；③为实现分布式数据管理和优化提供依据。

无论是空间数据、用户，还是 GIS 的应用服务，总是与地理位置相关联的，因此可以考虑以空间位置为主导建立一个逻辑上全球覆盖、物理上分布存储的多尺度空间数据组织模型，按照一定的地理空间数据格式标准、语义规范和空间参考对地理空间数据进行转换、位置信息提取和数据处理，整合为一体化的时空数据，最大程度地实现多源异构时空大数据的存储格式、坐标表达和语义表达等的统一。

对时空大数据进行数据一体化主要包括三个流程，分别是空间基准一体化、数据结构一体化和地理语义一体化，如图 6-11 所示。

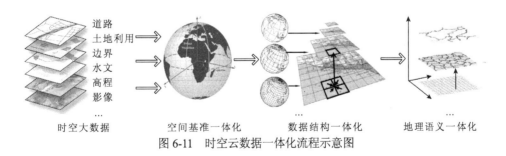

| 时空大数据 | 空间基准一体化 | 数据结构一体化 | 地理语义一体化 |

图 6-11 时空云数据一体化流程示意图

（1）空间基准一体化。空间基准框架由地理参考椭球、地图投影系统和高程/深度基准等组成，其作用是提供一个时空统一的空间定位基准，实现多源数据无缝连接。受空间位置、历史因素、起算依据、作业方案及服务对象等的不同的影响，数据间的空间基准框架略有差异。例如，我国地理数据平面坐标系就包含 1954 年北京坐标系、1980 西安坐标系、2000 国家大地坐标系；常见的投影坐标系则包含高斯-克吕格投影、UTM 投影等；在我国许多城市的工程测量中，为满足精度要求，还会选择当地的地方独立坐标系。数据一体化必须有统一的空间基准，以保证空间数据的一致性、兼容性和易转换性，例如将平面坐标系升级转换为 2000 国家大地坐标系，形成统一的空间基准，借助于空间转换将不同来源的数据转换到该基准下进行统一表达。

（2）数据结构一体化。在统一的空间参考基准下，需要研究一种能最大限度包容原数据结构的一体化数据结构，并将各类不同数据结构的数据向新的数据结构转换。因此数据结构一体化的核心在于新的数据结构设计。时空大数据的基本特征包含时间特征、空间特征和属性特征。时间上，不同数据具有不同的时态表示；空间上，连续地理空间的分层与分幅也各有差异；对于属性特征，地理空间对象可以被抽象为点、线、面等矢量要素，也可以是像素矩阵组成的栅格要素。因此，一体化的数据结构在设计时要考虑地理空间对象整体与局部的协调、地理空间的离散尺度、空间关系的有机统一等。关于矢量、栅格结构可参见 2.3.1 小节、4.4.1 小节。

（3）地理语义一体化。地理语义一体化本质上是地理编码的一体化。由于不同数据源之间相对独立，地理实体分类与分级、编码长度与表示方法各有不同，主要体现在要素分层、分级、详细程度、属性定义和编码方式等诸多方面的差异。地理语义一体化是依据一定标准和规范，制定一种能够兼容原分类、分层和编码的新方法，利用该方法对地理空间要素进行重新整理、归类定级，将地理空间要素整合到统一标准和规则下，使各类地理空间要素以统一编码加以抽象和表达，并充分反映其属性特征、空间关系乃至语义特征。

数据一体化打通了数据交互与共享渠道，实现资源互补。经过空间基准、数据结构和地理语义的一体化处理，有助于实现时空大数据一体化管理，为各种用户提供安全、稳定、一致的数据云服务。

2. 数据云存储服务

存储系统针对的数据对象主要可以分为结构化数据、非结构化数据和半结构化数据三类。在 3.4 节中，对云存储采取了两种分类方法，依存储服务对象分为公有、私有和混合三类云存储；依存储技术与访问方式，则分为块级、文件级和对象级三类云存储。这里从空间数据存储的业务逻辑角度出发，根据存储对象类型将数据云的分布式存储系统分为分布式文件系统、分布式表格系统和分布式数据库系统三种，如图 6-12 所示。

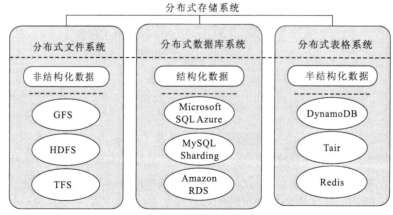

图 6-12 分布式存储系统分类

（1）分布式文件系统。分布式文件系统用于存储数据结构不规则或不完整的非结构化数据，这类数据没有预定义的数据模型，因其字段长度不一，难以用关系数据组织，若以对象形式组织，则对象之间缺乏关联关系，比如文本、图片、音频、视频等。总体上看，分布式文件系统存储三种数据：BLOB、定长块及大文件。在系统实现层面，分布式文件系统内部按照数据块（chunk）来组织数据，每个数据块的大小相同，每块可以包含多个BLOB对象或者定长块，一个大文件也可以拆分成为多个数据块。这些数据块被分散存储到分布式存储集群中，可以较好地解决数据的复制、一致性、负载均衡、容错等分布式系统难题，并将用户对BLOB对象、定长块及大文件的操作映射成为对底层数据块的操作。典型的分布式文件系统如GFS、GPFS、HDFS、TFS，详见3.4.4小节。

（2）分布式数据库系统。分布式数据库系统主要用于存储结构化数据。结构化数据可以使用关系模型表达，利用关系数据库存储和管理，提供SQL关系查询语言，支持多表关联、嵌套子查询等。典型的分布式数据库系统如MySQL Sharding集群、Microsoft SQL Azure和Amazon RDS等。

（3）分布式表格系统。分布式表格系统用于存储关系较为复杂的半结构化数据。半结构化数据指介于结构化数据和非结构化数据之间的数据，数据的结构和内容往往混在一起，没有明显区分，也被称为自描述的结构。HTML文档就属于半结构化数据。分布式表格系统以表格为单位组织数据，每张表格包括很多行，通过主键标识各行，支持根据主键的CRUD功能以及范围查找功能。典型的分布式表格系统如Tair和DynamoDB。

分布式键值系统是分布式表格系统的一种简化，用于存储关系简单的半结构化数据，它只提供主键的CRUD功能，一般用作缓存，典型的分布式键值系统如Redis和Memcache。

3. 时空数据索引

空间索引是通过利用空间划分、空间定位和对象映射等管理方式对空间数据对象进行排序重组形成新的索引数据结构的过程。索引中存放所有空间对象的属性信息，包括大小、形状、位置坐标等。空间索引技术有很多种，包括树形结构、动态和多维空间区域变换等，从应用范围上可分为静态索引和动态索引。典型的空间索引技术包括R-tree索引、基于Voronoi图的索引、扩展的哈希索引和空间填充曲线等。在空间索引创建和查询过程中常产生大量的迭代过程，海量数据环境下将高性能计算与空间索引相结合，能够为空间索引在扩展性和高效性上提供强有力支撑。

时空数据索引是在空间数据索引基础上加入了时间维信息。根据时空查询参数中的时间范围信息，可将时空索引分为两大类：历史信息时空索引和现状及将来信息时空索引。历史信息时空索引一般适用于查询对象过去的地理位置和属性状态，而现状及将来信息时空索引的作用更为强大，除了可查询现状信息，还能预测对象未来的地理位置和属性状态。时空数据索引主要有RT-tree、3D R-tree、HR-tree、TB-tree、MVR-tree、TPR-tree、Quad-tree树等。这里简单介绍三种比较经典的时空数据索引方法：RT-tree、3D R-tree和HR-tree。

（1）RT-tree。RT-tree结合了作为空间存取方法的R树和作为时间存取方法的TSB树。在RT树中，时间和空间信息是分开维护的。不管是叶结点还是非叶结点，每个索引项都包含（S，T，P）形式，其中，S为空间信息，T为时态信息，P为指向子树或对象的指针。随着时间变化，如果对象空间位置不变，则它的空间信息S不变，仅对时态信息T进行更新。如果对象空间位置发生变化，则需要创建一个新的索引项插入RT-tree。这种方法的主要问题是，若变化对象的数量很大，则需要创建许多索引项，RT-tree 会迅速膨胀。

RT-tree 更像一个包含了时态信息的空间索引，它将时间索引附加到空间索引上，主要处理的是空间维度，时间维度作为第二层过滤条件。RT-tree 按对象的空间分布来组织索引，在每个叶节点同时存储对象的空间状态和时间区间。当对象的空间状态发生改变时，产生一个新的数据项插入索引中。

（2）HR-tree。HR-tree 是 M.A. Nascimento 等人提出的，采用了 R-tree 形式组织时空数据，它保存了对象在不同时刻的空间分布，采用子树重叠的概念。HR-tree 将时间看成一个维度，根据时间维度构建索引，亦即为每个时刻或时间段构建一个空间索引。基于 HR-tree 的查询方法是，先进行时刻查询，找到对应时刻的 R-tree 根节点，再进行空间查询。HR-tree 对时刻查询有很好的性能，但是对时间段查询却比较低效，同一数据项可能被多次检索出来，数据冗余较多，空间开销太大。

（3）3D R-tree。3D R-tree 也是 R-tree 形式组织时空数据的一种扩展，它在二维空间的基础上加入时间维构成三维，其索引时空数据的方式是将时间作为空间数据的另一个维度的坐标，当空间对象在一段时间内保持静止时形成一个立方体，这种方法比较简单、直观，也易于理解。由于建立 3D R-trees 索引的同时必须已知每个对象的各个维度左右端点值，3D R-tree 比较适合于那些位置和范围均不随时间变化或变化较小的数据项。但对于那些长期保持静止或位置变化大的数据项，会产生大量重叠索引，从而降低索引性能。

4. 数据备份服务

数据备份是一种常见的活动，一个典型的备份流程是：每天在凌晨进行一次增量备份，每周末凌晨进行全备份。类似这种模式的备份的缺点是，一旦出现数据灾难，用户只能恢复到某天的数据，在最坏情况下，可能丢失整整一天的数据。在备份的数据量很大时，备份时间窗口很大，需要繁忙的业务系统停机很长时间才能完成。若为提高数据的安全性和可用性而采取在线实时备份（如采用快照技术），则将增大成本。

GIS 数据云环境下，可以采取以下两种有效的数据备份策略。

（1）副本数据部署。该方法通过集中式目录来定位空间对象的存储位置，亦即利用目录中所存储的节点信息，将数据对象的多个副本分别放置在不同机器上，这样可以保障数据的及时供给，极大地提高数据传输速度和数据获取的可靠性。然而，它存在的主要缺陷是：①随着数据云中空间数据的不断积累，集中存储的目录随之增长，查找空间对象所需的开销会越来越大；②为提高空间对象定位速度，一般情况下将存储目录置于服务器内存中，对于 PB 级的数据云而言，文件数量有可能达到上亿级，这将使存储目录的内存达上百 GB，其结果是在目录存储开销和数据定位时间开销上都难以承受，一旦目录损坏，则定位失效，并且极大地限制了系统的扩展性。

（2）连续数据保护。连续数据保护是一种连续捕获和保存数据变化，并将变化后的数据独立于初始数据进行存储的方法，可以实现任意一个历史时间点的数据恢复。这种方法可以基于块、文件或应用进行，并且为数量"无限"的可变恢复点提供精准的可恢复对象。连续数据保护可以提供更快的数据检索、更强的数据保护和更高的业务连续性能力，并且其总体成本和复杂性均低于传统的备份解决方案。

尽管一些厂商推出了连续数据保护产品，然而从它们的功能上分析，还做不到真正连续的数据保护，比如有的产品备份时间间隔为 1 h，那么在这 1 h 内仍然存在数据丢失的风险，因此，严格地讲，它们还不是完全意义上的连续数据保护产品，只能称之为类似连续数据保护产品。

5. 数据缩减服务

数据云技术提供了高安全、高可靠、可扩展、易管理的存储能力，同时也利用数据缩减技术适应时空大数据快速增长的趋势，一定程度上可以降低存储成本，提高效率。

（1）自动精简配置。利用虚拟化技术自动精简物理存储空间的配置，通过"欺骗"操作系统，造成存储空间有足够大的假象，而实际物理存储空间并没有那么大，这样可以减少已分配但未使用的存储容量的浪费。利用自动精简配置技术，用户无需了解存储空间分配细节就能实现弹性的按需分配，在不降低性能的情况下，大幅提升存储空间利用效率。当需求变化时，也无需更改存储容量设置，而是通过虚拟化技术减少超量配置，降低总功耗。

随着自动精简配置的存储情况越来越多，物理存储空间耗尽成为自动精简配置环境中常出现的风险，因此，需要给出必要的告警、通知和存储分析功能。

（2）自动存储分层。在数据处理过程中，通常根据数据处理结果、存取状况和访问压力而在不同层次的存储设备之间进行移动，或称数据迁移。数据迁移往往由管理员来判断，依靠手工操作完成，并且整卷数据一起迁移。自动存储分层技术是指数据存储分层的自动化和智能化。例如，活动的数据适合保留在快速、昂贵的固态盘阵列上，不活跃的数据迁移到廉价的低速层上（如磁带），以控制存储总开销。数据从一层迁移到另一层的粒度越精细，使用的昂贵存储的效率就越高。自动存储分层使用户的空间数据保留在合适的存储层级，而无需用户自定义策略，因此可以减少存储需求总量和存储成本，提升整体性能。

（3）重复数据删除。重复数据删除是通过查找数据集中的重复数据，仅保留其中一份，消除冗余数据的过程，又称为消重。该技术计算 FP（finger print，数据指纹），具有相同指纹的数据块被认为是相同数据块，存储时仅保留一份。这样，一个物理文件在存储系统中仅对应一个逻辑表示。这种方法可以大幅度减少物理存储空间容量，减少网络传输压力、降低能耗。需要说明的是，在实际中，需要根据网络状况、服务器性能、用户需求等因素合理确定重复数据删除与副本策略的选择与取舍。

（4）空间数据压缩。数据压缩就是将数据通过压缩编码算法处理后存储到更小的空间中去。随着 CPU 处理能力的大幅提高，应用实时压缩技术（即在线压缩）来节省数据占用空间已经成为现实。压缩算法分为无损压缩和有损压缩。无损压缩占用空间较大，压缩后的数据包含了完整的原始信息。压缩与去重是互补性的技术，提供去重的厂商通常也提供压缩。对于电子邮件附件、文件和备份环境来说，去重通常更加有效；对于数据库、图像、视频等数据，压缩效果更好。换句话说，在数据重复性比较高的地方，去重比压缩更有效。

6. 数据安全

GIS 数据云遵从云安全的数据安全、网络安全和虚拟机安全规范，其中的数据安全是数据云最重要的环节。为提供数据完整性保护、集中式存储隔离和隐私加密保护等数据安全保障，可以加强以下 4 点。

（1）认证服务。它是一种访问控制服务，实现用户身份的认证和授权，防止非法访问和越权访问。例如，用户只能访问和操作管理员和文件拥有者授权的数据（文件）；管理员只能进行用户管理、备份、热点数据迁移等常规操作，不能访问用户的加密数据。

（2）加密存储。对敏感数据进行加密后再保存，确保存取过程的安全。

（3）安全管理。维护和管理用户相关信息和权限，例如用户账户管理，用户授权、权限的回收等。

（4）安全日志。主要记录与安全相关的活动事件，为监控系统和活动用户提供审核追踪和审计信息。

6.4 GIS 分析云

当涉及大规模时空大数据的联动计算和分析时，需要借助云计算的资源池化和动态配置特性，提供密集计算环境和能力，由此延伸出一种针对时空大数据的快速计算、分析与挖掘的云计算服务，称之为"GIS 分析云"。分析云提供丰富的算法模型、专业的 GIS 分析工具，利用云端强大的数据计算能力快速实现统计分析、网络分析、叠加分析、智能分析等服务，并通过 REST、SOAP 等协议为前端提供按需的、安全的、可配置的地理信息服务。

6.4.1 GIS 分析云及服务组织

空间数据通常存储于服务器上或与服务器邻近的存储设备上，对空间数据的分析、挖掘也多依赖于服务器本身的计算资源和算法，一旦数据量大幅度增长，只能通过购置更多的计算设备和设计相应算法来满足分析和挖掘的要求。随着数据采集、传输技术的不断突破，大范围、高分辨率、多源异构的时空数据变得异常庞大和广泛分布。前已述及，这些时空大数据可以由 GIS 数据云进行管理，并提供良好的数据存取服务。为进一步发挥空间数据的数量优势，用好空间数据，发掘其隐藏的巨大价值，在数据云基础上进行高效的空间数据分析与挖掘，需要采用多种算法协同计算，这正是 GIS 分析云的目标。分析云通过 Intenet 为用户提供各种云计算服务，云端计算资源还可以弹性伸缩以满足不同数据量和不同用户的计算要求。

1. GIS 分析云的能力特征

（1）强大的计算能力。GIS 分析云使用 MapReduce、Spark 等新型并行计算和内存计算模式，中间计算结果较少或不存于存储设备，多在内存进行计算和交换，可以极大提高计算效率，同时通过构建大量基于分布式计算环境的空间分析算法、优化调度算法，可以减少算法的运行时间，进一步提高计算效率，有效支持空间数据快速查询和空间分析，可以较好地缓解空间大数据分析和应用所面临的数据密集和计算密集难题。

（2）时空数据挖掘能力。传统的数据挖掘方式因数据来源有限、数据种类不够丰富、挖掘算法效率不高、关联分析能力弱而导致智能化程度较低。而在 GIS 分析云提供的强大计算能力环境中，各种智能算法可以有机集成起来，对多源、多尺度、多时相特征的大数据进行协同、关联、多维分析与挖掘，例如智能选线、智能视觉、地物智能识别与提取等，为用户正确决策提供帮助。

（3）便捷信息服务能力。GIS 分析云具备空间关联分析和时空状态拟合等复杂功能，能够将服务资源虚拟化并进行动态分配和调用，实现时空大数据快速高效计算，为不同用户提供个性化的、持续的、智能化的地理空间信息服务能力。

2. GIS 分析云的服务组织

GIS 分析云是空间分析与云计算的有机结合，其基本架构体现了两者的特点。云计算的虚拟化资源为空间分析提供了资源基础，同时，用户服务作为 GIS 分析云架构的最顶层为用户提供分析服务。基于 GIS 云平台分层设计思想和设计思路，借鉴 GIS 数据云的分层方法，GIS 分析云自底向上依次分为资源层、分析层、服务层和用户层，如图 6-13 所示。

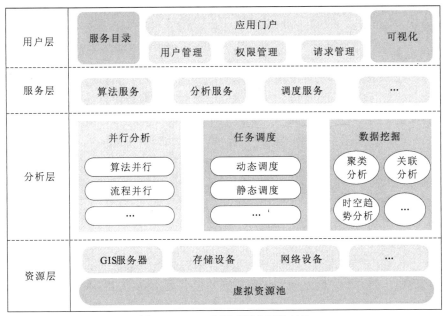

图 6-13　GIS 分析云服务层次结构

（1）资源层。GIS 数据云的资源层是数据云的基础层。同样地，资源层也是分析云的基础层，为上层（分析层）提供弹性资源。该层的资源侧重于将各种计算设备统一为虚拟资源池中的计算资源。

（2）分析层。空间分析能力是评价 GIS 软件或系统的重要指标。分析层作为架构核心层，在云计算环境下提供针对时空数据库的空间分析能力，主要包括并行计算与分析、任务调度和数据挖掘等。其中并行分析模块主要为传统的空间分析提供新的计算方法和分析思路，基于并行计算思想为空间量算、叠加分析、空间插值、网络分析等基本的空间分析提供算法并行、流程并行等并行分析能力；数据挖掘作为一个智能型时空大数据分析功能，借助于时空序列计算和分析实现基于时空大数据的各种应用；任务调度在空间分析过程中决定了系统的整体性能，主要负责对资源进行合理分配和调度，将分析任务与资源绑定，根据任务的实时需求和优先级安排执行顺序，为上层（服务层）提供又好又快的执行能力。

（3）服务层。服务层是承上启下的一层，它在分析层所提供的分析基础上对外提供空间分析服务，包括算法服务、分析服务和调度服务等。服务封装的接口形式可以不同，主要包括 SOAP 中的 Web Service、XML、RESTFUL 及本地应用程序编程接口等形式。同时，该层也可以支持结构化查询语言访问，提供解析引擎以自动调用所需的空间分析服务。解析引擎是处理并执行相关代码的运行环境，如 JavaScript 引擎能够"读懂"JavaScript 代码，并准确给出运行结果。

（4）用户层。与数据云类似，该层以自服务方式提供 GIS 服务，即面向用户需求提供相关空间分析的各种服务，并且各项应用软件和服务对用户均会提供友好的可视化界面。借助应用门户，用户可以便捷地实现地图的分析、制图、共享和协作。

6.4.2　GIS 分析云的核心服务

GIS 分析云向用户提供多种类型的分析服务，主要包括并行空间分析、任务调度、时空数据挖掘等主要方面。

1. 并行空间分析

空间分析技术是以地理实体或地理现象的位置、形态为研究对象，以地理学、地图学原理为基础，融合几何学、统计学、拓扑学、逻辑运算、地理计算等方法，从原始数据中提取地理对象的空间结构、空间关系、空间分布、空间演变趋势等信息的技术手段。空间分析是地理空间数据加工和应用的重要环节，是 GIS 的核心特征体现。常用的空间分析功能主要包括缓冲区分析、叠置分析、网络分析、空间计量、空间统计分析、空间插值、空间信息查询等。针对数据密集和计算密集的时空数据应用场合，不仅要提高运算效率，还要具备超越常规空间分析技术的新模式、新知识和新方法。

GIS 分析云要求面向海量高并发的时空数据，建立统一的空间分析框架，提供标准化的空间分析模型库，支持 Web 终端操作处理大型空间数据库，支持长时间运行、长事务处理，可以跨平台整合空间数据处理流程，并能及时将处理结果予以发布，这也意味着空间分析不再是集中式的分析，而是一种分布式的并行空间分析，GIS 分析云可借助于 GIS 数据云的并行数据传输能力和自身环境的并行计算能力，实现高效的空间分析服务。

并行空间分析的核心技术体系主要包括并行化部署和并行策略设计两部分。并行化部署的任务是实现资源合理分配。当前主要的并行计算技术有 PVP（parallel vector processor，并行向量机）、SMP（symmetric multiprocessor，对称多处理器）、MPP（massively parallel processor，大规模并行处理器）、DSM（distributed shared memory，分布式共享存储器）和 COW（cluster of workstation，计算机集群）等。其中，计算机集群技术在性能和可扩展性方面优势明显。并行策略设计是采用并行算法模型实现资源的分布式调用和处理。数据并行模型和消息传递模型是两种最重要的并行算法模型。数据并行模型是将相同操作同时应用于不同的数据，达到提高处理速度的目的；消息传递模型则侧重于在各个并行执行的任务之间通过传递消息来交互和协调执行。

通过部署面向任务的多步空间数据处理架构，并行空间分析技术将耗时长的大的数据处理任务分解为多个相互独立的子任务，提高集群的整体数据处理和流程控制能力，实现快速构建和自动化运行空间分析的流程。

MapReduce 是一种重要的并行计算模型，它将复杂的计算任务进行分治计算，并对求解后的子问题合并给出完整解，能够为空间分析提供可行的并行计算框架。MapReduce 隐藏了更多集群物理结构（拓扑结构与通信）及节点/网络可用性方面的细节，提供了诸如数据划分、任务分配与调度、容错及节点间通信等管理功能，将开发人员从复杂细节中解放出来，使其精力更多地集中于应用逻辑本身的核心算法设计和实现上。

MapReduce 采用的是移动计算而非移动数据（moving computations to data）的思想，遵循就近计算原则，将计算移动到数据附近，这样可以减小数据传输代价。MapReduce 的运行分为 Map（映射）和 Reduce（归约）两个阶段，MapReduce 的并行编程模式可以跨越大量数据节点对任务进行分割，并将输入数据划分后分配给下层计算节点。在计算节点上，读取输入的小数据集，通过定义 Mapper（分治）函数来处理键-值对（key-value），生成一个key-value集合的中间结果，并把所有相同key值的value集合在一起，然后传递给Reducer函数，用户自定义的 Reducer 函数接受 key 和相关的 value 集合，并合并这些 value 值，形成一个较小的 value 集合，完成任务的并行处理。工作原理如图 6-14 所示。

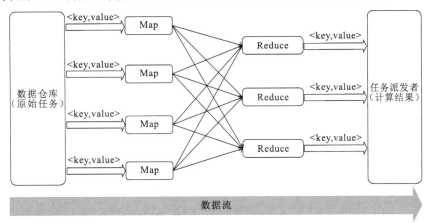

图 6-14 MapReduce 工作原理

概括来说，MapReduce 处理大数据集的过程就是将大数据集分割为成百上千个小数据集，每个（或者若干个）小数据集分别由集群中的一个节点（一般指一台普通的计算机）进行处理并生成中间结果，然后这些结果又通过另外的大量节点合并（归约、化简），形成最终处理结果。

下面以栅格叠加来说明并行空间分析算法的设计思想。

假设某一栅格数据记录的输入格式为 $F\langle k_1, v_1 \rangle$，其中，$k_1$ 是该记录的行偏移值，v_1 是记录范围内的各栅格点的属性值数组。使用两次 Map 和 Reduce 阶段的算法来完成栅格叠加操作，如图 6-15 所示。

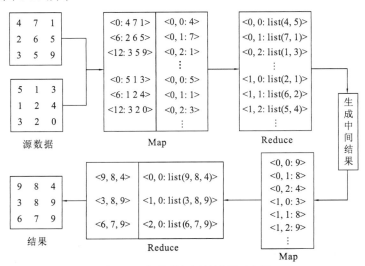

图 6-15 栅格叠加运算过程示意图

（1）在第一次 Map 阶段，按照栅格数据的分片规则，计算节点的 Map 过程对数据切片进行读取，数据记录为$\langle k_1, v_1 \rangle$，如图中的$\langle 0: 4\ 7\ 1 \rangle$，…，$\langle 12: 3\ 2\ 0 \rangle$；映射处理后得到栅格叠加计算所需的新记录$\langle k_2, v_2 \rangle$，此时 key 为单个像素坐标，value 为该像素属性值，如图中的$\langle 0, 0: 4 \rangle$、$\langle 0, 1: 7 \rangle$等，其中$\langle 0, 0 \rangle$、$\langle 0, 1 \rangle$为坐标，4、7 为属性值。

（2）在第一次 Reduce 阶段，按照新记录的键 k_2 进行排序及合并，生成有序键值对$\langle k_3, \text{list}(v_3) \rangle$。经过上述 MapReduce 阶段结束后，中间结果被保存起来。本过程的 Reduce 比较简单，只是将同一坐标位置的两个栅格点的属性值相加，如图中的$\langle 0, 0: \text{list}(4, 5) \rangle$处理后的中间结果为$\langle 0, 0: 9 \rangle$。

（3）在第二次 Map 阶段，读取前一阶段生成的记录$\langle k_3, \text{list}(v_3) \rangle$，并将 value 值切分到不同的计算节点进行并行计算，获得计算结果 v_4，记录以键值对形式$\langle k_4, v_4 \rangle$传入最后一个阶段，如图中的$\langle 0, 0: \text{list}(9, 8, 4) \rangle$。

（4）在第二次 Reduce 阶段，选择具有相同键 v_4 的记录按照一定规则进行排序和重组输出，得到最终的栅格矩阵并以文件形式保存。

（5）将此文件按照输出要求进行归约，便完成了栅格的叠加操作。

2. 任务调度

如前所述，GIS 分析云中的任务多种多样，计算节点众多且异构，通常单一计算节点均无法直接对整个任务进行处理，而要将任务拆分为子任务并分配给各计算节点分别执行，所有子任务都计算完成后再汇总返回结果。这里的任务调度是指将所有的计算任务进行适当分解后，分配到系统各个节点上，以最大化使用各计算节点的计算能力。云计算的核心是资源，而任务调度策略的好坏决定了资源利用率和系统性能的高低，所以任务调度是云计算的重要问题，也是 GIS 分析云的核心技术。通过对需要执行的任务设计合适的调度算法，可以充分利用网络带宽，减少任务运行时间，提高计算效率，降低运行成本。

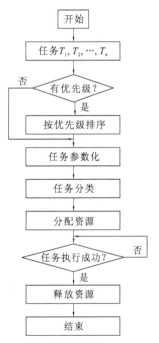

图 6-16　任务调度工作流程图

任务调度算法分为静态调度算法和动态调度算法。静态调度算法无需实时信息，使用简便。动态调度算法根据实时获取的信息，动态调整任务分配，能较好地根据网络负荷和系统资源分布情况及时调整和优化，灵活性和适应性较强。图 6-16 所示为任务调度的一般工作流程。

传统的调度算法主要有 Min-Min 算法、Max-Min 算法、Sufferage 算法，其中前两个为静态调度算法。Min-Min 算法中的每个节点都优先调度预期完成时间最小的任务，是一种先易后难的贪心算法，适合任务负载不大且对服务质量要求不高的应用场合；当任务数变的很大时，极有可能会将大量的简单任务分配给执行效率高的节点，容易导致效率高的节点上的任务堆积、效率低的节点闲置的情况出现，造成系统负载不均衡。

Max-Min 算法是另一种贪心算法，与 Min-Min 不同的是，它优先调度预期完成时间较长的任务，这样会将较复杂的、耗时长的任务分配给执行效率高的节点，相比 Min-Min 算法改善了负载严重不均问题，一定程度上提高了资源利用率，但容易造成优先级高的用户长时间得不到服务，因此自适应性和可扩展能力较差。

Sufferage 算法属于动态调度算法，通过计算每个任务在不同节点虚拟机上的预期完成时间，用次小的完成时间长度减去最小的完成时间，得到不被调度情况下的值，这个值叫任务执行损失，又叫 Sufferage 值，然后优先调度 Sufferage 值大的任务，尽可能降低总 Sufferage 值。例如有计算能力（单位时间内能完成的任务量）分别为 1 和 2 的节点 A 和 B，要计算任务量分别为 2、4、6 的任务 a、b、c，首先计算得到任务对应的 Sufferage 值分别为 1、2、3，如表 6-2 所示。

表 6-2　任务耗时与 Sufferage 算法调度示意

任务	计算节点		Sufferage 值
	A	B	
a	2	1	1
b	4	2	2
c	6	3	3

任务调度时，在第一轮时任务 c 被优先调度到节点 B 上，任务 b 被调度到节点 A 上；第二轮调度时，任务 a 被调度到节点 B 上，此时，节点 A 上的任务 b 尚未执行完。

GIS 分析云环境下的任务调度目标是既要有较高的计算速度，又要充分考虑服务质量，并且还要维持整个 GIS 分析云的系统负载处于一个相对均衡的状态。任务调度的核心是针对任务目标，选择合适的资源模型和任务模型，设计合适的调度算法，分配好节点的资源。传统的调度算法由于把效率作为首要目标，忽略了负载均衡和任务服务质量要求，在 GIS 分析云环境中局限性较大。因此 GIS 分析云主要采用遗传算法、模拟退火算法和粒子群算法等启发式算法完成任务调度。例如遗传算法，先随机产生一些调度的解法组成解的初始种群，然后使用交配、杂交和选择三个遗传算子操作种群，形成进化后的新种群。重复进化过程，直至达到终止条件，最新种群中所需调度时间最短的解即为遗传算法的最终解。

与此同时，任务调度在 GIS 分析云环境下也有着可扩展性、动态性和任务等级分层性等特点。首先，系统规模随着用户数量和需求的快速增长而不断扩大，要求任务调度具有可扩展性；其次，系统资源池的不断变动，需要系统能够动态调整资源分配策略，这就要求任务调度要有动态性；最后，不同的任务具有不同的需求目标，侧重不同的性能指标，需要系统将任务划分等级分层处理，要求任务调度具有任务等级分层性。

3. 时空数据挖掘

GIS 数据云中的数据资源不仅量大，而且不断扩增，为挖掘、分析提供了源源不断的时空数据。时空数据挖掘是将 GIS 云与数据挖掘相结合，通过地理模式识别、聚类分析、关联分析、时空趋势分析等，在时间和空间维度上挖掘出用户感兴趣的时空模式与特征、空间与非空间数据的联系特征及一些其他隐含在时空数据库中的重要特征等。

时空数据挖掘基本过程类似于数据挖掘过程，可概括为数据准备、数据挖掘和结果表达与解释三个阶段。数据准备阶段主要对数据源进行选择、预处理和变换等，整合为数据挖掘目标库，这里的数据源主要为时空数据库，也包含网上的各种资源以及其他来源的数据（如众源地理信息、各专业领域的专题数据等）。数据挖掘阶段对所选的目标数据开展模式挖掘和普遍特征发现等智能处理和分析工作。最终结果以人机交互方式提供给用户。时空数据挖掘的流程图如图 6-17 所示。

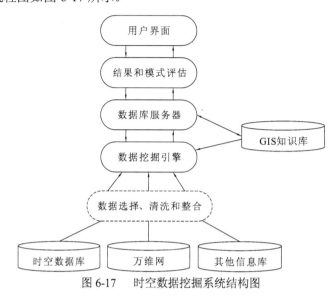

图 6-17　时空数据挖掘系统结构图

时空数据挖掘作为一个交叉应用领域，吸纳了数据仓库、机器学习、可视化等多个方向的技术。本节主要介绍对时空数据挖掘影响较大的数据仓库和机器学习技术。

1）数据仓库

数据仓库是由多源数据集成的、面向主题的数据集合，该集合中所包含的历史的、现状的等各时间段的数据按照一致模式存储和组织，用于支持管理和决策。数据仓库由数据源经 ETL（extract-transform-load，抽取、转换和加载）来构造，它在多个维度合并数据，形成部分物化的多维度数据立方体（cube）。通常，数据立方体又称为数据仓库的多维数据模型（multi-dimensional data model），立方体的每个维对应模型中的一个或一组属性，提供数据的多维视图，支持钻取（drill-down）、上卷（roll-up）、切片（slice）、切块（dice）及旋转（pivot）等多维分析运算。

SOLAP 立方体（spatial online analytical processing cube，空间联机分析处理立方体）是空间数据仓库的多维模型，由多个维度、度量及基于该方体的一系列聚集与分析操作组成。不失一般性，SOLAP 立方体可定义为一个四元组〈Cubeid，D，M，Γ〉。其中，Cubeid 为立方体 ID；$D = \{d_1, d_2, \cdots, d_n\}$ 为多维集合，D 中包括若干空间维层次和非空间维层次；$M = \{m_1, m_2, \cdots, m_n\}$ 为度量集合，主要有数值和空间几何度量两种；$\Gamma = \{f_1, f_2, \cdots, f_n\}$ 则为聚集函数，即具体度量的计算方法。

聚集函数可分为三类：分布性、代数性和整体性。其中分布性函数指聚集函数可以用封闭计算形式（即函数形式不发生任何变化）实现一个维度从底层到高层的聚集过程，如最值（max / min）、求和（sum）、个数（count）等。空间几何度量聚集依赖于空间拓扑关系，如空间相交、包含、叠加关系等。该过程中的分布性函数主要有几何并（union）、几何交（intersection）及凸包运算（convex hull）等；代数性函数可表达为分布性函数的代数形式，如均值（mean = sum / min）、方差（variance）等。对于空间几何度量，主要包括中心（center）、质心（center of mass）及重心（center of gravity）等。整体性函数只能通过维度的所有底层值来整体计算高层值，无法实现分布计算，这类函数有中值（median）、秩（rank）等，这一类空间度量函数有均分（equipartition）、最近邻指数（nearest-neighbor index）等。

以某流域降雨量和土壤湿度分析为例阐述多维模型。该实例具有流域分区（Location）和下垫面分区（LandUse）两个空间维及一个时间维（Time）。空间维流域分区按照河流分支划分为三级流域 valley1、valley2、valley3，下垫面共分为草地（grass）、水田（paddy field）、旱地（dry land）、树林（forest）和水体（water）5 类，时间维层次由小时（hour）、日（day）和月（month）组成。本例包含三种度量：降雨量（rainfallMap）、土壤湿度（soilmoistureMap）及测站数（statNum），其中，降雨量和土壤湿度为该区域内均匀分布的气象站测值均值，为空间度量。按照上述定义，其立方体模型 hydroCube 的元组模式可描述如下：

$$\left\langle \begin{array}{c} \text{hydroCube,} \\ \text{<Time,\{hour,day,month,ALL\},hourpdaypmonth>,} \\ \text{<Location,\{valley3,valley2,vally1,ALL\},valley3pvalley2pvalley1>,} \\ \text{<LandUse,\{landuse,ALL\}>} \\ \text{\{rainfallMap,soilmoistureMap,statNum\}} \end{array} \right\rangle$$

图 6-18 所示为采用 MultiDim 模型的图示标注法描述的上述 SOLAP 多维模型，类似于实体-关系（E-R）模型的图形符号进行多维建模，表达手段简洁明了。

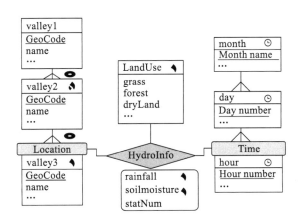

图 6-18　SOLAP 多维模型实例的模型 Schema

在多维模型中，由每个维最底层构建的完整维组合所确定的事实集合，是数据详细程度最高的立方体。该立方体的度量值沿着各种维或任意维组合向上层聚集得到高层度量值，会产生各种 GroupBy 子集，该子集称作立方格（cuboid），基于该立方格进行类似聚集操作，又可形成概化程度更高的立方格。所有可能组合的聚集结果进行分层排列将形成一个格状结构（lattice）。

如图 6-19 所示为土地利用-下垫面分区立方体的结构示意图，格状结构代表了空间数据立方体聚集结果间的相互依赖关系。其中，基本立方格<Time，Location，LandUse>沿LandUse 维、Time 维和 Location 维聚集可分别得到立方格<Time，Location >、<Location，LandUse>和<LandUse，Time >。而立方格<Time，Location>沿 Location 维聚集又可得到高层立方格<Time >。该格状结构的顶层立方格是各维为 All 层时的聚集结果，并无实际意义。

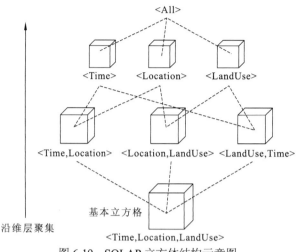

图 6-19 SOLAP 立方体结构示意图

云环境中的时空数据挖掘任务面临大型数据集，同时需要处理实时的快速数据流，例如平安城市建设中的监控视频流数据的实时分析。因此，完成挖掘任务需要很好地利用各种数据仓库和智能分析技术，实现大数据集分析和挖掘的高效率和可伸缩性。

2）机器学习

机器学习是时空数据挖掘决策的重要技术，它提供的是基于数据的自动学习模式，在大量样本训练和学习后发现隐藏在时空数据中的错综复杂的结构信息和关联关系，实现特征的自动学习。具体的算法模型种类丰富，使用灵活，是数据挖掘的热点和难点。空间数据规模和数据类型不断扩展的大数据环境，为机器学习提供了丰富的数据源，可以更好地服务于时空数据的深度挖掘。

按照学习方式，机器学习可以分为监督学习、无监督学习、半监督学习及强化学习模型。监督式学习中，输入数据被称为"训练数据"，同时数据被明确标识。强化学习又称为主动学习，隶属于 Google 的 DeepMind 公司研发的人类第一个围棋机器人 Alphago 采用的深度学习模型就是该类模型，从而战胜了人类职业围棋选手。根据数据分类方式，机器学习可分为结构化学习和非结构化学习两种。前者以结构化数据为输入，典型方法有神经网络、统计学习、决策树、规则学习等。后者以非结构化数据为输入，典型方法有类比学习、案例学习、文本挖掘、影像解译、Web 挖掘等。目前，将机器学习应用于时空数据挖掘已有一些应用实例，有学者使用深度学习训练全球影像，建立贫困地区的自动识别模型，为精准扶贫提供技术依据。好的机器学习方法能够对影像中各类信息进行快速识别和准确提取，如水体、大坝、道路、建筑物等，极大地提高效率和精度。此外，机器学习还在空间信息挖掘领域的位置评估、时空趋势分析、制图分析等有较大的应用潜力。

6.5 GIS 云实例

大数据和云计算技术带动了人工智能、数据挖掘、云存储、网络计算等许多技术的发展，在 5G 等通信技术的推动下，将实现由万物互联万物互算、云-雾-边缘混合计算及"全网"计算（all-net-computing）等方向快速迈进。在这一进程中，受到用户对于更高质量地理空间信息服务应用需求的驱动，很多 GIS 相关企业和部门相继推出了高性能的 GIS 云服务平台，通过集成大规模、多源时空数据集，为用户提供在线、高效的信息查询、下载乃至计算、分析等地理空间信息服务。本节主要介绍三个与 GIS 云相关的例子。

6.5.1 谷歌地球引擎

GEE（Google Earth Engine，谷歌地球引擎）是由 Google 公司研发的一个专门用于卫星影像和其他地球数据运算的 GIS 云平台。该平台存储了近 40 年超过 200 个影像和专题产品数据集，而且每天还在持续更新和扩展。它提供的数据集规模达 PB 级，覆盖了 Landsat、MODIS、Sentinel 等卫星的系列数据，以及地形数据、地表覆盖数据、地表温度、气象数据和人口分布数据等，具有超强分析能力，是一个以数据云为基础、以分析云为核心的综合云服务平台。GEE 的所有数据均可在云端进行数据投影、坐标转换等预处理，支持用户随时调用和在线使用这些数据集进行数据服务交互，同时也支持用户上传本地数据。GEE 云平台的公共数据对于所有非商业性用户免费开放，用户在工作界面能够检索到所需数据的元数据信息，确定后导入工作空间做进一步的处理和分析。

GEE 云平台的本质是一个由海量数据集和高性能并行计算环境相结合形成的空间数据云服务平台，用户可以通过 API 和基于 Web 端的交互式开发模式对云端存储的海量数据进行操作。GEE 云平台为用户提供 Python 和 JavaScript 两种接口的轻量型 Earth Engine API，实现平台即服务（PaaS）。两种接口对应着两种编程语言和不同的应用方式，Python API 支持本地或 Google 云端编译器 Colab，需要在本地计算机安装一个轻量级客户端并配置相应的运行环境，随后可以访问云端服务。JavaScript API 则无需在本地安装任何软件，用户通过 Web 端的交互式开发平台即可访问云端服务。GEE 代码编辑器（the earth engine code editor，地球引擎代码编辑器）是支持 JavaScript API 的交互式 Web 端集成开发环境（https://code.earthengine.google.com/），界面如图 6-20 所示，分为代码编辑、脚本文件、输出控制台、地图结果展示 4 大功能区。

图 6-20   Google Earth Engine 代码编辑器界面

通过以上方式，用户均能调用 GEE 提供的函数库，实现一定程度上的地理空间计算分析，包括地图代数、影像解译、变化监测、栅格矢量数据的空间分析及运算结果可视化等。此外，Google 还为每位用户提供了一个云端硬盘，用户使用服务得到的计算和分析结果能够以多种数据格式保存到 Google 云端硬盘中，用户可以随时查看或下载这些数据到本地硬盘进行管理。

GEE 云平台从本质上可划分为三大部分：前端、后台以及前端后台的交互部分，系统架构如图 6-21 所示。

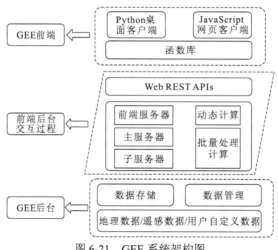

图 6-21 GEE 系统架构图

前端为 Python 桌面客户端或 JavaScript 网页客户端；后台为数据库，存储并管理各种数据，例如云数据集、用户上传的数据等；前端和后台的交互过程是，使用客户端函数库通过 Web REST APIs（本质为 HTTP 请求）向系统发送交互式或批量查询请求，这些请求由前端服务器处理成一系列子查询请求并传给主服务器，主服务器再将各个子请求分配给子服务器计算，如果请求计算量较小，子服务器则进行动态计算，如果请求计算量较大，则进行批处理，计算完成后将结果传给前端，经过解析后显示，用户便得到最终计算结果。

GEE 云平台在计算方式上采用即时分布式并行化计算模型，即在 Google 数据中心的分布式计算机上的多个 CPU 同时运行，为用户提供高性能地理计算。应用 GEE 平台能够帮助很多科学研究和工程实践。在研究区域选择方面，GEE 支持全球范围、跨区域或局部地区等不同尺度的数据研究和分析；在研究领域方面，GEE 平台可给予耕地范围测绘、地表变化检测、农作物产量估算、土地覆盖与变化检测、人口动态迁移特征分析、水旱灾害监测等众多技术支持；在研究精度方面，GEE 平台包含大规模高分辨率的遥感影像，能够提供较高精度的计算和分析结果。

GEE 平台完全免费并且数据资源开放共享，但能够提供给用户的每秒访问次数有限，对于需要高访问量的服务无法很好满足。此外，在数据结果导出过程中也较易发生超时错误等现象。

6.5.2 ArcGIS 云

ESRI 于 2012 年推出了按需架构的 GIS 云产品——ArcGIS 10.1。ArcGIS 云平台支持

Vmware、Xen、Hyper-V 等主流虚拟化环境，ESRI 通过与 Amazon EC2、Windows Azure 等云平台合作，支持用户部署在线空间数据和服务器，更便捷地实施弹性资源的 GIS 服务。此外，ArcGIS 提供了强大的数据分析和可视化能力，能够实时将计算结果映射到地图上。以 ArcGIS 10.7 为例，ArcGIS 云平台体系如图 6-22 所示。

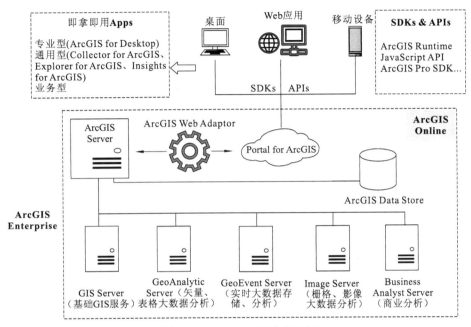

图 6-22　ArcGIS 云平台体系图

云平台主要包含 4 大核心部分，分别是公有云 ArcGIS Online、服务器产品 ArcGIS Enterprise、即拿即用 Apps（ready to use apps）及用于平台扩展开发的 APIs/SDKs。

1. ArcGIS Online

ArcGIS Online 是首个运行在亚马逊公有云上的 WebGIS 平台，是为用户提供地理信息应用服务的 GIS 分析云，访问地址为"http://www.arcgis.com/home/index.html"。它是基于云的完整的协作式内容管理系统，用户可以在安全的可配置环境中管理自身的地理信息，以 Web 方式组织自身的地图资源，通过移动终端、Web 应用和 ArcGIS 桌面等访问这些资源，并将实时分析的地理信息共享给其他用户。

ArcGIS Online 是 SaaS 软件，应用服务主要有：地图制作、数据分析、共享与协作等。地图比例可任意调节，允许多人并发操作，甚至数百万人可以同时交互。使用者只需专注于自身业务，无需关注软件更新与维护。此外，ArcGIS Online 在底层架构考虑了安全问题，使安全具有弹性、冗余性特征，可在保证数据处理效率的同时确保数据安全。在 ArcGIS Online 中，任何个人、组织成员或组织之间均可以彼此连通、相互协作，且由于是基于公有云的 WebGIS 平台，任何人均可随时随地访问 ArcGIS Online。

（1）地图制作。ArcGIS Online 提供即用型数据画布和精确多样的地图底图服务，包括为数据提供背景信息及个性化编辑数据。底图包括卫星影像图、街道图、导航图及地形图等，用户将数据文件与 ArcGIS Online 中的其他位置数据聚合在一起，可以快速创建地图。此外，ArcGIS Online 提供智能制图服务，向用户推荐最佳数据分类、颜色和样式，并通过挖掘数据背后的信息，创建出视觉效果极好的地图，而且智能制图服务还保留了自定义模式，使得用户可以进一步浏览数据、发掘新模式和对样式进行微调等。

（2）数据分析。数据分析（缓冲区分析、叠置分析、网络分析等时空分析）是一个不断重复的过程，借助于动态调度算法和负载均衡技术，可以提高计算效率，确保用户在交互式地图上可实时查看每次分析结果，通过揭示数据间的关系和分析异常值情况，关联多个地理位置的空间数据或向数据中添加位置信息，可以作出预测和给出最佳方案。数据分析可以为用户找到符合要求的最佳位置或最佳路线、确定与当前位置具有类似特征的其他位置、绘制潜在或现有客户的统计数据及时空分布情况等。

（3）协作与共享。以上的地图制图和数据分析服务可以通过 ArcGIS Online 的云环境，由分布在不同地理位置的使用者通过在线协作方式共同完成，并让所有人共享或在线交互这些共同完成的地图成果，例如通过交互式地图展示各自感兴趣的数据、分享见解、激励人们进一步提出问题等，从而可以更好地利用这些成果。用户甚至可以将地图嵌入网站、社交媒体文章或博客中，在更大的范围内共享地图，当然，对于涉及隐私信息的地图内容，在共享时可以进行权限设置。

2. ArcGIS Enterprise

在 2.2.2 小节中，从软件多层体系结构方面简述了 ArcGIS Enterprise 及其 4 个组件的功能。需要说明的是，在 ArcGIS 云中，4 个组件是互相配合使用的，为 Web 制图、实时数据处理、大批量数据分析及空间数据科学计算等提供综合功能支持。其中，ArcGIS Server 是核心组件，支持制图、分布式矢量和表格大数据分析处理、栅格大数据分析等；ArcGIS Data Store 类似于数据云平台，用于存储和托管服务。

ArcGIS Enterprise 以 Web 为中心，使得任何角色、任何组织在任何时间、任何地点，通过任何设备去获得地理应用、分享地理信息，其部署方式多样化，支持在云中、本地物理服务器或虚拟化环境中部署，或在本地和云混合部署。

3. 即拿即用 Apps

即拿即用 Apps 是指为了方便使用而预先设计好的、面向不同应用场景和不同角色的应用软件，这些软件按类别可分为专业型、通用型、业务型和定制化等几种。

（1）专业型 Apps。主要为专业 GIS 用户提供特定专业功能，如 ArcGIS Pro、ArcGIS Desktop 等用于数据处理、编辑、制作地图、三维模型创建、高级 GIS 分析、构建拓扑、服务发布等。ArcGIS Pro 本身就是桌面端 App，采用 Ribbon 界面风格，增强了 ArcGIS 影像处理、数据分析和二、三维融合能力，且完全支持最新的 Named User 授权方式，与 ArcGIS Online 和 Portal for ArcGIS 密切结合，成为新一代 WebGIS 平台的典型入口。

（2）通用型 Apps。通用性 Apps 主要针对大众用户而非测绘、遥感、GIS 的专业用户，通常越简单越好。ArcGIS 拓展出的一些通用性入口，为大众接入平台提供了多样化选择渠道，这些类型的 Apps 主要包括 Collector for ArcGIS、Operations Dashboard for ArcGIS、Explorer for ArcGIS、ArcGIS Maps for Microsoft Office 等，符合大众日常使用习惯，基本可以满足大众用户使用 GIS 数据、浏览地图、获取地理位置、快速采集的需求。通用型 Apps 具有随时随地服务、支持多种设备、地图浏览、协同分享、云端存储、离线（移动端）等共性特点，扩展了用户群，提升了平台能力。

（3）业务型 Apps。业务型 Apps 通常由合作伙伴开发完成，即第三方提供的业务软件，在符合 ArcGIS 要求的模式下改造成 ArcGIS 平台的应用程序。业务型 Apps 面向更多有业务化定制需求的用户，为了更好地支持合作伙伴开发应用程序，ESRI 提供了大量开发接口和开发方案，并在 GitHub 上提供了丰富的开发资源，同时，合作伙伴的 Apps 也可以上传到 ArcGIS Marketplace 上供用户下载使用。

4. APIs/SDKs

ArcGIS 平台拥有多种跨平台、跨设备产品，支持 Windows、Linux、MacOS、iOS、Android 等操作系统，用户可根据需要通过这些产品接口开发与业务深度结合的应用系统，如 ArcGIS JavaScript API 可用于开发基于 HTML5 的 Web 端应用系统、ArcGIS Runtime SDKs 可开发桌面端和移动端应用系统等。基于这些 APIs/SDKs 开发的应用程序，还可以通过数据访问接口，访问存储于云端的多源、异构数据，借助于内嵌的空间分析模型可快速完成空间数据处理及高性能空间分析等任务。

ArcGIS 软件开发模式在 ArcGIS JavaScript API 和 ArcGIS Runtime SDKs 上是相似的。在决定选择哪一种开发模式之前，需要了解本地应用和 Web 应用之间的差异、ArcGIS 功能之间的差异、用户需求等。本地模式有诸多优点，例如可以为开发者提供最佳的设备集成和开箱即用功能，并且支持离线工作方式，但该模式对开发者编程能力要求较高。Web 模式使用 HTML、JavaScript 和 CSS 技术，以 Web 服务器作为后台，可借助 ArcGIS JavaScript API 来创建 Web 端应用程序。

6.5.3 水资源监测平台

水资源监测是水资源管理的基础性支撑环节。我国正在实施的最严格水资源管理制度，要求从水量、水质、用水效率三方面开展精细化、动态化和刚性管理，对水资源监测提出了更高要求。水资源具有天然-社会二元属性，监测需要从二元角度组织；水资源要素具有时空差异大、点多面广等特点，单纯依靠地面手段，受自然条件限制，很多要素难以开展大范围长期监测。目前国内外水资源监测体系的建设，总体上是以天然水循环为主、以地面监测为主、以人工监测为主，尤其是国内的监测能力，与精细化和动态化管理需求还存在明显差距。随着我国遥感卫星技术不断进步，卫星遥感数据资源不断丰富，研究利用多卫星数据资源与地面观测系统联合构建立体观测体系，在加强对天然水循环监测基础上，利用天地协同方式，优势互补解决社会水循环监测难题，对提升我国水资源监控能力具有重要意义。为此，由水利部信息中心、中国水利水电科学研究院、清华大学、武汉大学、河海大学、南京水利科学研究院、中国科学院遥感与数字地球研究所等单位联合开展了"国家水资源立体监测体系与遥感技术应用"的国家重点研发计划项目建设工作，其中的一项关键任务就是构建国家水资源遥感监测平台。

国家水资源遥感监测平台的目标是以水资源天然水循环要素的遥感监测成果为基础，应用大数据、云计算等技术，开展水利、遥感、GIS 时空大数据组织管理、高性能数据处理与智能化服务、集成开发技术等研究，建立专题产品体系、资源目录、服务访问机制等水资源遥感监测产品服务体系，实现各类水资源监测业务模型、数据及服务的集成，为水资源科学管理提供强有力的技术支撑。

面对多源、异构水资源遥感数据高性能处理需求，建立水资源遥感监测云服务平台十分必要。该平台综合了 GIS 的数据云和分析云框架，将水资源监测服务分为资源层、数据层、业务层和用户层，如图 6-23 所示。

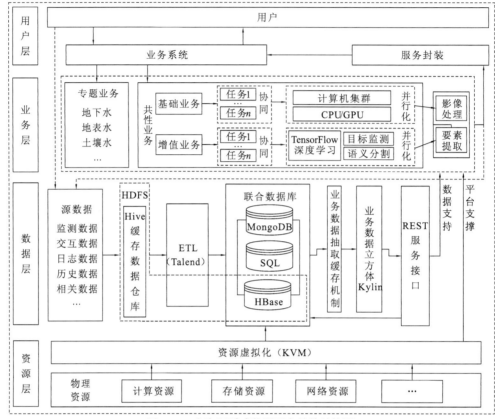

图 6-23　水资源遥感监测平台总体结构图

平台面向数据现状和总体业务需求，提供遥感基础数据产品、矢量数据产品、水资源专题数据产品生产和应用服务，实现各类水资源监测信息和服务的集成与共享，以及水资源立体监测的业务化运行。

（1）资源层：该层通过 KVM 这一虚拟化方法创建虚拟机，将计算资源、存储资源、网络资源等虚拟化，形成资源池加以统一管理，根据具体业务需求分配相应的资源，实现系统资源动态分配，提高资源利用率。通过制定标准接口规范，为上层提供按需调用的资源服务。

（2）数据层：该层是业务层的数据支撑，基于虚拟化技术的大数据处理平台主要部署了 HDFS 存储系统、联合数据库和 Kylin 分布式分析引擎，支持水文数据库接入，对接国家水资源管理系统，实现多源大数据的高效存储和稳定管理。首先建立基于 HDFS 的 Hive 缓存数据仓库以缓存增量数据，采用 ETL 工具抽取、清洗和加载数据以提高海量数据整合质量；其次针对不同的数据类型，联动 HBase（非结构化大数据）、SQL（结构化数据）和 MongoDB（空间数据、元数据）三大数据库以支持多源数据的高效存储；最后面向业务需求建立缓存机制以快速获取数据，通过开源分布式分析引擎 Apache Kylin（麒麟）自带工具构建数据立方体以实现多维空间数据分析。

（3）业务层：在资源层软硬件支撑和数据层支持的基础上，面向业务需求实现多源、异构水资源遥感和 GIS 数据的业务化、高性能处理。该层的业务分为专题业务和共性业务，共性业务包括基础业务（如影像处理）和增值业务（如提取要素），在实际处理中通过业务分解与分发，实现各类任务之间的协同。对于基础业务，利用计算机集群系统和多核技术进行并行化处理，实现遥感影像数据的高性能计算（参见 7.5.2 小节）；对于增值业务，采用 TensorFlow 深度学习框架来实现目标监测和语义分割，从而完成各类水资源基础要素的高效提取。

（4）用户层：针对用户的不同需求，设计智能服务方案实现服务封装，针对系统管理用户、业务系统用户、相关行业用户、大众用户等多种类型的用户，通过一个完善的业务系统，提供统一入口为各类用户提供信息发布、下载、查询、统计、分析等服务。

由图 6-23 可以看出，水资源遥感监测平台的关键是平台集成与服务，将数据、模型、业务流程和业务系统高效集成，提供从数据获取、基础数据处理到专题产品生产的流程化和业务化服务，需要解决的核心问题是资源虚拟化、数据一体化管理、多任务并行分析等技术。

（1）资源虚拟化。为实现云平台中的资源共享、弹性可扩展，提高资源利用率，利用 KVM 虚拟化技术对基础物理资源实行统一管理，使之成为一个可以按需提供资源的资源池，在资源池之上进行统一调度和管理，提供资源调度、角色控制、存储管理、镜像管理等服务，同时还提供对外的 API 接口 Libvirt，供上层应用程序调用。资源虚拟化技术原理如图 6-24 所示。

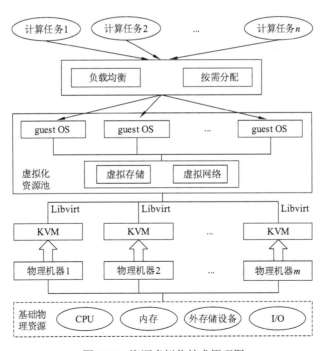

图 6-24　资源虚拟化技术原理图

虚拟资源池能够实现对计算、存储和网络等资源的虚拟化，形成弹性资源池，屏蔽底层硬件差异和业务对底层硬件的要求。物理机器上各硬件资源被虚拟成不同规格的虚拟机，在虚拟机上运行 Windows/Linux 等租户系统（guest OS）。在操作系统和应用层面上，计算、存储等原本不能分割的硬件资源通过虚拟化进入虚拟化资源池后，可以被各个独立的操作系统共享。此外，配合负载均衡和按需分配管理技术，可以在满足不同类型的负载和计算任务的同时，让物理资源得到充分利用，实现自动调度和管理，提升资源利用率和计算效率。

（2）数据一体化管理。数据一体化管理的技术路线如图 6-25 所示。获取到多源数据后，首先对影像数据及元数据进行预处理，将多源数据进行格式和坐标系统转换，在此基础上通过 Google S2 进行切分，实现数据格式和坐标系统的统一。Hive 是建立在 Hadoop 上的数据仓库基础构架，使用 Hive 缓存数据仓库来缓存增量数据，统一多源数据时空结构。此外，Hive 还提供了一系列工具，用以进行数据抽取、转化、加载（ETL），利用 Talend 对 Hive 中的数据进行清洗并按属性将清洗后的数据注入到联合数据库中。MongoDB 数据库作为一种采用 NoSQL 技术的文档数据库适合于存储元数据、文档数据和矢量数据。水资源业务数据一般包括降水、蒸发、河道、水库、闸坝、泵站、潮汐、沙情、冰情、地下水、墒情、特殊水情（如山洪灾害、堰塞湖）、水文预报等大类信息实时值及河流、水库、堤防、湖泊、水闸、跨河工程、机电排灌站、治河工程、小水电站、水土保持工程等水利工程数据，这些多为关系表格数据，适合存储在 PostgreSQL 这种关系型数据库中。最后使用 Kylin 从数据仓库中读取分片源数据，通过预计算方式缓存数据结果，并把结果存于 HBase，对外使用 Restful API / JDBC / ODBC 的查询接口供业务层数据调用。

（3）多任务并行分析。遥感监测产品业务流程覆盖遥感影像预处理、信息提取、专题产品反演、分析服务等多个步骤，为满足对多种服务协同处理和多任务并行运行需求，采用基于 Activiti 的业务协同处理框架，技术路线如图 6-26 所示。

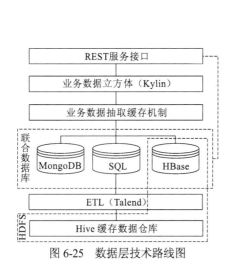

图 6-25　数据层技术路线图

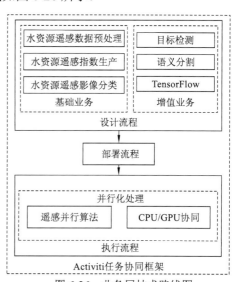

图 6-26　业务层技术路线图

业务协同处理步骤：①对各种基础业务和增值业务进行流程设计，利用系统的业务流程在线编排工具，对水资源遥感监测业务自定义编排；②部署和管理工作流程，平台按照用户自定义编排的顺序执行流程内的任务；③执行工作流程，平台返回执行结果。

针对水资源遥感监测中面向区域覆盖和特定水利对象的遥感影像处理需求，在业务执行过程中采用了多种并行化处理技术，主要涉及遥感并行算法、CPU/GPU 协同并行处理技术等，实现兼顾空间覆盖和时间覆盖的海量影像快速计算和分析。需要说明的是，遥感影像预处理特别是 MODIS 数据的预处理及十余种数据产品的生产，在实际中主要通过水利信息网格平台实现（参见 7.5 节），网格平台为云平台提供了不间断的、业务化的影像处理结果。

水资源遥感监测云服务平台充分发挥遥感数据价值，结合实际业务需求实现各类水资源监测信息及服务的集成与共享，并通过 GIS 云形式为水资源遥感监测大数据高效组织管理、多源异构水资源遥感数据高性能处理、水资源遥感监测智能化服务奠定了基础。同时平台综合考虑了水资源遥感监测中各类原始数据、中间成果和遥感产品在处理流程中的相互调用关系，制定了水资源遥感监测数据标准、产品标准、模块集成标准，支撑实现了多类型数据处理和产品加工模块的集成与运行，以"软件＋服务"模式实现综合信息集成服务。

习 题 六

一、名词解释

GIS 云，SaaS，IaaS，云安全，GIS 云，时空大数据，在线服务，GIS 服务器集群，弹性负载均衡，GIS 数据云，GIS 分析云，时空数据挖掘

二、填空题

1. 云计算是建立在分布式计算基础之上、实现对虚拟化的计算和存储资源池_____、_____、_____的一种计算模式，它以透明方式为用户提供基础架构服务、平台服务和软件服务。

2. 云安全中的数据安全包含了数据的_____、_____、_____等机制。

3. 云服务大量使用虚拟机技术，虚拟机面临_____、_____、_____及_____等多方面安全性问题。

4. 时空大数据的价值主要在于_____、_____、_____之间的关联关系，这种关系往往是异常复杂和宝贵的。

5. GIS 云将空间数据的使用由基本的查询、检索、统计、可视化表达、空间分析等提升到复杂的_____、_____、_____等更高层级。

6. GIS 云可用于解决网络 GIS 面临的_____、_____、_____等难题，采用云计算技术强化 GIS 基本功能的实现方法，为用户提供按需分发的更高效率的地理信息服务能力。

7. GIS 云的部署模式主要有_____、_____、_____三种。

8. 混合 GIS 云能够将公有云的_____、_____和私有云的_____相结合，为用户提供灵活、安全的服务。

9. 计算虚拟化通常包括_____、_____、_____三方面内容。

10. 根据扫描时发送端发送的报文类型，可将端口扫描技术分为_____、_____、_____、_____、ACK 扫描和窗口扫描等。

11. GIS 数据云可以通过网络将大量普通服务器互联，对外作为一个整体提供存储服务，具有较高的_____、_____、_____。

12. GIS 数据云是专门存储、处理时空大数据的云端系统，能够提供超大规模、长时序、大尺度范围内的数据集，其数据层可分为_____、_____、_____三大部分。

13. GIS 数据云依赖于时空数据整合与云存储平台，向客户端提供类型丰富的数据服务，这些服务主要包括_____、_____、_____、_____、_____、_____等。

14. 时空大数据的数据一体化，主要包括_____、_____、_____三个方面。

15. GIS 分析云自底向上依次分为_____、_____、_____、_____。

16. 并行空间分析的核心技术体系主要包括_____和_____两部分。

17. MapReduce 采用的是移动_____而非移动_____策略，遵循就近计算原则，旨在减小数据传输代价，提高系统效率。

18. Min-Min 算法、Max-Min 算法属于传统的调度算法，其中 Min-Min 和 Max-Min 算法属于_____调度算法，Sufferage 算法属于_____调度算法。

19. 数据立方体又称为数据仓库的多维数据模型，立方体的每个维对应模型中的一个或一组属性，提供数据的多维视图，支持_____、_____、_____和_____等多维分析运算。

20. ArcGIS Online 的应用服务主要有_____、_____、_____、_____和_____等，属于 SaaS 型软件。

三、选择题

1. "云"是由各种异构资源相互连接、聚合而成的一种虚拟化的（　　　）环境，能够提供安全的云计算、云存储等云服务。

   A.资源共享　　　　　B.远程控制　　　　　C.协同计算　　　　　D.智能分析

2. 云的主要服务模式有（　　　）等几种类型。

   A.SaaS　　　　　　　B.DaaS　　　　　　　C.PaaS　　　　　　　D.IaaS

3. 云安全通常分为（　　　）等几大方面。

   A.安全与隐私　　　　B.规范遵循　　　　　C.身份确定　　　　　D.法律与契约议题

4. 增强虚拟机安全性的措施主要有（　　　）。

   A.隔离物理机　　　　B.抗旁道攻击　　　　C.防火墙技术　　　　D.密钥认证

5. GIS 面临的主要挑战是（　　　）几个方面的处理。

   A.消息密集　　　　　B.数据密集　　　　　C.计算密集　　　　　D.I/O 密集

6. GIS 云基于现有云技术体系并根据地理时空大数据特征和应用需求进行规范化、标准化、业务化构建与部署，它将为地理空间数据的（　　　）等方面带来新变化。

   A.显示服务　　　　　B.存储管理　　　　　C.组织查询　　　　　D.关联分析

7. GIS 云的服务模式有以下（　　　）几种。

   A.GIIaaS　　　　　　B.GIDaaS　　　　　　C.GIPaaS　　　　　　D.GISaaS

8. 网络虚拟化技术中，通过利用虚拟化层 Hypervisor 的调度技术，采取的调度策略是将资源从（　　　）应用，达到资源的合理利用，并且根据物理设备资源使用情况还可以横向扩容，而无需增加新设备。

   A.空闲应用到繁忙　　B.繁忙应用到空闲　　C.等待到繁忙　　　　D.繁忙到等待

9. Ganglia 是由伯克利大学开发的开源监控软件，优势在于即使对超大规模集群监视，也能保障良好性能。Ganglia 的核心由（　　　）等几个守护进程构成。

   A.gmond　　　　　　B.gmetad　　　　　　C.ghtml　　　　　　　D.gweb

10. 弹性负载均衡通常包含（　　　）三个步骤。

    A.处理并发访问　　　　B.并行化处理　　　　　C.汇总计算结果　　　　D.负载动态分析

11. GIS 数据云的高可靠性一般通过下述措施获得（　　　）。

    A.多机冗余　　　　　　B.单机磁盘 RAID　　　C.定时备份　　　　　　D.加密算法

12. 关系型数据库划分方法主要是从数据量均衡性方面考虑的，但不适合对空间数据的划分，这是因为空间数据具备海量、多尺度和时态特征，它们之间还存在（　　　）等空间关系和联系。

    A.空间方位　　　　　　B.空间分布　　　　　　C.空间拓扑　　　　　　D.空间距离

13. 数据缩减的几种主要技术方法是（　　　）。

    A.自动精简配置　　　　B.自动存储分层　　　　C.重复数据删除　　　　D.空间数据压缩

14. GIS 分析云的空间分析能力主要包括（　　　）。

    A.空间查询与统计　　　B.并行计算与分析　　　C.任务调度　　　　　　D.数据挖掘

15. GIS 分析云的服务能力主要包括（　　　）。

    A.算法服务　　　　　　B.存储服务　　　　　　C.分析服务　　　　　　D.调度服务

16. 并行算法模型通过资源的分布式调度和处理可以提高系统性能，其中，（　　　）是两种最重要的并行算法模型。

    A.并行传输模型　　　　B.数据并行模型　　　　C.冗余容错模型　　　　D.消息传递模型

17. 机器学习可以分为（　　　）等几种模型。

    A.深度学习　　　　　　B.无监督学习　　　　　C.半监督学习　　　　　D.强化学习

18. ArcGIS 云平台主要包含（　　　）等几大核心部分。

    A.ArcGIS Online　　　　B. ArcGIS Enterprise　　C.即拿即用 Apps　　　D.SDKs/APIs

四、判断题

1. 云计算与雾计算、边缘计算是相同的计算模式，只是称呼不同。

2. 云计算与水、电、气一样成为满足人们日常需求的公共资源。

3. 云中采用虚拟化技术将软硬件资源的结构差异隐藏起来，这使得用户难以有效地使用各种软硬件。

4. 云的结构和规模一般是固定不变的，一旦构建完成便难以进行伸缩。

5. 当用户把数据上传到云端后，数据的优先控制权变更为云服务提供商和用户双方。

6. 网络传输过程意味着数据流动，极易受到黑客或非授权用户入侵和破坏攻击。

7. 宏观上，GIS 云可以提供更丰富的地图服务资源库、更便捷的数据处理能力和共享方式及更完善的空间数据分析服务。

8. 面对 TB、PB 甚至 EB 级规模的大数据及各行各业空间数据服务需求，GIS 面临数据既多又少、既快又慢的问题。

9. 内存虚拟化可以把一块物理内存看作若干虚拟内存来使用，并为每个进程分配一个虚拟的连续内存空间，从而保证每个进程使用自己的内存区而不发生溢出。

10. 守护进程是一类在后台运行的服务端程序，守护进程之间相互依存。

11. GIS 数据云的资源层核心功能是为大数据提供弹性扩展、性价比较高的存储空间，实现存储资源的灵活分配和回收。

12. Hilbert 曲线能将高维数据映射为低维数据，在低维度空间上再把邻近的一些对象尽可能地划分到相邻或者同一个存储空间里，可以显著提高查询效率和并行处理能力。

13. 并行分析能力无法在缓冲区分析、空间量算、空间插值等基本空间分析中实现。

14. MapReduce 是一种让开发人员更加注重节点/网络细节的重要并行计算模型。

15. 传统调度算法只注重效率而忽略了负载均衡和任务服务质量要求，因此不适于 GIS 分析云。

16. 当前，机器学习已经大范围地应用于时空数据挖掘，在影像自动识别、精准提取和高精度分类方面已经克服技术难关。

17. GEE 是一个以数据云为基础、以分析云为核心的云平台，本质上是一个由海量数据集和高性能并行计算环境相结合而形成的空间数据云服务平台。

五、简答题

1. 简述云计算的发展历程。

2. 简述云计算环境中有哪些资源。

3. 简要说明云计算的特点。

4. 在云中通常采用什么办法保证其高可靠性的？

5. 阐述如何提高云计算中的网络访问与传输安全。

6. 请解释云计算环境的"三横两纵"架构。

7. 为什么要进行网络安全的审计？

8. GIS 云的计算能力主要体现在哪些方面？

9. GIS 云的特点主要有哪些？

10. 简述 GIS 云是如何实现按需、弹性与在线服务的。

11. GIS 云有哪两种基本的服务系统？

12. 简述采用网络虚拟化技术以后，原有网络设计中的层次结构、数据通道和所能提供的服务，为何将随着虚拟化而变化？

13. 简述基于互联设备的虚拟化方法的主要缺陷。

14. 简述 GIS 云中资源监控的基本思想和方法。

15. 阐述 GIS 数据云的主要特征。

16. 简述 GIS 数据云的异构数据结构化整合处理的基本流程。

17. 阐述连续数据保护方法的实质。

18. 怎样实现 GIS 数据云的数据安全？

19. 阐述 GIS 分析云具备哪几种主要能力。

20. 为什么说 GIS 分析云环境下的空间分析不再是集中式分析，而是一种分布式的并行空间分析？

21. 什么是即拿即用 Apps？

六、论述与设计题

1. 论述 GIS 云发展所面临的主要挑战及其主要发展趋势。

2. 分析 GIS 数据云和 GIS 分析云各自优缺点，论述两者之间如何更好地集成和协同，从而提高 GIS 云的整体服务能力。

3. 近年来随着 Internet、人工智能、物联网、遥感传感器等的快速发展，形成了航天、航空、中低空、地面组成的大数据立体采集体系，客观上要求提供超高性能的计算能力和超快速率的存取能力，请结合云计算优点和时空大数据特点，从计算模式、存储策略等方面论述提高时空大数据传输、处理、分析、服务的途径。

第7章 网格 GIS

通过第 6 章可以看出，GIS 云以相对集中的资源支持时空大数据的协同计算、分布存储和并行传输，受到政府和行业的大力支持。与此同时，以聚集广泛区域甚至跨国区域分布的各种资源为手段，以服务大型科学计算为初衷的网格计算技术，在过去相当长一段时间里得到快速发展，最近几年进展较慢。但作为一种有显著特色的技术，从长远看，将与新型计算模式、通信技术融合，从而获得新的生机。本章将主要介绍网格基本概念和相关技术、网格 GIS 技术体系及网格 GIS 的相关实现技术和网格应用前景等内容，以使读者对网格的原理、技术及其在 GIS 中的应用有比较清晰的了解。

7.1 网格技术概述

网格是在集群技术基础上发展起来的，与集群不同的是，网格节点之间的耦合程度没有集群那么高，并且既可以分布在单位或部门的局域网中，又可以分布在广域网内。网格的优势在于它可以使用大范围内的异构硬件设备和操作系统进行网络计算。

7.1.1 网格与网格计算

网格（grid）的概念借鉴了电力网（electric power grid）的应用模式，网格的目的是希望用户在使用网格计算能力时，如同使用电力一样方便。这里所说的网格其实就是一个集成的计算与资源环境，是将网络上的分布式计算资源等整合在一起而构成的一台拥有超级性能的虚拟计算机。在这个虚拟系统里，每一台参与计算的设备称为一个"节点"，而整个计算是由所有"节点"组成的"一张网格"完成的，所以把这种计算方式形象地称为网格计算。

1. 网格

网格是由各种不同的硬件与软件组成的基础设施，它将 Internet、高性能计算机、大数据、无线传感网、远程设备等融为一体，连接所有的网络资源，实现资源共享和异地协同工作，支持开放标准和功能动态变化。人们在使用电力时，并不需要知道它是从哪个发电站输送出来的，也不需要知道电力是通过什么样的发电装置产生的。同样，网格也希望给使用者提供与地理位置无关、与具体计算设施无关的通用计算能力。对于使用网格的用户而言，他们所面对的好像不是网络，而是一台功能十分强大的超级计算机。与电力网中需要大量的变电站等设施对电网进行调控一样，网格中也需要大量的管理节点来维护网格的运行，只不过网格的结构更为复杂，需要解决的问题也更多。

网格能够充分吸纳各种计算资源，并将它们转化成一种随处可得的、可靠的、标准而且经济的计算能力。这里的计算资源不仅包括各种类型计算机的计算资源，而且包括其他类型的资源，如网络通信能力、网络存储能力、数据资料、仪器设备，甚至技术能力和人力等相关的资源。

网格概念的提出从根本上改变了人们对"计算"的看法，因为网格提供的是与以往根本不同的计算方式。它突破了以往强加在计算资源之上的诸如计算能力、地理位置、共享与协作方式上的限制，使人们能以一种全新的、更自由的、更方便的方式使用各种资源，解决复杂的问题。

2. 网格计算

简单地讲，基于网格的问题求解方法就是网格计算。网格计算是伴随 Internet 技术的发展而迅速发展起来的一种网络计算模式。这种计算模式利用 Internet 把分散在不同地理位置的计算资源组织成一个"虚拟的超级计算机"，进行分布式大规模集群计算和网络分布式协同处理，以解决包括复杂科学计算、大型数据服务、虚拟地理环境、大数据挖掘等大规模计算问题，是超大规模集中式计算、客户/服务器计算模式后的第三代计算技术。

网格计算有两个明显的优势，一个是数据处理能力强；另一个是与 P2P 一样能充分利用网络上的闲置处理能力。对于网格提供的计算能力，有几个基本要求：①必须是可靠的，即保证持续、稳定和安全运行，不应该因为网格内部个别资源的变化而对网格应用造成影响；②必须满足一定的标准，对用户提供的服务、资源访问的接口都是标准化和一致性的；③必须提供一个容易的访问方式；④网格服务的费用应比较低廉，能够被普遍接受和推广。

在网格研究方面，不同的组织和团体各有侧重点。例如，有的侧重于智能信息处理，主要关注如何消除信息孤岛，目的是实现数据、信息、知识的共享。这类网格往往被称为语义网（semantic web）、知识管理系统（knowledge management system）、知识本体（ontology）、代理（agents）、信息网格、知识网格、一体化智能信息平台等。有的基于现有 Internet 技术，将 Internet 上的资源整合成一台超级服务器，有效地提供内容、计算、存储等服务，这类网格的目标主要实现内容分发、服务分发、电子服务、实时企业计算、分布式计算、点对点计算及 Web Service 等。

很多国家都启动了网格计划，如美国军事 GIG（global information grid，全球信息网格）、美国 ESG（earth systems grid，地球系统网格）、美国 NASA（National Aeronautics and Space Administration，国家航空航天局）的计算网格——IPG（information power grid，信息动力网格），英国的 e-Science Grid、欧洲网格计算应用验证平台 EUROGRID 等，我国的"织女星网格计算""中国教育科研网格"等。在网格研究领域，成立有全球网格论坛（global grid forum）、eGrid 技术论坛等专门讨论网格的相关问题。

就空间信息处理而言，采用网格技术能够将全球范围的地理空间信息、存储和处理设备等连接起来进行分布式的应用研究和复杂空间分析，适合计算密集型、存储密集型及事务密集型应用处理。"智慧地球"如果没有高速信息网络平台和并行计算处理技术作为保障将是难以实现的，网格技术可以为分布的空间大数据提供高效处理和分析能力，对于"智慧地球""智慧城市"等的实现将起到重大的推动和支持作用。

7.1.2 网格特点

网格作为一种重要的基础性设施，和其他系统相比，有其鲜明特点。这些特点对网格技术、网格建设及网格应用都有着重要影响。只有了解网格的特点，才能够更好地认识和把握网格技术的开发与使用。下面从网格的分布性、自相似性、动态多样性等方面对网格特点作一简要介绍。

1. 分布与共享性

分布性首先是指网格中的资源是分布式的，即组成网格计算能力的不同计算节点、各种数据资源及其他设备，物理上不是集中在一起的，而是分布在不同地理位置的，这样的资源一般类型较复杂、规模较大，跨越的地理范围较广；其次，基于网格的计算也是分布式的，而非集中式计算。在网格的分布式计算环境下，需要解决资源与任务的分配和调度问题、安全传输与通信问题、人机交互问题及计算的实时性保障问题等。

网格资源虽然是分布的，但是它们在网格环境中可以被充分地共享，即网格上的任何资源都可以提供给网格上的任何使用者，这就是网格具有的共享特性。资源共享是网格的目的，没有共享便没有网格，因此，共享是网格的核心问题。

图 7-1 所示为网格分布与共享性的一个简单示意图，它表明了网格问题求解的一个过程：该问题的求解需要用到 A、B 和 C 处的数据，这些数据需要通过 D、E 两处的计算系统进行处理，处理后的结果需要经过 F、G 两处进行校验，再把最后的计算结果传送到目的地 H 处。这一问题的求解过程涉及了 8 个不同的地方，它们相互间的物理距离有可能非常远，甚至可能需要使用特殊的移动设备，而且在数据处理过程中有时需要加入人工干预。这种情况说明了网格的分布性与共享性。很明显，分布是网格资源在物理上的特征，而共享则是数据资源与计算能力在逻辑层次上的特征。

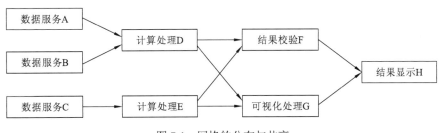

图 7-1   网格的分布与共享

2. 自相似性

网格系统中局部和整体之间存在一定的相似性，即局部往往在许多地方具有全局的某些特征，而全局的特征在局部可以体现出来。这一点类似于海岸线，一条长海岸线和其中的一部分海岸线在形状上具有自相似性。大网格系统可以看成是由若干具有类似特征的小网格组成的，比如世界级网格可以是在国家级网格基础上建造起来的，再比如，在一个实验楼里建立了一个小规模网格系统，然后可以把一个学校的多个实验室网格组成一个全校范围的教学科研网格，而不同学校的网格又可以互相连接成一个教育科研网格，而这个网格又可以成为国家网格的一部分。这种自相似性在网格研究过程中有着重要意义。

3. 动态多样性

动态多样性有两方面含义：一是指网格资源是动态变化的，二是指网格资源是异构和多样的。网格并不是一成不变的，网格的动态性包括动态增加和动态减少。当网格资源减少或者某些资源出现故障后，要求网格能够及时采取措施，实现任务自动迁移；而对于网格资源的增加，则要求网格能够实时接纳新资源，实现任务自动分配，从而提高网格的扩展性能。网格环境中可以有不同体系结构的计算机系统和不同类型的资源，因此网格系统必须能够在不同结构、不同类别的资源之间进行数据的通信与互操作。

4. 标准性

网格系统的应用范围是广泛的，因此需要遵从统一的标准。网格标准也有两方面的含义：一是指网格资源相互访问时具有统一的接口，使用统一协议；二是指网格为用户提供的计算能力应该满足一定的标准，有一个比较统一的形式，从而便于用户使用。只有在大家都遵从的标准指导下建立起来的网格系统，才能得到最大范围的应用与发展，也才能真正实现异构、异质资源的广泛共享。网格的标准化便于设备接入，有利于整合现有资源，也易于网格的维护和升级换代。

7.1.3 网格体系结构

网格体系结构也就是描述网格的构造技术，包括网格的基本组成与功能、网格各组成部分之间的关系及其集成方式及网格有效运转的机制。到目前为止，代表性的网格原型系统主要有美国的 Globus 和 Legion、澳大利亚的 Nimrod/G 及德国的 UNICORE（uniform interface to computing resources，计算资源统一接口）。比较重要的网格体系结构主要有两个：一是美国芝加哥大学教授 Ian Foster 等提出的五层沙漏结构，另一个是以 IBM 等为代表的 IT 企业界结合 Web Service 所提出的 OGSA（open grid service architecture，开放网格服务结构）。

1. 五层沙漏结构

根据网格中各组成部分与共享资源的距离，把实现共享资源的操作、管理和使用的功能分散布置在 5 个不同层次，形成一种称为五层沙漏结构的网格体系结构，如图 7-2 所示。为便于理解，将该结构与广泛使用的 TCP/IP 网络协议进行了简单对照。

（1）构造层。构造层（fabric）是物理或逻辑实体，控制局部的资源，基本功能包括资源查询和管理的服务质量保证，并为上层提供共享资源。常用的物理资源包括各种计算资源和存储资源，如计算机、存储介质、网络资源、传感器、目录服务器等；逻辑资源主要包括文件系统、分布式计算池等。

（2）连接层。连接层（connectivity）是网格中事务处理、安全通信与授权控制的核心协议，所有资源间的数据交换和授权认证、安全控制均在这一层实现。该层还实现单点登录、代理委托、与本地安全策略的整合及基于用户的信任策略等功能。可以看出，连接层具有承上启下的作用，使各个孤立的资源之间建立联系。

（3）资源层。资源层（resource）主要对单一资源实施共享和控制，实现资源的注册、分配与监视等。该层建立在连接层通信和认证协议之上，满足安全会话、资源初始化、资

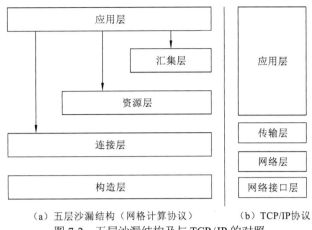

（a）五层沙漏结构（网格计算协议）　　　（b）TCP/IP协议

图 7-2　五层沙漏结构及与 TCP/IP 的对照

源运行状况监测、资源使用状况统计等需求，通过调用构造层函数来访问和控制局部资源，反映的是抽象的局部资源的特征。

（4）汇集层。汇集层（collective）汇集、协调各种资源，供虚拟组织的应用程序共享与调用。它可以实现目录服务、资源协同、资源监测诊断、数据复制、负荷控制、账户管理等共享功能。

（5）应用层。应用层（application）即指网格中的用户应用程序层。应用程序通过调用各层提供的 API 及网格各种资源来提供不同的应用服务。为便于网格应用程序开发，需要构建支持网格计算的大型函数库。

五层沙漏结构的重要思想就是以"协议"为中心。对于实现上述各层的功能，其各个部分的协议数量和性质是不同的。由资源层和连接层共同组成的核心协议要实现与上、下层各种协议的双向映射，也就是说，上层协议要能映射到核心协议，而核心协议也要能映射到下层协议。这说明，核心协议在所有支持网格计算的资源上都应该得到支持，由于其数量不多，很容易成为协议层次结构中的一个瓶颈。如图 7-3 所示。

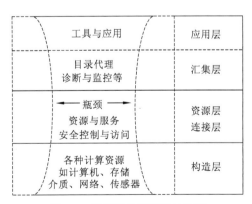

图 7-3　沙漏形状的五层结构图

由于资源多种多样，应用需求复杂多变，五层沙漏体系结构中，定义好这样一个核心协议的意义是很大的。

2. 开放网格服务体系结构

继五层沙漏结构之后，IBM 公司和 Globus 工具包开放源码小组共同倡导促成了 OGSA 的诞生，其成员主要是阿贡国家实验室、芝加哥大学和南加州大学的专家学者。这是一种以服务为中心的"服务结构"，服务是指那些具有特定功能的网络化实体。OGSA 要达到的目标主要有 4 个。①实现宽广范围内的分布式异构平台资源管理。②实现无缝的 QoS。针对复杂的网格拓扑结构和满足网格资源动态交互的要求，网格应该提供健壮的后台服务，例如授权、访问控制和委托等。③提供自治管理解决方案和相应的公共基础设施。网格中包含各种资源，还有许多配置组合、交互及状态与故障模式的改变等。要满足所有要求，需具备一定的智能调节和自治管理能力。④定义开放接口。OGSA 是一种开放式标准，为实现不同资源之间的互操作，网格必须构建在标准接口及协议之上。

为实现上述目标，OGSA 的主要体系结构被设计为如图 7-4 所示的分层结构。

图 7-4　OGSA 的体系结构

OGSA 体系结构主要由 4 层构成，由下至上依次如下所示。

（1）资源层。资源层主要包括各种物理资源和逻辑资源。其中物理资源位于图中的最下部，包括服务器、存储器和网络；在物理资源之上是逻辑资源，它们通过虚拟化和整合物理资源来提供其他功能，例如可以经由网格提供文件系统、数据库、目录、工作流等抽象服务。

（2）Web 服务及定义网格服务的 OGSI 扩展。五层沙漏结构中，强调的是被共享的物理资源，是以协议为中心的，实现的是对资源的共享；而在 OGSA 中有一条很重要的准则：以服务为中心，实现的是对服务的共享。各种逻辑的和物理的资源，如计算资源、存储资源、网络、程序及数据库等都被建模为服务。这里的服务是一种 Web 服务，亦即 OGSA 所定义的服务建立于标准的 Web 服务技术之上。该服务提供了一组定义明确的接口，遵守特定的惯例，解决服务发现、服务动态创建、服务的生命周期管理和通知等问题。

OGSI（open grid service infrastructure，开放网格服务基础设施）利用 XML 与 WSDL（web services description language，Web 服务描述语言）为网格资源指定标准接口、行为与交互方式。同时，为使其具备动态管理能力，OGSI 还对 Web 服务的定义作了扩展，以方便网格资源的建模。

（3）基于 OGSA 架构的服务。它主要提供程序执行、数据服务和核心服务等领域中定义的基于网格架构的服务。实现这些架构服务，使得 OGSA 成为真正有用的面向服务的架构（SOA）。

（4）网格应用程序。在基于网格的环境下进行应用设计与开发，会不断产生一系列基于网格架构的服务，它们构成了 OGSA 架构的第四个主要的层，该层主要为用户提供使用网格系统的环境和工具。

3. OGSA 技术基础

OGSA 的两大支撑技术是 Globus 和 Web Service。Globus 已被科学与工程技术领域广泛接受为重要的网格技术，而 Web Service 则是一种标准的网络存取应用框架和技术规范，是 SOA 的主要实现方式。

1）Globus 简介

Globus 由美国高校、政府机构、IBM、Microsoft、Cisco 等发起，这一由 Ian Foster 领导的项目是与网格计算相关的最有影响的项目之一，被认为是网格技术的典型代表和事实上的规范。Globus 现由芝加哥大学、阿贡国家实验室联合开发运营，它致力于解决成千上万的大学、研究机构和计算中心的数据密集型存储和计算问题，使研究人员专注于研究而非基础设施建设。同时，每年都要举办来自美国顶级计算中心、实验室和大学的研究及开发人员参加的 GlobusWorld 用户大会，共同探讨大规模数据存储、管理和计算的技术进展，GlobusWorld 2020 年因 COVID-19 疫情影响于 4 月 29 日在线上举行。

Globus 认为，网格环境中所有可用于共享的主体都是资源，如计算机、高性能网络设备、昂贵的仪器、大容量存储设备、各种数据、软件、分布式文件系统、数据库等均是资源。因此，资源的概念在网格环境中可以被理解为对用户有价值的东西。实际上，Globus 关心的不是资源的实体本身，它主要研究的是资源的访问接口，即如何把资源安全、高效、方便地提供给用户使用。它的主要工作是建立一套支持网格计算的通用协议和一系列服务与开发工具。

Globus 实现的目标主要有 4 方面内容。①安全：这是网格计算环境正常运行的保证。②信息获取与分布：在网格计算环境中发布、查询和检索资源信息是有效使用各种资源的前提条件。③资源管理：Globus 是在网络技术之上实现的更高层次的资源管理，强调的是更有效地支持大范围的各种资源管理。④远程数据传输：实现广域网环境下高速、可靠的数据传输。

Globus 已成为事实上的网格标准，它推出了 GT1 到 GT5 多个版本的网格工具包（toolkits）。图 7-5 所示为 Globus 工具包的逻辑组成，其中的核心服务内容主要有 5 个方面。

（1）GSI（grid security infrastructure，网格安全基础设施）：包括认证和相关安全服务，是保证网格计算安全性的核心部分。它负责在广域网环境下的安全认证和加密通信。在使用公钥加密、X.509 认证及 SSL（secure socket layer，安全套接层）协议并结合 GSS-API（generic security service API，通用安全服务应用接口）的基础上，GSI 实现了双重认证和用户的单一登录。

（2）MDS（metacomputing directory service，元计算目录服务）：也称元信息服务，是网格计算环境中的信息服务中心。它在 LDAP（light-weight directory access protocol，轻量级目录存取协议）的基础上提供了对网格资源的统一命名，用于在网格环境中实现信息的发现、注册、查询和修改等。

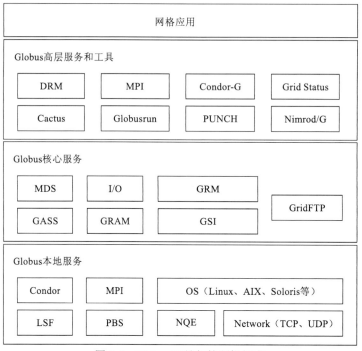

图 7-5　Globus 工具包的逻辑组成

（3）GRAM（globus resource allocation manager，Globus 资源分配管理）：是网格环境中的任务执行中心，负责资源分配与进程管理，能为各种不同的资源管理工具提供标准化接口，处理远程应用的资源请求、远程任务调度与管理，解析 RSL（resource specification language，资源描述语言）所表达的信息。

（4）GASS（globus access to secondary storage，Globus 数据存取服务）：是一个支持网格计算环境远程 I/O 访问的中间件，通过串行和并行接口访问远程数据，为网格应用提供强大的访问远程文件系统的能力。

（5）GRM（globus replica management，Globus 数据复制管理）：主要用于大型科学应用中，是一种能将远程的大型文件复制到离应用最近位置的管理工具。

另外，在核心服务中，还提供了多线程通信库（Nexus），以实现单点和多点的通信服务。

2）Web Service 简介

Web Service 是在 Internet 上进行分布式计算的基本构造块，是组件对象技术在 Internet 中的延伸，是一种部署在 Web 上的组件。它融合了以组件为基础的开发模式和 Web 的出色性能。Web Service 和组件一样能提供重用功能，同时可以把基于不同平台开发的不同类型的功能块集成在一起，提供相互之间的互操作。从这点看，Web Service 既是软件又是应用程序集成的平台。应用程序是通过使用多个不同来源的 Web Service 构造而成的。基于 Web Service 规范开发的应用程序具有组件的优异性能。

（1）Web Service 定义。关于 Web Service 的定义，有几种不同的描述。①国际标准化组织 W3C 的定义：Web Service 是一个通过 URL 识别的软件应用程序，其界面及绑定可用 XML 文档来定义、描述和发现，使用基于 Internet 协议上的消息传递方式与其他应用程序直接交互。②Microsoft 的定义：Web Service 是为其他应用提供数据和服务的应用逻辑单元，应用程序通过标准的 Web 协议和数据格式获得 Web Service，如 HTTP、XML 和 SOAP 等，每个 Web Service 的实现是完全独立的。Web Service 具有基于组件的开发和 Web 开发两者的优点，是 Microsoft 的.Net 程序设计模式的核心。③IBM 公司的定义：Web Service 是一个具有自包容能力的模块化应用，它们一般能经由 Web 被描述、发布、查找和调用。

以上对 Web Service 的定义虽各有侧重，但有几点是一致的。首先，它是由企业驱动和应用驱动而产生的；其次，它具有分布性、松散耦合、可复用性、开放性及可交互性等特性。

（2）Web Service 结构。Web Service 遵循面向服务的体系结构，是 SOA 与 Web 的有机结合。

图 7-6 所示为 Web Service 的服务结构，它涉及三个重要组成部分。①服务注册中心：注册所有已经发布的服务，并对其合理分类，同时还提供服务检索。注册与检索所遵循的标准为 UDDI（universal description，discovery and integration，统一描述、发现和集成），它主要用于规范 Web Service 的注册信息，提供标准检索格式等。有了 UDDI，所有发布后的 Web Service 均可以被发现，也就是说，可以被服务

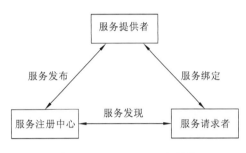

图 7-6　Web Service 服务结构

请求者和服务提供者发现，而且由于 UDDI 中的信息是以 XML 格式描述的，十分便于信息检索和处理。②服务请求者：指那些需要使用 Web Service 的客户。当客户有 Web 服务需求时，先利用 UDDI 浏览器查看已注册的服务，在找到满足所需的服务后，便将相应的服务描述文件（即 WSDL 文件）下载到本地服务器上，然后再利用一个组件（也是服务程序）将该文件转换成客户端的代理程序，运行该代理程序就能直接绑定到所需服务的具体实现上，从而完成用户需要的实际服务。这里，WSDL 主要以 XML 形式描述一个 Web Service 运行方式及提示与客户端的互动方式，它针对 Web Service 的实际需要对 XML 进行了相关的改进，从而可以更好地描述 Web Service。在 WSDL 中定义有 Web Service 的类型、消息、操作、端口类型、绑定、端口、服务等，因是 XML 格式的，便于阅读和运行。③服务提供者：指 Web 服务的具体提供者，主要对外发布自己能够提供的服务，同时对客户所申请的服务作出响应，这种响应是在服务请求者发出服务的要求时，由服务代理程序具体寻找所需的服务，并将服务提供给客户。

结构中包含了三种行为。①服务发布：服务提供者向注册中心注册自己能够对外提供的服务及访问这些服务的接口；②服务发现：服务请求者利用该行为通过注册中心查找已注册的特定种类的服务；③服务绑定：服务请求者通过服务发现找到所需的服务后，利用绑定可将该服务与服务提供者提供的真正服务关联起来。

为支持以上三种行为，需由 SOA 对服务进行某种方式描述，描述的内容重点包括：①声明服务提供者的语义特征，以便注册中心对服务提供者分类，同时便于服务请求者来辨识和匹配满足其要求的服务提供者；②声明接口特征，为访问特定服务提供接口规范；③声明各种非功能特征，例如安全要求、事务处理要求、服务费用等。

图 7-7 描述了 Web Service 的服务请求与服务响应之间所涉及的过程与相关协议。图中

的 SOAP 是一个远程过程调用协议，是一种基于 XML 的适合于分布环境下交换信息的轻量级数据交换协议。服务请求者—服务注册中心、服务请求者—服务提供者之间的消息传递（如请求、响应、路由等），均以 SOAP 所规范的形式传递。需要指出的是，由于 UDDI 的目录服务也需经过 Web Service 提供，在寻找服务时除需使用 UDDI 外，还要使用 SOAP。

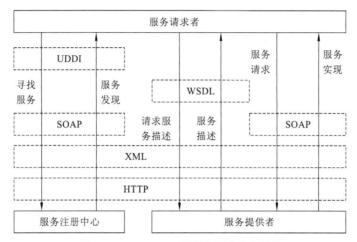

图 7-7　Web Service 的服务请求响应过程

服务注册中心、服务请求者、服务提供者三者在机器内部实际上都是一些具体的应用程序，它们以"服务"为宗旨，通过服务的寻找与发现、连接与绑定以及发布等措施为用户提供比较完善的信息服务。

（3）Web Service 在 GIS 领域的发展。Web Service 在 GIS 领域的应用受到一些大型企业的高度重视。GIS Web Service 以提供基于位置的信息服务为主（见第 4 章），如地理编码、位置查找和最佳路径分析与选择等功能。Microsoft 公司利用其提出的.Net 技术开发出 MapPoint.Net，能实现基于地址、兴趣点、经纬度的位置服务以及位置相关背景（如地图和地址）、路径选择、邻近搜索、距离计算等服务。.Net 是基于 XML 标准的，这使得不同应用之间能方便地交换信息，并提供交互操作服务，也表明.Net 的服务不是单向的，而是双向或多向的。微软公司的 Terra Server 还推出了基于.Net 的 TerraServer.Net Web Service，简称为 Terra Service。

ESRI 在其长期推进 GIS 平台发展的进程中，也提出了.Net 战略，即 G.Net，"G"表示"Geography"。G.Net 是一种着眼于 GIS 社会化、全球化的体系结构，其本质特征是基于 Internet 协议、以 XML 标准表达和共享地理空间数据，目标是建立起一个覆盖全球的、可以充分共享和交互的 GIS 虚拟世界。

MapDotNet 结合 Visual Studio.Net 和 ArcGIS 技术开发了一组商业应用的 Web Service。其中，Map Web Service（地图 Web 服务）是一个基于.Net 的 Web Service，作为访问 ArcIMS 的一个桥梁。它允许对访问多个 GIS 服务器的多个 Web 应用程序进行集中化配置。2016 年 7 月之后，MapDOTNet 和所有 MapDOTNet 产品全部归于 EasyTerritory 公司。

有了 Globus 和 Web Service 两种技术之后，OGSA 就可以通过构建不同的网格服务接口和网格应用来实现不同的功能。

7.1.4 网格关键技术

从网格体系结构看出，实现网格的主要技术分为三个层次：第一个层次是实现网格环境下的资源共享，以满足上层应用；第二个层次是实现网格资源的有效控制，主要是管理各种分布资源，为整个网格应用提供安全、高效和可靠的资源服务；第三个层次是建立基于网格的应用，亦即使用网格技术解决各种复杂问题，为用户提供各种服务，满足不同的应用需求。基于这种层次划分，还可进一步把实现网格计算环境的关键技术归纳为这样几个：网格核心服务技术、网格编程技术、网格底层支撑技术及网格应用技术。

1. 网格核心服务技术

网格核心服务是连接网格底层与高层功能的纽带，是协调整个系统有效运转的中枢。网格核心服务技术包括高性能任务调度技术、高吞吐率事务处理技术、数据收集及可视化技术和安全技术等方面。

在网格环境中，资源不仅是动态变化的，而且类别多样、数量庞大，如何有效地实现高性能的资源调度与资源收集和管理，直接决定着网格计算系统的整体性能。实现网格资源的高吞吐率、高性能调度和资源的合理使用与安全保护，是网格核心服务技术的基本目标。

网格高性能调度分为两步，第一步是在空间上对计算和数据进行分配，包括针对给定的任务选择所需的资源组合，将任务交给这些资源去执行并分配相关的数据和计算等；第二步是在时间上为计算和通信进行优先级排序，对于实时性要求较高或者非常重要的任务通常需要在时间方面给予更高优先级。

2. 网格编程技术

网格编程是指用编写网格服务程序或网格应用程序来实现网格应用。网格编程技术可以利用已有技术和方法，如分布式共享内存编程技术、负载平衡技术、通信延迟控制技术等。目前仍有许多问题没有解决好，如大数据的远程通信延迟问题、组成网格系统的计算资源的异构性和集成问题、网格系统的容错性和实时性保证问题等，因此可以在现有技术基础上进行扩展，也可以专门为网格系统提供一种语言和编译系统，这种语言应支持数据及任务分解，在编译器、运行系统等协调工作的环境下，支持网格的任务调用与计算。

较流行的网格编程方法有两种：一种是面向对象编程方法，成功的应用实例是 Legion。Legion 认为，网格是一个世界范围的抽象计算机，用户在 Legion 中感觉到的是一台大的计算机系统，而网格程序员则是在这台大的计算机上进行程序设计。Legion 视一切均为对象，规定了对象之间交互的消息格式与高级协议，对编程语言和通信协议不作限定。它包装了一些并行组件，支持并行库，开放了运行库接口，能够提供计算和存储两种类型的资源。

第二种方法是基于商品化技术集成的网格编程，通过将已有商品化技术如 VRML、Java3D、JDBC、CORBA、COM、JavaBean、Web 等技术进行有机集成，为网格编程提供支持。利用商品化技术构建网格应用往往采取三级架构思想，即把网格应用分为客户应用前端、中间件与后端服务三个层次。前端主要是一些图形化的用户界面和与用户操作相关的工具等；中间件主要完成前端与后端服务的协调工作；而后端服务则主要负责对客户端的各种请求予以响应和处理。客户类型和请求多种多样，因此后端处理机制比较复杂。

3. 网格底层支撑技术

网格底层技术是指构成网格计算必需的支撑技术，包括底层操作系统、计算、通信、存储等多种基本组成要素。网格协议对于网格有着重要意义，一般将网格协议分为数据传输协议、流协议、组通信协议、分布式对象协议等，这些协议为分布式实体之间的联系奠定了基础，是网格管理和网格应用得以实现的基本保障。除了网格协议，网格服务质量、网格节点的操作系统和计算能力、数据存储能力、底层网格基础设施等都是网格节点存在的基础，也是构成高性能网格计算的基础。

4. 网格应用技术

网格应用主要体现在分布式超级计算应用、数据服务、远程沉浸（tele-immersion）及信息集成等方面。

分布式超级计算是网格计算最早也是比较成熟的应用领域，主要解决一些科学与工程问题，它是指将分布在不同地点的计算机用高速网络连接起来，形成比单台超级计算机强大得多的计算平台。这方面的例子很多，如军事仿真项目 SF Express，目的是进行规模尽可能大的作战模拟，该项目集合了 13 台并行计算机，使用了 1 386 个处理器，成功模拟了100 298 个战斗实体，实现了历史上最大规模的战争模拟，获得的运行效率比起单台超级性能的计算机还要高。又如对数字相对论的计算，利用 4 台超级计算机组成的小型网格求解爱因斯坦相对论的方程，模拟出了天体运动规律，极大地提升了运行效率。其他的如美国宇航局 NASA 的信息动力网格 IPG、荷兰的集群网格项目等。

数据服务则主要用于大型数据库的分析和处理，如在 GIS 领域构建网格 GIS 服务，实现高效的数据管理与空间分析等。这种网格侧重于数据存储、传输和处理，如 CERN（European Organization for Nuclear Research，欧洲原子能研究机构，CERN 为法文缩写）所开展的数据网格 DataGrid 项目，主要用于大型正负电子对撞机和超级质子同步加速器中的海量数据分解处理，还可用于生物医学图像获取、存储、处理、共享、检索等方面以及对地观测领域。

远程沉浸是一种虚拟网络交互环境。"沉浸"的意思是人可以完全融入其中，人们置身于这个逼真反映现实和历史的可视化环境中，可以随意漫游、互相交流。参与远程沉浸应用的用户来自不同地理区域的虚拟组织，他们所共享和交互的资源是共同的虚拟环境，而非用户之间的资源。远程沉浸技术在很多方面得到了应用，而这些应用多数是在网格技术支持下才取得较好效果的。虚拟博物馆、协同学习环境、协同分析环境等都是远程沉浸的具体应用。

信息集成主要解决分布式数据的集成与服务问题，大数据情况下，信息集成的需求更趋迫切，应用亦更广泛。随着网格技术的发展，网格技术在科学研究、智慧城市、大众服务等领域将得到广泛的应用。

7.1.5 网格与 P2P、云

网格计算的目标是整合广域范围内的各类闲置资源（包括存储资源、计算资源、网络设备等），使这些资源构成一台虚拟的超级计算机，协同为用户服务。这种计算模式使得基于网络完成计算密集型或数据密集型的任务成为可能。它与 P2P 和云这两种分布式计算模式既存在许多相同点，也存在着实质区别。

1. 网格与 P2P

1）相同点

（1）网格和 P2P 都致力于网络环境下的资源共享，因此，可以看成是一个问题的两个层面，P2P 可以作为网格的一个支撑技术。

（2）它们都采用分布式计算模式，都能够将闲置资源汇聚成强大的计算和处理能力，对系统的可扩展性、资源的分布性和异构性等也比较重视。

2）不同点

（1）共享资源的深度和广度。网格资源共享对象范围更广（不仅包括计算资源、存储资源、数据资源，还包括传感器资源、仪器设备等）、资源整合能力更强，对参与者的授权和认证机制更为复杂，安全性能也更高。

（2）关注重点不同。网格更强调和追求系统的健壮性和标准化；P2P 具有天然的健壮性，但它更注重系统的灵活性。

（3）对服务质量要求不同。网格服务更重视提供良好的 QoS，而 P2P 则较少涉及。

（4）资源定位与容错能力不同。P2P 在资源定位、系统容错方面具有独到优势；网格系统相对庞大，P2P 的这些优势为其提供了很好的借鉴，以更好地实现网络环境下的资源共享和更强的分布式协同计算能力，提高网格资源定位的高效性和准确性，为用户提供可靠、灵活、高效、可扩展的网格服务。

2. 网格与云

1）相同点

（1）从服务于 Internet 应用而言，两者是一致的，都为了解决 Internet 应用中存在的异构性、资源共享等问题。

（2）它们都可以为用户提供超强服务能力和一定的安全保障。

2）不同点

（1）网格资源分布广泛，通常是跨地区、跨国家，甚至跨洲的独立管理的资源，也包含用户自身资源，一般由所在地区、国家、国际公共组织资助，支持用户构成 VO，提供高层次资源服务。云的资源相对集中，这些资源往往由少数团体提供，任何人均能从中获取所需的专有资源，自身无需贡献资源，以数据中心形式提供底层资源使用，不强调 VO 概念。

（2）网格计算用聚合资源提供高性能计算来支持大型科学研究等集中式、挑战性应用，当前更加强调支持信息化应用。云计算从一开始就定位于支持广泛的企业计算、Web 应用，面向分布式应用，普适性强。

（3）针对异构系统，两者处理机制不同。网格计算以中间件屏蔽异构系统，云计算通过虚拟机的支持和镜像部署的执行来解决互操作问题，或提供不同的服务机制解决异构性。

（4）网格计算将工作量转移到远程大量可用资源上，以执行作业形式使用，在一个阶段内完成任务产生结果。而云计算由大量服务器集中完成，支持持久服务，用户可以利用云作为自身的基础设施和处理环境，实现业务托管与外包。

表 7-1 所示为网格与云的主要区别。

表 7-1 网格与云的主要区别

比较项目	网格	云
发起者	学术界	工业界
标准化	是（OGSA）	否
擅长处理任务	计算密集型	数据密集型
安全保证	公私钥技术，账户技术	每个任务一个虚拟机，保证隔离性
节点操作系统	相同的系统（UNIX）	多种 OS 上的虚拟机
虚拟化	虚拟数据和计算资源	虚拟软硬件平台
节点管理方式	分散式	集中式
付费	通常无	用时付费
失败管理	失败的任务重启	虚拟机迁移到其他节点继续执行

总之，网格计算是通过聚合那些分散资源来支持大型集中式应用，即将一个大的应用分到多处执行；云计算则是以相对集中的资源来支持分散的应用，亦即大量分散的应用在若干大的中心执行。若将两者结合起来，有望聚合大量分散的资源，从而支持各种大型集中和分散的应用。

7.2　网格 GIS 概念

网格的优势在 GIS 领域也受到极大重视。经过近六十年的发展，GIS 极大地满足了人们对空间数据处理的需求，方便了人们的工作学习和生活，但是随着信息量的快速膨胀和人们对空间数据处理效率、服务质量等方面需求的急剧提高，如何将地理上分布、异构的多种计算和数据资源基于网络构建成网络虚拟超级计算系统，以此来解决大型空间信息应用问题已变得愈加迫切，这也是 GIS 领域所面临的重要问题之一。通过前面对网格技术的介绍，不难看出，网格技术对 GIS 发展的意义是深远的，网格 GIS 可以为解决这些问题提供重要而有效的技术方法。

7.2.1　GIS 网格化

网格的基础是 Internet，但它又高于 Internet。从深层次看，Internet 不创造或生产知识，它一般是把各种方式生产出来的信息或知识提供给用户使用，而网格则能根据用户要求自动地生产知识。在知识生产过程中，网格节点从数据源、传感器、数据库、信息库等获得原始数据，经过特定程序加工后变成信息和知识，并提供给用户。从使用上讲，网格不像 Internet 那样，提供几百万个网站让用户去寻找，而是在它提供服务时，呈现在用户面前的是逻辑上的一台机器，这是网格"一体化"特征的体现，或者称为"单一系统映象"。

基于 WebGIS 的应用程序因其所拥有的良好结构和灵活多样的实现方式深受用户青睐，也极大地提高了系统运行效率。但是 Web 技术也存在许多局限，这些局限使其进一步发展与应用受到较为严重的制约，主要表现在 5 个方面。①异构空间数据难以实现互操作。由于目前的 WebGIS 多是根据特定的 GIS 数据及应用进行开发的，相对封闭，相互沟通与协作较难实现。②随着数据来源多样化、立体化，WebGIS 跨平台操作受到严重制约。为了使客户端能得到良好的服务，基于中间件技术的 WebGIS 要求服务器和客户端之间有更紧密的耦合，这在一定程度上影响了跨平台的数据访问。③网络传输负荷重。无论采用何种结构的 WebGIS，都难以根除网络上大数据传输时的网络瓶颈问题，并且随着数据的不断增长，瓶颈愈发严重。④利用其他资源的能力低。一种 WebGIS 的配置一般只能使用其所拥有（或所属）的资源，而难以充分发挥其他资源的作用；⑤随着大型应用软件需求不断增加，WebGIS 复杂性越来越高，导致开发、调试和维护难度越来越大。Web 将内容的表现和运行逻辑结合在一起的特征，进一步降低了软件复用率。

为缓解或消除这些限制，人们根据网格技术进展提出了将网格计算与 GIS 相结合的思路，并开展了相关研究与实践，也已取得一定的研究成果，这实际上就是 GIS 的网格化思想。

GIS 的网格化是指 GIS 各项功能的实现可以充分利用网格技术优点为用户提供快速、高效的空间信息服务。在网格环境中，更多高性能的计算机的有机组合和协同运行将促使空间数据的处理速度得以大幅度提高，网格将充分利用各种资源。我们可以把应用网格技术来解决 GIS 中的问题的方法和技术称之为网格 GIS（grid GIS 或 grid based GIS），它是 GIS 在网格环境下的一种应用，促进了 GIS 沿着网络化、标准化、大众化、智能化方向向纵深发展，最终实现空间信息的全面共享与互操作。

图 7-8 所示为 GIS 技术发展中数据管理的三个简单过程对比。

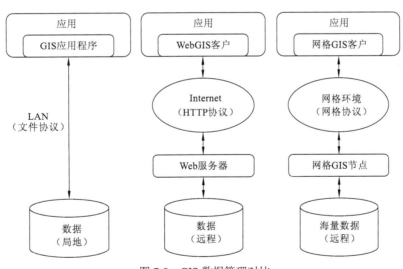

图 7-8　GIS 数据管理对比

可以看出，最初的 GIS 是以本地应用为目的而构建的，数据资源集中在本地机器或局域网内，GIS 应用程序通过文件协议访问数据资源。WebGIS 采取的是一种分布式的数据管理策略，数据访问通过 HTTP 协议（或通过 RMI、CORBA、DCOM）等分布对象访问的方式实现，不过它的应用中间件依赖于具体应用平台，对分布的大数据的远程访问仍有较大难度。网格 GIS 也基于分布式数据管理策略，但它采用与平台无关的标准交换协议，不受现有代理和防火墙限制，并且还能利用现有 HTTP 验证模式，支持 SSL，对于大数据访问可以采用 GFTP 多线程文件传输协议，或者使用两级缓存技术来提高数据访问速度。

网格 GIS 继承和发展了 WebGIS，它实际上是一种汇集和共享空间信息资源、进行一体化组织与处理、具有按需服务（service on demand）能力的空间基础设施，其目标是实现空间信息在 Internet 环境下的共享和协同服务，将地理上分布、异构系统的各种计算资源、空间数据、存储子系统、GIS、虚拟环境等，通过高速互联网络连接并集成起来，对复杂的空间问题进行超大规模并行计算，如在大量分布的地理空间数据集上实现智能分析、空间决策支持功能等。这些功能对 GIS 用户而言是透明的，用户处于一种虚拟的空间信息资源环境中享受着网格 GIS 提供的服务。

7.2.2 网格 GIS 数据服务类型

网格 GIS 是基于网格计算结构或网格服务结构实现空间数据共享及 GIS 功能共享的技术。OGC 在网格 GIS 方面做了大量工作，制定了一系列规范和标准。根据相关规范，网格 GIS 主要包含三个方面的地理信息服务类型：网络地图服务、网络覆盖服务和网络要素服务。如图 7-9 所示为网格 GIS 服务类型结构图，它从概念上将网格 GIS 服务分成三个不同类型的服务，每一个服务有其各自的特点、功能和适用范围，并且在实现的接口定义上也各不相同。

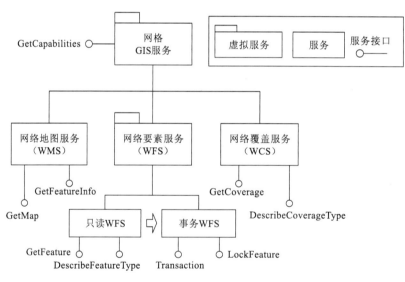

图 7-9 网格 GIS 服务类型

1. 网络地图服务

WMS 是将含有地理空间信息的数据制作成为地图提供给用户。地图通常以图像的格式表达，如 PNG、GIF 或 JPEG，也可以是基于矢量图形的，例如 SVG。WMS 规范定义了三种操作。①GetCapabilities（必选）：该操作返回服务级元素，这些元素是对服务信息的内容和可接受参数的描述；②GetMap（必选）：该操作返回地图图像，图像的地理空间参数均有明确定义；③GetFeatureInfo（可选）：该操作返回显示在地图上的某些特定要素的信息。如果一个 WMS 服务选择了 GetFeatureInfo 操作，它的地图获取时就是可查询的，客户端能请求地图上某些要素的信息。在调用 GetMap 时，WMS 的浏览器需要指定显示在地图上的信息，包括地理元素层、将要用到的投影坐标和地理坐标参考系、预期输出的格式、地图的边界参数以及地图背景透明性和颜色等。当调用 GetFeatureInfo 时则需要指明被查询的图幅名称以及在图上的位置等。

当多个 WMS 节点的地图服务都采用同样的范围框、空间坐标参考系及输出大小的时候，地图浏览器从两个或两个以上的地图服务器上获取的地图结果可以精确地叠置在一起，从而制作复合地图。采用支持透明背景的图像格式或 SVG，还能同时查看到多个图层的信息。

2. 网络覆盖服务

WCS 支持网络化的地理空间数据的相互交换。此时地理空间数据作为包含地理位置或特征的"覆盖"。与 WMS 不同，WCS 提供给用户端原始的、未经可视化处理的地理空间信息。WCS 也定义了三种操作。①GetCapabilities：该服务向客户返回能够获取覆盖区域内的数据集的 XML 描述文档；②GetCoverage：该操作是在 GetCapabilities 确定数据服务的范围之后获取服务端的数据集，它返回地理空间对象的位置信息、空间对象属性列表信息等；③DescribeCoverageType：该操作用于获取 WCS 返回的地理覆盖数据的结构化描述信息。

WCS 传输的数据是对地理空间的描述值或特征的提取，因此比较适合于空间场模型的数据，如 DEM 数据、林业覆盖图和农业覆盖图等。

3. 网络要素服务

WFS 为浏览器提供经过 GML 格式封装的地理空间数据，支持对地理要素数据的插入、更新、删除、查询和发现等操作。实现网络要素服务的必要条件是要素必须在交互过程中使用 GML 表达。网络要素服务分为两种类型：只读 WFS 和事务（transaction）WFS。只读 WFS 定义了三个操作接口：GetCapabilities、DescribeFeatureType 和 GetFeature。事务 WFS 需要实现所有的地理要素事务处理接口 Transaction，如果在要素事务处理过程中需要对要素进行锁定，那么还需要实现 LockFeature 接口。网络要素服务处理请求的过程如下。

浏览器请求 WFS 的描述性文档，这个文档包含了 WFS 所支持的所有操作的描述以及可提供服务的要素类型列表。如图 7-10 所示。

（1）浏览器调用 GetCapabilities 服务接口，获取一个或多个 WFS 服务的要素类型。

（2）浏览器对获取的结果进行解析处理，根据 WFS 返回的结果，以要素类型为基础生成所需要素的请求参数。

（3）浏览器调用 GetFeature 接口，将请求参数发送给 WFS。

图 7-10 网格 GIS 服务处理过程

（4）WFS 根据请求的要素列表参数，读取地理要素，将结果返回给浏览器。

当 WFS 完成一个请求处理时，会生成一个状态报告（WFS 日志文档），并将其传回给浏览器。这样在有错误时，也将在状态报告中有所反映。

7.3 网格 GIS 体系结构

网格 GIS 是一个开放的软件框架,它由若干种标准化服务和服务协议组成,标准化服务是由不同的组件实现的。如图 7-11 所示,网格环境可划分成 5 个层次,分别是用户层、应用服务与实现层、核心服务层、资源服务层和基础设施层。

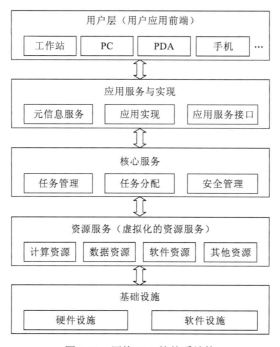

图 7-11 网格 GIS 的体系结构

在该结构中,各种应用与资源都是以服务的形式存在的,应用服务层提供给前端用户的功能是一种服务,计算资源为上层应用提供计算能力也是一种服务。而核心服务层对各种计算资源与数据资源的调用,实际上是对各分布节点上的资源所提供服务的调用。在这种以服务为基础的结构中,网格组件都是虚拟的。因此通过提供一组相对统一的核心接口,使得所有的网格服务均基于这些接口来实现,就可以集成多个底层服务以构造出更高层次、更高级别和更高性能的服务,完成更为复杂的功能。

网格 GIS 每层的功能范围明确,边界清晰,各层负责实现不同的功能,包含实现各自功能的服务和应用软件,如图 7-12 所示描述了各层所要实现的功能及包含的核心协议,以下几小节将分别对各层的功能与内容加以详细说明。

1. 基础设施层

基础设施层是网格 GIS 各个层次间相互通信的基础,也是各个节点功能实现的基本单元,负责各计算资源间和计算资源与用户应用之间的通信,包括硬件设施与软件设施两个部分。硬件设施是构造网格 GIS 的必备物质条件,含有各种通信网络、仪器设备、存储装置、计算设备等。通信网络可以是各种主干网、广域网、局域网、无线网及 Internet,利用这些现有网络构建大范围内的网格基础网络设施。例如,利用现有基础骨干网络来组建全

虚拟地理环境	地图浏览器		其他应用工具	用户层

元信息服务	空间查询服务	空间分析服务	其他服务	应用服务

任务管理与分配	资源管理	空间信息集成	安全管理	核心服务

计算资源服务	空间数据服务	知识服务	其他信息服务	资源服务

基础网络设施	网络通信协议（TCP，UDP）	GridGIS应用协议	操作系统	基础设施

图 7-12　网格 GIS 层次功能描述

球范围的网格基础网络。计算设备则是网格 GIS 的核心组成部分，其连接的数量和设备性能直接决定了网格 GIS 的整体性能。

软件设施是实现各种计算功能与服务的基本保障，其中包括底层操作系统、网络通信协议、空间数据资源和上层应用协议等。底层操作系统是支撑网格节点运行的基本单元，是上层应用得以顺利运行的基础软件环境。网络通信协议是网格 GIS 数据传输与交换的依据，基于通信协议可以实现在网格 GIS 计算资源之间进行数据交换、传输、路由及命名等。网格 GIS 的通信协议一部分是在 TCP/IP 协议栈中的，比如网络层（IP、ICMP）、传输层（TCP、UDP）和应用层（DNS）；另一部分是网格 GIS 特有的，如适合空间数据交换的网格 GML 协议等。网格 GIS 应用协议也是网格 GIS 基础设施的一部分。网格应用协议为上层的网格 GIS 应用软件提供了数据交换的标准，是各个上层应用进行空间数据获取与传输的关键技术，详情请见 7.4.6 小节。

2. 资源服务层

资源服务层对基础设施层提供的各种计算资源、数据资源、软件资源等进行管理，实现底层资源的共享，负责将这些资源提供给核心服务层，供其分配与调度。该层建立在基础设施层的通信与数据交换的协议之上，实现对本地资源的初始化、监视、控制、审计及一定的安全认证等。资源服务层不考虑全局状态与跨越分布资源的集合操作，解决的是单个的局部资源的共享问题（全局资源和跨越分布资源的共享操作问题在核心服务层进行考虑）。

资源服务层实现的共享资源包括计算资源、空间数据资源、空间知识、一般数据资源、软件资源等。按照功能需求可以将资源服务分为空间计算服务和空间数据服务两大类。空间计算服务主要是通过调用网格提供的各种应用分析模型完成相应的空间应用分析问题；空间数据服务则处理数据请求，即将上层计算需要的空间数据和其他类型的数据进行共享，或者将上层应用需要存储和更新的数据保存在本地的资源库中。如在 OGC 所定义的网络要素服务中，事务 WFS 就要求实现对单个地物对象的编辑与更新。

按照资源服务调用的层次结构进行划分,可将网格 GIS 的服务分为两个层次,如图 7-13 所示。第一层就是上述的资源服务,驻留在网格底层节点,面向应用服务与实现层,为上层应用提供计算能力和数据资源等;第二层是虚拟应用服务,为用户应用提供操作接口。网格的资源服务提供了上层应用访问本地资源的接口,该接口可以被动态地发现,在启动时自动映射到系统中来。上层应用通过资源服务提供的访问接口,将计算任务、数据请求等提交给网格的各个底层节点,底层节点根据相应请求完成各种各样的计算,再通过资源服务将处理后的结果返回给上层应用。可以看出,网格资源服务为网格各节点与上层应用提供了连接的通道,这也就实现了各种资源的共享。

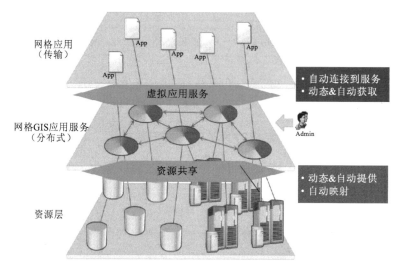

图 7-13   网格 GIS 资源服务

3. 核心服务层

核心服务层是任务调度与管理的核心,它负责将上层应用接收到的任务请求分解为多个可执行的子任务,并将这些子任务分配到各计算资源上去;另一个功能是实现各计算资源间的协调工作。另外,安全管理也属于核心服务层的功能。

网格 GIS 核心服务十分重要,该层的主要功能是协调使用多种共享资源,包括协同任务分配与调度、远程任务控制与管理等,涉及的关键技术包括高性能调度、高吞吐率管理、数据集的收集、分析和可视化处理、安全控制与管理服务等。

在网格 GIS 环境中,多种资源服务提供了大量的共享资源,如何充分有效地使应用获得最大的性能是调度需要解决的问题。调度可以分为两个步骤:第一是在空间上对计算和数据进行分配,包括选取给定任务所需的资源组合;第二是在时间上为计算和通信进行最优化的调度计算,即比较各项任务在节点机器上处理的期望时间,然后将任务分配给负载最轻的节点上。网格 GIS 调度技术可以参照传统的高性能集群计算技术中的调度策略和技术,但是必须考虑到网格 GIS 中资源的动态变化特点,其性能的预测值可能和实际值相差较大,因此,需要建立随时间变化的动态性能预测模型,充分利用网格的动态信息来调整和分配计算任务。

网格 GIS 的另一项关键技术就是高吞吐率计算。与传统的高性能计算不同,网格 GIS 更关心在一段相对较长的时间内所能传输的数据量。高吞吐率系统需要满足强健性、扩展性及可移植性的要求。强健性是指系统的服务能够顺利完成，扩展性使得系统可以增加更多的资源，可移植性则保证可以为不同的系统或用户提供服务。

性能数据的收集与分析是指将运行期间的状态信息保存起来，通过对它们进行深入分析可以设法为下次的运行提高效率，或者为系统调度提供指导。最常见的获取性能的数据源包括运行的程序、操作系统、处理器及网络等。对于得到的性能数据，需要进行各种分析，包括定量分析、自动性能诊断、扰动分析等。但是性能数据的量一般较大、关系复杂，如何建立有效的分析处理模型、准确反映网格 GIS 运行状况，是一个值得探讨的问题。

任务管理与分配服务将上层（应用服务与实现层）提交的任务划分成多个子任务，如图 7-14 所示，每个子任务根据当前系统的状况被分配到不同的计算节点，或者请求不同的数据资源。

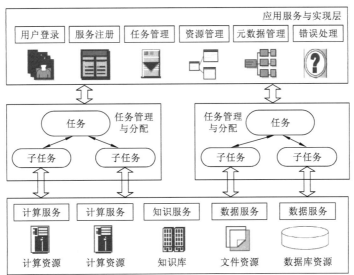

图 7-14　网格 GIS 任务管理与分配

在核心服务管理与调度下，可以实现对多个资源的分布式计算与操作，并且能够根据网格 GIS 环境中的资源配置，调整计算策略以实现最优化的性能；核心服务也能发现网格资源，监控各种资源的动态变化，并在资源动态变化中实现任务自动迁移等；网格 GIS 核心服务还能对数据资源进行复制与管理，为上层应用提供所需要的数据。

4. 应用服务与实现层

应用服务与实现层主要完成与用户的接口和实现网格 GIS 相关的功能服务，有三方面功能，一是负责为前端用户和核心服务层提供网格相关资源及其状态信息；二是接收前端用户的任务请求，对接收到的任务进行解析，并将解析后的任务交给核心服务层；三是将核心服务层处理后得到的结果进行可视化、分析等处理，并将最终结果返回给前端用户。

应用服务内容主要有网格 GIS 元信息服务、GIS 应用接口、地图服务、空间查询与空间分析服务等，如图 7-15 所示为网格 GIS 应用服务与实现层的功能组成。

元信息服务主要为用户应用程序提供网格相关资源信息，为任务调度提供相关的计算资源与数据资源的动态信息等，其功能相当于 Internet 中的域名服务系统，所有的资源信息（包括资源所在位置、数据精度、数据相关范围、网络状况信息等）都在元信息服务管理器中进行存储管理（详见 7.4.2 小节）。

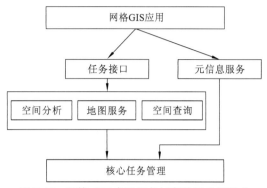

图 7-15　网格 GIS 应用服务与实现层功能组成

地图服务是 GIS 的基本功能之一。根据 OGC 的定义标准，地图服务分为三个类型：网络地图服务、网络覆盖服务和网络要素服务（详见 7.2.2 小节）。三种类型的服务所提供的网格地图的功能各不相同。

空间查询与空间分析是网格 GIS 实现的重点。它们的实现依赖于网格环境中空间数据的具体组织方式及应用分析模型。由于用户端可以是 PC 机，也可以是诸如智能手机等移动设备，某些应用端计算功能相对较弱，只能进行数据可视化的显示，网格 GIS 计算与分析任务需要由网格环境实现，用户端只需接收分析处理后的结果。GIS 空间查询任务包括空间位置查询、地物属性查询、区域查询和空间属性相关的查询等，而空间分析则包括缓冲区分析、最短路径分析、叠置分析、网络分析，甚至空间数据挖掘和智能分析等。应用服务与实现层在把查询或分析得到的结果发送给用户之前需要进行可视化处理，生成浏览器能够识别的图像或矢量图形格式（如 SVG）。

应用服务与实现层任务接口的功能是接收网格用户对计算任务与数据资源服务的请求。在接收到请求后，启动一个服务来解析请求参数中的任务描述内容，将任务的具体执行交给网格 GIS 应用程序执行。网格 GIS 中，服务都是临时的，一个服务在网格环境中被动态地创建，一定生命周期之后，再动态地被销毁。如图 7-16 所示，当网格节点收到用户的请求后，首先由任务接口将任务接收下来，调用服务工厂接口创建一个相应的服务实例，并为该实例分配相应的计算资源与数据资源。服务工厂创建完实例后，在服务管理工具进行注册，注册后的服务就可以提供给客户端进行调用。

相应地，网格 GIS 应用服务与实现层首先接收来自用户端发送来的应用请求，并启动相应的服务，该服务进程对用户的请求进行分解，再提交给核心服务。核心层按照一定的任务分解方法将任务分解成若干子任务，将这些子任务分配到相应的计算资源上进行处理。各计算资源接收到子任务后，查询所需要的空间数据及其他数据，并将这些资源存取到缓存或者本地，然后进行计算处理，将所计算处理的结果返回给任务管理者。最后，应用处理程序对所得到的结果进行综合处理，再将最终结果返回给用户端。

可以看出，网格 GIS 应用服务与实现层主要是通过服务向用户提供各种功能，通过将核心服务层各子任务的结果进行汇集处理，着重于实现 GIS 的各种分析解算功能，如空间查询与量算、空间坐标变换、缓冲区分析、空间统计分类分析及建立数字高程模型、空间数据挖掘、空间决策支持及空间语义表达等，仅将处理后的结果及数据交由用户可视化前端进行表达与显示。

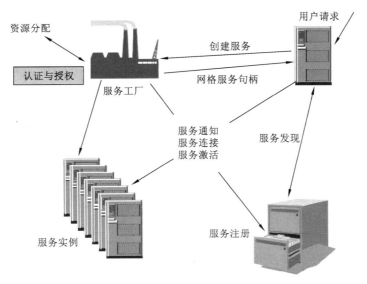

图 7-16　网格 GIS 服务处理过程

与网格 GIS 核心服务层不同的是，该层是任务的接收入口，也是任务的管理者，既面向用户层的应用，处理用户的计算请求，又面向网格环境，对各子任务的处理结果进行汇集综合；而核心服务层中的任务管理则是面向网格环境的，它负责将具体的任务分解成若干子任务并分配到网格环境中的各个资源或节点上去。

5. 用户层

用户层是连接用户与网格环境的接口，它负责将用户的请求提交给应用服务与实现层，并且将网格 GIS 环境处理后的结果显示给用户。用户前端可以是工作站、PC 机，也可以是移动设备，其具体的应用多种多样，客户端可以仅仅是一个电子地图显示前端，也可以是进行大量数据录入和编辑的客户端，还可以是大型工作站、虚拟环境应用或者智慧城市应用等。

用户端与 GIS 服务端进行数据交换时需要遵循标准的网格 GIS 应用协议，即在任务提交过程中需要使用诸如 GML 的统一数据格式。网格 GIS 应用工具可以是现有的一些 GIS 产品的扩展，也可以是新编写的适应不同用户需求的 GIS 软件。这些应用工具可以是运行在固定平台上的程序，也可以是运行在移动平台上的程序，除了满足传统的 GIS 用户需求，还能够实现对大数据的空间分析，以及计算密集型的空间决策处理、空间数据挖掘等，并能将计算处理结果以可视化方式返回给网格 GIS 用户，以提供决策支持等。

7.4　网格 GIS 关键技术及其实现

在网格环境下，要实现广域范围内地理空间数据的充分共享及大规模分布式分析计算和数据存储，需要多种技术支持，其中有几项关键技术，例如安全管理技术、元信息服务技术、数据资源管理与分配技术、数据服务技术、应用技术及 GIS 集成技术等。本节将对这些关键技术作一较详细的介绍。

7.4.1 安全技术体系

Internet 面临多方面安全威胁,其安全保障措施一般可提供两方面的安全服务。

(1)访问控制服务:用来保护各种资源不被非授权进程或用户使用。通常的方式是使用防火墙技术和用户安全认证机制。

(2)通信安全服务:提供认证、数据保密性与完整性和各通信端的不可否认性服务。通常是使用网络层、传输层、应用层等各层上的网络安全协议实现。

然而,这两方面的安全服务不能完全解决网格环境下的安全问题。网格 GIS 必须能够满足用户安全、高效地使用其提供的各种资源的要求,并且这种资源服务能够被别的节点方便使用。这就要求网格 GIS 必须能够抗拒各种非法攻击和入侵,并且在受到攻击和入侵时能够采取一定的措施以维持系统的正常高效运行和保证系统中各种空间信息的安全。

确立网格 GIS 的安全体系必须考虑网格计算环境的特殊性:①网格环境中,用户数量大,且呈现一种动态变化的趋势;②网格计算环境中资源数量庞大,也是动态可变的;③网格计算环境中的计算过程可在其执行过程中动态地请求、启动进程和申请、释放资源;④一个计算过程可由多个进程组成,进程间存在不同的通信机制,底层的通信连接在程序的执行过程中可动态地创建并执行;⑤资源可支持不同的认证和授权机制;⑥用户在不同的资源上可有不同的标识;⑦资源和用户可属于多个组织。

鉴于网格的这些特殊性,在设计网格 GIS 安全体系时需要特别考虑到网格计算环境的动态主体特征,并要保证不同主体之间的相互鉴别和各主体间的通信保密性和完整性,即需要支持在网格 GIS 环境中主体之间的安全通信,防止主体假冒和数据泄密。同时还应支持跨虚拟组织的安全及分布式存储管理环境下的资源安全管理。

目前,网格 GIS 安全控制主要集中在网络传输层和应用层,并强调与现有分布式安全技术的融合,其中的主要安全技术手段包括安全认证证书、安全身份相互鉴别、通信加密、私钥保护及安全委托与单点登录等。

(1)安全认证证书。安全认证的一个关键点是安全认证证书。在网格环境中,每个用户和服务都需要通过认证证书来检验。为了防止对认证证书的假冒和破坏,认证证书要包括 4 项内容。①主体名称:用来明确认证证书所表示的人或其他实体;②主体公钥:属于该主体的公钥,用于数字证书标准 X.509 认证;③认证中心标识:记录签署证书的认证中心的名称;④数字签名:为签署证书的认证中心的数字签名,可用来确认认证中心的合法性。

(2)安全身份相互鉴别。在双方主体都有证书,并且都信任彼此的认证中心的情况下,就可以进行相互证书鉴别。简单的身份相互鉴别过程是这样的:节点 A 与节点 B 首先建立一个连接,然后 A 将自己的证书发给 B 方。A 方的证书提供了明确的身份、公钥和签署证书的认证中心的信息。B 检查了 A 证书的合法性后,将生成一个随机信息发送给 A,A 然后用自己的私钥将该信息进行加密后发给 B,B 再用 A 的证书的公钥信息对 A 发过来的信息进行解密,如果解密得到的信息与初始信息一致,B 便可以信任 A。同理也可以采用上述过程建立 A 对 B 的信任。通过这种安全身份相互鉴别建立二者的信任关系后,A 与 B 就建立了安全连接通道。

(3)通信加密。经过身份鉴别建立起安全连接通道后,如果通信双方需要进行通信加密，则可以很容易地建立一个共享的密钥用于对信息进行加密和解密。

（4）私钥保护。一般情况下，私钥保存在一个本地计算机的文件中，为了阻止其他用户窃取本地用户的私钥，此文件必须经过一个用户知道的口令进行加密和保护。在用户使用证书的时候，必须提供口令才能使用私钥进行信息的解密。

（5）安全委托和单点登录。用户之间或用户与资源管理者之间在建立联系之前，都必须通过相互鉴别的过程。这样，如果一个用户要访问多个资源，就需要进行多次的登录与认证，这样的过程使用起来将相当烦琐。因此，如果一个网格运算需要多种网格资源，则可以通过创建代理（proxy）来避免多次输入口令。

网格 GIS 中，用户应用都是通过调用相应的服务实现的，而服务的执行需要检查相应的用户权限。所以，在任务提交及执行过程中，需要进行安全检查和用户认证。图 7-17 所示是一个安全任务提交与执行的简单过程。

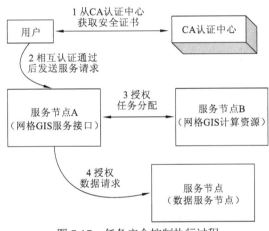

图 7-17　任务安全控制执行过程

（1）在网格 GIS 应用任务提交与执行之前，用户与服务节点和服务设施需要获得认证证书，然后通过某种途径把证书提交给安全认证中心；

（2）安全认证中心收取签署安全认证证书的请求后，对用户或服务节点进行合法性检验，确认身份合法后，把签署后的安全认证证书返回给请求方；

（3）用户与服务节点之间进行相互的安全鉴别，通过相互的安全鉴别后，用户把任务提交给服务端，服务端对用户提交的请求进行相应处理；

（4）服务端在处理任务时，如果需要用到远程资源或数据，也需要在任务处理进程间和远程资源之间进行安全认证与相互认证鉴别；

（5）服务端任务执行完成后，把处理结果返回给用户端。

从该流程图可以看出，网格 GIS 环境中所有的任务处理与资源请求都是以安全鉴别为基础的。

7.4.2　元信息服务技术

网格 GIS 环境的各种动态资源分布在不同的地理位置，这些资源可以动态地加入或退出。如何使网格 GIS 方便地使用各种资源是首先要解决的问题。网格 GIS 元信息服务是一种基于网格计算环境的地理信息服务，它主要实现 4 个功能：获取各系统的静态与动态信息、提供多种信息资源及基于分布式管理的数据资源、能针对异构和动态环境中的地理信息服务进行配置和调整、为用户端提供统一和有效的存取信息的接口参数，并能对动态存在的资源进行信息收集和有效管理。

元信息服务提供的信息源包括两个部分：一个是计算资源类型的信息，包括主机静态信息（操作系统及其版本号、处理器类型与数目、内存规格与容量等）、主机动态信息（平均负载、平均运行进程数等）、存储系统信息（可用磁盘空间、总磁盘空间、磁盘能耗等）和相关的网络信息（当前测量的和预测的网络带宽及网络延迟等）；另一部分是有关的 GIS 服务信息，包括数据服务信息（提供服务的数据类型、数据的实际区域范围、比例尺或分辨率、精度等）、GIS 分析计算服务信息（提供 GIS 分析的功能描述信息、当前可用的分析计算服务的资源、动态变化的 GIS 分析计算资源信息等）。

网格 GIS 计算资源信息在元信息服务中具有重要地位，网格 GIS 应用程序能够根据这些状态信息进行自适应调整和配置，以选择最佳资源配置方案，并通过元信息服务提供的资源信息方便地发现所需设备及其位置，以获取计算机和网络等的当前状况和特性。

如图 7-18 所示为网格 GIS 应用程序请求服务的典型过程。应用程序首先向元信息服务系统提交一个查询请求，元信息服务系统根据所提交的请求搜索该应用所要使用的资源所在的位置及该资源提供者的相关信息，然后将该信息返回给网格 GIS 应用程序，应用程序据此经由应用服务接口将计算请求发送给相应的计算资源提供者，计算资源再对该请求进行相应处理，完成数据服务和计算服务，将处理结果返回给应用。

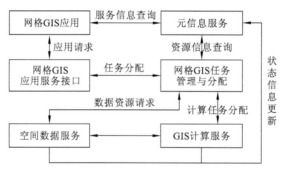

图 7-18　网格 GIS 请求服务过程

可以看出，网格 GIS 元信息服务系统承担着网格信息发布的任务，它负责搜集网格 GIS 环境中资源提供者的相关信息并将其提供给应用程序。为提供更有效的服务，元信息服务系统必须能对这些实时的动态信息进行有效组织，以便于系统对资源进行搜索、添加、删除等操作。元信息的组织应遵从的原则：①资源标识在系统中应是惟一的，不能出现多个资源标识指向同一个资源或一个资源标识指向多个资源的情况；②资源分类应具有多个层次，即按照树状结构进行组织，且树形组织结构应清楚地体现不同类型资源的差异；③资源的属性可以适当冗余，保证资源可以被完整地表示和快速检索。

在树形结构中，每个节点代表一个对象类，每个对象类中需定义其父节点和子节点，每个对象类可以对应多个主体。这样的数据结构管理可以用关系数据库来实现，但目前适合管理这种树状结构信息的是 LDAP 服务器。LDAP 是一个开放的信息存储管理协议，它实际上也是一个数据管理系统，但是它在数据的存取速度和跨平台特性方面要优于一般的关系数据库管理系统。

图 7-19 所示是一个简单结构的网格 GIS 的 DIT（directory information tree，目录信息树）。这个树形结构本身可以在一个 LDAP 服务器中，也可以分布在多个 LDAP 服务器中。信息树中的每个节点均是一个数据项，或是一个目录服务项。这些项包含了描述计算环境中真实或抽象对象的实际记录，如用户、计算机、网络性能、空间数据的描述参数等。所有这些信息均能为用户应用层及资源管理层提供检索查询服务。

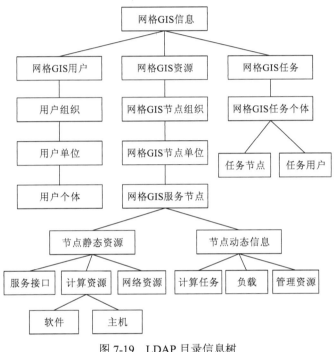

图 7-19　LDAP 目录信息树

通过网格 GIS 元信息服务可以定位和查询资源的各种特性，例如，可发送查询找出"哪些资源具有特定的体系结构、软件和网络带宽"以定位符合要求的资源等。相关的资源信息主要有：①计算资源的信息，如 IP 地址、可使用的软件和服务、系统管理者、连接的网络、操作系统名称和版本号、存储系统信息、系统负载、进程信息、内存信息、任务队列、空间数据地理坐标范围参数、相应的精度及数据量等；②网络资源信息，如网络带宽、网络协议、网络延迟、网络逻辑拓扑结构等；③网格 GIS 环境的基础设施信息，如主机信息、资源管理者等。

7.4.3　资源管理与分配技术

资源管理与分配的主要任务是处理各种应用请求，执行远程应用、分配资源和管理网格 GIS 的各种活动等，并根据计算情况把资源变化和更新的信息发送给网格 GIS 元信息服务系统。资源管理与分配包括资源描述语言、资源分配管理服务和动态协同分配代理三个部分。

1. 资源描述语言

RDL（resource description language，资源描述语言）是一种通用的描述资源的可交换语言，它提供了一个框架性的语法描述，可用来组成复杂的资源描述。资源管理组件在资源描述语言中引入特定的属性/值对，每个属性/值对作为控制参数传递给资源分配管理服务程序以实现对资源的各种操作。一个简单的基于 XML 的资源描述组成如下：

```
...
<member><name>executable</name><value>a.out</value></member>
<member><name>directory</name><value>/home/somebody</value></member>
<member><name>arguments</name></value>test1</value></member>
...
```

而对于地理数据的交换，一般采用 OGC 定义的基于 XML 的地理信息描述语言 GML，它有一套预定义模式（schema），对空间信息所包含的点、线、面及其属性等的描述作了相关规定。

2. 资源分配管理服务

RAM（resource allocation management，资源分配管理）类似于服务器监听程序，位于资源管理节点或任务管理节点上，用来处理用户的资源请求。简单地说，当用户提交一个任务时，便发送一个执行任务的请求给远程计算机的资源分配管理程序（位于核心服务节点上），该请求用网格 GIS 资源描述语言进行封装。RAM 程序接收到这个请求后，针对该请求创建一个任务执行线程，并由该线程对任务请求中的资源描述进行解析，然后启动相应的服务进程并监视任务的执行过程。RAM 在执行过程中可以根据用户需求把任务执行的状态信息实时反馈给用户。图 7-20 所示为一个任务请求的简单执行流程示意图。

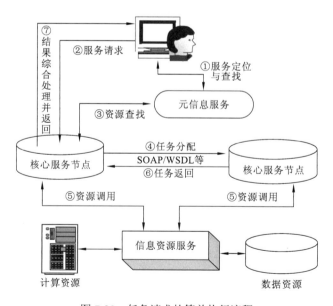

图 7-20　任务请求的简单执行流程

3. 动态协同分配代理

动态协同分配代理负责各个 RAM 程序间的协同交互，亦即确定如何把具体的处理任务进行分解，并将分解后的任务分配到各个资源上，在相关的资源服务上进行任务调度。资源分配管理程序所启动的任务执行进程需要多种资源，这些资源就是通过动态协同分配代理来得到的，只有在得到所必需的资源后，服务进程才能被创建和执行，并为用户提供相应的服务。

7.4.4 数据服务技术

数据服务是网格 GIS 的中心任务，所有的网格 GIS 应用和计算分析都是围绕数据这个信息载体来进行的。因此建立空间数据共享服务机制是网格 GIS 体系中一个十分关键的环节，其处理流程如图 7-21 所示。

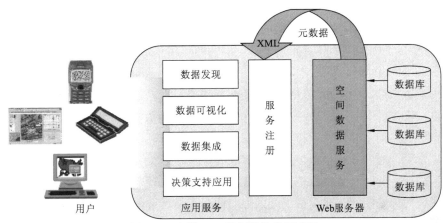

图 7-21 网格 GIS 数据服务处理过程

空间数据是一种大数据，具有多源性、空间分布性、时间动态性和容量巨大特点，实现数据有效服务需要解决空间数据的标准、空间数据存储管理和远程数据快速传输等问题。

1. 空间数据标准

主要涉及三方面标准：空间数据存储标准、空间元数据标准和空间数据交换标准。

（1）空间数据存储标准。主要有 ISO/TC211 空间数据标准、美国 FGDC 系列标准、OpenGIS 互操作规范及各种不同比例尺数据库编码标准和数据质量规范等。然而，绝大多数商业软件很少按照上述标准进行空间数据组织、存储和管理，各自都使用自定义的空间数据格式和规范。从理论上讲，规定一个统一的空间数据存储标准作为网格 GIS 环境中存储所有空间数据必须遵循的格式是可能的，但实际上很难做到。对于不同的应用系统而言，要将所有的数据转换到这个统一的标准中来并非易事，因为这要涉及底层数据存储结构的修改和各类应用软件底层结构的修改，而且网格技术的最终目的并不是代替业已存在的各种应用系统或软件，而是要在现有技术和 Internet 基础上，构建大规模的、全球范围的、抽象的 GIS 服务系统，并且兼容各种数据存储格式。

（2）空间元数据标准。空间元数据是用来描述有关地理空间数据的内容、质量、位置和其他特征的数据，它能帮助用户快速理解和定位数据。建立空间元数据标准的目的是为数据访问提供相关的数据目录信息和数据交换等辅助信息。由于行业与区域的差异，元数据的形式与内容也出现了多样化，为便于信息共享，统一的或某种程度上统一的元数据标准对于网格 GIS 环境显得尤其重要。目前比较有代表性的空间元数据标准有美国的 FGDC 标准、中国的 NFGIS（national fundamental geographic information system，国家基础地理信息系统）元数据标准、国际标准化组织技术委员会制定的标准（ISO/TC201）等，行业标准如数字林业元数据标准、城市地理空间信息元数据标准（2018 征求意见稿）等。各种标准在整体构架上和组成上基本一致，只是由于自身特殊的考虑而在某些方面有所不同。

（3）空间数据交换标准。网格 GIS 所管理的数据资源相当繁杂和庞大，存在多种不同的应用，数据存储格式各异，因此，网格 GIS 所提供的空间数据与空间元数据在各种平台和应用程序之间进行传输时，需要制定一个统一的交换标准。在基于服务的网格 GIS 环境中，数据请求与数据服务都是基于 XML 的方式进行封装并传输的。对于空间数据的表达，OGC 提出了一个 OpenGIS，该规范提供了一个与程序语言、硬件设备和网格环境无关的 OGM（open geodata model，开放地理数据模型），定义了一个可用于网络数据交换的标记语言 GML，可以用它来实现各种空间数据之间的交换。

2. 空间数据存储与管理

对于数据存储，GIS 有几种较流行的数据管理方式，如基于文件与关系型数据库混合管理系统、全关系型空间数据库管理系统、对象-关系型数据库管理系统、面向对象空间数据管理系统等。为了能快速获得用户所需要的空间数据，往往需要为存储在系统中的空间数据建立索引。空间索引是指依据空间对象的位置和形状或空间对象之间的某种空间关系按一定顺序排列的一种数据结构，其中包含空间对象的概要信息，如对象的标识外接矩形及指向空间对象的指针。在没有空间索引的情况下，对于用户的数据请求，每次都要遍历系统中所有的数据项，判断每一个空间对象是否满足用户的要求，才能形成一个数据结果集返回给用户，这在分布式系统中存储数据量较大时将会非常费时。作为一种辅助性的空间数据结构，空间索引性能的优劣直接影响甚至决定着空间数据库和网格 GIS 数据服务的速度和效率，它不仅是空间数据库和传统 GIS 的一项关键技术，也是构建网格 GIS 时的一项关键技术。目前的空间索引方法有多种，例如，对于空间矢量数据，有 BSP 索引、格网索引、R 树及其系列索引等。这些空间索引方法各有其特点及适用范围。

数据管理的内容还包括空间数据一致性维护，即在多个用户同时对数据项进行修改时，应对同一数据修改时保持锁定状态，即在某一时刻某一数据项有一个用户对其修改时，其他的用户对该数据项只有可读权限，不具备修改权限。锁定可以是基于空间对象区域的锁定，也可以是基于空间对象数据层的锁定。

3. 远程数据传输策略

在网格 GIS 中，对于不同的用户或应用，数据服务需要传输的数据源和数据量是不同的。网格环境下进行远程数据传输与管理有几种策略，如全局二级存储服务、网格 FTP 服务等。获取大型空间数据文件一般使用传输效率高、速度稳定的网格 FTP 服务进行数据传输。

网格环境下的远程数据传输还必须支持断点续传功能。数据请求过程中，发送方、接收方或者传输网络有可能出现故障而使当前的传输过程停止，这在无线环境下极易发生。

如果每一次任务停止后，再次传输时都要重传所有数据，则将极大地浪费系统资源，延长传输时间。因此，网格传输协议还应该能够在断点处重新开始数据的传输。

7.4.5 网格 GIS 应用技术

应用是网格 GIS 技术发展的原动力，应用需求推动着网格 GIS 服务平台不断完善，功能不断扩展。同时，网格 GIS 技术的发展也拓展了应用领域，满足许多新的功能需求。

本质上，网格 GIS 仍然是 GIS，但它比传统 GIS 性能更高、功能更强，能更加方便地满足用户的多种要求。

图 7-22 所示为网格 GIS 的应用模型，多个网格节点在 Internet 上组成一个虚拟服务环境，该环境除了能为各网格节点提供元信息服务、资源管理服务、安全管理服务，还能为用户提供电子地图、空间决策支持、动态数据存储服务等。GIS 用户可以通过它提供的应用工具（或浏览器）调用网格环境的各种资源，或者将 GIS 分析任务、数据计算任务发送给网格 GIS 上层服务，并将处理后的结果通过 GIS 工具或浏览器进行可视化显示等。

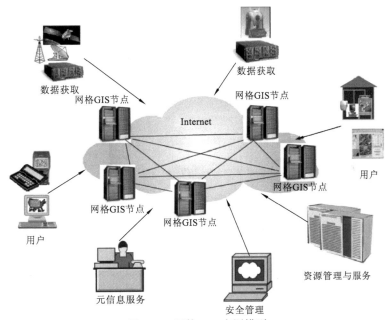

图 7-22 网格 GIS 应用模型

网格 GIS 应用技术主要的任务就是研究通用的网格 GIS 浏览器及其实现途径，该浏览器与网格上层服务的通信协议采用通用的空间数据描述和任务描述标准协议，其实现的功能除了满足传统 GIS 的需求，通过网格协议和服务节点的交互还能实现对大数据空间分析，以及对计算过程非常复杂的空间决策信息处理、空间数据智能分析与挖掘计算处理，为用户提供空间信息决策支持。

7.4.6 网格 GIS 集成技术

网格 GIS 集成的关键是实现各种服务之间的互操作。互操作包括两个层次：一个是指网格节点内的 GIS 服务组件之间互操作（主要是指在同一个系统环境中不同功能组件相互间的通信与操作）；另一个是指不同网格节点的 GIS 服务组件之间的互操作（主要是基于分布式的体系结构，实现跨平台、跨节点的异构服务功能的集成）。由于同一系统各个不同组件的互操作可以通过 API 接口定义来实现，且在许多组件化编程技术中均有详细的说明或规范，技术较为成熟，实现起来相对简单。而网格 GIS 主要是解决分布式环境中异构平台的服务集成问题，这也是网格 GIS 研究的关键技术和应用的主要场合。这里主要探讨跨系统平台的 GIS 服务应用集成关键技术——空间数据和 GIS 操作功能的集成。

实现异构系统平台 GIS 的互操作就是要满足不同 GIS 之间数据透明访问的要求和不同 GIS 功能协同工作的要求，如网格 GIS 节点上某一项 GIS 功能的实现可以由多个 GIS 应用系统的不同组件协同完成。为了实现不同客户端和服务节点的通信，各个组件需要基于相同的规范和协议，包括异构空间数据库的接口规范协议、空间数据的语法与语义规范协议、GIS 服务发布、描述及跨平台远程访问协议等。

1. 空间数据互操作

实现异构空间数据库的互操作有两种解决办法，一种是定义分布式计算的 API 标准接口或 GeoSQL 规范，通过制定统一的接口形式及参数，不同的 GIS 软件之间可以直接读取对方的数据。图 7-23 所示为多个空间数据管理系统提供基于公共接口标准的数据服务示意图。

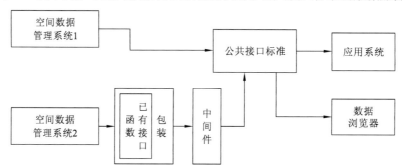

图 7-23　网格 GIS 基于公共接口标准实现数据互操作

另一种是定义数据的统一规范与格式，它是关于数据流的规范，与函数的接口形式和软件组件的接口无关。它遵循空间数据共享模型和空间对象定义规范，可用 XML 语言描述空间对象，不同 GIS 软件通过对空间数据流的解析来获取这些空间对象。基于 XML 的空间数据互操作也有两种形式，一种是将空间对象全部转换为 XML 语言描述的格式进行存储，其他系统可以根据定义的规范读取数据，但是这种方式在数据存储和前期处理过程方面的开销相当大，一般不采用；另一种是采用实时读写转换，由 XML 语言和 SOAP 协议引导并启动空间数据读写查询组件，从空间数据管理系统中读取数据，并将数据转换为用 XML 语言定义且符合空间对象描述规范的数据流，如图 7-24 所示。

在以上两种空间数据的互操作模式中，基于公共接口标准的数据访问的互操作效率较高，但是其安全性能和跨平台性能较差，而基于空间数据标准（XML 的方式作为空间数据传输的中间形式）的互操作适应性最广，但在效率方面较低。一般来说，在组建局域范围的网格环境时，为追求高效率操作，可为每种空间数据建立一个数据转换中间件，定义一种标准的空间数据访问接口；而在相对较大的空间范围内组建网格 GIS 时，为使其满足各种不同的需求，则以建立基于 XML 的空间数据标准的互操作规范为宜。

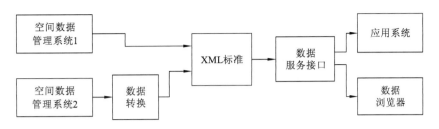

图 7-24　网格 GIS 基于空间数据标准实现互操作

2. 空间数据统一描述

作为一种高效实用的空间数据管理工具，GIS 面临着对不同来源、不同数据组织形式的空间信息进行管理和综合应用的问题。空间数据增长迅速，不只有简单的图形数据，还包含航空影像、卫星遥感影像、DEM、DTM、地理空间元数据、位置与导航数据、繁多的众源地理数据及各种各样的专题数据等。为实现网格 GIS 平台上来源众多、数据模型各异的空间数据之间的互操作，需要为空间数据存储或转换过程建立一个统一的模型，即对空间数据进行统一描述和转换。

为了能方便进行空间数据交换，同时也为尽量减少空间数据交换的信息损失，使之更加科学化和标准化，许多国家或国际组织都制定了相应的空间数据交换标准，如美国的 SDTS（spatial data transfer standard，空间数据转换标准）、我国的 CNSDTF（Chinese national geo-spatial data transfer format，地理空间数据交换格式）及 OGC 的 GML。

3. 网格 GIS 服务集成

OGSA 的一个重要特点就是网格高层服务可以通过集成多个底层服务来构建。实际上，对多个服务集成的核心就是实现网格各个节点间的互操作。根据侧重面的不同可将网格 GIS 的集成分为三种：GIS 软件功能的集成，主要强调各种不同的 GIS 软件功能之间相互调用与协作；GIS 数据的集成，强调不同数据集之间的透明访问；GIS 语义的集成，强调不同系统的信息和知识共享，指在一定的语义约束下实现的相互访问。不失一般性，网格 GIS 集成可以理解为不同服务间的相互动态调用。

实现网格 GIS 跨平台的集成有两种方法：①基于直接数据访问模式的集成，它是指 GIS 软件实现对其他数据格式的直接访问，数据服务能够存取多种数据格式；②基于开放 GIS 的集成，它是通过定义一种规范和标准接口，在数据格式、数据处理等方面都遵从这一标准，能够实现多个不同数据格式和不同软件间的集成。

7.5　水利信息网格应用

水利信息化（water informatization）是指在水利业务领域应用现代信息技术，开发和利用水利信息，实现水利信息采集、传输、存储、处理和服务等全过程的网络化、自动化与智能化，提升水利事业各项活动效率和效能的过程。水利信息化是水利现代化的基础和标志，也是水利现代化的驱动要素，为落实"节水优先、空间均衡、系统治理、两手发力"的新时代治水方针，实现传统水利向可持续发展水利转变提供了技术手段。以保护水资源、防治水污染、改善水环境、修复水生态为主要任务的河（湖）长制为水利信息化进一步明确了努力方向。

从技术发展看，计算机、通信、遥测、遥感、GIS、GNSS 等现代信息技术的飞速发展为实现水利信息化提供了可靠保障。远程遥测自动化技术为水资源监测提供了千里眼；计算机处理速度的不断提高和网络计算模式的持续优化使对大面积水流进行快速实时模拟成为可能；利用 GIS 技术可以将水资源与自然界的交互作用真实地再现在人们眼前；不断发展的通信与数据库技术使大量有关水资源的各类数据存储、传输和检索变得更加高效；卫星遥感和 GNSS 技术使大范围、长时序灾害监测和精准评估、突发涉水事件快速应急响应成为现实。"智慧水利"理念的实施进一步加快了水利信息化步伐。这些先进的信息技术全面推动着水利行业的技术升级，构成了水利信息化丰富的内涵。

水利信息网格（grid for water information）是水利信息化的重要基础技术，可以解决水利遥感和 GIS 所面临的大数据存储和服务、数据挖掘和大规模计算、虚拟地理环境等诸多问题，有非常广阔的应用前景。这里主要阐述在水利中得以应用的网格技术及其实现方法。

7.5.1 水利信息网格平台

水利信息网格平台采用 Platform 网格计算环境搭建，部署在水利部专网环境下，水利专网以信息中心计算集群为主节点、各流域分支机构为子节点。水利专网内中央到各流域、省节点网络带宽为 6Mbps，各网格节点内采用千兆高速网络连接。

Platform LSF（load sharing facility，负载共享设施）是加拿大成熟的商业网格软件（2012年被 IBM 收购，2014 年被联想收购），提供了高可靠性的集群管理、负载共享、复杂的作业管理、调度功能及大规模并行计算的能力，通过集中监控和调度，充分共享计算机的CPU、内存、磁盘、License 等资源。可以有效提高大型计算任务的资源利用率。基于 LSF的集群系统具有集成方式简单、可容错管理机制、队列与优先级管理等优点，而且维护方便、安全性高、集群负载均衡，具有很好的平台独立性。

LSF 集群是典型的作业管理系统，利用 LSF 集群系统来构建分布式并行环境，将一个有海量数据要求的计算请求看作一个作业，提交给 LSF 集群系统，管理节点将该作业分解为多个子任务，再根据收集的节点负载信息将这些子任务分别映射到各个节点上进行计算。一个作业在 LSF 集群系统中的完整调度过程分为 6 个部分，分别为提交作业、调度作业、分发作业、运行作业、返回输出、返回结果到提交节点。

图 7-25 所示为基于 LSF 集群系统的网格结构，此结构包含三类节点，分别为提交节点（submission host）、管理节点（master host）、处理节点（execution host）。提交节点负责将作业请求提交给 LSF 的管理节点；管理节点对集群系统的资源进行统一监控和合理调度，使集群中各节点充分共享计算机的计算、存储及 License 资源；处理节点（也称计算节点）负责对各任务进行计算和处理，并将计算结果返回给管理节点。

Platform LSF 有 6 种调度策略。

（1）FCFS（first come first served，先到先服务）。按照任务提交的顺序排队，先到的任务先执行。

（2）截止约束调度（deadline constrain）。在规定的时间达到后，终止或挂起一个正在

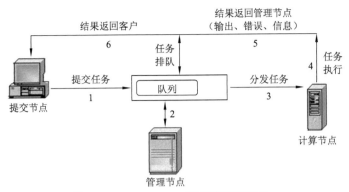

图 7-25　Platform LSF 系统流程原理图

运行的任务。通常是在任务提交时或任务提交的队列中,设定特定的 CPU 运行时间或程序运行时间来实现,当时间达到时,终止或挂起任务。

（3）独占式调度（exclusive）。独占式调度使任务排他性的在一台主机上运行,LSF 将独占式调度任务分往空闲主机,且不再向该主机分发其他任务,直到此任务完成。

（4）抢占式调度（preemptive）。抢占式调度允许等待的高优先级任务从低优先级的任务得到资源,若两个任务竞争同一个资源时,高优先级任务得到该资源。此时,低优先级任务被挂起,直到高优先级任务结束后才继续执行。采用这种策略可以防止低优先级任务占有太多时间和资源,导致高优先级任务（例如应急响应任务）总是不能执行。

（5）公平共享式（fairshare scheduling）。公平共享式调度将集群的计算能力平均分给执行的用户和队列,使得他们能够平等使用资源,没有用户或者队列能够独占资源,也不会产生死锁而使任务永远无法执行。

（6）SLA（service-level-agreement,基于服务等级协议的调度策略）。这是一种面向目标的调度策略,通过服务等级配置工作量,使工作按时完成,有助于降低因错过截止日期而带来的风险。

7.5.2　水利遥感影像流程并行化

水利信息网格处理的海量数据主要是 MODIS 遥感影像数据,处理的结果可以为水资源遥感监测云平台提供预处理数据,成为水资源监测的重要信息来源（参见 6.5.3 小节）,也可以为分析旱情、洪涝等涉水灾害提供全面和及时的数据支撑,甚至将这些结果纳入 GIS 中,或者将处理过程嵌入 GIS 中,成为 GIS 重要的数据源或功能模块。MODIS 数据的准实时化处理是水利信息网格的主要任务,因此需要对原来的串行处理流程进行并行化改造,从而提高处理效率,满足实用要求。

1. MODIS 影像及水利应用

MODIS（moderate-resolution imaging spectroradiometer,中等分辨率成像光谱仪）每日或每两日可获取一次全球观测数据,其观测数据是一种中等分辨率的对地观测多光谱遥感影像,该影像有 36 个波段,包含信息十分丰富。与高分 1 号–7 号、资源 3 号等高分辨率相比,MODIS 的时间分辨率更高,数据更新快,光谱分辨率高,获取途径便捷。这些特点对于大面积水体动态监测、水环境监测、悬浮泥沙、植被生态及大范围旱情监测具有重要意义。随着遥感技术在水利应用领域的逐步深入，MODIS 的数据处理与应用已经成为水利信息化中日常业务的一个重要方面。

MODIS 数据由国家气象中心业务系统提供，通过星地通 MODIS DVB-S（卫星数字广播）系统发送，水利部信息中心 24 h 不间断接收，以文件方式存储在本地服务器磁盘阵列中，每日接受的 MODIS L1B 级数据总量大约在 80 GB，全国 1 日覆盖至少 2 次。每日影像要求在很短的时间内处理完成，生成各种产品和反演结果，以便快速反映全国水体变化情况，这就对处理效率提出了较高要求。

2. 业务抽象

面向水利应用的 MODIS 数据处理的具体任务包括处理原始 MODIS 影像数据和生产干旱监测数据产品，要求能够对每天接收到的 MODIS 数据实时或准实时加工，生成 11 种数据产品及用于干旱监测的各种指数图，并将结果以文件形式存储在数据库服务器中供 GIS 及其他专题系统使用。MODIS 数据处理流程比较复杂，需要经过几何校正、辐射校正、NDVI（normalized difference vegetation index，归一化植被指数）计算、地表温度计算等过程，处理步骤如图 7-26 所示。

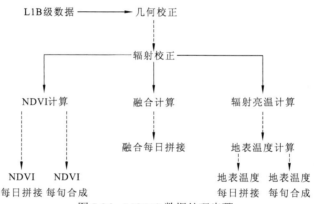

图 7-26　MODIS 数据处理步骤

3. 流程编排

为充分发挥并行化优势，提高 MODIS 数据处理的效率，需要预先划分处理任务的粒度。粒度是指各个网格处理节点可独立并行执行的任务大小的量度。任务粒度划分过大，会造成单个节点计算负载过重，无法充分利用空闲的计算资源。任务粒度划分过小，虽然提高了模块的复用性，但各个子任务间频繁通信，数据交互传输使得网格处理效率可能会降低。MODIS 数据处理任务粒度划分需遵循的原则：①尽力缩短关键任务执行时间，以使整个任务运行时间最短；②在网格处理节点有限的情况下，应该维持任务大小的平衡，即在不影响关键路径运行时间的前提下，非关键任务应尽可能在同一节点上执行，以减少对处理节点的占用；③可并行的任务尽可能分布到负载最小的处理机运行，以保证处理节点间的负载平衡。

依据上述原则，将分解后的子任务按照任务之间关联度的大小，同时考虑到耦合度、执行复杂度和通信量三个因子后，进行分组和流程并行化改造。重组后的 MODIS 数据网格任务处理流程如图 7-27 所示。

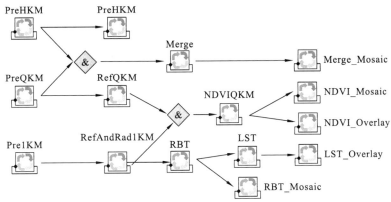

图 7-27　MODIS 数据处理模块化流程图

从图 7-27 可以看出，所有流程共有 15 个 MODIS 模块，这些模块接口的功能分别如下：

（1）模块 Pre1KM 代表 1 km 分辨率数据几何校正，包含几何校正、Bowtie 处理和投影变换过程；

（2）PreHKM、PreQKM 分别是 500 m、250 m 分辨率数据几何校正，处理流程与 Pre1KM 类似；

（3）模块 RefAndRad1KM 是 1 km 分辨率数据辐射校正，包含反射度定标、太阳高度角校正、辐射度定标、大气校正等过程；

（4）RefHKM、RefQKM 分别是 500 m、250 m 分辨率数据辐射校正，处理流程与 RefAndRad1KM 类似；

（5）模块 Merge 是 250 m 与 500 m 分辨率数据融合，包含 500 m 重采样与假彩色合成过程；

（6）模块 NDVIQKM 是 250 m 分辨率的 NDVI 计算，包含 NDVI 计算和云掩膜；

（7）模块 RBT 是辐射亮温处理，包含亮温反演和云掩膜；模块 LST 是地表温度计算，包含大气透过率计算、地表比辐射率计算、分裂窗反演温度计算；

（8）模块 Merge_Mosaic 是融合数据每日拼接处理，包含云检测和多轨拼接；

（9）模块 NDVI_Mosaic、RBT_Mosaic 分别为 NDVI 数据每日拼接处理和辐射亮温数据每日拼接处理，处理流程和 Merge_Mosaic 类似；

（10）模块 NDVI_OverLay、LST_OverLay 分别是 NDVI 数据每旬合成处理和地表温度数据每旬合成处理，包含多天最大合成和多天最近晴空合成。

通过处理任务粒度划分和合理的流程编排，实现任务的并行度最大化，同时通过制定相应的任务调度策略和任务分发机制，充分利用网格系统处理能力，提高网格资源利用率和网格应用性能。

7.5.3　数据处理网格平台实现

1. 网格环境

MODIS 数据处理属于数据密集和计算密集问题，根据这个特点，通过 Platform LSF 软件平台整合各个服务器，构建一个面向 MODIS 数据处理的虚拟网格计算环境。网格的软件环境与网络结构如图 7-28 所示。

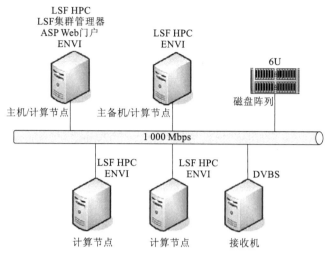

图 7-28　软件环境与网络结构

图 7-28 中，主机和主备机为 HP 高性能服务器，其他计算节点为 HP 桌面计算机，均支持千兆网。

2. MODIS 数据处理网格平台结构

数据处理与发布系统基于统一的数据库管理平台和网格平台实现 MODIS 数据的业务化处理、管理和应用，并为用户提供 B/S 模式的数据和产品服务。系统采用 4 层构架，底层为基础设施层，由软件、硬件、网络及部署其上的网格构成；第二层为资源层，负责 MODIS 影像接收、存储及水雨情数据库、业务数据库维护和管理；第三层为业务处理框架，即核心服务层，基于 PlatForm LSF 构建 MODIS 数据自动处理模块及旱情、洪涝、冰凌监测等水利业务专题系统；顶层为应用服务层，即用户应用前端（包括浏览器和软件平台）。各层之间通过接口进行通信和相互调用。业务处理层通过中间件对下层数据进行操作。4 层框架在逻辑上相互独立，互不影响。MODIS 数据处理平台框架如图 7-29 所示。

3. 服务封装与调用

1）业务功能封装

所有模块均被封装为带参数的 exe 可执行程序，组成 MODIS 数据处理的模块库。PlatForm LSF 调度程序通过流程 FlowXml 传递任务信息及执行任务所需系统资源配置信息，并根据请求提交相应的处理任务。例如在 FlowXml 中定义一个 Pre1KM 任务如下：

```
<JobDef ExecutionType="lsf"
  Name="TERRA_2017_09_01_10_33_GZ.MOD03: Pre1KM">
 <ExclusiveExec Value="No" Visible="No" Overridable="Yes"SearchKey
          ="No"/>
 <JobCmdLine Value="E:\GridMODIS\Pre1KM.exe
 TERRA_201709011033_GZ_MOD021KM 20170901am
 E:\TempFileDir\Pre1KM\TERRA_2017_09_01_10_33_GZ.MOD03.hdf
```

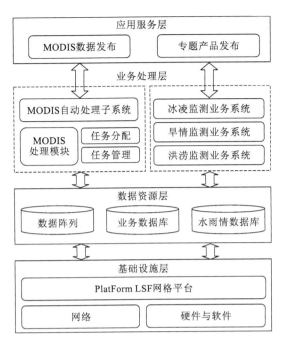

図 7-29　MODIS 数据处理平台框架

```
TERRA_2017_09_01_10_33_GZ.MOD03" Visible="No"Overridable="Yes"
SearchKey="No"/>
<UserName Value=".\lsfadmin" Visible="No" Overridable=
                "Yes"SearchKey="No"/>
<Rerunable Value="No" Visible="No" Overridable="Yes" SearchKey
                ="No"/>
<FileTransfer
Value="\\10.1.98.50\MODIS\TERRA_2017_09_01_10_33_GZ.MOD021KM.hdf >
E:\TempFileDir\Pre1KM\TERRA_2017_09_01_10_33_GZ.MOD021KM.hdf; \\10.1.9
8.50\MODIS\TERRA_2017_09_01_10_33_GZ.MOD03.hdf >
E:\TempFileDir\Pre1KM\TERRA_2017_09_01_10_33_GZ.MOD03.hdf"
Visible="No" Overridable="Yes" SearchKey="No" />
<SubmissionCmd Value="bsub" Visible="No" Overridable="Yes"SearchKey
                ="No"/>
<MinMaxCPU Value="1，1" Visible="No" Overridable="Yes" SearchKey
                ="No"/>
</JobDef>
```

标签 JobCmdLine 为执行任务接口信息；UserName 描述当前任务提交用户信息；Rerunable 为任务重运行的容错机制描述；FileTransfer 为任务运行相关数据文件信息；MinMaxCPU 定义了该任务运行所需计算资源要求。

任务监测程序通过 LSF process manager 提交 flows 的命令:

```
/c jsub TERRA_2017_09_01_10_33_GZ.xml
/c jtrigger TERRA_2017_09_01_10_33_GZ
```

2）Web 服务生成

.NET 可生成两种类型的服务: SOAP Web 服务和 RESTful Web 服务。下面以影像裁剪为例说明如何生成这两类服务。

（1）SOAP Web 服务生成。通过下述语句为 Web 服务生成的描述信息中添加惟一的名称空间:

```
[Web Service（Namespace="http://localhost/Web Service/"，Name=
"Web Service"，Description="Web Service"）]
```

在服务器端定义 Web Service，定制 subset 方法，该方法传递必需参数后定制 LSF 工作流程，然后提交给 LSF 平台，执行裁剪任务，最后返回裁剪结果。反射技术读取 Web 服务专用的一些属性[WebMethod]，把方法提供为 Web 服务的操作。ASP.NET 运行库还提供了 WSDL 来描述服务。影像裁剪服务 Service.asmx.cs 文件内容如下:

```
[WebMethod]
public string Subset（string image，string AOI，string subfile）
{
  string flowName=LoadSubsetFlow（iamge，AOI）;
                                          //加载裁剪工作流程
  Process subPro=new Process（）;
  subPro.StartInfo.FileName="cmd.exe";
  subPro.StartInfo.Arguments="/c jsub"+flowName;
                                          //向 LSF 提交裁剪工作流
  subPro.Start（）;
  subPro.WaitForExit（）;
  subPro.StartInfo.Arguments="/c jtrigger"+flowName;
                                          //触发并运行裁剪工作流
  subPro.Start（）;
  subPro.WaitForExit（）;
  return subfile; //返回结果
}
```

SOAP Web 服务的调用如下:

在客户端程序中添加 Web Service 服务后，即可使用 Web Service 的 subset 服务。页面获得客户机中的 SOAP 调用信息，以及服务器返回的响应信息。

影像服务调用 MODISViewForm.cs 的内容如下:

```
localhost.Web Service oService=new localhost.Web Service（）;
string image=GetFilepath（TextBox1.Text）;
```

```
string AOI=GetFilepath（TextBox2.Text）;
string subfile=GetFilepath（TextBox3.Text）;
oService.Subset（image, AOI, subfile）;
```

（2）RESTful Web 服务生成

URL 设计：决定资源及其描述性 URL。

为每个资源设计 URL：

```
http：//localhost/Oldimage/{id}
http：//localhost/AOI/{id}
```

可以将裁剪服务包装为 post 的方法：

```
http：//localhost/Oldimage/{id}/AOI/{id}/newimage/{id}/subset.
```

Oldimage 为原始影像，{id}为其名称。AOI 为感兴趣区域，newimage 为结果影像，subset 为执行方法。

URL 映射：可以使用多种方式把 URL 映射到 subset 方法，这里使用正则表达式解析 URL，利用底层实现服务。

```
Pattern pattern = Pattern.compile（"^/?.*?/Oldimage/（.*）/AOI
/（.*）/newimage/{.*}/subset/"）;
Matcher matcher=pattern.matcher（request.getRequestURI（））;
if（matcher.matches（））
{
  String Oldimage=matcher.group（1）;
  String AOI=matcher.group（2）;
  String newimage=matcher.group（3）;
  subset（Oldimage, AOI, newimage）;
}
```

Web Service 中的 subset 方法，负责将处理交给 LSF 网格调度。

在调用这个 URL 时，如果成功，就会隐式地返回 newimage，否则返回 null。

服务调用：调用结果返回处理后文件路径，并给出下载地址。

```
String xml="<newinput>input</newinput>";
URL url=new
URL（"http://localhost/Oldimage/NDVI_201702_tenday3/AOI/hubei/
    subset"）;
URLConnection connection=url.openConnection（）;
connection.setDoOutput（true）;
Writer output=new OutputStreamWriter（connectiongetOutputStream（））;
output.write（xml）;
output.close（）;
```

根据 MODIS 数据处理的功能需求，经过.NET 封装后的服务列表如图 7-30 所示。

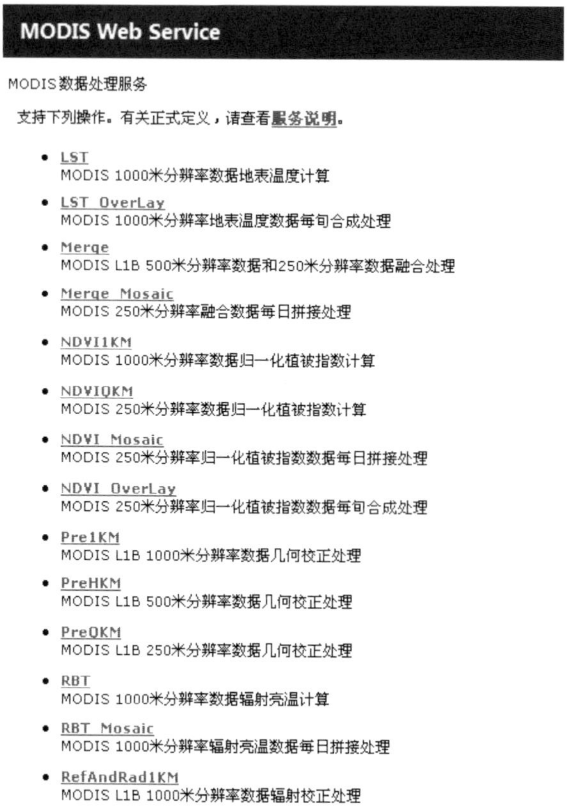
MODIS Web Service
MODIS数据处理服务
支持下列操作。有关正式定义，请查看服务说明。
LST
MODIS 1000米分辨率数据地表温度计算
LST_OverLay
MODIS 1000米分辨率地表温度数据每旬合成处理
Merge
MODIS L1B 500米分辨率数据和250米分辨率数据融合处理
Merge_Mosaic
MODIS 250米分辨率融合数据每日拼接处理
NDVI1KM
MODIS 1000米分辨率数据归一化植被指数计算
NDVIQKM
MODIS 250米分辨率数据归一化植被指数计算
NDVI_Mosaic
MODIS 250米分辨率归一化植被指数数据每日拼接处理
NDVI_OverLay
MODIS 250米分辨率归一化植被指数数据每旬合成处理
Pre1KM
MODIS L1B 1000米分辨率数据几何校正处理
PreHKM
MODIS L1B 500米分辨率数据几何校正处理
PreQKM
MODIS L1B 250米分辨率数据几何校正处理
RBT
MODIS 1000米分辨率数据辐射亮温计算
RBT_Mosaic
MODIS 1000米分辨率辐射亮温数据每日拼接处理
RefAndRad1KM
MODIS L1B 1000米分辨率数据辐射校正处理

图 7-30　MODIS 数据处理服务集合

各类影像数据以网站的形式发布，如图 7-31 所示。

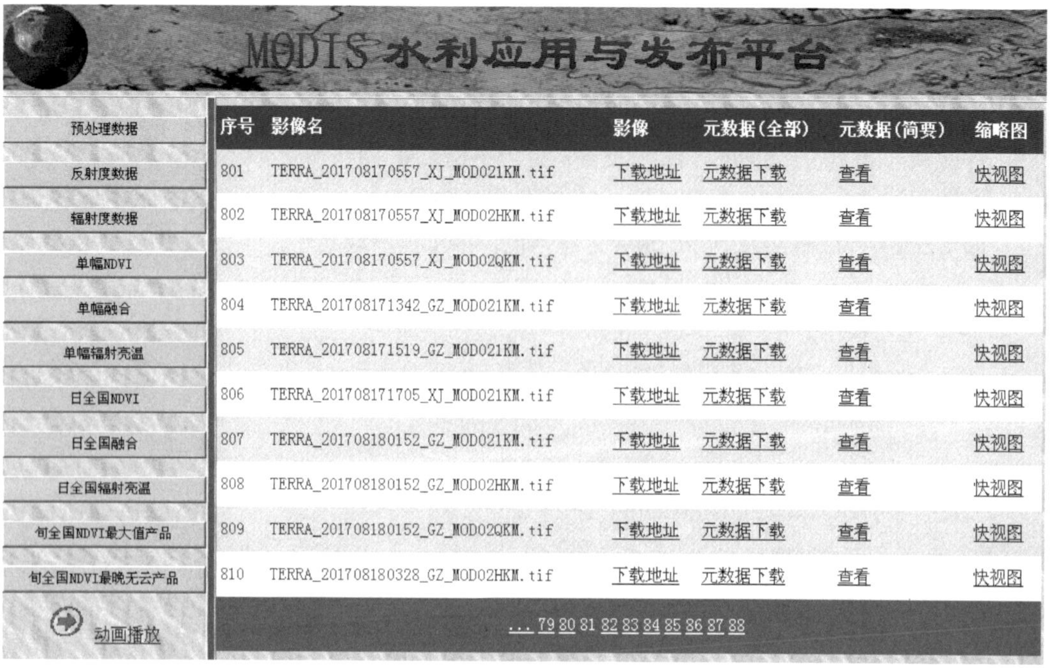
MODIS水利应用与发布平台
预处理数据
反射度数据
辐射度数据
单幅NDVI
单幅融合
单幅辐射亮温
日全国NDVI
日全国融合
日全国辐射亮温
旬全国NDVI最大值产品
旬全国NDVI最晚无云产品
动画播放
序号 影像名 影像 元数据(全部) 元数据(简要) 缩略图
801 TERRA_201708170557_XJ_MOD021KM.tif 下载地址 元数据下载 查看 快视图
802 TERRA_201708170557_XJ_MOD02HKM.tif 下载地址 元数据下载 查看 快视图
803 TERRA_201708170557_XJ_MOD02QKM.tif 下载地址 元数据下载 查看 快视图
804 TERRA_201708171342_GZ_MOD021KM.tif 下载地址 元数据下载 查看 快视图
805 TERRA_201708171519_GZ_MOD021KM.tif 下载地址 元数据下载 查看 快视图
806 TERRA_201708171705_XJ_MOD021KM.tif 下载地址 元数据下载 查看 快视图
807 TERRA_201708180152_GZ_MOD021KM.tif 下载地址 元数据下载 查看 快视图
808 TERRA_201708180152_GZ_MOD02HKM.tif 下载地址 元数据下载 查看 快视图
809 TERRA_201708180152_GZ_MOD02QKM.tif 下载地址 元数据下载 查看 快视图
810 TERRA_201708180328_GZ_MOD02HKM.tif 下载地址 元数据下载 查看 快视图
... 79 80 81 82 83 84 85 86 87 88

图 7-31　MODIS 数据发布网站

4. 网格调度性能指标

网格各节点配置中，主机和主备机的可靠性较高，其他计算节点的配置相对较低，作为计算各任务模块的基准时间用机。由于 MODIS 传感器在白天和夜晚分别设置不同的接收模式，其数据处理量变化范围较大，一般在 30 MB～3 GB。表 7-2 所示为各处理任务数据量范围及分别应用 Platform 内置的 6 种调度方案进行调度处理所得到的平均执行时间。

表 7-2 处理任务数据量及不同调度策略下的处理时间

作业名	数据量 /MB	平均执行时间/min					
		FCFS	Fairshare Scheduling	Preemptive	Exclusive	Deadline Constrain	SLA
Pre1KM	30～900	13.5	14.0	13.5	13.5	14.5	14.0
PreHKM	30～900	15.0	14.5	15.0	14.5	13.0	15.5
PreQKM	30～900	20.0	18.5	20.0	21.5	17.5	16.0
RefAndRad1KM	100～1 000	25.5	15.5	20.5	19.0	20.5	17.5
RefHKM	100～1 000	7.0	9.0	8.5	9.5	9.5	8.5
RefQKM	100～1 000	9.0	8.5	8.0	7.5	8.0	8.5
Merge	100～900	11.0	10.0	12.0	13.0	10.5	11.0
NDVIQKM	100～800	7.5	6.5	9.5	8.0	6.5	5.5
RBT	100～800	5.5	10.0	9.0	6.5	7.5	8.0
LST	100～800	10.0	10.0	8.5	9.5	7.0	10.0
Merge_Mosaic	100～3 000	9.5	8.5	15.0	10.0	10.5	11.0
RBT_Mosaic	100～3 000	7.0	6.0	6.0	5.5	8.5	7.5
NDVI_Mosaic	100～3 000	27.5	20.0	19.5	26.5	25.0	20.0
NDVI_OverLay	100～3 000	25.0	27.5	24.0	25.5	23.5	25.0
LST_OverLay	100～3 000	13.0	14.5	16.0	13.5	12.5	13.5
时间总计		206.0	193.0	205.0	203.5	194.5	191.5

表 7-2 结果表明，几种不同的调度策略的效率比串行（通常需要 6 h 以上）有了很大提升，通过 4 个途径可以进一步缩短处理任务的执行时间：①提高计算节点性能；②扩充网格规模；③改进调度算法；④融合内存计算、云计算等算法和计算模式。

习 题 七

一、名词解释

网格，网格计算，五层沙漏结构，OGSA，Globus，元计算目录服务，Web Service，远程沉浸，网格 GIS，水利信息化

二、填空题

1. 网格的实质是将网络上分布式的计算资源和其他资源整合起来构成的拥有超级性能的_____。

2. 网格计算是伴随着 Internet 技术的发展而迅速发展起来的一种新型的_____模式,它是继超大规模集中式计算、客户/服务器计算模式后的第_____代计算技术。

3. 网格计算有两个明显优势:一个是_____;另一个是能充分利用网络上的_____。

4. 网格的动态多样性有两方面含义:一指网格资源是_____;二指网格资源是_____和_____。

5. 五层沙漏结构的重要思想是以_____为中心,而 OGSA 则强调以_____为中心。

6. Globus 的主要工作是建立一套支持网格计算的_____和一系列_____。

7. Web Service 遵循面向服务的结构,涉及三个重要组成部分:_____、_____和_____,包含三种行为:_____、_____和_____。

8. 网格 GIS 促进了 GIS 沿着_____、_____、_____方向向纵深发展,最终实现空间信息的全面共享与互操作。

9. OGC 制定了一系列有关网格 GIS 的规范和标准。根据其相关规范,网格 GIS 主要包含三方面的地理信息服务类型,分别是_____、_____和_____。

10. 网格 GIS 是一个开放的软件框架,由若干种_____和_____组成。

11. 网格 GIS 的软件设施是计算功能与服务保障,主要包括_____、_____、_____和_____等。

12. 网格 GIS 的安全控制目前主要集中在网络_____层和_____层,强调与现有分布式安全技术的融合,其中的主要安全技术手段包括_____、_____、_____、_____及_____等。

13. 元信息服务主要是为用户应用程序提供相关的_____信息,它提供的信息源按照信息存在的状态可以分为_____信息和_____信息。

14. 网格 GIS 资源管理和分配技术包括三个部分,分别是_____、_____和_____。

15. 实现网格环境下的数据服务必须解决这样几个问题:空间数据标准、_____和_____。其中,空间数据标准要解决的重点问题是:_____、_____、_____。

16. 实现网格 GIS 跨平台的集成主要有_____、_____两种方法。

三、选择题

1. 网格能够充分吸纳各种资源,并将它们转化成一种计算能力。这些资源主要包括(   )。
   A.计算机与网络   B.数据与软件   C.人力与技术   D.标准与协议

2. 网格本身所具有的特点对网格建设和网格应用都有重要的影响,下面的(   )是网格具备的特点。
   A.分布性与共享性   B.自相似性   C.资源动态多样性   D.紧耦合性

3. 网格计算适合解决下面的(   )问题。
   A.计算密集型   B.人员密集型   C.存储密集型   D.事务密集型

4. 5 层沙漏结构中,(   )层在网格计算中易产生性能瓶颈。
   A.应用层   B.汇集层   C.资源层与连接层   D.构造层

5. OGSA 的两大支撑技术分别是(   ),有了它们之后,OGSA 就可以通过构建不同的网格服务接口和网格应用来实现相应功能。

    A.Internet   B.Globus   C.API   D.Web Service

6. Globus 的主要工作是建立一套支持网格计算的通用协议，以实现以下主要目标（　　）。

    A.网格安全   B.远程数据传输   C.资源管理   D.信息获取与分布

7. 业界对 Web Service 有多种定义，它们的共同特点是，认为这种技术提供的服务应具备（　　）。

    A.分布性   B.开放及可交互   C.松散耦合   D.可复用

8. ESRI 在推进 GIS 平台发展进程中提出了 G. Net 战略，这里的 G 表示（　　）。

    A.Grid   B.GIS   C.Geography   D.GML

9. 网格编程的主要方法有（　　）。

    A.面向对象方法   B.二次开发   C.商用软件集成   D.底层开发

10. 网格应用技术主要体现在（　　）等方面。

    A.数据服务   B.分布式计算   C.远程沉浸   D.信息集成

11. 硬件设施设备是构成网格 GIS 的必备物质条件，主要包括有（　　）等方面。

    A.通信网络   B.仪器装置   C.运输车辆   D.存储与计算设备

12. 从网格 GIS 的基本体系结构来看，要实现地理信息广域范围内的充分共享，为用户提供快速的 GIS 空间分析与大规模计算功能，必须解决下面的（　　）关键技术。

    A.网格数据存储   B.元信息服务   C.资源管理与分配   D.界面设计

13. 网格技术并不是要代替目前已有的各种应用系统或软件，而是在现有技术基础上的一种延伸和发展。在网格环境中存在各种异构的资源，要实现异构环境下的协同处理，必须在一个统一的（　　）上建立网格的各种应用。

    A.网格拓扑结构   B.数据类型   C.网格安全控制   D.网格服务协议

14. 当前基于网格环境的远程数据传输已有几种有效的传输策略，对于大型空间数据文件的传输一般采用（　　）传输方式。

    A.HTTP   B.网格 FTP 服务   C.SAN   D.存储转发

15. 为了实行最严格水资源管理制度，我国采取河长制，并以遥感、通信、遥测、GIS、GNSS 等为主要技术依托，主要目的是为了（　　）。

    A.保护水资源   B.防止水污染   C.改善水环境   D.修复水生态

四、判断题

1. 网格环境下的资源都是可以共享的，例如计算机、存储设备及各种各样的网络设备等。

2. 网格技术能够解决目前 GIS 中出现的所有问题。

3. 网格技术就是要建立一种新的计算模式，并不需要目前的技术。

4. 网格的自相似性意味着一部分网格所提供的服务等同于全部网格参与计算所提供的服务。

5. OGSA 定义的服务以标准 Web 服务技术为基础，可以解决服务发现、服务创建、服务生命周期管理和通知等问题。

6. 远程沉浸是一种可视化的虚拟网络交互环境，参与者所共享和交互的资源是共同的虚拟环境，网格技术是不可或缺的。

7. 网格和 P2P 都采用分布式计算模式，都能将闲置资源汇聚成强大的计算和处理能力。

8. 网格与云在解决 Internet 应用中存在的异构性、资源共享方面，采用的技术是相同的。

9. 网格 GIS 核心服务的关键技术是高性能任务调度，对于吞吐率的要求并不强烈。

10. 网格 GIS 中，多数服务是临时的，一定生命周期之后，将被销毁，但也存在一些永久服务，即长期占用网格资源。

11. 网格 GIS 建立在 Internet 之上，只要解决了 Internet 的安全问题，网格 GIS 就是安全的。

12. 基于数据互操作 GIS 的集成模式比数据转换的集成模式具有更大的灵活性及应用范围。

13. 实现地理空间信息充分共享和大规模分布式空间分析计算和数据存储，首先要解决所有空间数据如何转换成统一格式的问题。

14. 网格 GIS 元信息服务技术只需要为空间数据的元数据提供共享使用的方法。

15. 网格 GIS 是一个开放的应用平台。

五、简答题

1. 网格应用软件需要遵循一系列的标准，这些标准有哪些作用和意义?

2. 什么是网格体系结构?目前有哪几种重要的网格体系结构?试分别加以说明。

3. OGSA 是一种面向服务架构的开放标准，它要达到的目标主要有哪些?

4. 简述 Web Service 的实现技术，并说明 SOAP、WSDL、UDDI 的概念及其相互关系。

5. 从网格体系结构看，实现网格服务的主要技术可以分为几个层次?

6. 简述传统 WebGIS 的局限性及其与网格 GIS 的区别。

7. 网格 GIS 按需服务能力是怎样体现出来的?

8. 阐述网格 GIS 的体系结构，分别说明各层实现的功能。

9. 如何实现网格 GIS 的安全控制与管理?

10. 简述网格 GIS 元信息服务的作用，元信息的组织应遵从哪些原则?

11. 为什么说网格 GIS 应用技术是网格 GIS 的原动力和最终目的?

12. 结合实际分别阐述实现网格 GIS 的关键技术。

13. 实现空间数据互操作有几种方式?试分别说明之。

14. 分析网格软件 Platform LSF 的 6 种任务调度策略。

六、论述与设计题

1. 在网格环境下，各种数据资源、计算资源、通信资源乃至于人类知识等都可以被共享。请针对网格环境下的地理信息资源共享需求，论述实现共享需要解决的关键技术问题和相应的策略。

2. 物联网数据、城市视频监控数据、专业领域监测数据、GIS 空间数据、人文社会经济数据等将成为今后网络 GIS 的主要数据来源，需要寻求新的处理架构和技术方法才能为用户提供满意的服务。结合水利信息网格对影像处理并行化改造的例子，针对上述情况，设计一个可行的网格 GIS 解决方案。

3. 根据网格、P2P、云之间的技术特点，论述它们与 GIS 结合时的重、难点及适用场合。

第 8 章 网络 GIS 工程技术与工程管理

软件工程（software engineering）是一门旨在研究如何用系统化、规范化、定量化等工程原则和方法进行软件分析、设计、开发和维护的应用型学科。它包括两方面主要内容，即软件开发技术和软件工程管理。软件开发技术包括软件开发方法学、软件工具和软件工程环境；软件工程管理包括软件度量、工程估算、进度控制、人员组织、配置管理及项目计划等。随着软件开发和维护工作量的增大，软件工程管理关系整个软件工程的质量好坏。在许多大型软件开发过程中普遍存在着重技术、轻管理现象，管理一直是个薄弱环节。

本章将阐述网络 GIS 工程技术和工程管理相关技术，包括工程技术和管理框架、工程技术的阶段任务与关键技术、工程管理的实现方法等。

8.1 概　　述

网络 GIS 应用系统是一个复杂的软件系统，为了有效地实施网络 GIS 工程，有必要借鉴软件工程的成功经验和方法，同时结合网络 GIS 工程本身的技术特点和要求，对网络 GIS 应用软件开发各阶段进行工程化的管理和监督。因此，网络 GIS 工程可认为是应用系统工程和软件工程的原理、方法，针对网络 GIS 应用的目的和要求，在符合法律法规要求和工程伦理规范情况下，统筹设计、优化、评价、维护和使用 GIS 的全部过程和步骤的统称。只有将良好的网络 GIS 工程技术和工程管理相结合才能建好一个大型复杂的网络 GIS 应用系统。

8.1.1 工程、工程技术与工程管理

美国 PMI（Project Management Institute，工程管理协会）为"工程"一词的定义是："工程"（project）一般指在特定的时间内，通过努力，生产出一种产品或服务的过程，具有起止时间及交付时间等特点；而"工程技术"（engineering technology/project technology）则是指完成某项工程所需应用的各种技术方法与手段。如前所述，软件工程及工程技术是这一定义的实例。

工程管理（project management）是应用知识、经验、工具、技术、制度、标准和规范去指导和约束工程的实施，从而满足用户的需求。在进行系统的规划、分析、设计、开发、测试和维护等工程建设过程中加强计划和管理行为，有助于保证工程的顺利实施。工程管理的主要内容包括以下两个方面。

（1）技术管理。技术管理（technology management）包括实施过程中的工程化管理、文档管理、开发过程中各阶段的技术管理及在系统实施、集成、试运行和投产过程中各项技术的管理。

一般而言，软件应用系统不论其规模、用途、开发语言和平台等方面存在多大差异，从工程建设角度考虑，均有一个共性，即工程建设通常遵循生命周期法或快速原型法。因此，按照软件工程建设规律，相应地形成了两套工程化管理模式：生命周期法管理模式和快速原型法管理模式。通常人们希望遵循纯粹的生命周期法管理模式来管理工程建设过程，但由于大型软件系统的需求具有多变性、模糊性、零散性和启发性等特点，在实践中纯粹按照生命周期法来管理是不合适的。为直接和快捷地获取用户的需求，解决需求方面的困难和盲目，使今后的软件最大程度地反映用户业务，符合用户要求，必须借助于快速原型法。所以，软件工程管理应遵循生命周期法与快速原型法相结合的综合管理模式。这种管理模式体现在宏观和微观两个方面。宏观上，按照生命周期法，可使工程建设有明显的阶段性，并且各阶段任务明确、结构清晰，便于管理和控制；微观上，在设计和编程阶段，如果有必要，则采用快速原型法，以准确把握用户的需求，及时调整思路和技术路线，加快工程建设进度。因此，将两种管理模式有机地结合在一起，以生命周期法为主线，在需要时局部采用快速原型法，这样既能保证阶段的清晰，又能较好地解决需求不明确的问题。

技术管理在软件系统开发过程中需经历分析、设计、编程和测试等几个子阶段。在各个子阶段，又有分析技术管理、设计技术管理、编程技术管理及测试技术管理等。技术管理的主要内容是在各个阶段选择、规范和解释各种技术，并且协调和监督各种技术的使用，以利于提高软件质量并保证工程进度。技术管理的重点应放在工程规范化上。在比较和分析软件工程各阶段技术的基础上，明确规定应采用的分析技术、设计技术、编程技术和测试技术，并且要详细说明这些技术的各项细节和使用实例。在制订了工程规范后，还要检查和监督各种技术的应用情况，保证遵守工程规范。这些技术管理措施不仅有助于提高软件质量，而且也有助于培养技术队伍，提高软件人员的业务水平、技术能力和质量意识。

文档是整个软件产品中不可或缺的一部分，文档管理是软件工程管理的重要内容。在文档管理中应注意文档种类设置、文档提交时间和文档作用等几个问题。

成果是软件工程建设和开发过程中形成的最终产品，是交付给用户使用的实际产品或服务。经分析、设计、编程、调试和测试后的最终成果需要进行科学规范有序管理，才能使成果更具生命力，提高用户满意度，为持续更新和完善成果提供依据。

（2）非技术管理。非技术管理包括工程进度管理、质量管理、人员管理、资金管理、合同管理等。其中人员管理又包括项目组负责人员的构成和分工、项目组结构、项目组人员交流与协调，以及项目组与对方项目主管部门和用户的交流与协调等。

大型软件工程的管理可采用二级责任制。第一级是"项目经理"，主要负责工程中与合同有关的各项事宜，并进行各种协调；第二级是"项目负责人"，主要负责工程中的技术管理、进度控制和质量管理等。为保证质量，可由项目经理任命与项目负责人职权相并列的质量控制员，独立地进行质量监督，向项目经理直接汇报。为更好地与用户协作，可设置用户协调员，负责与用户的日常交涉。在软件工程管理中，如何控制进度是一个重要的问题。在进度管理方面主要有两项措施，一是制订进度计划，二是实施进度控制。在工程开始时制订进度计划，首先按照各子系统及应用程序的规模，估算工作量；再按照各子系统及应用程序的性质和逻辑关系安排开发的先后次序，得到项目进度图；还要根据人员情况，安排每人开发应用程序的时间表，得到人员-时间关系图。在开发过程中，还需不断修订进度计划和人员安排。在实施进度控制时，要按照进度图和人员-时间关系图制订每人所承担的开发工作，规定应用程序开发的开始时间、最后完成日期、验收测试日期等。程序员可根据工作安排独立地开发程序，项目管理人员进行测试和验收，还要根据反馈情况修改进度计划。质量保证和进度控制往往是矛盾的。一方面，由于工程进度一般较为紧迫，容易为了赶进度而忽视质量；另一方面，由于质量有问题，延长开发时间，又影响了工程进度。所以，在工程管理中，要对质量和进度齐抓共管。为做好质量管理，可设置专职质量控制员负责质量管理，还应实行定期或不定期的质量抽查。所有程序人员编出的程序要统一结构、统一命名、统一风格，以提高程序的可读性、可维护性，也利于提高系统集成联调的效率。总之，软件工程管理是一个大型软件工程开发成功的重要因素之一。

8.1.2　网络 GIS 工程技术及工程管理特点

GIS 应用软件一般采用基于 GIS 软件部门提供的 GIS 商用软件平台或 GIS 组件，根据用户的特定需要进行开发建设，其管理方式和技术方法与普通的软件工程技术相似。而网络 GIS 工程拓展了传统 GIS 工程的应用领域和服务范围，改变了 GIS 工程的开发模式，使得工程建设更趋复杂化和综合化，如工程的前期需求分析与系统设计、中期的系统开发与后期的维护等过程均需要考虑硬软件平台、有线无线网络、大数据存储和计算环境、应用软件架构、设备升级、智能服务等更多的因素。

与传统软件工程技术与管理相比较，网络 GIS 工程技术与管理具有以下特点。

（1）由于网络 GIS 工程本身的复杂性和用户需求的易变性，系统架构及开发模式的变更不可避免，不确定性增大，易产生软件质量低、可靠性较难保证等问题。

（2）网络 GIS 工程涉及网络、硬件和软件平台的选择、网络应用系统软件架构设计及基于网络的空间大数据组织、存储与管理等多方面问题，很难对工程预算和进度进行有效管理与控制。

（3）网络 GIS 工程通常需要多个部门、多种行业、多种专业背景的管理人员与技术人员的参与与合作，要求进行团队开发，团队之间的协调和沟通变得越来越重要，这本身增大了开发难度和风险。

（4）网络 GIS 工程的空间大数据是地理分布的，具有容量巨大、来源广（多源）、异地异构、多尺度、多分辨率等特点，用户在地理上也是分布的，容易产生多个用户同时访问系统、竞争资源的情况（这种情况被称为多用户并发访问），从而对网络的性能和空间大数据的组织、存储和管理有更高的要求。

（5）网络 GIS 通常是智慧城市、智慧水利等现代智慧化、数字化工程的地理空间框架的公共服务平台，是连接其他行业和领域的业务系统的桥梁和门户，同时也是一些业务部门的专业应用系统，因此既要区别不同网络 GIS 的角色，还要明确它们的地位，梳理好网络 GIS 与相关系统的关系。

（6）网络 GIS 的后期维护与试运行面临着因数据量不断增大、用户数量持续增加及功能不断完善所带来的新问题，如各类专业人员的技术培训、系统数据持续更新、网络基础设施升级换代而引起的系统功能的更新升级等。这些问题的存在将降低网络 GIS 工程建设的效率和工程质量，致使系统在后期维护上困难重重，从而使系统效用无法得到最大程度地发挥。

8.2 网络 GIS 工程技术与工程管理框架

8.2.1 工程技术与工程管理框架概述

由于软件应用系统是逻辑产品而不是物质产品，工程建设过程的"能见度"比较低。软件工程的重点在于系统的分析、设计、编码、测试及维护，这就使软件生产的进度和指标不易标识和度量、问题不易及时发现和纠正、需求条件的不确定因素多且易变，因此软件工程的管理不同于一般的工程管理，需要构建良好的工程管理框架来促使工程顺利实施。

一般来说，网络 GIS 工程技术及工程管理包括 4 个阶段和 8 个必要的管理功能，如图 8-1 所示。

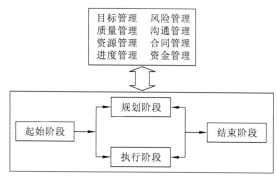

图 8-1　网络 GIS 工程技术和管理框架

1. 网络 GIS 工程技术的 4 个阶段

（1）起始阶段：本阶段确立工程项目建设小组，广泛收集用户需求信息，制定初始的管理计划，为下一阶段做准备。

（2）规划阶段：又称计划阶段，主要完成工程总体规划与设计，制订规则说明书和工程进度表。

（3）执行阶段：在前两个阶段的基础上实施具体的系统开发、数据建库、软件集成等工作，根据工程进度表和项目规则说明书控制开发质量和开发进度。

（4）结束阶段：在此阶段，工程开发的最终成果将交付给用户，测试人员将与用户一起做好最终系统的功能和性能测试与优化，并由工程维护人员担负后续的工程维护工作，其中包括空间数据的持续更新工作。

2. 网络 GIS 工程管理的 8 个必要管理功能

（1）目标管理：在用户的要求范围内对工程建设的过程和目标进行管理控制。

（2）质量管理：基于用户需求和工程实施经验，由质量审核和控制部门对工程实施质量进行监控。

（3）资源管理：对工程中的有形资产及无形资产进行管理，其中包括人力和智力资源的管理。

（4）进度管理：基于工程进度表对工程实施的总体进度进行管理和控制。

（5）风险管理：评估工程可能存在的风险，并通过必要的手段将这种风险降到最低程度。

（6）沟通管理：通过沟通管理为项目组的各个成员建立良好的交流环境。

（7）合同管理：对工程中涉及的各类合同进行必要的管理和监控，直至工程所有合同按期履行完毕。

（8）资金管理：建立有效的资金使用计划表，并按此计划表对工程实施过程中的开支情况进行必要的监控。

8.2.2　工程技术和工程管理与系统生命周期

网络 GIS 工程通常规模大、用户需求复杂多变、跨越多个学科和专业领域，需要地理空间信息科学、计算机科学、数学、工程科学等多领域的专门人才共同参与，以年龄结构和知识结构合理、技术实力雄厚的开发团队来实施，并按软件工程生命周期的管理方法来协调、组织，以保证开发团队作业的顺利进行。同时，网络 GIS 工程开发团队与用户之间的协调和沟通也十分重要。由于网络 GIS 工程本身既具有传统 GIS 的特点，又兼顾了网络环境的复杂性和可变性特点，网络 GIS 在成本、进度、数据量等方面的精确估计变得困难和复杂。实践证明，采用严谨的生命周期模型，同时开发原型实验系统，可以对各种需求进行较为准确的估计。

1. 软件生命周期

软件工程的建设过程是指从问题提出、项目组确立、可行性分析、需求分析、系统设计、系统实施到系统运行维护和评价的全过程。生命周期一般包括可行性分析、需求分析、系统设计、系统实施、系统运行维护与评价 5 个阶段，其中每个阶段都有明确的目标和任务，并产生符合一定规范的文档资料，作为下一阶段建设任务的基础。下一阶段在上一阶段文档的基础上继续进行工程项目的实施。图 8-2 所示为系统生命周期模型的示意图。

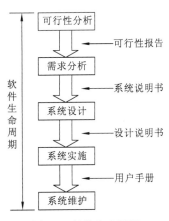

图 8-2　软件生命周期

由于其形状宛如飞流直下的瀑布，该模型也被形象地称为"瀑布模型"。这个生命周期是周而复始进行的，系统开发完成以后就不断地评价和积累问题，到了一定程度就要重新进行系统分析，开始一个新的生命周期。一般来说，无论系统运行的好坏，每隔一段时间都要进行新一轮的开发，主要表现为维护活动，使系统在纠正老问题的同时，不断适应新业务、新情况和新环境的需要。

2. 基于生命周期的网络 GIS 工程管理

网络 GIS 工程是一项庞大的系统工程，耗资大、历时长，要取得成功，必须制定严密周详的管理计划和强有力的管理监控体制。网络 GIS 工程技术和管理 4 个阶段和 8 个管理功能是与软件系统生命周期各阶段任务相关联的，如图 8-3 所示。

按生命周期方法指导网络 GIS 工程建设，通常需经历以下过程。

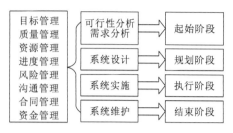

图 8-3　网络 GIS 工程技术及管理与
生命周期法的对应关系

1）确立目标并制定计划

根据用户对网络 GIS 应用系统的需求，建立项目负责机构，进行环境评价和初步调查，明确工程目标，确定工程开发原则和制定分阶段实施方案，然后进行可行性分析，如果可行则进入下一阶段，如果不可行则调整系统建设方案。有关项目人员进行初步调查，然后组成专门的新系统建设领导小组，制订新系统建设进度计划，领导和负责新系统建设中的一切工作。

2）详细调查与深入分析

分析业务流程，收集、分析有关信息，提出分析结果和新系统的逻辑模型，提交系统分析报告。详细调查阶段收集的主要信息包括工程基本情况、工程目标、结构、规模、数据情况、业务信息及外部环境等。其中，①数据情况：包括现有空间数据的拥有及使用情况，空间数据传输、存储、交互的性能指标等要求；②业务信息：包括业务流程、业务处理方法和规程、工作计划及工作量、性能标准、控制机制等；③外部环境信息：包括办公室布置、现有信息系统设备（如主机、服务器、终端、存储阵列等现有可用资源等）及网络设施。

网络 GIS 中可采用的信息调查方法主要有：查阅资料、面谈、问卷调查、观察、网络调查、工作采样及测定等。从实际业务流程和数据流向的角度将调查中获得的有关资料串起来进行进一步分析，从而发现和处理调查中的错误和疏漏，修改和删除原系统中的不合理部分，在新系统基础上优化业务处理流程和数据流向。分析之后得出现有系统逻辑功能的划分和数据资源分布，以便以后整体地考虑新系统的功能子系统和数据资源的合理分布。详细调查、系统分析都是为确立新系统的逻辑方案做准备的。新系统逻辑方案要在对原系统分析的基础上，提出新系统的目标、拟定的业务流程和业务处理方式、数据流程和数据处理方式、管理方法和模型、管理制度和运行制度、系统开发的资源和时间进度计划等。最后，将所有系统分析阶段的成果以系统分析报告（系统说明书）的形式体现出来。它包括了对现有系统的评价和新系统的逻辑模型，经过进一步修改和完善，可以作为下一步设计和系统实施的指导性文档。

3）模型转换与总体设计

将系统分析阶段建立的新系统逻辑模型转化为系统的结构模型，并做好编码前的准备工作，其主要任务是进行网络 GIS 总体结构设计，即根据网络 GIS 的系统分析要求和组织的实际情况来对新系统的总体模块结构形式和可利用的资源进行大致设计，它是一种宏观的、总体上的设计和规划。系统总体结构设计的主要内容有系统划分、网络结构与配置、设备选型、新系统的处理流程图、空间数据模型与数据结构设计等。

4）环境与系统建设

建立网络环境、硬件环境、软件环境、计算环境，选择合适的开发环境和工具。基于上述环境和工具，在实施方案的指导下建立物理系统。对初步实现的系统进行全面测试，排除错误并完善功能。装载基础数据，进行系统试运行，对一些不完全符合用户需求的地方做局部调整；对用户进行全面的技术培训和操作培训；进行系统交接，向用户移交整个物理系统和所有文档资料。

系统实施有两个关键问题：一是管理问题，二是技术问题。系统实施涉及开发人员、测试人员和各级管理人员，涉及大量的物质、设备、资金和场地，涉及各个部门及应用环境。由于具体情况比较复杂，如果没有强有力的管理措施，系统实施工作将无法顺利开展。人员培训是系统实施中一项非常重要的工作，培训质量的好坏直接关系系统的正常运行及可能获得的收益。另外，编程完毕后，系统将要投入试运行和实际运行，因此在编程的同时就开始培训系统操作和运行管理人员，才不会影响整个实施计划的执行。

一个好的网络 GIS 工程应该是开放的、支持业务重构和多用户访问的、具有良好的人机界面和网络适应能力的应用系统，因此，要使用合适的系统开发工具来实现。

系统测试包括单元测试、组装测试、确认测试、系统测试和验收测试，其中验收测试要经过一段试运行以后进行。测试方法有功能测试（黑盒法）和结构测试（白盒法），测试完成后要提交测试分析报告，通过之后再进行新旧系统的交接转换。交接方式有直接交接、并行交接和分段交接三种。每种方式各有利弊，应根据具体情况选择采用，也可以将几种方式配合使用。

5）运行与维护

网络 GIS 正式投入使用后，为保证系统正常运行，使其产生最大的效益，必须制定严格的系统管理和操作制度，并进行系统日常运行管理、评价和监理审计三部分工作，然后分析运行结果。如果出现不可调和的大问题，则用户将会进一步提出开发新功能的要求，依据新的详细需求和网络 GIS 工程各阶段的管理需求改进现有系统。

网络 GIS 应用系统日常的运行管理不同于机房的日常管理工作，其管理人员要负责记录每天的系统运行情况、数据输入输出情况、网络负荷状况、用户并发访问情况，还要保证系统的安全性与完备性，以及实时监控网络环境运行状况以保证系统正常运行，并以此作为系统评价、系统改进和系统审核的基础。网络 GIS 的维护工作一般包括空间数据、硬件、软件、网络环境和用户系统平台的维护，另外，机构和人员的变动往往会影响维护工作。系统评价是对一个网络 GIS 的性能进行估计、检查、测试、分析和评审，其主要目的是检查系统的目标、功能及各项性能指标是否达到设计要求，满足用户需求的程度如何，系统中各种资源的利用程度如何，以及根据评审和分析的结果找出薄弱环节并提出改进意见。系统评价指标包括经济指标、性能指标、环境指标、管理指标 4 个方面，最终提交系统评价报告。

8.3 网络 GIS 工程技术与工程管理方法

本节主要通过网络 GIS 工程技术 4 个基本阶段内容和网络 GIS 工程管理的 8 种功能要求来阐述网络 GIS 工程技术与工程管理的一般过程和方法。

8.3.1 工程技术阶段任务与技术

1. 起始阶段

起始阶段的主要任务是确立工程项目开发小组，收集用户需求信息，制订初步管理计划。其中可行性分析和需求分析是网络 GIS 工程建设的第一步，具体实施流程如图 8-4 所示。

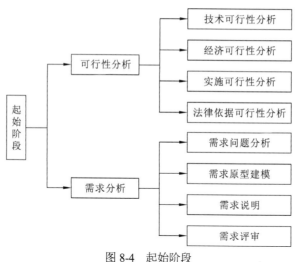

图 8-4 起始阶段

1）可行性分析

将网络 GIS 涉及的各领域专家与用户聚集在一起以线上或线下方式进行讨论和分析，从技术可行性、经济可行性、实施可行性和法律依据可行性几个角度出发，对即将实施的网络 GIS 工程进行系统地分析与论证，以确定具体的实施路线、实施方案、实施费用计划以及实施时间计划等。

（1）技术可行性分析。技术可行性分析主要根据现有的网络 GIS 相关技术和资源情况来评估工程的开发需求。技术可行性分析应针对用户需求尽可能全面地收集系统稳定性、可靠性、可维护性和可生产性等方面的信息，分析工程建设所需要的各种网络设施、软硬件架构及相应的技术方法等，分析工程实施在技术方面可能面临的风险及技术问题对建设成本的影响和制约等。

此外，技术可行性分析阶段应充分考虑和分析与空间数据相关的各种技术可行性问题，如：网络 GIS 工程所需的矢量数据、遥感影像、移动位置数据、视频数据、社交数据、社会统计数据、应用部门的专题空间数据等大数据的来源、可用性、可获得性等问题；相关数据是否需要进行预处理；如何保证相关数据的完整性与现势性；如何减少数据的不确定性及相关的技术支撑是否能够满足要求；如何保证海量空间数据的快速传输、存储及更新；为满足数据保密要求所采取的安全技术问题；工程需要选用的具体开发工具问题。

（2）经济可行性分析。经济可行性分析是对网络 GIS 的总体建设经费的估算，以保证网络 GIS 工程能顺利实施。经济可行性分析有利于避免投资浪费、提高科学决策能力、确定合理的工程建设目标。

经济可行性分析可采用成本效益方法，其中成本分析涉及的内容包括：网络环境与设施费、各种软硬件设备购置费、数据购买和数据前期处理费、工程各阶段人员费用、人员培训费、后期运行维护费等。经济可行性分析中的效益主要包括社会效益、经济效益，有的还包括环境生态效益。只有资金充足且效益大于成本，网络 GIS 工程才是经济可行的。

（3）实施可行性分析。实施可行性分析主要确定网络 GIS 工程建成后的运行和操作方式能否满足业务部门的应用需求，能否符合用户的业务处理习惯及流程，以及在现有网络环境下能否安全、稳定地运行，特别是能否满足多用户并发访问的要求。工程实施可行性分析需考虑安装难易度、操作难易度、网络支持能力、对用户习惯的影响、用户对新技术的接受和理解程度、用户单位的行政管理与工作制度及对人员进行培训的可行性等多种因素。

（4）法律依据可行性分析。法律依据可行性分析主要研究在工程建设的整个过程中可能涉及与国家、地方和单位的各种法律法规相关的各种合同、知识产权、法律责任等问题，以保证网络 GIS 工程的实施与开展有充分的法律依据。若出现相抵触的情况时，应及时调整。另外，由于涉及数据安全、信息安全、网络安全及知识产权等问题，在工程建设之前进行法律依据可行性分析既可避免侵权、泄密等事件的发生，又可避免因为法律问题影响工程的正常实施。

此外，对于有可能影响生态环境的工程项目，还需要进行环境影响评价分析。环境影响评价是指网络 GIS 工程建设及建成后的运行可能对环境造成的不良影响进行分析，并提出应对措施和处理预案。

2）需求分析

需求分析一般以工程建设规范和软件工程原理为依据，针对工程的功能性需求和非功能性需求两个方面进行分析。功能性需求是指即将建设的网络 GIS 工程应该实现哪些功能，非功能性需求主要是指用户对建成后的 GIS 应用系统有哪些限制性要求（性能要求），如稳定性、安全性、可移植性及保密性等。

需求分析由项目主要负责人、项目组成员、GIS 专家及用户等合作完成，重点调查用户的业务流程、作业规范、操作习惯、GIS 数据标准、技术规范等与业务相关的各方面信息，定制贴近用户业务需求的应用系统解决方案。项目主要负责人和项目开发人员基于应用需求的分析和对业务的理解，对调研信息加以分析提炼，形成完整、准确、清晰、具体的用户需求分析说明文档，为构建合适的应用系统模型奠定基础。

网络 GIS 需求分析可分为需求问题分析、需求原型建模、需求说明及需求评审等阶段。

（1）需求问题分析。在需求问题分析阶段，项目主要负责人和相关技术人员基于严谨科学的分析方法，结合以往的工程建设经验，对获取的需求信息进行全面分析与综合，清除用户需求的模糊性和歧义性，确定哪些需求属于片面的、短期的、矛盾的或者不合理的，针对相互冲突的需求进行折中，提出一些用户尚未提出但具有真正价值的、建设性的潜在需求。

具体来说，网络 GIS 工程需求分析中的需求问题分析包括问题抽象、问题分解与视角分解。在分析过程中，按问题的不同层次分级抽象，从各种用户的需求中捕捉用户对问题的描述或问题本身所固有的一般规律和特殊关系，确定从一般问题到特殊问题的求解方式。

鉴于问题的规模和复杂度，人们往往需要通过对各个子问题的分析达到对整个问题的理解。在分析阶段，可以将一个大型的复杂问题分解为若干个相对简单、功能相对独立的子问题，分别对各子问题进行问题分析。如有必要，这种分解可以逐级展开，直至子问题的规模和难度降至合适的水平与程度。

视角分解是指从全局观点整体把握工程的各种需求，从各个角度（如本地观点、用户观点、数据观点、行为观点及功能观点等）对问题进行理解和分析，最后进行归纳总结。

（2）需求原型建模。需求原型建模是指通过快速开发一个原型系统来表达工程建设目标所涉及的信息、处理功能及实际运行时的外部行为的过程。原型建模以一种简洁、准确、结构清晰的方式系统地描述工程的原始需求，有助于快速掌握用户描述中不确定性和不一致的需求内容，使软件需求臻于完善。模型表达所用到的工具包括数据流程图、数据字典及加工说明等。在需求建模时，首先把整个系统表示成一张总图，标出系统边界及所有的输入/输出，逐步对系统进行细化，每细化一次便将一些复杂的功能分解成比较简单的功能并增加一些细节描述，而后再继续细化，直到所有的功能都足够简单为止。

（3）需求说明。需求说明亦即需求分析阶段的文档。该阶段的任务是编写网络 GIS 需求规格说明书、数据要求说明书、总体设计规格书和初步用户手册。其中，总体设计规格书是为方便用户和各方理解与交流而由分析人员经需求分析后形成的说明性文档。用户手册主要反映拟建系统的用户界面和用户使用的具体要求。总体设计规格书有 5 方面要求。①它既是判定目标系统能否满足应用要求的基本文件，又是软件开发的基础，也是工程项目小组和用户达成的共识及相互间事实上的技术合同书，同时还是工程后期软件测试和验收的重要依据。②规格书中的各项需求应是可测试的，不由人为因素决定。③需求是可扩充的。在需求分析完成之后，如果用户追加新的需求并被确认，则必须针对新的需求进行分析，扩充总体设计规格书，再进行软件设计。④规格书的主体包括功能与行为需求描述及非行为需求描述两部分。功能与行为需求描述说明系统的输入、输出及相互关系；非行为需求是指软件系统在运行时应具备的各种属性，包括效率、可靠性、安全性、可维护性、可移植性等。⑤规格书一般采用自然语言或结构化自然语言描述。结构化自然语言介于形式语言和自然语言之间，其语法由内外两层表示，外层语法描述操作的控制结构，内层语法可用自然语言描述。

（4）需求评审。需求评审阶段的主要任务是对已完成的网络 GIS 需求规格说明书、数据要求说明书、总体设计规格书和用户手册进行严格的复核和审查，及时更正遗漏或不清晰点，确保需求的完整性、准确性和一致性，并使用户和工程技术人员对需求规格说明书及用户手册的理解达成一致。评审一般应由专人负责，吸收各方人员参加评审。需求规格说明书和总体设计规格书通过评审得以确认后，通常会成为用户与工程建设方之间的合同内容（或合同附件）。

2. 规划阶段

规划阶段的主要任务是完成工程总体规划、系统总体设计、详细设计、项目规则说明书，制订工程进度表。工程规划是工程进入实质性实施的重要步骤，该阶段依据起始阶段中需求分析所生成的需求规格说明书和总体设计规格书进行网络 GIS 应用系统的总体设计和详细设计，以确定系统的总体框架结构、各功能模块划分、空间数据库结构、拟建系统与现有业务流程的接口与边界设计、程序编码规范、测试与维护方法及相关文档撰写等内容。具体流程如图 8-5 所示。

1）总体规划与设计

总体规划与设计的目标是通过明确工程建设目标、系统功能、用户需求等多方面的认识，将用户的需求转化为数据结构和软件框架结

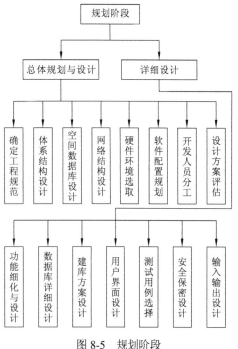

图 8-5　规划阶段

构，是针对拟建系统的全面概括与抽象。总体规划与设计的主要任务是根据工程总体建设目标，规划系统的规模并确定系统中的各个组成部分及其在系统中的作用和相互间的关系，明确系统的软硬件配置，制定相关技术规范，测算工程经费以作为资金管理必要的参考，并安排项目进度和人员，以保证工程建设总目标的实现。

总体规划与设计的内容主要包括 8 个方面。

（1）确定工程规范。主要有：①文档规范：确定文档体系、文本样式与格式、文档内容、图形样式等；②数据规范：对各类空间数据依据其类型、使用方法、格式、结构、分布、精度等进行归类；③名称规范：包括工程模块名称规范、构件名称规范，变量名称规范、数据文件名称规范及数据库中的数据库名、表名、字段名、索引名等的命名规范；④专业术语定义：包括工程建设中常用术语的统一化、规范化定义；⑤管理规定：包括资金管理规定、资源管理规定、运行管理规定、实施管理规定、人员组织规定等相应的规定。

（2）体系结构设计。体系结构设计是确定网络 GIS 整体框架的重要步骤。网络 GIS 应用系统一般以浏览器作为客户端，中间层包括应用服务器和 Web 服务器，空间数据库管理系统作为后端服务器。在这种体系结构中，数据逻辑与应用逻辑分开、数据的分布式存储和应用的多节点部署都可以提高系统的可扩展性和并发服务能力，适宜于大型网络 GIS 应用。

（3）空间数据库设计。网络 GIS 中的空间数据来源多样，划分不一。按空间数据的用途可分为空间位置数据、拓扑关系数据及属性数据；按空间数据来源可分为地图矢量数据、遥感影像数据、实时监测数据、统计数据、卫星定位数据、众源数据等；按数据的性质可分为基础地理空间数据、专题空间数据等。网络 GIS 中的空间数据具有地理分布特性，信息量巨大，并且需要经过网络实现数据的传输和处理，为用户提供空间信息服务。因此，有效地组织、管理和维护这些数据是网络 GIS 应用系统的核心。在进行数据存储时，强调面向网络 GIS 应用特点的存储机制和策略，亦即数据存储要顾及网络 GIS 的应用需求，以此为出发点进行数据库设计，实现大数据的高效组织、存储和数据库建库。数据库设计在工程建设中占据重要地位，它包括数据组织方式设计、存储模式、数据标准化与规范化设计、地理要素分类与编码、图层设计等，设计是否科学合理直接关系系统建设的成败。所以，在总体规划与设计中，确定适宜的数据模型和数据组织方式显得尤为重要，这是今后数据管理、处理和维护的前提与基础。

（4）网络结构设计。网络 GIS 应用中涉及的海量空间数据可能分属于不同部门、行业和领域，具有典型的地理分布及异构特性。为实现这些分布存储的空间数据的共享，需要设计合适的网络环境，实现不同机构的互联互通和数据的顺畅传输。

网络结构设计包括网络拓扑结构设计、计算模式设计和网络功能设计。其中网络拓扑结构设计是指设计网络中各个站点相互连接的方式，每种拓扑结构各有优缺点和适应范围。网络 GIS 中采用单一的拓扑结构往往不能满足空间数据共享的复杂要求，因此，在设计中可视具体情况将几种拓扑结构有机结合，形成复合型拓扑结构；计算模式主要有集中式、客户/服务器和浏览器/服务器三种，早期的 GIS 大多采用集中式计算模式，而客户/服务器和浏览器/服务器两种计算模式分别适合于局域网和 Internet 环境；网络功能设计主要是根据网络 GIS 应用中的数据特性和功能需求来对网络的功能进行规划和设计。通常有两种形式的网络，分别完成不同的网络功能：一是常规的计算机网络，用于数据传输与处理，一是数据存储网络，专门用于海量、分布式数据的网络化存储。

（5）硬件环境选取。为实现高效快速的空间数据获取、传输、存储、管理、分析和服务等功能，网络 GIS 需要高性能的硬件设备和网络环境的支持，如高性能计算机及云计算设施、网络安全设备设施、大容量高速存储网络及设备、通信设备与设施、扫描仪、绘图仪、打印机、数字摄影测量设备、GNSS 接收设备、备份设备及其他外部设备。在硬件配置设计中应说明型号、数量及主要配置和技术参数，如存储容量、网络带宽、仪器分辨率等指标，并画出设备配置图和制定出相应的设备采购计划。

（6）软件配置规划。软件配置应考虑与硬件设备相匹配。在软件选择上应把握的原则：性能必须满足工程建设需要；必须提供应用软件开发能力；必须具有良好的开放性、兼容性、安全性和可扩展性；支持网络分布式计算；用户界面友好，符合用户使用习惯，能支持中文环境等。

（7）开发人员分工。开发人员需具备地理空间信息科学知识背景和网络应用程序开发技能。对于系统开发人员要求分工明确、各司其职，如空间数据库管理员应熟练掌握各种GIS 软件的数据操作技能，开发人员应具备基于特定 GIS 平台的二次开发或从底层开发的知识与能力等。当针对工程建设的长远目标进行人员配置时，应注意人员数量、知识结构、专业背景、开发技能、培训课程设置等内容。

（8）设计方案评估。总体设计方案需经过专家论证通过，并经过项目主管部门审查批准后才能进入详细设计阶段。方案评审一般应考虑的问题包括采用的技术方法和路线是否先进实用、软件结构是否符合用户需求、数据源和数据组织管理方案是否顾及地理分布式的特点、数据更新和安全策略是否有效、软硬件配置是否恰当、各模块是否满足高内聚和低耦合要求、软件是否易于维护等等。

2）详细设计

总体规划与设计确定了软件的模块结构和接口描述，但在使用程序设计语言编制程序前，还需要对所采用算法的逻辑关系进行分析，设计出全部必要的过程细节，并给予清晰表达，使之成为编码的依据，即详细结构设计。

详细设计与总体规划设计的区别与联系是：总体规划与设计阶段，数据项和数据结构以比较抽象的方式描述，或者说是一种概述；而详细设计则是确定用什么样的数据结构来实现，并提供关于算法的更多细节，使程序员能够直接用某种编程语言实现各模块的功能。显然，总体规划与设计是详细设计的基础，详细设计是对总体规划与设计的细化。

网络 GIS 详细设计的任务是确定各模块的处理逻辑、具体实现算法、空间数据建库方法、空间数据计算模式和处理方法，并选择适当的工具表达算法实现的过程。确定每一模块使用的数据结构和模块接口细节，包括对系统外部的接口（如网络远程调用），与系统内部其他模块的接口及模块输入数据、输出数据及局部数据的全部细节。在详细设计结束时把上述成果写入详细设计说明书，复审通过后形成正式文档。

需要强调的是，详细设计阶段需要为每一个模块设计出一组测试用例，以便在程序设计时对模块代码（程序）进行反复测试。模块测试用例是软件测试计划的重要组成部分，通常应包括输入数据和期望输出结果等内容。

在详细设计中，需要重点考虑以下几个方面。

（1）功能细化与设计。总体规划与设计对网络 GIS 的功能作了大致的阐述，本阶段需要对这些功能具体化、模块化，并设计相应的实现算法或处理方法。

（2）空间数据库详细设计。根据总体规划与设计确立的系统逻辑模型，对数据模型和空间数据库结构进行详细设计，建立空间数据与属性数据的连接关系。空间数据库的结构设计主要包括数据分层、要素属性定义、属性编码、空间索引建立方法等。

（3）建库方案设计。根据选定的数据源和采集方案，确立数据库建库方案。当前，随着对地观测技术和卫星导航技术的进步，各种先进的数据获取手段层出不穷，例如，高分辨率卫星遥感数据采集技术、航空影像采集技术、三维激光测量技术、无人机遥感技术、地面移动测量技术、GNSS、物联网技术、实时监测数据等。通过选取的采集技术获得系统建设的数据，对这些数据加工处理，转换为符合网络 GIS 应用系统要求的空间数据。鉴于用户可能拥有的其他系统专用格式（例如 DWG、DGN）或交换格式的空间数据，还应考虑数据格式转换方案。在获取所需的空间数据后，必须结合应用要求和网络 GIS 支撑平台，将其按规定的数据质量和步骤入库。因此，在详细设计阶段，应确立空间数据库的具体建库方案。

（4）用户界面设计。用户界面是人机交互的接口，在很大程度上决定了用户对应用系统的整体评价。用户界面设计要规范用户与计算机进行信息交换的形式，包括输入、输出、处理过程中各类信息在计算机屏幕或智能移动设备等输出设备上的表现形式和布局。用户友好、简单易学、灵活方便的界面将降低软件使用难度，受到用户喜爱，提高用户工作效率。因此，界面设计是详细设计的重要内容。

用户界面设计一般可基于快速原型法逐步进行。从系统最基本的功能需求出发，设计粗略的用户界面，确定所要包含的各种功能，提交给用户确认后再逐层细化。

用户界面设计应遵循方便性和一致性相结合的原则。一致性包括术语的一致、步骤的一致、活动的一致和界面风格的一致。同时，要求实现各功能的操作步骤应尽量少，耗时较长的操作（如空间分析、数据转换等）应使用进度条等方式提示用户进展情况。要求能够提供运行指导和联机帮助，删除和关键的修改操作应有强调或警告类的提示，出错信息应有醒目的提示等等。

（5）测试用例选择。根据系统的不同功能要求，选取测试用例，以便对程序的正确性进行验证。在确定测试用例选择方案时，应考虑那些具有代表性或容易使程序产生错误的例子，例如，只有属性没有地理实体的"地物"，或者，只有地理实体而没有属性的"地物"等。通过这些例子可以检查出相当一部分的错误。

（6）安全和保密设计。由于人为因素或者各种不可预测的自然因素，网络 GIS 工程建设中可能存在诸多不安全的问题。另外，鉴于空间数据的保密性或数据使用权限的限制，在网络 GIS 工程建设中应加强数据的安全与保密设计，以确保系统今后能稳定、安全、可靠运行。

网络 GIS 安全和保密设计通常要考虑这样几个方面。①数据传输安全与保密。主要内容包括确定保密目标、网络数据传输时的加密方法和算法及保密级别等。②数据存取安全与保密。主要包括：对不同级别的用户，通过不同的操作权限实现对数据存取的限制；对不同类别的数据设置不同的访问权限；建立运行日志文件，跟踪系统运行；对数据进行加密；通过数据转储、备份与恢复确保数据安全。③系统物理安全设计。主要满足设备的技术安全要求与场地安全要求等。④人员的安全。主要对与安全保密相关的机构和人员进行规范，确定相应的主管机构和管理办法，制定应急方案和各种安全防范规章制度，同时加强安全意识教育。

网络 GIS 应用系统工作于网络环境下，安全隐患极大，网络黑客、计算机病毒会给网络 GIS 带来诸多的破坏性。为此，网络 GIS 详细设计应进行专门的网络安全和数据安全与保密设计。

（7）输入输出设计。网络 GIS 中的空间数据表现形式丰富多样，既有通用的格式化表现，也有针对用户的个性化表达，因此，详细设计还应考虑数据的输入与输出，以便在总体设计基础上对输入输出的内容、种类、格式、所用设备、介质、精度等做出更明确的界定。

数据输入设计的目标是保证向系统输入正确的空间数据。为优化系统功能，输入设计应遵循最小量、简单化、转换少与早检验的原则。输入设计的任务是确定空间数据的采集方法，如测量法、导航定位法、影像处理与信息提取法、数字化地图法等。然后，根据采集方法来确定数据的输入设备，如键盘、鼠标、数字化仪、扫描仪、智能识别仪等。

数据输出设计的目标是将数据经计算、分析后的结果以图表、文字或其他形式快速准确地呈现在输出设备上。信息的输出是服务于用户的直接方式，因此其重要性在详细设计中是显而易见的。在输出设计时要确定输出内容、输出设备和输出格式。

3. 执行阶段

执行阶段是网络 GIS 工程的具体实施阶段，是将逻辑系统转换为可实际运行的物理系统的过程，它是保证系统质量和效能的关键时期。在本阶段中，由项目开发组对具体项目进行开发，由数字化操作员或其他技术人员根据建库规范要求进行数据建库，项目经理可根据工程进度表和项目规则说明书对开发质量和开发进度进行监控。如图 8-6 所示，网络 GIS 工程执行阶段包括执行准备、程序编制、数据库建设、软件测试 4 个阶段。

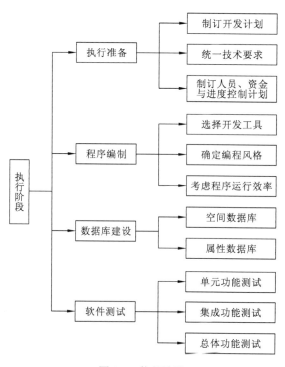

图 8-6 执行阶段

1）执行准备

依据总体和详细设计方案，根据工程开发的需要准备必要的软件、硬件和网络设施、空间数据等。软件方面如编程语言、数据库管理系统、系统工具软件及二次开发时需要的网络 GIS 基础软件或 GIS 组件；硬件和网络方面如计算机、存储设备、网络设备设施、通信设备等；数据方面如基础地理空间数据、专题空间数据、社会经济数据、众源数据等。此外，为顺利进行程序编制，还需要对开发计划、技术要求及人员、资金、进度等做好合理安排。

（1）制订开发计划。由于网络 GIS 工程建设周期较长、资金投入较多、见效慢，为充分利用投资，尽快产生效益，可灵活制订开发计划，结合应用需求对系统进行划分。一般是将系统划分为若干子系统，先行开发急需的、重要的专题子系统，实现基本功能，然后开发其他子系统，最后完善系统功能，实现系统集成和联网调试。

（2）统一技术要求。网络 GIS 工程开发一般需要团队开发人员共同协作完成，不同的编码风格、开发方法、开发经验等因素均会影响软件的可理解性、可集成性和可维护性。因此，有必要对工程开发实行统一的技术要求，包括如统一编码模式、统一软件开发环境和开发方法及统一质量控制等方面。

（3）制订人员、资金与进度控制计划。网络 GIS 工程开发通常是多个任务同时展开，例如空间数据建库、软硬件购置、网络铺设、程序代码编写与测试等。这对开发人员安排、资金统筹和进度控制提出了更多的要求，片面强调工程某一任务或某一阶段任务的重要性，只会造成顾此失彼或子项目组间相互推诿责任的局面，从而影响工程建设全局。因此，工程实施应依据网络 GIS 总体设计规格书，从全局把握开发人员配置、资金统筹与开发进度控制，制定相应的计划，通过计划指导工程开发，加强对工程开发的控制、管理和协调。

2）程序编制

（1）选择开发工具。程序开发语言的选择应该首先考虑开发语言自身能够提供的功能，比如图像数据的处理、常规数据的管理与分析、对各种软硬件的支持等，还包括开发出来的软件系统的可移植性和所适用的领域等等。另外，还需要考虑与开发语言配套的开发工具是否容易获得和容易使用、程序员已有的开发经验和技术基础等。最后要考虑的是工程规模和用户的要求，如果所开发的系统由用户负责维护，通常会要求使用他们熟悉的语言编写程序。程序开发工具的选择可分两步实现：首先确定开发语言，然后基于特定语言选定可视化的集成开发环境。由于网络 GIS 是一个开放的系统，应该选择可视化程度高、适应高性能计算和网络存储的开发环境。对不同数据源的整合访问能力、程序调试功能和错误定位机制也是重点需要考虑的问题。第 9 章列出了几种常用的网络 GIS 开发工具和环境。

（2）确定编程风格。编程风格又称程序设计风格。良好的编程风格有助于编写可靠、易懂且易于维护的程序，同时，编程风格在很大程度上决定着程序的质量。对编程风格的统一要求和监督管理是系统开发过程非常重要的工作内容。对编程风格进行管理，重点需要考虑程序文档、数据说明、语句结构和程序的输入输出等内容。

程序文档包括选择标识符的命名、注释以及程序的条理组织等。标识符命名应遵循简单并容易理解的原则，保证程序的可读性，尽量使程序易于理解和维护。

注释是程序员使用自然语言对程序所作的说明，它是程序员与程序阅读者良好沟通的重要手段。注释又分为序言性注释和功能性注释。序言性注释置于程序模块的起始部分，对整个模块的用途、功能、接口、数据及开发历史等进行必要的说明。功能性注释嵌入在程序内部,说明程序段或语句的功能以及数据的状态。应用统一的、标准的格式进行编程,有助于提高程序的可读性,规范的变量声明有利于测试、排错和维护。

在处理程序的具体语句时,结构应清晰,代码要简洁;应遵循模块逻辑中单入口、单出口的原则;模块尽可能独立,功能尽可能单一,尽量降低模块间的耦合程度。

应用系统的输入和输出功能与用户的使用直接相关,其方式和格式应当尽量做到对用户友好。同时,需对所有的输入数据进行合法性检验,并给所有的输出加上注解。

(3)考虑程序运行效率。程序运行效率是指程序的执行速度及程序占用的资源,即程序运行时尽量占用较少空间,却能以较快速度完成规定的功能。网络 GIS 工程涉及海量空间数据的输入、处理和输出,数据的处理速度往往是评判系统建设成功与否的一项重要指标。为提高系统运行效率,必须对整个工程的设计和实现进行行之有效的管理。效率是一个性能指标,期望值应在工程总体设计时给出。程序运行效率与详细设计中确定的算法的效率直接相关,而编程方式对效率提高的影响有限。

3)数据库建设

数据库的建设主要包括空间数据库和属性数据库的建设。在通过各种手段获取空间数据和属性数据后,针对不同来源、不同结构、不同比例尺、不同分辨率、不同用途、不同质量的空间数据,依据详细设计阶段所确立的建库方案和数据建库与更新技术规程及数据分层、编码、属性等标准,实施数据库的建设工作。

(1)空间数据库。空间数据库的建库包括数据质量检查、坐标系统转换、图形图像配准、比例变换、控制点变换、图幅接边、数据编辑、索引管理、地理空间元数据库建设等几个重要步骤。由于网络 GIS 涉及的空间数据类型复杂、容量大,要尽可能地采取自动化入库方法(需要专用软件支持),辅以适当的人工处理。同时要考虑用户用其他方法已经获取的图形数据转换问题,采用网络 GIS 的基础软件平台或开发的应用软件进行适宜性转换,为网络 GIS 提供空间数据。

(2)属性数据库。属性数据是空间数据的属性描述信息,与地理空间实体密不可分。网络 GIS 软件一般提供有属性编辑功能,或者通过编制属性编辑功能模块也可以实现属性数据库的建库功能。同时还应考虑用户原有的一些属性表格,在有空间数据关联要求时,应通过编程实现这种关联,为地理空间实体赋予相应的属性数据。

4)软件测试

由于网络 GIS 工程建设中情况错综复杂,开发人员的主观认识不可能完全符合用户的客观需要,加之众多人员之间的分工配合不可能完美无缺,这一切都需要软件测试来检验。在测试过程中,要采集软件可靠性资料,并利用软件可靠性模型进行可靠性评估,分析其是否达到了预期的可靠性要求,是否具备较强的空间数据容错能力,在分布式环境下所能支持的最大并发用户数量,以及能否满足现有网络对空间数据传输效率的要求。对照以上条件决定该软件能否交付使用,若不满足要求,需继续进行测试,直到满足要求为止。由于开发过程往往分阶段实现,各阶段间有较强的逻辑参照关系,与开发密切相关的测试也相应地分为单元功能测试、集成功能测试、总体功能测试等几个阶段。

(1)单元功能测试。一般在各模块编码完成后由开发人员进行,测试的范围是单个功能模块。单元功能测试的主要任务是对模块接口、局部数据结构、执行路径、错误处理和边界条件等进行测试。

（2）集成功能测试。集成功能测试是指将已经通过单元测试的模块组合起来进行测试的过程，目的是检测模块间接口存在的问题，避免公共数据与全局变量引发的模块相互干扰。集成功能测试有两种方法：渐增式测试与非渐增式测试。前者是将未经测试的模块逐个组装到已测试通过的功能模块上进行集成测试，每添加一个模块就进行一次测试，直至所有模块组装完毕。后者首先对每个模块进行测试，然后按设计说明将所有模块组装起来一起测试。显然渐增式测试方法可以较早地发现模块间的接口错误，非渐增式则在最后组装时才能发现错误；渐增式测试方法可以有效判断引发错误的相关模块，而非渐增式却很难做到这一点；渐增式测试将单元测试和集成测试合在一起进行检测，而非渐增式测试将两者分为两个不同阶段，从而导致工作量的增加。在实际的软件测试中，常采用渐增式测试方法。

（3）总体功能测试。主要验证软件的功能和性能及其他特性是否与用户的总体要求相一致。其内容包括三个方面。①有效性测试：在模拟环境下，运用黑盒测试方法，验证软件是否满足需求规格说明书中所列需求；②α 测试与 β 测试：由用户进行，α 测试由单个用户在开发环境下进行测试，或由开发人员在模拟实际环境下进行；β 测试由多个用户在实际使用的网络环境中进行测试；③验收测试：由用户、开发人员、质量保证人员共同进行，用户根据空间数据类型和分布情况选取测试用例，除对系统功能和可靠性进行测试外，还要对系统的可移植性、兼容性、可维护性等进行测试。

4. 结束阶段

在此阶段，开发的最终成果将交付给用户，测试人员与用户一同进行系统性能的评价和优化。如图 8-7 所示为这一阶段的主要工作流程，包括性能优化、系统评价和系统维护3 个方面的工作。

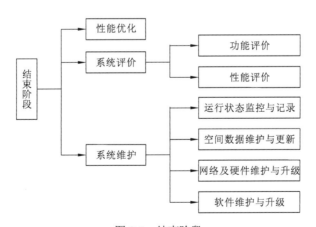

图 8-7　结束阶段

1）性能优化

狭义地讲，网络 GIS 应用系统性能优化就是通过对系统软硬件进行选型，使其充分整合，实现性能互补，使系统发挥出更大的功效。性能优化的目的是使工程投资少、见效快，并增强系统的稳定性、可扩展性和可维护性。因此可认为，完全意义上的系统配置优化既包括性能上的优化，又包括成本优化。优化的系统配置既可减轻用户的经济负担，又可使系统具有更广泛的适用性和更卓越的整合性能。

优化的过程应遵循的原则：系统配置应最大程度地满足用户的需求；要考虑工程优化的成本开销，在保证系统功能得以实现的前提下，应以尽可能减少成本开销为原则。

2）系统评价

所谓系统评价是指按照用户要求的性能进行考察、分析和评判应用系统，判断其是否达到系统设计时所预定的效果，包括用实际指标与期望指标进行比较，评价系统目标实现的程度。

（1）功能评价。网络 GIS 的各种应用子系统是构成整个工程的核心部分。根据实际情况，通常可以划分为 5 个部分对系统功能进行检验和评价。①用户界面：功能完备的网络 GIS 应用系统的输入界面应该有提示，具有菜单功能及对用户友好的错误提示信息等。另外，应该提供联机帮助以便于提示用户如何使用系统。②空间数据库管理系统：网络 GIS 对空间数据库管理系统的基本要求是应具备较强的空间数据存储、组织与管理能力，以保证空间数据的关联性、位置精度、逻辑一致性及完整性等。此外，空间数据库管理系统应具有较强的事务处理能力。安全性同样是网络 GIS 对空间数据库管理系统的最基本要求，即空间数据库管理系统应该提供功能完备的数据安全控制，如数据的备份与恢复、容错与容灾处理、并发控制等。③数据编辑：网络 GIS 应能方便地实现属性数据录入、修改、删除及注记编辑等功能，能够对矢量和栅格数据进行编辑、格式检查、范围检验及数值检验。④数据查询和分析：主要包括数据检索、数据重组、数据交换、矢量和栅格数据叠加、栅格数据处理和综合统计分析功能等。⑤数据输出：网络 GIS 应能支持常用的设备和方法，如图形终端、绘图仪、打印机等，并且在数据输出时能够根据制图要求进行大小和颜色的设置及提供空间对象的符号化功能。需要强调的是，并非每一个网络 GIS 应用系统都必须支持上述所有设备，而是根据实际情况选取符合用户要求的设备和方法进行评价。

（2）性能评价。性能评价是从工程技术角度对建立的应用系统的各项性能进行评定。评价的主要性能指标有 4 个。①执行效率：网络 GIS 的执行效率可以采用系统的技术和经济等方面的指标来衡量。例如，系统能否及时响应用户请求（特别是在网络环境下多用户并发访问时），及时地向用户提供有效服务，所提供信息的地理精度如何，系统操作是否方便，以及资源的使用率如何等等。②可靠性：所谓可靠性主要是指系统运行时的稳定性。正常情况下应该很少发生事故，如发生故障也能很快修复。可靠性还包括系统有关的空间数据和应用程序是否得到妥善保存，以及系统是否具有备份、容错、容灾体系等。③可扩充性：任何系统的开发都是从简单到复杂的不断求精和完善的过程，网络 GIS 也不例外，它是从清查和汇集空间数据开始，然后逐步演化到从管理到决策的高级阶段。在这一过程中，空间数据会不断地发生变化，用户的业务也可能发生改变，这种变化将直接反映在系统的功能扩展和完善上，因此，在系统设计时要留有接口以保证系统随着业务的变化适时扩充。④可移植性：这是评价网络 GIS 的一项重要性能指标。一个有价值的网络 GIS 及其空间数据库，不仅在于它自身结构的合理性，而且还在于它对环境的适应性，即建成的系统可以方便地与其他应用系统进行信息交换，或是可以方便地移植到其他软硬件环境当中使用。要达到这一目的，必须按标准和规范进行设计，包括数据表示、专业分类、编码标准、记录格式、地理空间元数据表示等，都需按照统一的规定，保证软件和数据的匹配、交换和共享。

3）系统维护

系统维护是指将应用系统交付给用户正式运行后所进行的运行、监控、维护和优化过程。该阶段具有工作量大、持续时间漫长的特点。主要内容包括 4 个方面。

（1）运行状态监控与记录。网络 GIS 应用系统在交付使用之后，为保证其稳定高效运行，必须对系统运行环境进行全面监控和管理，包括对软硬件平台的监控、网络设备和网络数据传输情况的监控及系统资源使用的监控与管理等。

（2）空间数据维护与更新。网络 GIS 中空间数据的重要性、时效性和安全性日益突出。没有精确、实时、完整、安全的空间数据，网络 GIS 发挥的作用将受到限制。因此，系统中的空间数据应经常维护和更新，并确保安全，以满足应用规模日益扩大和应用领域不断拓展的需要。在具体应用中，应建立空间数据维护和更新机制，规定空间数据维护与更新的周期，明确与维护和更新相关的职能部门的责任划分。

（3）网络及硬件维护与升级。网络与硬件设备的维护和适时升级对于网络 GIS 应用系统功能的正常发挥和性能的提高十分重要。在具体应用中应建立网络设施和硬件设备的日常维护制度，根据使用情况和系统功能扩展的需要及时进行维护和更新，在条件允许时，还可考虑对网络设施及硬件设备适时升级。

（4）软件维护与升级。所谓软件维护就是在所开发的网络 GIS 应用系统交付使用之后，为了改正错误或满足新的业务需要而修改软件的过程。它主要包括三个方面。①修正性维护：诊断、改正和排除测试阶段没有发现的潜在逻辑错误的过程。②适应性维护：计算机和网络技术的飞速发展使得网络 GIS 的外部环境（软硬件环境、网络环境）或数据环境（数据库、数据格式、数据存储介质与模式）频繁变更，而网络 GIS 的使用寿命相对较长。因此，常常需要修改或升级网络 GIS 应用系统软件以适应不断变化的环境。③完善性维护：根据用户使用过程中提出的新需求而增加新的功能或完善原有功能的过程。

8.3.2 工程管理功能实现方法

1. 目标管理

网络 GIS 工程建设是一个目标比较明确的复杂过程，为确保这一过程进展顺利，需要在用户要求的范围内对工程建设过程进行控制和管理，因此除了加强过程管理，还必须实行目标管理，通过目标管理确定工程建设涉及的应用系统产品模式及应用系统性质等。这就要求项目经理和用户既要在应用系统产品模式方面达成共识，又要在开发应用系统的形式方面达成一定的共识。同时，需要对网络 GIS 工程包含什么内容和不包含什么内容进行定义与控制。一般来说，一个工程计划能否成功，关键取决于完善的目标管理。图 8-8 所示为网络 GIS 工程目标管理的一般过程,它主要包括目标认可、目标规划、目标界定、目标核对及目标变化控制 5 个方面。

（1）目标认可。目标认可阶段是确认一个新的网络 GIS 应用系统的建设目标，或者是对于一

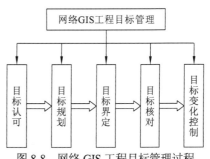

图 8-8 网络 GIS 工程目标管理过程

个已经存在的网络 GIS 应用系统确认继续进行下一阶段工作的过程。对一个工程的认可是在经历必要的了解、学习、初步的计划和其他工作后才进行的，需要准确把握用户需求、实现技术及法律法规要求等方面的信息。这些认可的因素也可以被称为是问题、机遇或用户的要求。

（2）目标规划。目标规划是在目标认可的基础上进一步形成的各种文档，是衡量工程项目是否顺利完成的各类说明性材料，以便为将来工程建设决策提供基础支持。

目标规划编写工作需要参考很多相关信息，比如应用系统描述，首先要清楚最终系统的定义才能规划好要完成的任务；工程章程也是重要依据，它通常对工程建设目标做了粗线条的约定，而目标规划是在此基础上的进一步深入和细化；现有网络 GIS 技术的了解对制定目标规划举足轻重，必须依托于现有的成熟技术才能使得规划合理可行，可操作性强。

制定目标规划的最终目的是确立工程目标管理计划，用于描述在工程目标范围内管理工程建设过程，确保工程按计划实施。

（3）目标界定。目标界定是指将应用系统中主要的、可交付的成果细分成较小的、更易管理和实现的成分。在这个过程中项目组要建立一个项目工作分解结构。

项目工作分解结构可使原来看似笼统、模糊的工程目标更加清晰明了，可操作性变得更强。如果没有一个完善的项目工作分解结构或者当目标定义不明确，项目中的各种变更将不可避免地出现，很可能造成返工、延长工期、降低团队士气等一系列不利的后果。

（4）目标核对。目标核对是指对工程目标的正式认定，项目经理、用户和各领域专家等要在这个过程中正式认可项目可交付实施的计划。

这个过程是工程目标确定之后、实施之前各方相关人员的合同承诺，表明用户已经接受该工程的实施目标，而工程技术人员则必须根据合同承诺去实施该项工程。这也是使工程目标能得到有效管理和控制的法律保障。

（5）目标变化控制。技术的发展、政策的变化、用户业务的拓展、网络计算模式的优化均可能导致工程目标发生改变。目标变化控制就是要对有关实现目标的变化实施控制。有效地控制变化必须有一套规范的变化管理方法，在目标发生变化时遵循规范的程序来加以处理。对所发生的目标变化通常需要了解和评估这种变化对工程可能造成的影响，并考虑应对措施。同时，项目所在组织亦应在其工程项目管理体系中制定一套严格、高效、实用的变化实施程序。

图 8-9　网络 GIS 工程质量管理

2. 质量管理

质量管理应保证所实施的网络 GIS 工程能高质量地满足用户的各方面需求，它包括工程质量体系中与工程质量策略、目标和责任等管理功能有关的各种活动，并通过诸如质量计划、质量保证和质量提高等手段来完成这些活动。质量管理必须兼顾工程管理和系统开发。图 8-9 所示为网络 GIS 工程质量管理的一般过程，主要包括质量计划、质量审核和质量控制三个方面。

（1）质量计划。质量计划包括确定适宜于网络 GIS 工程的工程质量标准和数据质量标准，并决定如何达到这些标准的要求。质量计划是推进工程进展的主要因素之一，在工程实施中，应当严格执行并与工程建设的其他计划同步进行。

（2）质量审核。质量审核是所有计划和工程实施达到质量计划要求的保证，贯穿于工

（图中文字：网络GIS工程质量管理；质量计划；质量审核；质量控制）

程实施的全过程。质量审核通常被描述在质量计划之中，一般由质量审核部门或者类似的组织机构完成。

（3）质量控制。质量控制主要是监督工程实施过程中任务的完成质量，将实际结果与事先制定的质量标准进行比较，找出存在的差距，并分析形成这一差距的原因。质量控制同样贯穿于工程实施全过程，通常由质量控制部门或类似的质量组织单位完成。

3. 资源管理

资源管理是指对工程实施过程中所使用的各类资源的监管与利用。狭义上讲，网络 GIS 工程中的资源可以包括软件系统、硬件设备、网络设施等有形资产，如操作系统、网络 GIS 平台软件、数据库管理软件、应用系统软件、计算机设备、网络通信设备等；广义上讲，网络 GIS 工程中的资源还应包括如人力资源、智力资源、数据资源等以无形资产形式存在的资源。对网络 GIS 中有形资产的管理相对容易，只要做好资产登记、使用状况记录、责任人指派及相关信息的收集管理，即可做好资产管理。相对于有形资产管理，无形资产的管理较为困难。以人力资源管理为例，它既包括工程技术人员、用户、管理人员，也包括与工程间接相关的技术支持人员，如软硬件提供者、工程咨询专家等，甚至工程监理及法律顾问等。人力资源管理的目的是通过建立有效的工作机制（包括激励机制），调动所有与项目相关人员的积极性，为圆满完成工程项目提供智力支持和人员保证。

4. 进度管理

合理地安排工程进度是工程管理中一项关键内容。在网络 GIS 中，因空间数据的可获得性、可用性方面可能存在的问题而导致工程拖延时有发生，在制定工程进度时要综合考虑各种可能延误进度的因素，未雨绸缪，合理规划。进度管理的目的是保证工程项目的按时完成、合理分配资源、发挥最佳工作效率，它与进度的制定和控制等因素有关，其主要工作包括定义工程活动、任务、活动排序、每项活动的合理工期估算、工程完整的进度计划、资源共享分配、监控工程进度等内容。图 8-10 所示为网络 GIS 工程进度管理的一般过程，它主要包括工程进度安排、进度估计和进度控制 3 个方面。

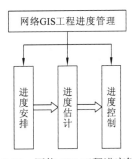

图 8-10　网络 GIS 工程进度管理

（1）进度安排。合理安排工程项目进度是工程顺利实施的保证，为工程分阶段建设提供了任务划分与进度控制的依据。在安排计划时，要给出工程活动的开始和结束日期，通过进度估计、成本估计的多次反复优化，确定最终的进度安排。

（2）进度估计。进度估计是指预计完成工程所需要的时间，绝大多数的计算机排序软件会根据设定的参数自动处理这类问题，工程所需时间也是运用这类工具和方法加以估算的。在进行进度估计时，要充分考虑工程实施中的并行因素，例如空间数据建库工作与软件开发的同步进行，这在时间上是有重叠的。

（3）进度控制。进度控制是指通过改变某些影响工程进度的因素，从而根据工程实施的实际情况，达到加快或延缓工程进度的目的。例如，如果获得的空间数据质量比预期的高，则由于不再需要进行数据的加工、处理工作，显然将缩短工程建设时间，反之则可能延误工程进度。

5. 风险管理

风险管理是项目管理者在工程实施时对工程潜在的各种风险进行辨识、评估、预防和

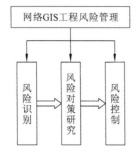

图 8-11　网络 GIS 工程风险管理

控制的过程。网络 GIS 工程规模大、周期长、数据源种类繁多、与其他系统关系密切，软件开发复杂，工程实施过程中存在许多不确定性因素，因此风险管理显得尤为重要。风险管理是对工程目标的主动控制，首先对可能存在的风险进行识别，然后对这些风险进行定量化描述，进而对风险进行有效的防范和控制。图 8-11 所示为网络 GIS 工程风险管理的一般过程，主要包括风险识别、风险对策研究和风险控制 3 个方面。

（1）风险识别。风险识别贯穿于整个工程实施过程，包括识别内在风险及外在风险。内在风险是指项目组能加以控制和影响的风险（如人员变动、空间数据建库比预期更加艰难）；外在风险是指超出项目组能力和影响力之外的风险（如网络及硬件供货不及时、资金不到位）。在进行风险识别时，需要对那些可能影响到工程进展的风险的各方面特征进行记录，以便采取规避措施和应对策略。

（2）风险对策研究。风险对策研究包括对风险的跟踪进度和对危机的对策定义及策略研究。风险对策是工程能否减少风险的关键因素，一般的对策有：①排除特定风险起源来排出该风险；②减少风险事件的预期资金投入来降低风险发生的概率和减少风险事件的风险系数；③对所有可能的风险所产生的后果进行客观评估来减少风险所带来的损失等。

（3）风险控制。风险控制是通过实施风险管理方案对工程建设过程中发生的风险事件做出回应。当风险发生时，需要重复进行风险识别、风险量化及风险对策研究这一整套措施。实践证明，即便是最全面、最深入地分析也不可能准确识别所有风险及其发生的概率，因此对风险进行控制是十分必要的。

6. 沟通管理

沟通是人与人之间交流的重要方式。沟通管理的目的是建立主动的交流渠道。网络 GIS 中涉及人员较多，专业背景复杂，知识结构不一，系统对人员的要求也不一样，因此存在沟通难的问题，这就要求参与网络 GIS 工程建设的各类人员按照沟通规则发送和接收与项目有关的各种信息，及时解决工程实施过程中出现的因沟通不畅而产生的问题。图 8-12 所示为网络 GIS 工程沟通管理的一般过程，主要包括制订沟通计划、信息发布、绩效报告和最终总结 4 个方面。

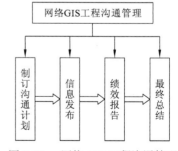

图 8-12　网络 GIS 工程沟通管理

（1）制订沟通计划。沟通计划是工程整体计划中的一部分，其作用非常重要，但也容易被忽视。很多工程项目中没有完整的沟通计划，导致沟通非常混乱。在编制沟通计划时，最重要的是明确工程组织结构关系，掌握各类人员的沟通意愿（例如，谁需要什么信息、什么时候需要、怎么获得等）。有的用户可能希望每周提交工程进度报告，

有的用户除周报外还希望有电话交流、视频会议、QQ 交流、微信交流等，也有的用户希望定期检查项目成果等,分析后的结果要在沟通计划中体现并能满足不同人员的信息需求，这样建立起来的沟通体系才会全面、有效。对于大多数网络 GIS 工程，沟通计划的大部分工作是作为工程前期阶段的一部分来完成的。

（2）信息发布。沟通的目的是为了信息交流的通畅，使网络 GIS 工程的所有人员可以获得其关心的信息。工程实施过程中的各种信息的及时收集、汇总、整理、发布是保持沟通渠道顺畅的重要途径。

（3）绩效报告。绩效报告是通过及时收集和发布信息，为工程相关人员提供合理使用资源的依据。其主要过程有：①状况报告：描述工程当前的状况；②进展报告：描述项目小组已完成的阶段性工作；③预测：对工程状况和进展进行分析预测。

绩效报告一般应提供工程目标、进度、成本及质量等信息，同时根据工程规模和风险分析的需要，也可能要求提供风险和采购信息。

（4）最终总结。工程实施中，在某一阶段达到某一规定目标后，或者因其他原因而终止该目标后，均需要进行相应的总结，其中包括对工程建设结果的鉴定和记录。在进行最终总结时，应注意各阶段工程记录的收集，确保工程记录结果能反映设计说明书的要求和成本/效益分析结论，并对此类信息进行立卷保存。最终总结在工程实施中不应被拖延，工程的每一阶段应以适当的方式结束，以确保重要和有用的信息不会丢失。

7. 合同管理

合同管理是参照相关法律法规对工程建设中涉及的各种法律合同及契约的执行与约束情况的监督与管理。如果工程需要，每一个监控过程都可以由个人、多人或团体来完成。网络 GIS 工程实施过程中会产生多种类型的合同和契约,合约双方可能是项目组与项目组、项目组与用户及与第三方等。合同类型一般包括系统开发合同、技术服务协议、软硬件采购合同、数据使用及购买合同、空间数据建库合同、网络基础设施建设合同、系统维护更新合同等。工程项目的合同管理将为工程顺利实施提供法律法规依据，同时可以作为不同部门、不同组织、不同用户之间的一种约束方式，以确保工程所涉及的各方严格履行其职责，为工程顺利实施提供保障。合同管理应该贯穿于网络 GIS 工程建设的始终，直到所有的合同履行完为止。

8. 资金管理

网络 GIS 工程是一项较为复杂的系统工程，充足的资金支持及合理的经费配给将会促进工程实施进度，提高后期维护与运行的效率，也将使不同阶段任务之间更为协调地运作。从资金的用途和类型划分，网络 GIS 工程的资金主要包括软硬件设备购置费用、数据加工处理费用、建库费用、网络建设费用、系统开发费用、人力资源费用、系统维护费用、更新升级费用及人员培训费用等。通常情况下，网络 GIS 工程规模较大、建设周期较长、网络基础设施一次性投入较大、数据的现势性要求高、数据更新与系统升级维护工作频繁、经济效益回收缓慢，其中的每一项都涉及资金投入，因此严格的资金管理工作相当重要，它将是工程建设成败与否的重要因素。

在网络 GIS 工程项目申报立项、资金预算、资金评估与筹措、现金流控制及财务报表制作等一系列过程中，均涉及资金管理。有效的资金管理可以提高资金利用率，缓解由资金紧张或不足而导致工程延误的矛盾。一般而言，资金管理应包括成本预算与评估、资金流控制等主要内容。

（1）成本预算与评估。根据工程建设规模、技术水平及各类资源成本等因素对成本预算方案进行科学、客观的评估是非常重要的。成本预算通常由项目经理或项目负责人完成，基于详细用户需求分析及工程总体规划与设计，对工程所涉及的软硬件设备、网络设施、软件开发、空间数据采集与加工处理、入库、人员培训及更新维护等一系列费用进行预算，从而给出工程整体建设成本估算值。同时，工程建设涉及的技术也是项目成本预算的重要因素，即当开发中应用了较新的技术或难度较大的技术时，应适当考虑增加工程成本预算，以便为新技术的研发与科技攻关提供充足的资金保证。这个过程要求项目经理或项目负责人有较强的判断力和丰富的工程建设经验。

成本预算的评估工作需要在多领域专家的合作下完成，并需要严格遵守财务制度及政策；同时还需要以用户需求和技术方案为出发点，充分考虑当前市场物价因素，做出合理评估，指导工程建设中的资金管理工作。

（2）资金流控制。资金流控制是在工程实施过程中运用必要的技术与管理手段对工程实施中的资金消耗进行计划、组织和监督的一个系统工程。有效的成本预算及合理的评估是工程资金流控制的良好开端，有利于网络 GIS 工程顺利实施。资金管理的基础是遵守财务制度及政策，编制财务报表，包括财务现金流量表、损益表、资金来源与运用表、借款偿还计划表等，其中现金流量表是最重要的管理报表。通过财务现金流分析与控制，可以计算财务内部收益率、财务净现值、投资回收期等指标，并便于开源节流、增加收益。

习　题　八

一、名词解释

工程，软件工程，网络 GIS 工程，软件生命周期，环境影响评价，性能优化，目标管理，风险管理

二、填空题

1. 工程管理是应用_____、_____、_____及相关技术和制度去指导工程的实施，从而满足用户需求。它主要包括_____和_____两方面内容。

2. 工程的技术管理主要包括实施过程中的_____和_____、开发过程各阶段的技术管理及系统_____、_____、_____和_____中各项技术的管理。

3. 工程的非技术管理主要包括_____、_____、_____、_____、_____等。

4. 网络 GIS 工程具有明显的阶段性，具体体现在_____、_____、_____、_____。在以上 4 个阶段中，贯穿 8 项管理内容，分别是_____、_____、_____、_____、_____、_____、_____、_____等管理。

5. 软件工程建设过程实质上是指从_____、_____、_____、_____、_____到系统运行维护和评价的全部过程。

6. 网络 GIS 的维护一般包括_____、_____、_____、_____的维护。

7. 可行性分析主要包括_____、_____、_____、_____等方面的分析。

8. 需求分析可分为_____、_____、_____、_____等阶段。

9. 网络 GIS 工程的规划阶段主要完成_____和_____两方面的任务。

10. 软件测试主要分为_____、_____、_____等阶段。

11. 网络 GIS 的目标管理需经历_____、_____、_____、_____、_____等过程。

12. 网络 GIS 的风险管理需要做好_____、_____、_____三方面的工作。

13. 成本预算需要对工程所涉及的_____、_____、_____、空间数据采集与加工处理、入库、人员培训及更新维护等一系列费用进行综合考虑。

三、选择题

1. 下列中的（　　　）应该属于工程项目的技术管理内容。

    A.进度管理　　　　　　B.质量管理　　　　　　C.文档管理　　　　　　D.人员管理

2. 人员管理属于下列中的（　　　）。

    A.目标管理　　　　　　B.资源管理　　　　　　C.沟通管理　　　　　　D.合同管理

3. 在网络 GIS 工程建设中，设计说明书产生于软件生命周期中（　　　）阶段。

    A.系统维护　　　　　　B.需求分析　　　　　　C.系统设计　　　　　　D.系统实施

4. 软件生命周期中的需求分析对应于网络 GIS 工程技术中的（　　　）阶段。

    A.起始阶段　　　　　　B.规划阶段　　　　　　C.执行阶段　　　　　　D.结束阶段

5. 经济可行性分析主要依据的方法是（　　　）。

    A.成本估算法　　　　　B.参照估算法　　　　　C.成本效益方法　　　　D.代码行法

6. 在网络 GIS 工程执行阶段，需要完成的任务有（　　　）。

    A.编程　　　　　　　　B.需求调查　　　　　　C.测试　　　　　　　　D.系统维护

7. 把未经测试的模块逐个组装到已测试通过的模块并进行集成测试，重复此过程直至所有模块组装完毕，这种测试方法叫作（　　　）。

    A.渐增式测试　　　　　B.非渐增式测试　　　　C.回归测试　　　　　　D.系统测试

8. 在进行性能评价时，评价指标主要有（　　　）。

    A.可靠性　　　　　　　B.功能完备性　　　　　C.运行速度　　　　　　D.用户界面友好性

9. 进行工程建设的风险管理的目的是（　　　）。

    A.防范与规避风险　　　B.增加经济效益　　　　C. 控制工程进度　　　　D.确保人员和设备安全

10. 网络 GIS 工程沟通管理中的绩效报告不包括（　　　）。

    A.工程进展报告　　　　B.工程当前状况报告　　C.财务报告　　　　　　D.预测分析报告

11. 工程项目的成本预算通常由（　　　）完成。

    A.系统分析员　　　　　B.系统设计员　　　　　C.程序员　　　　　　　D.项目负责人

12. 网络 GIS 工程项目资金管理中最重要的管理报表是（　　　）。

    A. 借款偿还计划表　　　B.损益表　　　　　　　C.现金流量表　　　　　D. 资金来源与运用表

四、判断题

1. 网络 GIS 工程属于软件工程范畴，通常可用软件工程的原理和方法解决网络 GIS 工程建设中的所有问题。

2. 网络 GIS 工程不同于水利工程、建筑工程等有形工程，它是一种无形的工程，一种智力活动。

3. 快速原型法主要通过构筑系统的轮廓，及时、准确地掌握用户的需求，对于工程建设是一个有效方法。

4. 生命周期法与快速原型法是两种不同的软件工程建设方法，各有优缺点，网络 GIS 工程通常只能采用其中一种方法。

5. 在网络 GIS 工程建设中，质量和进度常常是一对难以调和的矛盾，但通过制定合理可行的质量监控和进度控制计划，可以在二者之间取得折中，从而保证工程顺利实施。

6. 网络 GIS 空间数据具有海量、多源、异构、分布、多尺度等特点，它们在网络上传输时易受到网络带宽的影响，在服务于多个用户时，性能难以提高。

7. 网络 GIS 工程进度制订与控制需要在工程实施前进行。进度计划及人员安排一旦确定，在工程实施过程中一定要严格遵循计划安排，不能改动。

8. 网络 GIS 工程涉及网络和软硬件等基础设施及数据、人员等不确定因素，存在不可抗因素的风险，必须对建设成本和经济效益进行精准测算，以防投入过大，导致工程不能如期实施。

9. 需求描述的任务是编写需求规格说明书、数据要求说明书和初步的用户手册。

10. 网络 GIS 规划阶段的数据源选择以本部门的矢量图形数据为主。

11. 系统总体设计是一种宏观的、总体上的设计和规划。

12. 在应用体系结构选型与设计中，三层甚至多层的体系结构已经成为网络分布式应用的首选。

13. 在执行准备过程中，必须保证数据、人员、软硬件、网络、资金一步到位，否则工程难以展开。

14. 由于开发人员编程风格和经验不一，最好依据各自习惯和风格编程，这样有助于加快工程进度，保障工程建设质量。

15. 网络 GIS 工程结束阶段主要是将系统移交给用户使用，并由用户负责系统维护和升级工作。

16. 由于网络 GIS 工程规模较大，建库任务繁重，一旦明确建设目标，便不能再行更改。

17. 人力资源是一种无形资产形式的资源，管理人力资源需要做好建章立制工作，优化人员结构，并通过激励机制调动人员积极性。

五、简答题

1. 根据网络 GIS 工程的特点，简述网络 GIS 工程与传统软件工程的异同。

2. 在网络 GIS 工程建设中，可以借鉴软件工程的哪些成功经验?

3. 简述网络 GIS 工程的 4 阶段与 8 大管理功能之间的关系。

4. 对比分析网络 GIS 工程技术各阶段与生命周期各阶段的关系。

5. 根据空间数据在网络上传输的实际，谈谈网络 GIS 工程可行性分析中需要考虑的空间数据问题。

6. 简述网络 GIS 工程建设中的相关标准与规范，为什么要严格遵循这些规范与标准?

7. 请分析网络 GIS 应用系统中的性能指标，如何确保系统高质量运行?

8. 结合 GIS 基本原理，简述网络 GIS 质量管理中如何保证空间数据的质量。

9. 举例说明怎样识别网络 GIS 工程建设中的各种风险。

六、论述与设计题

1. 从技术和管理角度论述网络 GIS 工程建设特点和方法，并分析海量空间数据网络传输、存储、组织与管理中的关键问题及有效解决方法。

2. 某部门为配合智慧城市建设，推动信息化工作，经充分论证后，拟建设基于本部门业务的网络 GIS。系统用户遍布于城市多个地点，数据量庞大，种类繁多（既有矢量数据，也有长时间序列的专题遥感影像，还有业务报表数据），分布存储于用户所在地，经由网络传输、分发和交换。请结合网络 GIS 工程技术和管理方法，为该部门设计一个实用的网络 GIS 应用系统建设方案。

第 9 章　常用网络 GIS 软件

9.1　常用 WebGIS 软件

"互联网＋"催生了很多新技术的发展，也促进了网络 GIS 技术创新和软件发展。国内外许多知名 GIS 企业纷纷在不断地增强其网络 GIS 的功能，完善相关技术，为不同领域的应用提供更好的解决方案。国外有代表性的如 ESRI 的 ArcGIS for Server、AutoDesk 的 MapGuide、MapInfo 的 MapXtreme、Intergraph 的 GeoMedia WebMap 等，国内有代表性的如北京超图集团的 SuperMap、中地数码集团的 MapGIS、国家遥感应用工程技术研究中心的地网 GeoBeans、武汉吉奥信息技术有限公司的 GeoSurf 等。

9.1.1　ArcGIS for Server

1. 概要介绍

ArcGIS for Server 是 ESRI 发布的提供面向 Web 空间数据服务的一个企业级 GIS 软件平台，用于构建集中管理的、支持多用户的、具备高级 GIS 功能的 GIS 应用与服务，可以满足不同客户的各种需求。ArcGIS for Server 提供广泛的基于 Web 的 GIS 服务，支持平板电脑、智能手机、笔记本电脑、台式工作站及可连接到 Web 服务的任何其他设备，支持在分布式环境下实现地理空间数据的管理、地图制图、地理处理、空间分析、编辑及其他 GIS 功能。

ArcGIS for Server 的 Site GIS Servers 是其模型结构的一个亮点，也可称为 nGIS Servers，即多节点 GIS Servers，n 个 GIS Servers 节点组织为一个 Site 站点，消除了 10.0 之前版本的 SOM 主控制节点结构，也就是说，每个 GIS Server 的节点是平等的，这样即使某个 GIS Server 节点意外失效，也不会导致整个服务停止。同时，还可以采用 Plug-in 方式插入一个 GIS Server 节点，从而提高服务器的负载能力。这种架构为云端部署奠定了基础。

2. 软件特点与功能

ArcGIS for Server 支持 64 位操作系统，它的服务可以部署在 Web 浏览器、移动设备和客户端系统上，可以辅助开发人员创建常用的网络应用程序、网络服务和其他企业应用程序。开发人员可以利用 ArcGIS for Server 来创建与服务器之间用客户/服务器模式相互作用的应用程序。

ArcGIS for Server 的主要功能可概括为：

（1）提供通用框架以在企业内部建立和分发 GIS 应用；

（2）操作简单、易于配置的 Web 应用；

（3）广泛的基于 Web 的空间数据获取功能；

（4）通用的 GIS 数据管理框架；

（5）支持在线的空间数据编辑和专业分析；

（6）支持 2D/3D 地图可视化；

（7）除标准浏览器外，还支持 ArcGIS Desktop 和 ArcGIS Explorer 等桌面客户端；

（8）可以集成多种 GIS 服务；

（9）支持标准的 WMS、WFS；

（10）提供配置、发布和优化 GIS 服务器的管理工具；

（11）提供.Net 和 Java 软件开发工具包；

（12）为移动客户提供应用开发框架；

（13）提供要素服务、搜索服务；

（14）地图服务支持时空特性。

9.1.2　MapXtreme

1. 概要介绍

MapXtreme 是 Pitney Bowes 子公司 MapInfo 开发的基于 Internet/Intranet 的空间信息服务软件开发工具，借助 MapXtreme SDK 能够开发功能比较丰富的桌面 GIS 和 WebGIS 应用程序。它支持分布式的服务体系架构，能够同其他标准的 Web 服务器相连，具有良好的开放性。与此同时，MapXtreme 还支持在一个集中管理的服务器上运行地图应用程序，这将降低硬件和管理成本，提高系统的可用性、可靠性和安全性。当前最新版本是 2018 年推出的 MapXtreme V9.0。

2. 软件特点与功能

MapXtreme SDK 基于 Microsoft .NET Framework 构建，与 Visual Studio 开发环境无缝集成，并且提供了丰富、易用的 Windows 控件和预定义模板。开发 MapXtreme WebGIS 应用程序的主要组件包括 MapXtreme Session、背景地图、MapControl 和地图工具。MapXtreme Session 组件是所有 MapXtreme 应用程序的起点，负责资源的初始化。背景地图是直接呈现给用户的部分，例如行政区划边界、街道和 POI 等，背景地图一般从基于 XML 的工作空间（.mws）预加载进应用程序。MapControl 组件是包含 Map 对象的 MapXtreme Web 服务器控件，负责响应用户的交互操作。地图工具是 MapXtreme 提供的辅助用户交互的地图控件，例如缩放、漫游等，在 Visual Studio 环境下开发时只需要将这些工具拖入 Web 窗体即可使用它们。

MapXtreme 的主要功能如下。

（1）数据可视化和空间分析，包括地图创建与显示、丰富的数据访问、专题地图绘制、对象处理和表示等。MapXtreme 支持创建 6 种专题图：范围、单值、分级符号、点密度、饼图和条形图。

（2）即用型地图工具。MapXtreme 支持对地图的平移、缩放、选择要素等基础操作。

（3）数据访问。MapXtrcme 支持多种来源的数据，包括 RDBMS、MS Access、dBase 和 ASCII 以及自带的本地 MapInfo Table（.TAB）。

（4）栅格数据分析。主要包括二次投影、插值、拐点、山体阴影等分析。

（5）Web 服务。MapXtreme 支持 OGC，同时提供了客户端和 API，方便访问地理编码、路径规划、WMS 和 WFS 等流行的 Web 服务。

3. 开发配置

MapXtreme V9.0 最低系统配置要求如下所示。

（1）内存：Windows 10/8/7：1 GB 内存（32 位），2 GB 内存（64 位）。

　　　　Windows Server 2012 R2：1 GB 内存。

（2）处理器：1 GHz。

（3）显卡：支持至少 256 色的显卡。

9.1.3　GeoMedia WebMap

1. 概要介绍

GeoMedia WebMap 是由 Hexagon AB 子公司 Intergraph 开发的基于 Internet 的地图可视化和分析工具，包括 Essentials、Advantage 和 Professional 三个版本，其自带的 GeoMedia WebMap Publisher 工具允许用户不进行任何编程即可构建 WebGIS 应用系统。它支持用户直接配置前端界面的布局，创建自定义查询组件，并提供对地理空间数据库的实时访问。GeoMedia WebMap 支持发布多种格式的矢量和栅格数据，并通过 Web 传输和渲染，为瘦客户端提供功能强大、动态开放的地理空间应用程序。

2. 软件特点和功能

GeoMedia WebMap 运用空间数据仓库技术，能够对多源空间数据进行无缝集成，无需转换便能直接访问商业关系数据库中的空间信息，发布动态 GIS 页面。GeoMedia WebMap 支持 GeoMedia 所有空间分析功能，用户可以通过浏览器向服务器发送空间分析请求和相应参数，服务器端的分析组件根据这些参数进行各种专业的空间数据分析，并将分析结果传送给客户端，实现各种复杂的分析功能。

此外，GeoMedia WebMap 提供了一套完整的 Web 可视化技术和可扩展的 Web 架构，支持丰富的地图格式和 Web 渲染，用户创建的 WebGIS 应用程序可以随着需求变化而自定义扩展。GeoMedia WebMap 的主要特点如下。

（1）丰富的可视化和 3D 功能。使用 Geospatial Portal 作为集成的 Web 客户端，支持多种数据格式的加载、可视化和地图操作。Geospatial Portal 包含了一个 3D 地球，可以在三维空间中显示地形图和其他数据，也包括来自 ERDAS APOLLO 的数据。

（2）便捷的数据管理。用户可以方便地对数据的导入、可视化、编辑、更新和删除等完整生命周期进行管理。目前支持三种类型的数据存储：Microsoft Access、SQL Server 和 Oracle。数据管理流程符合 OGC WFS-T 规范。

（3）栅格影像背景。可以使用栅格影像作背景，支持大数据量的镶嵌影像，采用 Intergraph 先进的图像浏览技术，使影像数据量减至最小，保证了速度和效率。

（4）网络地图服务。支持 OGC、INSPIRE 和 XML 规范，通过 OGC WMS、OGC WFS 和 OGC WMTS（Web Map Tile Service，切片地图 Web 服务）等为用户提供空间查询、地

理编码、路径规划等功能。

（5）自定义和易扩展。用户可以使用 GeoMedia 提供的 Geospatial Portal SDK，参考 API、文档和示例创建自定义工作流。服务器端 API 还可用于构建基于 GeoMedia 对象的 Web 应用程序。

9.1.4 GeoBeans

1. 概要介绍

GeoBeans 是由北京中遥地网信息技术有限公司研制的基于 JavaBeans 组件技术的网络 GIS 开发平台，具有平台无关性。它采用 B/S 结构，其中，服务器端的核心模块是 CMServer，客户端的核心模块是 CMExpress。

作为网络 GIS 的软件开发平台，GeoBeans 将网络技术与 GIS 技术有机地结合起来，可以使用户在较短时间内完成具有个性化服务的 WebGIS 开发，拥有良好的可扩展性，通过编程能进一步扩充 GeoBeans 的功能。

2. 软件特点和功能

GeoBeans 的服务模块能完成图形转换、图形编辑、符号编辑、图形管理、空间分析、三维可视化等功能，其主要特点如下：

（1）兼容多种空间数据格式，可以读取 GBD、ArcGIS、AutoCAD、MapGIS、MapInfo、MGE 等所支持格式的数据；

（2）统计数据图形化，如可以用直方图、曲线图、饼图等表达统计结果；

（3）用户动态制图，具备完备的地图整饰功能，可即时制定个性化地图并输出；

（4）具备空间矢量数据、栅格数据及本地和网络瓦片式地图服务的管理和分层显示能力，支持 2D/3D 地图人机交互；

（5）能处理 500 G 以上的海量空间数据；

（6）能够在各类具备 Spatial 能力的主流数据库基础上进行扩展，设计自建式空间数据管理结构和空间索引，提供 SDE 的综合管理分析功能；

（7）具有实时交互空间分析、基于路网信息的路径分析及基于地形信息的 2D/3D 通视分析、坡度坡向分析能力；

（8）采用 JDBC 技术，可与 Oracle、Sybase、SQLServer 等大型数据库相连，简化了对数据的操作和管理，实现了对分布式数据库的访问；

（9）分布式计算和多用户并发请求处理，能针对网络的不同状况，将应用分布在不同的机器上，实现分布式计算，处理不同用户请求；

（10）智能二次开发向导，二次开发包主要包括 GeoBeans SDK 和 GeoBeans 3D SDK。

9.1.5 GeoSurf

1. 概要介绍

Geosurf 是由武汉吉奥信息工程技术有限公司开发的一个跨平台、多数据源的分布式

WebGIS 软件。Geosurf 采用了 Java2 企业级的分布式体系架构，将面向对象思想引入关系型数据库，并对其进行了基于对象的扩展，即采用空间数据库和对象-关系型数据库相结合的方式存储和管理数据，具有较好的可扩展性、弹性配置和跨平台特性。目前，Geosurf 已被广泛应用于测绘、遥感、城市规划、电子商务、土地管理、环保、旅游、交通、军事和位置服务等多个领域。

Geosurf 基于 Internet/Intranet 网络分布式计算环境，采用组件化架构和分布式处理方式，构造了多数据源地理信息互操作中间件，绕过了 Web 服务器，直接在浏览器和数据库之间建立面对面对话的通信模式。这种经由多数据源与客户端无缝连接的方式方便地实现了用户对地理信息数据的互操作，保证了用户对异构数据的实时获取，进而有效避免了 Web 服务器与后端频繁交互可能产生的瓶颈问题。

2. 软件特点与功能

Geosurf 适用于多种操作系统下的客户端平台，支持大多数的矢量数据格式。软件主要特点有：

（1）可以发布多种矢量数据（GeoStar、Shapefile、mif/mid 等）和影像数据（包括 Landsat 系列、MODIS 等）；

（2）提供基于 Java 的多层体系结构部署的 Servlet 引擎，可部署在 IPlanet、Tomcat、WebLogic、WebSphere 和 IIS 等应用服务器上；

（3）遵循 OGC 规范，实现了 WMS、WFS、WCS 开放式地理信息服务，多协议的地理信息客户端可以浏览来自不同站点和不同厂商所提供的数据；

（4）提供基于 Java 类和 JavaBean 组件两个层次的二次开发环境。

Geosurf 的功能主要分为二维和三维两部分。

二维部分的主要功能如下。

（1）兼容多种格式数据源，包括常见的矢量数据，如 MapInfo 的 mif/mid 数据、Shapefile 数据、GeoSurf V4.0 的内部数据、GeoMap Service 提供的数据等；常见的影像数据格式，如 GeoImageDB 创建的影像数据库、GeoImager 创建的 DOM 影像、WMS 提供的数据源、WCS 提供的 GeoTIFF 数据源等。

（2）GIS 基本操作，如地图显示、缩放、漫游等。

（3）图形分层显示，提供按几何特征来分层显示图形的功能。

（4）图形与属性互查功能，包括点查询、线查询、多边形查询和用户自定义查询。

（5）专题制图，以颜色、符号、直方图、饼图等可视化方法来表现属性间的相互关系。

（6）空间分析，包括空间信息量算与分类、缓冲区分析、叠加分析和网络分析等。

（7）统计图表，能够根据输入的数据来绘制各种常见的统计图表，如条形图、饼状图、折线图等，最后可将统计图表输出保存。

（8）无缝影像叠加、显示和漫游，可以在矢量图层基础上叠加影像。

三维部分的主要功能如下。

（1）数据转换，可以对不同的数据文件进行格式转换。

（2）三维图形功能，支持对场景中的三维对象交互式地进行三维空间的浏览、选择和查询等操作。

（3）查询和分析：支持三维环境下图形和属性之间的互查以及一些简单的分析功能。

9.1.6 SuperMap iServer

1. 概要介绍

SuperMap GIS 是北京超图集团开发的大型网络 GIS 软件平台，SuperMap iServer 是 SuperMap GIS 产品体系中的一部分，它是基于 Java EE 平台的面向服务架构的高性能企业级 GIS 服务器，主要用于构建面向服务的地理信息共享应用模式，可实现异构 GIS 平台之间的数据共享和功能共享。该软件在支持二、三维 GIS 服务（如地图缓存）的发布、管理和聚合功能的同时，提供了用于 Web 客户端、移动端和 PC 端等开发的工具包，还提供了分布式空间分析和实时数据发布等 Web 服务，形成了较为完整的大数据 GIS 技术体系。

2. 软件特点与功能

（1）可跨平台使用，兼容性好。SuperMap iServer 支持 32 位和 64 位版本下的 Windows、Linux、Unix 等操作系统，还兼容多种常用的中间件及已有的各种服务器平台。

（2）空间大数据存储与管理。内置 SQL、NoSQL、分布式文件系统等多种分布式存储方案，可实现多源数据一体化存储与管理。

（3）空间大数据处理与分析。采用分布式计算技术，实现了对超大体量空间数据集的数据处理和空间分析的能力。

（4）服务聚合。SuperMap iServer 不仅能将不同类型和来源的服务通过标准化流程整合到其体系中，还可以将不同类型的服务进行聚合，并通过统一的方式发布给 GIS 客户端。

（5）空间建模服务。SuperMap iServer 支持将系统提供的或者用户二次开发的地理空间处理函数编排为流程，以定时方式执行，并支持通配符输入以实现批量处理。

（6）高度自动化的智能集群。SuperMap iServer 实现了地理信息服务的分布式集群架构，具有灵活的层次结构，兼容异构系统，能有效整合 GIS 服务器资源，提升容错能力和并发性能。

（7）多实例机制。SuperMap iServer 支持通过可视化配置，使单机 GIS 服务器动态扩展为有"多个工作节点的 GIS"。每个 GIS 服务都可自动扩展出多个具有相同副本的服务实例。这些实例之间互为备份，进而有效地提升了 GIS 服务的安全性和可靠性。

9.2 常用移动 GIS 软件

9.2.1 ESRI ArcPad

1. 概要介绍

ESRI ArcPad 是一款为野外应用而设计的移动 GIS 软件，通过移动和手持设备可以为用户提供野外空间数据采集、传输、存储、更新、处理、分析、显示等功能及野外制图、GIS 与 GNSS 集成应用等。ArcPad 将批量获取的野外数据以数字地图形式存储在移动设备的内存或移动存储器中，有效避免了传统野外数据采集中存在的数据纸质存储、编辑、导入等误差。新版本 ArcPad 兼容移动 GIS 的应用功能，显著提高了野外数据作业效率。

2. 软件特点与功能

ArcPad 提供了一组为移动 GIS 应用和任务设计的特征和工具扩展模块集，其主要特点和功能如下。

（1）支持标准数据格式。ArcPad 支持符合行业化标准的 Shapefile 矢量文件格式和通用栅格影像格式，提供支持矢量和栅格数据的地图引擎，并支持多层环境下的矢栅一体化应用，同时还支持基于 TCP/IP 连接的无线数据下载。

（2）数据编辑与获取。ArcPad 允许用户通过多种方式来实现空间数据的野外创建和编辑，包括地物编辑、属性编辑、点要素捕捉及线要素分割等。ArcPad 还允许用户将野外编辑的数据更新至 GIS 中心数据库中。

（3）支持 GPS。ArcPad 支持多种 GPS 方案的接收机和多种使用 GPS 接收机获取数据的方式，可以为用户提供实时定位服务及基础导航服务。

（4）显示和查询。ArcPad 提供一组全面的地图导航、数据查询和显示工具集，包括确定地物的数据查询、超链接显示、距离计算、面积量算、方向量测及平移、缩放和定位到当前 GPS 位置等功能，支持用户对数据显示方式的控制，提供颜色、符号、样式、标尺的设置功能。

对于移动 GIS 而言，能够定制用户所需要的野外解决方法是非常必要的。ESRI 提供了 ArcPad Application Builder 软件来满足用户定制需求，作为一个为移动 GIS 构建客户化的 ArcPad 应用程序的开发框架，ArcPad Application Builder 可以使得 ArcPad 用户通过 XML 和 VBScript 语言在可视化环境下设计系统架构、创建扩展模块、更改 ArcPad 用户界面和具体的功能应用，并可以将这些应用配置到 ArcPad 设备上。

ArcPad 应用于移动 GIS 比较成功的例子是 GeoCollector™解决方案，这是一套专业的用于野外数据采集的 GPS 解决方案，主要由 Trimble 的 GeoExplorer 运行设备和内置 GPS 的 ArcPad 软件共同组成。

9.2.2 SuperMap iMobile

1. 概要介绍

SuperMap iMobile 是北京超图集团研发的基于 Android、iOS 的组件式 GIS 开发平台，用于开发面向行业、领域和公众服务的移动 GIS 应用系统。它借助柏拉图哲学中"共相"概念，提出共相式 GIS 内核体系结构，并在移动终端上提供了专业的 2D/3D 集成服务。

SuperMap iMobile 具有全面、专业的移动 GIS 功能，可以快速开发在线和离线的移动 GIS 应用，让用户在开发过程中能把更多精力用于实现业务功能，从而节省大量人力、物力和时间。此外，SuperMap iMobile 的应用范围非常广泛，遍及测绘、国土、水利、电力、林业、交通、旅游等多个行业和领域。

2. 软件特点与功能

SuperMap iMobile 的功能包括在线地图访问、离线地图浏览、多源数据融合、空间定位与查询、动态变化对象实时显示、动态专题图、移动三维、空间分析、网络分析和数据查询、行业导航、室内导航、GPS 数据和多媒体数据采集等。

软件的特点如下。

（1）专业的移动 GIS 开发平台。SuperMap iMobile 提供了地图操作、数据采集、绘制编辑、空间分析、路径导航等专业的移动 GIS 应用功能。

（2）全新的地图显示引擎。SuperMap iMobile 利用 OpenGL 在面片渲染、文本渲染和反走样等方面的优势来提升地图显示效果，使地图绘制效果更加精美。与此同时，结合 GPU 硬件加速技术和矢量切片数据读取功能支持打开超图格式的矢量切片数据，其显示效果和性能得到了大幅度提升。

（3）既可以访问在线数据，也可以访问移动设备本地数据。SuperMap iMobile 不仅支持广泛的在线地图服务，还支持强大的离线数据应用，即应用不会受到网络信号、带宽等因素的影响和制约，降低了网络依赖度，实现了流畅的应用体验。目前已在移动网络信号无覆盖、移动网络流量受限等特殊场景下得到了较广泛应用。

（4）GIS 和导航一体化，提高了室外 GIS 作业的便利性。SuperMap iMobile 为路径分析和导航提供了专业的组件模块，可以快速实现专业的导航移动应用或者在移动 GIS 应用中添加导航功能。

（5）丰富的动态专题图。SuperMap iMobile 可以在终端依据实时数据动态渲染专题图，可根据终端应用需求和数据的即时变化来动态展示专题信息，进一步发挥移动应用的即时效应。

（6）提供专业的轨迹记录功能，自动获取移动终端所在位置坐标。SuperMap iMobile 可以根据所在地的道路数据对位置坐标纠偏，保持当前位置显示以及轨迹记录均与所在道路吻合。

（7）专业的空间分析能力。SuperMap iMobile 可以基于本地和服务数据进行缓冲区分析、叠加分析和路网、管线分析等，对数据进行实时挖掘与处理。同时，支持高效的网络拓扑分析，可广泛应用于 GIS 数据路径规划、管网分析与巡查等业务。

9.2.3 MapGIS Mobile

1. 概要介绍

MapGIS Mobile 依托 MapGIS IGSS 共享服务平台解决方案所提供的地理空间信息服务，面向行业和大众领域，提供专业、丰富的在线和离线 GIS 服务。

MapGIS Mobile 支持多种数据源，具有良好的地图操作和可视化功能，同时支持各种主流的移动终端设备，拥有随时随地的在线和离线编辑功能，实现了对多源地理空间数据的高效管理。不仅如此，MapGIS Mobile 还具有性能卓越的移动三维、网络分析、空间分析、路径导航等地理分析功能，可用于快速开发和构建各种主流智能移动设备上的移动 GIS 应用。MapGIS Mobile 所具备的丰富模块和移动计算能力，使得移动应用不仅能表现各种信息，还能承担大部分的独立运算和服务。

目前，MapGIS Mobile 在移动数据采集、移动资源监查、综合运营调度、综合移动执法等领域有了较成熟的产品，还提供了面向国土、水利、公安、市政、通信等多行业的移动 GIS 解决方案。

2. 软件特点与功能

MapGIS Mobile 是一款专业的移动 GIS 开发平台，能够提供全面的移动 GIS 功能，可以让企业结合各种移动特性进行业务的快速定制。同时，MapGIS Mobile 还是一个工具平台，用户可以根据兴趣偏好进行各种与空间位置相关的应用开发。其主要功能特性如下。

（1）应用领域信息共享。实现多维时空地理空间信息共享，这些信息都可以在包括移动终端在内的多用户端共享。

（2）多源地理信息高效管理。在 MapGIS IGSS 的支撑下，支持对多源 GIS 数据（如矢量、栅格、高程、三维模型等）、数据库表数据、文档数据等异构空间数据和非空间数据进行集成管理。

（3）地图操作与渲染。基于 OpenGL 图形库进行地图渲染，具备高效渲染性能和在线离线融合、矢量栅格数据融合等无缝的多源数据融合能力，支持数字高程模型、建模数据、矢量数据和栅格影像多种符号和风格的一体化渲染方式，提供 Internet 上公开的地图服务，尤其是对纹理、线形、文字、动态标注等地图要素的渲染等。

（4）编辑与空间处理。MapGIS Mobile 提供了在线和离线一体化数据编辑服务，不仅支持简单的图形、属性编辑，以及图形拓扑关系编辑和分析功能（缓冲区分析、叠加分析和裁剪分析等）。还提供了复杂的网络分析、地理匹配及服务器和本地数据编辑同步功能。

（5）移动三维。MapGIS Mobile 提供了球面和平面的三维场景显示模式，兼容多种格式的数据在移动端进行高效的一体化存储。支持移动环境下海量三维数据的高效存取，能够接入 IGServer 发布的地图服务、地形服务和模型服务，还可与 MapGIS IGSS 3D 进行数据同步和安全传输，实现空间数据与行业数据的快速迁移和安全共享。

（6）空间位置感知与智能服务集成。通过 GPS、北斗、Wi-Fi 等将无线传输、移动计算与位置服务在移动端进行集成，实现位置感知、数据同步、路径纠偏导航、地图智能显示、消息推送提醒等功能，并能将结果呈现于用户掌中。

（7）导航服务。支持主流图商的室内外导航数据和不同行业中的道路数据及用户自行采集的轨迹数据，根据室内外一体化路径计算方式实现智能路径引导功能，同时还将 GIS 和 GNSS 融合，对动态交通信息进行集成化管理，实现高效的移动 GIS 服务。

9.3　常用 WebGIS 开源软件

随着开放源代码软件（开源）的蓬勃发展，开源 GIS 得到了越来越广泛的应用，近年来出现了许多优秀的开源 GIS 项目，越来越多的应用系统可以用开源 GIS 开发。本节将主要介绍几种典型的开源 WebGIS 软件，以方便读者选择。

9.3.1　MapServer

MapServer 是一个用 C 语言编写的开源地理空间数据渲染引擎，起源于 20 世纪 90 年代中期美国明尼苏达大学（University of Minnesota）、NASA 及 MNDNR（Minnesota Department of Natural Resources，明尼苏达州自然资源部）的一个合作项目——ForNet，后由 NASA 资助的 TerraSIP 项目继续负责。这是一个基于麻省理工学院许可证（MIT-style License）发布的开源软件，所有的源代码都可以通过 GitHub 公开使用，用于在 Web 上发布空间数据和交互式地图应用，可支持 Linux、Windows、Mac OSX、Solaris 等主流操作系统。它的定位不是实现全能型 GIS，而是提供满足 Web 应用的大多数核心 GIS 功能。除了可以浏览 GIS 数据，MapServer 还允许创建"地理影像地图"（geographic image maps），地图引导用户访问内容，例如，MNDNR 娱乐指南仅通过一个应用程序就可以为用户提供 1 万多个网页、报告和地图，并且该应用程序还可以作为"地图引擎"为站点的其他需求提供地图相关的服务（例如空间上下文联系信息）。2018 年 6 月发布的最新版本为 MapServer 7.2.0-beta2。

　　MapServer 借鉴和集成了 Shapelib、FreeType、Proj.4、LIBTIFF、Perl 等开源项目，这些项目的集成使得 MapServer 能够完成比较丰富的高级制图功能，并且可以对空间数据实施坐标系转换，并支持多种格式的栅格和矢量数据，例如通过 GDAL 支持 TIFF/GeoTIFF、NetCDF、MrSID、ECW 等栅格数据，通过 OGR 支持 ESRI Shapefile、PostGIS、SpatiaLite、ESRI ArcSDE、Oracle Spatial、MySQL 等的矢量数据。

　　MapServer 系统支持 MapScript 脚本语言，适应 PHP、Python、Perl、Ruby、Java 和.NET 等流行的脚本和开发环境，为开发那些拥有众多离散数据的应用提供了一个良好的开发环境。

　　MapServer 的安装和使用比较简单，可以下载 MapServer 的源码包进行编译，也可以直接使用编译好的 MapServer 二进制文件。

　　可以参考链接 https://mapserver.org/ 来获得 MapServer 的相关说明文档及源代码。

9.3.2　GeoTools

　　GeoTools 是英国利兹大学（University of Leeds）的 James Macgill 从 1996 年开始研发的一个操作和显示地图的开源 Java 工具包，可用于开发符合 OGC 规范的 GIS 应用系统，目前的版本是 2018 年 10 月发布的 GeoTools 20 Releases 版。

　　最初，GeoTools 支持用户以一种简单的交互方式来绘制地图，这使得 GeoTools 吸引了更多的最终用户而不是开发人员。后来由于减少了开放给最终用户的接口数量，使得用它来建立一个交互式网络地图的难度加大，必须在它提供的框架上才能进行开发，吸引了更多的开发人员。目前的 GeoTools 主要面向开发人员而非最终用户。它所提供的类库是代码开放的自由软件，支持 LGPL（lesser general public license，较宽松通用公共许可证）协议。

　　GeoTools 使用 Java 语言和面向对象方法，按照功能划分模块，结构清晰，可以让开发人员随意修改，方便地完成从源代码级的定制。基于 GeoTools 开发的 Applet 程序可提供交互性的地图显示而无需服务器端的支持。

　　GeoTools 引入了另外两个开源项目：Batik 和 JTS，前者是一个方便应用程序或者 Applet 来操作 SVG 图像的开发工具包，支持浏览、生成和操纵 SVG 文件；后者是一个从 GE（geometry engine，几何引擎）移植过来的 Java 拓扑操作开发包，包含了"Simple Features for SQL"规格说明书（由 OpenGIS 组织规定）上所有的空间谓词操作和空间算子，同时也包含了 JTS 所独有的拓扑操作函数。

　　GeoTools 拥有良好的面向对象设计和编码风格，可以支持 4 种类型的数据，包括 ArcGrid、GeoTIFF、GRASS raster 等栅格数据，ArcSDE、CSV、DXF、EdiGEO 等的矢量数据，DB2、H2、MySQL、Oracle、PostGIS、SpatiaLite、SQL Server 等数据库，以及 GML2、GML3、KML 等基于 XML 绑定的格式。

可以参考链接 https://www.geotools.org/ 来获得 GeoTools 的相关文档及源代码。

9.3.3 SharpMap

SharpMap 是一套基于.Net Framework 4.0 使用 C＃开发的地图组件库，最初由 Morten Nielsen 独立开发完成，可用来开发 Web 及桌面 GIS 应用系统，不仅提供了空间查询功能，而且还能以多种方式进行地图渲染，支持几乎所有类型的空间数据格式，其中部分格式的支持是通过第三方扩展实现的。

该软件是在 GNU-LUE 通用公共许可证下发布的，一直在不断地更新，其源码中的主体 SharpMap 工程文件包含数据转换、坐标、数据、几何体、图层等命名空间，具体如下。

（1）SharpMap 命名空间：包括 Map 类，是 SharpMap 的核心，通过创建 Map 对象实例来生成地图。

（2）Converters 命名空间：提供数据转换服务。

（3）Forms 命名空间：用于 Windows Form 编程，包含 MapImage 控件。MapImage 控件是一个简单的用户控件，用于表达 Map 对象。

（4）Coordinate Systems 命名空间：提供坐标系统及投影和转换。

（5）Data 命名空间：提供对各种数据的支持，包含与空间要素相关的 FeatureDataSet、FeatureDataTable、FeatureDataRow、FeatureTableCollection 等类。

（6）Data.Providers 命名空间：包括 IProvider 接口和 Shapefile、PostGIS 数据访问实现代码。该命名空间为 SharpMap 提供数据读写支持，通过面向接口设计，可以方便扩展各类数据格式。

（7）Extensions 命名空间：提供对 PostgreSQL、Oracle、SQLite 等数据库的访问。

（8）Geometries 命名空间：包括 SharpMap 要使用到的各种几何类及其接口类，例如点、线、面等类，是 SharpMap 的基础之一。

（9）Layers 命名空间：提供各种图层支持，包括注记层、矢量层等。

（10）UI 命名空间：主要提供 WinForm 窗体及控件的样式。

（11）Utilities 命名空间：包括 Algorithms、Providers、Surrogates、Transform 等几个类。

（12）Utilities.SpatialIndexing 命名空间：用于对象空间索引。

（13）Web 命名空间：实现了 HttpHandler 和 Cache 类，用于网络环境，包括对网络支持（如 HTTP 等）。另外，未来在这个命名空间下还会增加对 WFS 的支持。

可以参考链接 https://archive.codeplex.com/?p＝sharpmap 来获得 SharpMap 的相关文档及源代码。

9.3.4 GeoServer

GeoServer 是基于 OGC 开放标准的社区开源项目，是 OpenGIS Web 服务器规范的 J2EE 实现，它执行 WMS 标准，用户在创建各种输出格式的地图数据的同时，可以向外界发布这些数据或者渲染后的数据。不仅如此，GeoServer 还允许用户对特征数据进行更新、删除、插入等编辑操作，又因其符合 WFS 标准，允许用户之间共享和编辑用于生成地图的地理空间数据。此外，GeoServer 还集成了免费的地图库 OpenLayer，使得地图生成变得快捷。

GeoServer 是一个用 Java 编写的开源地图服务器，允许用户共享、编辑和处理地理空间数据。如今，GeoServer 已经发展成为一种将现有信息连接到虚拟地球（如 Google Earth 和 NASA World Wind）和 Web 地图（如 Google Maps 和 Bing Maps）的简单方法。

GeoServer 是免费的 WebGIS 开源软件，与传统 GIS 产品相比，可以显著降低开发费用；同时，它也是开源的，其漏洞修复和功能改进的效率比市场上其他软件要高很多，其主要功能和特点如下。

（1）支持多种应用。GeoServer 支持在 Google 地球、Yahoo 地图等流行的地图应用上显示数据，也可以连接其他 GIS 架构，如 ESRI ArcGIS，实现与传统应用完美集成。

（2）集成 OpenLayers 作为默认的 Ajax 浏览器和预览引擎，虽是一个轻量级 GIS 服务器，但可以满足大部分 Web 地图应用开发的需要。

（3）为提供 WMS 和 WFS 服务，使用嵌入式的 EPSG（European Petroleum Survey Group，欧洲石油勘探组织）数据库，支持上百种变换和二次投影。

（4）在地图的 Web 端，能够将网络地图输出为 JPEG、GIF、PNG、PDF、SVG、KML 等多种数据格式。

（5）基于 Web 的配置工具简单，无需长而复杂的配置文件。

（6）性能方面，GeoServer 比任何专有的服务器拥有更快的渲染速率。

（7）能够很好地结合 PostGIS、Shapefile、ArcSDE、DB2 和 Oracle 等常见数据库，同时也支持 VPF、MySQL、MapInfo 和 Cascading WFS 等的数据格式。

可以参考链接 http://geoserver.org/ 来获得 GeoServer 的相关说明文档及源代码。

9.3.5　OpenLayers

OpenLayers 是一个高性能、功能丰富的 JavaScript 库，用于在 WebGIS 中进行地图显示及地理空间数据交互，最早由 MetaCarta 公司于 2005 年创建，第二年作为开源软件发布。2007 年 OpenLayers 正式加入 OSGeo 项目。OpenLayers 支持 GeoRSS、KML、GML、GeoJSON 以及基于 OGC 标准实现 WMS 或 WFS 的任何来源的地图数据，同时 OpenLayers 提供了丰富的地图投影支持。OpenLayers 最新版本是 2018 年 8 月发布的 OpenLayers V5.2.0。

OpenLayers 库主要包括 Map、View、Source 和 Layer 等组件。Map 是核心组件，相当于一个容器，可以包含多个 Layer 组件。View 组件负责管理地图可视化参数，例如分辨率、旋转角度、缩放级别和投影方式等。Source 组件可用于在线获取瓦片地图服务，例如 OSM 和 Bing Maps，也可用于加载本地 GeoJSON 或 KML 等格式的矢量数据。Layer 组件负责来自 Source 组件获取的地图服务的可视化。

OpenLayers 主要有以下功能和特点。

（1）丰富的瓦片地图。支持加载 OSM、MapQuest、Bing Maps、MapBox、Stamen 等多种来源的瓦片地图，同时支持 OGC 地图服务。

（2）丰富的矢量图层。支持加载 GeoJSON、TopoJSON、KML、GML、MapBox 矢量

切片和其他格式渲染的矢量数据。

（3）快速渲染。使用 Canvas 2D、WebGL 渲染，可在支持 HTML5 和 ECMAScript 5 的所有现代浏览器上运行，包括 Chrome、Firefox、Safari 和 Edge 等。

（4）跨平台运行。OpenLayers 适用于台式机、便携式计算机和移动终端设备，支持鼠标和触屏的交互操作。

（5）方便定制和扩展。可以直接使用 CSS 为地图控件设置样式，配合第三方库定制和扩展功能。

（6）资源丰富。OpenLayers 网站包含大量现场演示，在 GitHub 上也有相当数量的代码样例，为开发者提供了丰富的内容。

可以参考链接 https://openlayers.org/ 来获得 OpenLayers 的相关说明文档及源代码。

9.3.6　Leaflet

Leaflet 是一个开源的、适用于移动设备的交互式地图 JavaScript 库。2011 年 5 月，CloudMade 推出 Leaflet 的第一个版本，当前版本是 2018 年 8 月发布的 Leaflet V1.3.4。Leaflet 具有良好的跨平台特性，支持主流浏览器和移动终端设备，代码虽然仅有 38KB，但能满足 WebGIS 开发所需要的常用功能。它与 OpenLayers 一起，作为当前最受欢迎的 WebGIS JavaScript 库，广泛应用于各大网站，如 FourSquare、Pinterest 等。

Leaflet 主要包括以下功能和特点。

（1）丰富的图层。支持加载 GeoJSON、矢量图层、瓦片地图、标记等不同类别的地理空间数据和 WMS、WMTS 等服务数据。

（2）灵活的可扩展性。支持自定义 CSS 样式、地图投影，开发者可自如地开发扩展插件，满足各种功能需求。

（3）良好的交互操作。支持鼠标拖动、滚轮变焦、键盘导航和鼠标悬停事件设置，以及移动终端触屏操作。

（4）优化的性能。使用移动硬件加速使地图加载和浏览更加流畅，通过 CSS3 优化平移和缩放的过渡效果，利用动态剪切技术和简化的多边形渲染加快地图加载速度。

（5）跨平台支持。支持的客户端包括 Chrome、Firefox、Opera、Edge、Safari 等，移动端包括适用于 iOS 7＋的 Safari、Android 浏览器、Chrome 和 Firefox 移动版等。

可以参考链接 https://leafletjs.com/ 来获得 Leaflet 的相关说明文档及源代码。

9.3.7　MapGuide

MapGuide Open Source（以下简称 MapGuide）是 OSGeo 项目中开源的用于开发和部署 WebGIS 应用程序和应用服务的软件平台。MapGuide 前身是 Autodesk 公司开发的 Autodesk MapGuide，因技术局限，Autodesk 发布了 Autodesk MapGuide V6.5 版本后便停止了更新。大多数基于 Autodesk MapGuide 开发的应用程序依赖于客户端插件、ActiveX 控件或 Java Applet，这些程序大多使用客户端插件所提供的 API 编写，且所有的空间分析均基于渲染后的图形而非基础空间数据进行的。2004 年春天，一个专业团队开始对 MapGuide

进行开源改造，在保留 MapGuide V6.5 优点的同时，克服前述不足，满足用户不断增长的需求。Autodesk 于 2005 年 11 月发布了符合 LGPL 的开源 MapGuide。当前最新版本是 2018 年 4 月发布的 MapGuide Open Source V3.1.1。

MapGuide WebGIS 应用程序主要包括 5 个基本组件：MapGuide Server 作为地图服务器向用户提供地图服务，MapGuide Web Tier 负责应用程序与 MapGuide Server 之间的通信机制，MapGuide Resource Documents 包含用于定义要素、图层、地图和应用程序的资源文档，DMSG Fusion 是一个通过资源文档定义创建 WebGIS 应用程序的组件，JX 组件是一个包含丰富功能的 JavaScript 库。

MapGuide 主要有以下功能和特点。

（1）交互式地图浏览。可以实现要素选择、属性查询、地图量测、缓冲区分析、地图绘制和输出等功能。

（2）多种数据访问接口。支持 Shapefile、SDF、Oracle、SQL Server Spatial、MySQL、PostGIS 和 ODBC 等的数据，通过 FDO Provider for GDAL/OGR 支持其他栅格数据/矢量数据。

（3）多平台支持。可以部署在 Linux 和 Windows 上，支持 Apache 和 IIS Web 服务器发布，并且提供基于.Net、Java 或 PHP 的 API，以用于 WebGIS 应用程序的开发和扩展。

（4）内置数据库。MapGuide 内置 XML 数据库，用于定义地图、图层、数据连接、符号系统和布局。

（5）广泛的坐标系支持。MapGuide 支持上千个坐标系及不同坐标系下栅格和矢量数据的自动重新投影。

（6）丰富的 API。包括创建、查询和写入 XML 文档、查询要素、投影转换、基本地图操作、制作图例及交集、并集等空间分析。

可以参考链接 http://mapguide.osgeo.org/ 来获得 MapGuide 的相关说明文档及源代码。

主要参考文献

百度在线网络技术(北京)有限公司, 2018. Android 地图 SDK 开发指南[OL]. http://lbsyun.baidu.com/index. php? title=androidsdk

毕硕本, 王桥, 徐秀华, 2003. GIS 软件工程原理与方法[M]. 北京:科学出版社

边馥苓, 1996. 地理信息系统原理和方法[M]. 北京:测绘出版社

边馥苓, 2016. 时空大数据的技术与方法[M]. 北京:测绘出版社

蔡阳, 孟令奎, 成建国, 2018. 卫星遥感水利监测模型及其应用[M]. 北京:科学出版社

曹宏文, 2013. 数字水利到智慧水利的构想[J]. 测绘标准化, 29(4):26-29

曹来成, 何文文, 刘宇飞, 等, 2017. 跨云存储环境下协同的动态数据持有方案[J]. 清华大学学报(自然科学版), 57(10):1048-1055

陈贵海, 李振华, 2007. 对等网络:结构、应用与设计[M]. 北京:清华大学出版社

邓中亮, 尹露, 唐诗浩, 等, 2018. 室内定位关键技术综述[J]. 导航定位与授时, 5(3):14-23

都志辉, 陈渝, 刘鹏, 2002. 网格计算[M]. 北京:清华大学出版社

杜莹, 武玉国, 王晓明, 等, 2006. 全球多分辨率虚拟地形环境的金字塔模型研究[J]. 系统仿真学报, 18(4):955-958, 967

范建永, 2013. 基于 Hadoop 的云 GIS 若干关键技术研究[D]. 郑州:解放军信息工程大学博士学位论文

方金云, 何建邦, 2002. 网格 GIS 体系结构及其实现技术[J]. 地球信息科学, 4(4):36-42

高林, 宋相倩, 王洁萍, 2011. 云计算及其关键技术研究[J]. 微型机与应用, 30(10):5-7, 11

高勇, 聂恬, 毛燕, 2014. 计算机云计算原理及其实现方式研究[J]. 计算机光盘软件与应用 (16):105-106

龚健雅, 2001. 地理信息系统基础[M]. 北京:科学出版社

关泽群, 王贤敏, 孙家抦, 2004. 一种实用的遥感影像二维信息隐藏盲算法[J]. 武汉大学学报(信息科学版), 29(4):296-301

胡娓莎, 2019. 智慧城市关键技术与实现策略探讨[J]. 信息通信 (2):268-269

胡文波, 徐造林, 2010. 分布式存储方案的设计与研究[J]. 计算机技术与发展, 20(4):65-68.

胡正华, 孟令奎, 张文, 2015. 面向关系数据库扩展的自适应影像金字塔模型[J]. 测绘学报, 44(6):678-685

黄平, 谢彬, 杨宗宇, 2016. 移动通信网络的移动台定位技术及应用[J]. 中国管理现代化, 19(20):152-153

黄登红, 周忠发, 王历, 等, 2018. 贵州省生态保护红线云 GIS 监管平台研究与实现[J]. 现代电子技术, 41(8):87-91

黄君羡, 2017. 网络存储技术应用项目化教程[M]. 北京:人民邮电出版社

黄小凯, 2018. 5G 无线通信技术概念分析及其应用研究[J]. 数字通信世界 (7):194-195

黄杏元, 马劲松, 2008. 地理信息系统概论(第 3 版)[M]. 北京:高等教育出版社

纪志鹏, 2014. 基于云 GIS 的物流配送路径研究[D]. 徐州:中国矿业大学硕士学位论文

李刚, 2015. 疯狂 Android 讲义(第 3 版)[M]. 北京:电子工业出版社

李昆, 2019. 基于 Android 平台的智慧城市客户端设计与实现[J]. 软件导刊, 18(2):76-78, 83

李翔, 刘文兵, 马超, 等, 2012. 基于云计算的空间数据处理技术[J]. 测绘与空间地理信息, 35(9):156-157

李德仁, 2016. 论"互联网+"天基信息服务[J]. 遥感学报, 20(5):708-715

李德仁, 2018. 基于云计算的智慧城市运营脑[J]. 卫星应用(8):8-12

李德仁, 朱欣焰, 龚健雅, 2003. 从数字地图到空间信息网格: 空间信息多级网格理论思考[J]. 武汉大学学报(信息科学版), 28(6):642-650

李建松, 唐雪华, 2015. 地理信息系统原理(第2版)[M]. 武汉:武汉大学出版社

李少华, 李闻昊, 蔡文文, 2017. 云GIS技术与实践[M]. 北京:科学出版社

林德根, 梁勤欧, 2012. 云GIS的内涵与研究进展[J]. 地理科学进展, 31(11):1519-1528

刘光, 曾敬文, 曾庆丰, 2016. Web GIS原理与应用开发[M]. 北京:清华大学出版社

刘洋, 2017. 云存储技术:分析与实践[M]. 北京:经济管理出版社

刘瑜, 詹朝晖, 朱递, 等, 2018. 集成多源地理大数据感知城市空间分异格局[J]. 武汉大学学报(信息科学版), 43(3):327-335

刘公绪, 史凌峰, 2018. 室内导航与定位技术发展综述[J]. 导航定位学报, 6(2):7-14

刘荣高, 庄大方, 刘纪远, 2001. 分布式海量矢量地理数据共享研究[J]. 中国图像图形学报, 6(A)(9):865-872

刘翔宇, 李会格, 张方国, 2019. 一种多访问级别的动态可搜索云存储方案[J]. 密码学报, 6(1):61-72

刘新瀚, 2017. 基于云计算的物流信息管理系统设计与实现[D]. 南京:南京邮电大学硕士学位论文

刘振英, 方滨兴, 胡铭曾, 等, 2001. 一个有效的动态负载平衡方法[J]. 软件学报, 12(4):563-569

刘正伟, 文中领, 张海涛, 2012. 云计算和云数据管理技术[J]. 计算机研究与发展, 49(s1):26-31

罗军舟, 金嘉晖, 宋爱波, 等, 2011. 云计算:体系架构与关键技术[J]. 通信学报, 32(7):3-21

马林兵, 张新长, 林丽健, 等, 2017. WebGIS技术原理与应用开发(第2版)[M]. 北京:科学出版社

梅士员, 江南, 2002. GIS数据共享技术[J]. 遥感信息(4):46-49, 64

孟令奎, 邓世军, 赵春宇, 等, 2004. 多服务器技术在WebGIS中的应用[J]. 武汉大学学报(信息科学版), 29(9):832-835

牟伶俐, 杜清运, 蔡忠亮, 等, 2002. 移动电子地图技术初探[J]. 四川测绘, 25(2):60-63

彭成, 2014. 基于Hadoop的GIS空间分析平台关键技术研究[D]. 南昌:江西理工大学硕士学位论文

彭林, 2003. 第三代移动通信技术[M]. 北京:电子工业出版社

彭海琴, 2015. 云存储模型及架构解析[J]. 数字技术与应用(4):76-77

彭义春, 王云鹏, 2014. 云GIS及其关键技术[J]. 计算机系统应用, 23(8):10-17

单杰, 贾涛, 黄长青, 等, 2017. 众源地理数据分析与应用[M]. 北京:科学出版社

史文中, 2015. 空间数据与空间分析不确定性原理[M]. 北京:科学出版社

孙瑶瑶, 2015. 移动互联网的云计算应用研究[J]. 电子科技, 28(1):179-182

覃雪莲, 刘志学, 2018. 供应链物流服务质量研究述评与展望[J]. 管理学报, 15(11):1731-1738

谭庆全, 毕建涛, 池天河, 2008. 一种灵活高效的遥感影像金字塔构建算法[J]. 计算机系统应用(4):124-127

唐箭, 2009. 云存储系统的分析与应用研究[J]. 电脑知识与技术, 5(20):5337-5338, 5340

唐权, 吴勤书, 朱月霞, 2016. 云GIS平台构建的关键技术研究[J]. 测绘与空间地理信息, 39(3):32-33, 36

陶亮, 2009. 面向水利信息网格的混合式SOA应用技术研究[D]. 武汉:武汉大学博士学位论文

涂振发, 孟令奎, 张文, 等, 2012. 面向网络GIS的最小价值空间数据缓存替换算法研究[J]. 华中师范大学学报(自然科学版), 46(2):230-234

王飞, 蔡忠亮, 蒋子捷, 等, 2018. 移动环境下的矢量地图快速显示方法[J]. 测绘地理信息, 43(4):111-115

王洪伟, 张立朝, 张海东, 等, 2007. 分布式 ArcGIS Server 体系结构的研究与开发[J]. 测绘科学技术学报, 24(2): 110-113

王华斌, 唐新明, 李黔湘, 2008. 海量遥感影像数据存储管理技术研究与实现[J]. 测绘科学, 13(6): 156-157, 153

王继彬, 2013. 磁盘阵列快速重构、扩容及性能优化研究[D]. 武汉: 华中科技大学博士学位论文

邬伦, 刘瑜, 张晶, 等, 2005. 地理信息系统: 原理、方法和应用[M]. 北京: 科学出版社

吴松, 金海, 2003. 存储虚拟化研究[J]. 小型微型计算机系统, 24(4): 728-732

吴立新, 史文中, 2003. 地理信息系统原理与算法[M]. 北京: 科学出版社

武志学, 赵阳, 马超英, 2015. 云存储系统: Swift 的原理、架构及实践[M]. 北京: 人民邮电出版社

谢希仁, 2017. 计算机网络(第 7 版)[M]. 北京: 电子工业出版社

徐志伟, 李伟, 2002. 织女星网格的体系结构研究[J]. 计算机研究与发展, 39(8): 923-929

薛军, 李增智, 王云岚, 2003. 负载均衡技术的发展[J]. 小型微型计算机系统, 24(12): 2100-2103

杨扬, 贾君君, 李晨, 2015. 面向服务架构的云计算平台[J]. 计算机应用, 35(S1): 35-36, 46

杨丽婷, 2011. 基于云计算数据存储技术的研究[D]. 太原: 中北大学硕士学位论文

于磊, 林宗楷, 郭玉钗, 等, 2001. 多服务器系统中的负载平衡与容错[J]. 系统仿真学报, 13(3): 325-328

张平, 牛凯, 田辉, 2019. 6G 移动通信技术展望[J]. 通信学报, 40(1): 141-148

张衡, 成毅, 王晓理, 等, 2016. 云 GIS 下智慧城市地理空间信息共享平台构建[J]. 地理信息世界, 23(3): 71-76.

张东映, 孟令奎, 夏辉宇, 等, 2012. 基于网格平台的 MODIS 自动化处理方法研究[J]. 水利信息化(6): 27-31

张海涛, 张书亮, 姜杰, 等, 2007. 城市 GIS 数据多级共享交换平台系统[J]. 地球信息科学, 9(1): 116-122

张红平, 顾学云, 熊萍, 等, 2012. 志愿者地理信息研究与应用初探[J]. 地理信息世界(4): 67-71

张继平, 2013. 云存储解析[M]. 北京: 人民邮电出版社

章峰, 史博轩, 蒋文保, 2018. 区块链关键技术及应用研究综述[J]. 网络与信息安全学报, 4(4): 22-29

赵华庆, 2017. 关于 GIS 云平台构建的关键技术分析[J]. 经贸实践(19): 308-308

赵文斌, 张登荣, 2003. 移动计算环境中的地理信息系统[J]. 地理与地理信息科学, 19(2): 19-23

周景波, 2018. 对基于 GIS 云技术的地理信息服务模式探析[J]. 计算机产品与流通(5): 283-283

朱林, 2016. 云 GIS 平台架构及关键实现技术研究[J]. 电子科学技术, 3(5): 634-637

AKELBEIN J P, UTE S, 2004. Adaptive Workload Balancing for Storage Management Applications in MultiNode Environment[C]//Lecture Notes in Computer Science, 2981: 5-33

ANIRBAN M, YI L F, MASARU K, 2004. P2P R-Tree: An R-Tree-based Spatial Index for Peer-to-Peer Environments[C]//Proceedings of the 9th International Conference on Extending Database Technology (EDBT'04), Heraklion, Crete, Springer: 516-525

ANTOMN G, 1984. R-trees: A Dynamic Index Structure for Spatial Searching[C]//Proceedings of the 1984 ACM SIGMOD International Conference on Management of Data. Boston, Massachusetts: ACM: 47-57

BHARAT K S, 2000. Grid Generation: Past, Present, and Future[J]. Applied Numerical Mathematics, 32(4): 361-369

DOUGLAS D H, PEUCKER T K, 1973. Algorithms for the Reduction of the Number of Points Required to Represent a Digitized Line or Its Caricature[J]. The International Journal for Geographic Information and

Geovisualization, 10(2): 112-122

FALOUTSOS C, ROSEMAN S, 1989. Fractals for Secondary Key Retrieval[C]//Proceedings of the 8th ACM SI-GACT-SIGMOD-SIGART Symoposium on Priciples of Database Systems. Philadelphia, Pennaylyania, ACM: 247-252

GENTI D, MIRELA N, 2013. Increasing RAID-5 Performance Improving the Scaling Approaches[C]//World Congress on Computer and Information Technology(WCCIT), 22-24 June

GOODCHILD M F, 2007. Citizens as Sensors: The World of Volunteered Geo graphy[J]. GeoJournal, 69(4): 211-221

GOTTSCHALK K, GRAHAM S, KREGER H, et al., 2002. Introduction to Web Services Architecture[J]. IBM Systems Journal, 41(2): 170-177

GREGOR VON L, GEOFFREY C F, JAVIER D M, et al., 2012. Comparison of Multiple Cloud Frameworks[C]// IEEE 5th International Conference on Cloud Computing (CLOUD). Honolulu, USA: 734-741

HALL G B, LEAHY M G, 2008. Open Source Approaches in Spatial Data Handling[M]. Berlin Heidelberg: Springer-Verlag

HANAN S, HOUMAN A, FRANTIŠEK B, et al., 2003. Use of the SAND Spatial Browser for Digital Government Applications[J]. Communications of the ACM, 46(1): 63-66

HASSAN A K, 2001. 分布式移动 GIS[J]. 赫建忠, 郭革新, 译.测绘通报(6): 44-45

HEXAGON GEOSPATIAL, 2019. GeoMedia WebMap Brochure[OL]. https://www.hexagongeospatial.com/brochure-pages/geomedia-webmap-brochure

HU Z H, JIA T, WANG G F, et al., 2017. Computing a Hierarchy Favored Optimal Route in a Voronoi-based Road Network with Multiple Levels of Detail[J]. International Journal of Geographical Information Science, 31(11): 2216-2233

HUANG W, MENG L K, ZHANG D Y, et al., 2016. In-Memory Parallel Processing of Massive Remotely Sensed Data Using an Apache Spark on Hadoop YARN Model[J]. IEEE Journal of Selected Topics in Applied Earth Observations and Remote Sensing, 10(1): 3-19

HUANG W, ZHANG W, ZHANG D Y, et al., 2017. Elastic Spatial Query Processing in OpenStack Cloud Computing Environment for Time-Constraint Data Analysis[J]. ISPRS International Journal of Geo-Information, 6(3): 84, 1-17

IAN F, CARL K, 1998. The Grid: Blueprint for a New Computing Infrastructure[M]. San Francisco: Morgan Kaufmann Publishers

IAN F, CARL K, JEFFREY M N, et al., 2002. Grid Services for Distributed System Integration[J]. Computer, 35(6): 37-46

IAN F, ZHAO Y, IOAN R, et al. 2008. Cloud Computing and Grid Computing 360-Degree Compared[C]//IEEE Grid Computing Environments(GCE08), Austin, USA: 1-10

INTERNET ENGINEERING TASK FORCE(IETF), 2016. The GeoJSON Format[OL]. https://tools.ietf.org/pdf/rfc7946.pdf

JAGADISH H V, OOI B C, VU Q H, 2005. BATON: A Balanced Tree Structure for Peer-to-Peer Networks[C]// Proceedings of the 31st International Conference on Very Large DataBases(VLDB'2005). Trondheim, Norway: VLDB Endowment: 661-672

JAGADISH H V, OOI B C, VU Q H, et al., 2006. VBI-Tree: A Peer-to-Peer Framework for Supporting Multi-Dimensional Indexing Schemes[C]//Proceedings of the 22nd International Conference on Data Engineering(ICDE'2006). Atlanta, Georgia: IEEE Computer Society: 22-34

JOE ARNOLD, SWIFTSTACK 开发团队, 2017. 对象存储: Openstack Swift 应用、管理与开发[M]. 奥思数据 OStorage 技术团队, 译. 北京: 电子工业出版社

KANTERE V, SKIADOPOULOS S, SELLIS T, 2009. Storing and Indexing Spatial Data in P2P Systems[J]. IEEE Transactions on Knowledge and Data Engineering, 21(2): 287-300

KARAN S, 2017. Ceph 分布式存储学习指南[M]. Ceph 中国社区, 译. 北京: 机械工业出版社

LEAFLET, 2019. Leaflet-An Open-source JavaScript Library for Mobile-friendly Interactive Maps[OL]. https://leafletjs.com/

LEE O, SIENA D A, CHEN Y J, et al., 2018. Random Access in Large-scale DNA Data Storage[J]. Nature Biotechnology, 36(3): 242-248

LI M, LEE W C, SIVASUBRAMANIAM A, 2006. DPTree: A Balanced Tree based Indexing Framework for Peer-to-Peer Systems[C]//Proceedings of the 14th IEEE International Conferenceon Network Protocols (ICNP'2006). IEEE Computer Society: 12-21

MARC F, 2002. SAN 存储区域网络 (第 2 版)[M]. 孙功星, 蒋文保, 范勇, 叶梅, 译. 北京: 机械工业出版社

MARSTON S, ZHI L, SUBHAJYOTI B, et al., 2011. Cloud Computing: The Business Perspective[J]. Decision Support Systems. 51(1): 176-189

MELL P, GRANCE T, 2011. The NIST Definition of Cloud Computing[OL]. Special Publication 800-145, https://nvlpubs.nist.gov/nistpubs/Legacy/SP/nistspecialpublication800-145.pdf

MENG L K, HU Z H, HUANG C Q, et al., 2015. An Optimized Route Selection Method based on the Turns of Road Intersections: A Case Study on Oversized Cargo Transportation[J]. ISPRS International Journal of Geo-Information, 4(4): 2428-2445

MENG L K, LIN C D, SHI W Z, 2004. Spatial Data Transfers and Storage in Distributed Wireless GIS. The International Archives of the Photogrammetry, Remote Sensing and Spatial Information Sciences, Part XXX, Commission VI, WG VI/4, Istanbul, Turkey. ISPRS, 34: 305-309

OPENLAYERS, 2019. OpenLayers[OL]. https://openlayers.org/

OSGEO, 2019. MapGuide Open Source[OL]. http://mapguide.osgeo.org/

PROJECT MANAGEMENT INSTITUTE, 2001. A Guide to the Project Management Body of Knowledge[M]. Pennsylvania: Project Management Institute Publishers

SANJAY K M, MUKESH M, SOURAV S B, et al., 2002. Mobile Data and Transaction Management[J]. Information Sciences, 141(3-4): 279-309

SHEN Z Y, SHAO Z L, LI T, 2018. Optimizing RAID/SSD Controllers with Lifetime Extension for Flash-based SSD Array[C]//ACM SIGPLAN Notices-LCTES '18, 53(6): 44-54

SILVERTON CONSULTING, INC, 2019. IBM FlashCore Technology[OL]. https://www.ibm.com/it-infrastructure

SQLite, 2018. The Virtual Database Engine of SQLite[OL]. https://www.sqlite.org/vdbe.html

STOICA I, MORRIS R, KARGER D, et al., 2001. Chord: A Scalable Peer-to-Peer Lookup Service for Internet Applications[C]//Proceedings of the ACM SIGCOMM'2001 Conference on Applications, Technologies, Architectures, and Protocols for Computer Communications, San Diego, California: ACM: 149-160

TANG C Q, XU Z C, MAHALINGAM M, 2003. pSearch: Information Retrieval in Structured Overlays[J]. ACM SIGCOMM Computer Communication Review, 33(1): 89-94

THE CARBON PROJECT, 2019. Gaia3.4 User Guide[OL]. http:// carbonprojectstorage.blob.core.windows.net / downloads / Gaia / 3_4 / Gaia3_4_UserGuide.pdf

THE MAPSERVER TEAM, 2019. MapServer Documentation[OL]. http:// download.osgeo.org / mapserver / docs / MapServer.pdf

THIERRY D, PASCAL D, BÉATRICE F, 2001. LDAP, Databases and Distributed Objects: Towards a Better Integration[C]// Proceedings of the 27th International Conference on Very Large Databases(VLDB'01). Roma, Italy, Springer: 11-14

WIRELESS APPLICATION PROTOCOL FORUM, 2018. WAP 2.0 Technical White Paper[OL]. http:// www.wapforum.org / what / whitepapers.htm

XIA H Y, KARIMI H A, MENG L K, 2017. Parallel Implementation of Kaufman's Initialization for Clustering Large Remote Sensing Images on Clouds[J]. Computers, Environment and Urban Systems, 61(B): 153-162

XIE W J, CAI Y, MENG L K, et al., 2012. QBM-Tree: A Peer-to-peer Structure for Spatial Data Query[J]. International Journal of Advancements in Computing Technology, 4(22): 585-591

YANG C W, HUANG Q Y, LI Z L, et al., 2016. Big Data and Cloud Computing: Innovation Opportunities and Challenges[J]. International Journal of Digital Earth, 10(1): 13-53

SHEN Z F, LUO J C, ZHOU C H, et al., 2004. Architecture Design of Grid GIS and its Applications on Image Processing based on LAN[J]. Information Sciences, 166(1-4): 1-17

附录　常用术语及缩写汇编

3GIO（third-generation input/output）：第三代输入输出总线，现已改称 PCI-Express 总线

5GNR Standalone：第五代移动通信独立组网技术标准

active page：动态网页

Ad Hoc network：自组织网络

adenine：腺嘌呤，简称 A，脱氧核苷酸的一种碱基

ADT（abstract data type）：抽象数据类型

AFM（active file management）：主动文件管理，一种分布式磁盘高速缓存技术

agent：代理

AGI（Association Geographic Information）：地理信息协会（英国）

All-net computing："全网"计算

All-net storage："全网"存储

Amazon S3（Amazon simple storage service）：亚马逊的简单存储服务

AMI（Amazon machine image）：亚马逊的服务器映像

ANL（Argonne National Laboratory）：阿贡国家实验室（美国）

AOI（area of interest）：感兴趣区域

Apache Kylin：一个开源分布式分析引擎，能在亚秒内查询巨大的 Hive 表

API（application programming interface）：应用程序接口

APN（access point name）：接入点名称

APP：application 的缩写，即应用、运用，现在多指智能手机应用

application framework：应用程序框架层

APPOINT（an approach for peer-to-peer offloading the internet）：对等网络的一种负载下载方法

AR（augmented reality）：增强现实技术

ArcGIS online：ESRI 运行在亚马逊公有云上的 WebGIS 平台

ASP（active server page）：动态服务器网页，Microsoft 公司倡导建立的一种动态网页技术标准

AWS storage gateway：混合存储服务（亚马逊提供）

AWS（Amazon web services）：云计算 IaaS 和 PaaS 平台服务（亚马逊提供）

B2B（business to business）：商对商模式

B2C（business to customer）：商对客模式

basic grid：初级格网

Bing maps：微软必应地图，以前又名 Live Search 地图

BitCoin：比特币，一种 P2P 形式的数字货币

BLOB（binary large object）：二进制大对象

block：区块，块

blockchain：区块链

bluetooth：蓝牙

C2B（customer to business）：客对商模式

C2C（consumer to consumer）：客对客模式

CAN（content addressable network）：内容可寻址网络

CDMA（code-division multiple access）：码分多址

CDMI（cloud data management interface）：云数据管理接口

center of gravity：重心

center of mass：质心

CERN（European Organization for Nuclear Research）：欧洲原子能研究机构，CERN 为法文缩写

CE-TEC（Conformite Europeenne - Type Examination Certificate）：欧盟无线设备指令型式认证

CFS（cooperative file system）：协作式文件系统

CGI（common gateway interface）：通用网关接口

CGIS（CanadaGIS）：加拿大地理信息系统（全球第一个 GIS）

chain：链

chunk：指数据块

CIFS（common internet file system）：通用 Internet 文件系统（协议）

client/sever：客户/服务器，一种以请求–响应为特征的网络计算模式

cloud computing：云计算

cloud computing security：云计算安全

cloud security：云安全

cloud service provider：云服务提供商

cloud storage service：云存储服务

cloud storage：云存储

code fusion：代码融合

CLR（common language runtime）：公共语言运行库

cluster application：集群应用

CMNET（China Mobile Net）：中国移动互联网，直接访问 Internet

CMWAP（China Mobile WAP）：中国移动梦网，使用 HTTP 代理协议和 WAP 网关协议可以访问 Internet

CNCF（Cloud Native Computing Foundation）：云原生计算基金会

CNSDTF（Chinese national geo-spatial data transfer format）：中国国家地理空间数据交换格式

collective：（网格）汇集层

colossus：巨人，下一代 Google 文件系统

compact：紧凑型

component databases：成分数据库

component schema：成分模式

compute intensive：计算密集

configuration：配置

connectivity：（网格）连接层

convex hull：凸包运算

COS（cloud object storage）：云对象存储

COW（cluster of workstation）：工作站集群

CPN（cell phone network）：数字蜂窝移动电话网络

CPU bound：计算密集

crowdsourcing：众源、众包

CRUD（create、read、update、delete）：对数据或文件地增、读、改、删等操作

CRUSH（controlled replication under scalable hashing）：基于可扩展哈希的受控副本策略，是一种伪随机数据分布算法

CSG（cloud storage gateway）：云存储网关

CSS（cascading style sheets）：层叠样式表

cube：立方体

cuboid：立方格

cytosine：胞核嘧啶，简称 c，脱氧核苷酸的一种碱基

DaaS（data as a service）：数据即服务

daemon：古希腊神话中的半神半人精灵，这里指守护进程

DAS（direct attached storage）：直接连接存储

data blocks：数据块

data intensive：数据密集

data storage server：数据存储服务器

data stripping array without parity：数据分条技术

DBMS（database management system）：数据库管理系统

DDMS（distributed database management systems）：分布式数据库管理系统

deadline constrain：截止约束（任务调度）

DEM（digital elevation model）：数字高程模型，与 DSM 相比，DEM 仅包含地形的高程信息，不包含其他地表信息

deprovision：取消服务

DGPS（differential global positioning system）：差分 GPS

DHT（distributed hash table）：分布式散列表

DIC（data intensive computing）：数据密集型计算

dice：切块

digital city：数字城市

digital earth：数字地球

disk mirroring：磁盘镜像技术

distributed file system：分布式文件系统

DIT（directory information tree）：目录信息树

DLG（digital line graphic）：数字线划图

DMA（Defense Mapping Agency）：国防制图局（美国）

DMA（direct memory access）：直接内存存取

DOM（digital orthophoto map）：数字正射影像图

Douglas-Peucker：道格拉斯−普克

DPGrid（digital photogrammetry grid）：数字摄影测量网格

DRAM（dynamic random access memory）：动态随机存取存储器

drill-down：钻取

dry land：旱地

DSM（distributed shared memory）：分布式共享存储器

DSM（digital surface model）：数字表面模型，是一种包含了地表建筑物、桥梁、树木、植被等的高度的地面高程模型

DTM（digital terrain model）：数字地形（或地面）模型

EBS（elastic block storage）：弹性块存储，亚马逊提供的一种云存储服务

EC2（elastic computing cloud）：弹性计算云

ECS（elastic compute service）：弹性计算服务，阿里云提供的一种简单高效、可弹性伸缩的计算服务

edge computing：边缘计算

electric power grid：电力网

eMBB（enhanced mobile broadband）：增强移动宽带

embedded technology：嵌入式技术

engineering technology：工程技术

EPSG（European Petroleum Survey Group）：欧洲石油勘探组织

equipartition：均分

ER（entity relationship）：实体关系

ESG（earth systems grid）：地球系统网格（美国）

ESS（enterprise storage server）：企业存储服务器

ETL（extract-transform-load）：抽取、转换和加载过程

Eucalyptus（elastic utility computing architecture for linking your programs to useful systems）：将程序连接到有用系统的弹性效用计算体系结构，一种开源软件基础结构，用来通过计算机集群或工作站群实现弹性的、实用的云计算

exclusive：独占式（任务调度）

execution host：（网格）处理节点

exploded：松散型

export schema：输出模式

external schema：外部模式

fabric：（网格）构造层

Facebook：脸书

fairshare scheduling：公平共享式（任务调度）

fanout：扇出

FC（fibre channel）：光纤通道技术

FCC（Federal Communications Commission）：联邦通信委员会（美国）

FCFS（first come first served）：先到先服务（任务调度）

FCM（flash core module）：采用 NVMe 外形和接口的闪存核心模块

FCP（fibre channel protocol）：光纤通道技术协议

FDBS（federated database system）：联邦数据库

feature collection：特征集合

feature：特征

federated schema：联邦模式

FGDC（The Federal Geographic Data Committee）：联邦地理数据委员会（美国）

finger table：指向表，路由表的一种表示方法

flashcopy：快照拷贝

flooding：洪泛

fog computing：雾计算

forest：树林

FP（finger print）：（数据）指纹

FPGA（field programmable gate array）：现场可编程逻辑门阵列

GASS（globus access to secondary storage）：Globus 数据存取服务

GE（geometry engine）：几何处理机，几何引擎

GE（Google Earth）：Google 地球

GEE（Google Earth Engine）：Google 地球引擎，一个专门处理卫星影像的云端运算平台

geographic image maps：地理影像地图

geometry collection：几何体集合

geometry：几何

geosocial networking：地理社交网络

GEOS（geometry engine - open source）：一个开源的几何引擎类库，基于 C++的空间拓扑分析实现类库，
    遵循 LGPL 协议

GFS（Google file system）：Google 文件系统

GIDaaS（geographic information data as a service）：地理信息数据即服务

GIG（global information grid）：全球信息网格

GIIaaS（geographic information infrastructure as a service）：地理信息基础设施即服务

GIPaaS（geographic information platform as a service）：地理信息平台即服务

GIS cloud：GIS 云

GIS function middleware：GIS 功能中间件

GIS（geographic information system）：地理信息系统

GISaaS（geographic information software as a service）：地理信息软件即服务

GLAC（GNSS and LBS Association of China）：中国卫星导航定位协会

global grid forum：全球网格论坛

GML（geography markup language）：地理标识语言

GNSS（global navigation satellite system）：全球导航卫星系统

Google Earth：Google 地球

Google Maps：Google 地图

Google S2：空间索引编码，二维经纬度坐标映射为一维字符串

GPFS（general parallel file system）：IBM 的通用并行文件系统

GPS（global positioning system）：全球定位系统

GRAM（globus resource allocation manager）：Globus 资源分配管理

grass：草地

grid：网格

grid based gis：网格 gis

grid computing：网格计算

grid for water information：水利信息网格

grid GIS：网格 GIS

grid technology：网格技术

GRM（globus replica management）：Globus 数据复制管理

groove virtual office：虚拟办公协作

Geospatial Information Authority of Japan：日本国土地理院

GSI（grid security infrastructure）：网格安全基础设施

GSM（global system for mobile communication）：全球移动通信系统

GSS-API（generic security service API）：通用安全服务应用接口

guanine：鸟嘌呤，简称 g，脱氧核苷酸的一种碱基

guest OS：客户操作系统，运行于一个虚拟的软件环境

HA（high available）：高可用性

hardware RAID：硬件磁盘阵列

HBAs（host bus adapters）：主机总线适配器

HCBS（high performance cloud block storage）：高性能云分块存储，腾讯云提供的一种分布式数据块存储
    系统

HDD（hard disk drive）：硬盘驱动器

HDFS（Hadoop distributed file system）：Hadoop 分布式文件系统，一种云存储代表性系统

hop count：跳数

HPC（high performance computing）：高性能计算

HSM（hierarchical storage management）：分级存储管理，数据迁移的一种

HTML（hyper text markup language）：超文本标记语言

HTTP（hyper text transfer protocol）：超文本传输协议

hybrid cloud storage：混合云存储

hybrid GIS cloud：混合 GIS 云

hypervisor：虚拟机监视器

I/O bound：I/O 密集

IaaS（infrastructure as a service）：基础设施即服务

IDA（information dispersal algrighm）：信息分散算法

IDC（international data corporation）：国际数据资讯公司

IDE（integrated drive electronics）：集成驱动器电子接口，也称为 AT-Bus

IETF（the internet engineering task force）：Internet 工程任务组

IGU（international geographical union）：国际地理联合会

IIS（internet information server）：Internet 信息服务器

INS（inertial navigation system）：惯性导航

intersection：交运算

IP（internet protocol）：网际协议

IPG（information power grid）：信息动力网格

ISA（internet server application）：Internet 服务器应用

iSCSI（internet small computer system interface）：互联网小型计算机系统接口

ISP/ASP（internet service provider/application service provider）：Internet 服务提供者/应用服务提供者

ITS（intelligent transport system）：智能交通系统

JSON（Javascript object notation）：JavaScript 对象表示法

JSP（Java server page）：SUN 公司倡导建立的一种动态网页技术标准

JVM（Java virtual machine）：Java 虚拟机

key-value：键-值对

KML（Keyhole markup language）：Keyhole 标记语言

knowledge management system：知识管理系统

lattice：格状结构

LBS（location based services）：位置服务

LDAP（light-weight directory access protocol）：轻量级目录存取协议

LGPL（lesser general public license）：较宽松通用公共许可证

LiDAR（light detection and ranging）：光的探测和测距，通常为激光，常被称为激光雷达

linestring：线

LIP（loop initialization procedure）：环路初始化过程

load balance：负载均衡

local schema：局部模式

LOD（levels of detail）：细节层次

logical volume manager：逻辑卷管理软件

LSF（load sharing facility）：负载共享设施，Platform 开发的分布资源管理工具

LTE（long term evolution）：长期演进，一种高速无线移动通信标准，属于 4G 技术

LUN（logic unit number）：逻辑单元数

map web service：地图 web 服务

map：映射

master host：（网格）管理节点

MBR（minimum bounding rectangle）：最小外接矩形

MDS（metacomputing directory service）：元计算目录服务，元信息服务

median：中值

MEMS（micro-electro-mechanical systems）：微电机系统

meta data：元数据

meta-language：元语言

MGIS（military geographic information system）：军事 GIS

MGIS（mobile GIS）：移动 GIS

Microsoft Research：微软研究院

MIT（Massachusetts Institute of Technology）：麻省理工学院（美国）

MIT-style License：麻省理工学院模式的许可证

MLS（mobile location service）：移动位置服务

MMS（multimedia messaging service）：多媒体消息服务

mMTC（massive machine type of communication）：海量机器类通信（大规模物联网）

MNDNR（Minnesota Department of Natural Resources）：美国明尼苏达州自然资源部

Mobike：摩拜单车

mobile geographic information service：移动地理信息服务

modern infrastructure：现代基础架构理念

MODIS（MODerate-resolution imaging spectroradiometer）：中等分辨率成像光谱仪

moving computation to data：将计算移动到数据附近，可以节约处理时间

MPP（massively parallel processing supercomputers）：大规模并行处理巨型机

MPP（massively parallel processor）：大规模并行处理器

multi-dimensional data model：多维数据模型

multilinestring：多线

multipoint：多点

multipolygon：多面

NAND flash memory：NAND 闪存设备

NAS（National Academy of Sciences）：美国科学院

NAS（network attached storage）：附网存储，又称网络附加存储

NASA（National Aeronautics and Space Administration）：国家航空航天局（美国）

NASA world wind：美国国家航空航天局联合出品的地球卫星遥感地图工具

NASIS（National Association for State Information System）：州信息系统全国协会（美国）

NCGIA（National Center for Geographic Information & Analysis）：国家地理信息与分析中心（美国）

NDK（native development kit）：原生开发工具包

nearest-neighbor index：最近邻居指数

near-line store：近线存储

NFGIS（national fundamental geographic information system）：国家基础地理信息系统

NFS（network file system）：网络文件系统（协议）

NIC（network interface controller）：网络接口控制器，俗称网卡

NIST（National Institute of Standards and Technology）：国家标准与技术研究院（美国）

O2O（online to offline）：在线到离线，线上到线下

off-line store：离线存储，又称备份级存储

OGC（open geospatial consortium）：开放地理空间信息联盟

OpenGIS Consortium：OpenGIS 协会

OGM（open geodata model）：开放地理数据模型

OGSA（open grid service architecture）：开放网格服务结构

OGSI（open grid service infrastructure）：开放网格服务基础设施

OHA（open handset aliance）：开放手机联盟

OLE（object linking and embedding）：对象链接与嵌入

online map：在线地图

on-line store：在线存储，又称工作级存储

ontology：本体论

OODBMS（object oriented DBMS）：面向对象的数据库管理系统

OpenGIS（open geodata interoperation specification）：开放地理数据互操作规范

OPUS（open use server）：开放使用服务器，一种文件共享体系结构

ORDBMS（object relation DBMS）：对象-关系型数据库管理系统

OSM（OpenStreetMap）：公开地图

OSS（object storage service）：对象存储服务（阿里云提供）

outsourcing：外包、外购

overlay：覆盖网

overlay network：覆盖网络

P2P（peer-to-peer）：对等网络

P2P GIS：基于 P2P 技术的 GIS

PaaS（platform as a service）：平台即服务

paddy field：水田

parallel disk array：并行磁盘阵列，RAID3 采取的一种单盘容错并行传输技术

PC（personal computer）：个人计算机

PDBS（parallel database system）：并行数据库系统

PIO（programming input/output model）：可编程输入/输出模式

pivot：旋转

plug-in：插件

PMI（Project Management Institute）：美国工程管理协会

PMR（private mobile radio）：个人移动电台

POI（point of interest）：感兴趣的点

point：点

polygon：面

PHP（hypertext preprocessor）：PHP 原始为 personal home page 的缩写，意为个人主页；PHP 现在为 hypertext
preprocessor 的缩写，意为 PHP 超文本预处理器

preemptive：抢占式（任务调度）

private cloud storage：私有云存储

private GIS cloud：私有 GIS 云

project：工程

project management：工程管理

project technology：工程技术

protocol buffers：协议缓冲

provision：动态部署

public cloud storage：公有云存储

public GIS cloud：公有 GIS 云

PVP（parallel vector processor）：并行向量机

QoS（quality of service）：服务质量

quorum node：一种仲裁节点机制

RA（relational algebra）：关系代数

RAID（redundant array of inexpensive drives）：廉价磁盘冗余阵列

rainfallmap：降雨量

RAM（random access memory）：随机存取存储器，即内存 RAM（resource allocation management）：资源
分配管理

random walk：随机漫步

rank：秩

RDL（resource description language）：资源描述语言

ready to use apps：即拿即用 Apps

reason phrase：原因短语

reconfigure：重新配置

reduce：归约

remote mirroring：远程镜像

request queue：请求队列

resource：资源

REST（representational state transfer）：表征状态转移

RFID（radio frequency identification）：无线射频识别

ROI（region of interest）：感兴趣区域

roll-up：上卷

RRD（round robin database）：轮询数据库，环状数据库

RS（remote sensing）：遥感

RSL（resource specification language）：资源描述语言

SA（spectrum accelerate）：IBM 的软件定义的块存储技术

SaaS（software as a service）：软件即服务

SAN appliance：一种虚拟化引擎，用于完成虚拟化工作的专用存储管理服务器

SAN（storage area network）：存储区域网

SAND（spatial and non-spatial data）：空间和非空间数据，一种轻量级客户端浏览器

SAR（synthetic aperture radar）：合成孔径雷达

SAS（server attached storage）：服务器附属存储

SCSI（small computer system interface）：小型计算机系统接口

SDDC（software defined data center）：软件定义数据中心

SDE（spatial database engine）：空间数据引擎

SDI（spatial data infrastructure）：空间数据基础设施

SDK（software development kit）：软件开发工具包

SDN（software defined network）：软件定义网络

SDS（software defined storage）：软件定义存储

SDTS（spatial data transfer standard）：空间数据转换标准（美国）

semantic web：语义网

server API：服务器应用程序接口

service on demand：按需服务

SFS（simple features interface standard）：简单要素标准

SGML（standard generalized markup language）：标准通用标记语言

SHD（shared hard disk）：共享硬盘

SLA（service-level-agreement）：服务等级协议（任务调度）

slice：切片

SM（shared memory）：共享内存

smart city：智慧城市

smart Earth：智慧地球

smart supply chain：智慧供应链

smart water：智慧水利

SMP（symmetric multiprocessor）：对称多处理器

SMS（short message service）：短信息服务

SN（shared nothing）：无共享

SNIA（Storage Networking Industry Association）：国际存储网络工业协会

SNMP（simple network management protocol）：简单网络管理协议

SNR（signal noise ratio）：信噪比

SNS（social networking service）：社交网络服务

SOA（services oriented architecture）：面向服务的体系结构

SOAP（simple object access protocol）：简单对象存取协议

software defined anything：软件定义一切

software engineering：软件工程

software RAID：软件磁盘阵列

soil moisture：土壤湿度

SOLAP（spatial online analytical processing cube）：空间联机分析处理立方体

SoS（system of systems）：分散复杂系统，系统之系统

spatial data object server：空间数据对象管理器

Spectrum NAS：IBM 的软件定义的文件存储技术

SSD（solid state drive）：固态驱动器，简称固态硬盘

SSL（secure socket layer）：安全套接层

SSS（survivable storage system）：可生存存储系统

status code：状态代码

striping with floating parity drive：RAID5 采取的一种旋转奇偶校验独立存取技术

stripping：数据条带化

structured overlay：结构化覆盖网

submission host：（网格）提交节点

supply chain：供应链

SV（spectrum virtualize）：IBM 的一种虚拟化软件层，在物理基础架构内构建软件定义存储

SVC（SAN volume controller）：SAN 卷控制器

SVG（scalable vector graphics）：可伸缩矢量图形

TCP（transmission control protocol）：传输控制协议

technology management：技术管理

tele-immersion：远程沉浸

TFS（Taobao file system）：淘宝的分布式文件系统

the abstract model of geography：地理抽象模型

the crowdsourcing approach：确保 VGI 数据质量的三种途径之众源方法

the Earth engine code editor：地球引擎代码编辑器

the geographic approach：确保 VGI 数据质量的三种途径之地理方法

the social approach：确保 VGI 数据质量的三种途径之社会方法

thin client：瘦客户机

thymine：胸腺嘧啶，简称 t，脱氧核苷酸的一种碱基

TOE（TCP off-loading engine）：TCP 负载空闲引擎

toucan navigate：大嘴鸟导航系统

Twitter：推特

UAV（unmanned aerial vehicle）：无人机

UDDI（universal description，discovery and integration）：统一描述、发现和集成

UE（user equipment）：用户设备

UNICORE（uniform interface to computing resources）：计算资源统一接口（德国）

union：并运算

University of Leeds：（英国）利兹大学

University of Maryland：（美国）马里兰大学

University of Minnesota：（美国）明尼苏达大学

University of Washington：（美国）华盛顿大学

unstructured overlay：非结构化覆盖网

URI（universal resource identifier）：统一资源标识符

URISA（Urban and Regional Information Systems Association）：城市和区域信息系统协会（美国）

uRLLC（ultra reliable low latency communications）：超高可靠低时延通信

USB（universal serial bus）：通用串行总线

USGS（United States Geological Survey）：美国地质调查局

USNG（United States National Grid）：美国国家网格

utility computing：效用计算

UWB（ultra-wide-band）：超宽带

value description：值描述

variance：方差

VBI-Tree（virtual binary index tree）：虚拟二叉索引树

VDBE（virtual database engine）：虚拟数据库引擎

VGI（volunteered geographic information）：志愿者地理信息

virtual dual NIC：虚拟网卡

virtualization：虚拟化

VMM（virtual machine monitor）：虚拟化监视器

VO（virtual organization）：虚拟组织

VR（virtual reality）：虚拟现实技术

VRML（virtual reality modeling language）：虚拟现实建模语言

VrPanorama（virtual reality panorama）：虚拟实境全景

VSD（virtual shared disk）：虚拟共享磁盘技术

V-Switch：虚拟交换机

WAP（wireless application protocol）：无线应用协议

water：水体

water informatization：水利信息化

WCS（web coverage service）：网络覆盖服务

WDP（wireless datagram protocol）：无线数据报协议

web service：Web 服务

WFS（web feature service）：网络要素服务

Wi-Fi（wireless fidelity）：无线保真技术，又称 802.11b 标准

wireless location technology：无线定位技术

WLAN（wireless LAN）：无线局域网

WMS（web mapping service）：网络地图服务

WMTS（web map tile service）：切片地图 Web 服务

WORM（write once read many）：单写多读

WSDL（web services description language）：Web 服务描述语言

WSP（wireless session protocol）：无线会话协议

WTLS（wireless transport layer security）：无线传输层安全

WTP（wireless transaction protocol）：无线事务处理协议

XML（extensible markup language）：可扩展标记语言